全国中级注册安全工程师职业资格考试精品教材

# 安全生产法律法规

ANQUAN SHENGCHAN FALü FAGUI

全国中级注册安全工程师职业资格考试用书编写组 **组编**

**编写组成员**

**主　编**　王　欢

**主　审**　贾凯华　孙　博　张　谦　杨　光
武　潭

**参　编**　朱成明　顿志林　王　恒　韩莹莹
孟媛媛　孙庆伟　韩　超　樊　霜
李怡婷　郑现菊　郭　琼



哈尔滨工程大学出版社
Harbin Engineering University Press

**图书在版编目(CIP)数据**

安全生产法律法规/全国中级注册安全工程师职业资格考试用书编写组组编. — 哈尔滨 :哈尔滨工程大学出版社,2018.8(2022.7 重印)

全国中级注册安全工程师职业资格考试精品教材

ISBN 978-7-5661-1952-0

Ⅰ. ①安… Ⅱ. ①全… Ⅲ. ①安全生产法-中国-资格考试-教材 Ⅳ. ①D922.54

中国版本图书馆 CIP 数据核字(2018)第 152150 号

**责任编辑**:张　彦
**责任校对**:李惊宇
**封面设计**:天　一

---

**出版发行**　哈尔滨工程大学出版社
**社　　址**　哈尔滨市南岗区南通大街 145 号
**邮政编码**　150001
**发行电话**　0451-82519328
**传　　真**　0451-82519699
**经　　销**　新华书店
**印　　刷**　河南黎阳印务有限公司
**开　　本**　787 mm×1 092 mm　1/16
**印　　张**　20
**字　　数**　512 千字
**版　　次**　2018 年 8 月第 1 版
**印　　次**　2022 年 7 月第 9 次印刷
**定　　价**　80.00 元

http://www.hrbeupress.com

E-mail:heupress@hrbeu.edu.cn

# 前言

安全生产是与人民群众生命财产安全息息相关的大事，是经济社会协调健康发展的标志。《注册安全工程师分类管理办法》指出，相关企业必须配备相应数量和级别的安全工程师。为了贯彻落实习近平新时代中国特色社会主义思想，适应我国经济社会安全发展需要，提高安全生产专业技术人员素质，根据2019年1月25日应急管理部与人力资源和社会保障部发布的《注册安全工程师职业资格制度规定》和《注册安全工程师职业资格考试实施办法》，以及2021年12月2日人力资源和社会保障部公布的2021年版《国家职业资格目录》，注册安全工程纳入国家职业资格目录，属于专业技术人员职业资格准入类。注册安全工程师级别设置为：高级、中级、初级。由此可知，注册安全工程师的地位已进一步得到提升，重视安全生产已成为政府和社会各领域的基本共识。

中级注册安全工程师职业资格考试是应相关政策要求，客观评价中级安全生产专业技术人员的知识水平和业务能力的考试。中级注册安全工程师职业资格考试设安全生产法律法规、安全生产管理、安全生产技术基础、安全生产专业实务四个科目。其中，安全生产法律法规、安全生产管理、安全生产技术基础为公共科目，安全生产专业实务为专业科目。安全生产专业实务科目分为：煤矿安全、金属非金属矿山安全、化工安全、金属冶炼安全、建筑施工安全、道路运输安全和其他安全（不包括消防安全），考生在报名时可根据实际工作需要选择其一。

为满足广大考生应试复习的需要，帮助考生在短时间内科学、有效地掌握中级注册安全工程师考试的相关知识，全国中级注册安全工程师职业资格考试用书编写组的专家们认真研读现行考试要求，并结合现行法律法规及行业规范，倾力打造了本系列图书。

本系列图书具有以下特点：

（1）紧扣考试大纲，突出重点难点。本系列图书紧扣现行考试大纲，将现行国家规范、标准的内容进行提炼，删繁就简，总结出重难点和常考点，帮助考生归纳精华知识点，使其在短时间内消化吸收，提高备考效率。

（2）多种形式复习，强化知识记忆。在讲解知识点时，本系列图书配以丰富的图形、表格等，使各知识点清晰明了，简明扼要。在安全生产专业实务科目中，单独设置“案例分析”模块，并通过“提示”“链接”“记忆技巧”等方式使考生轻松理解、掌握知识点。

（3）把握试题难易，注重强化练习。依据历年真题中知识点的考查分布，在内文中穿插“典型例题”，帮助考生在巩固知识点的同时进一步提升自己的应试能力。

此外，我们特向购买本系列图书的考生提供三大特色服务，考生可在学习本系列图书的同时通过观看视频、线上做题（天一网校 APP）、获取实时备考资讯等方式，实现线上、线下有效备考。

因图书出版具有特定的时效性，为保障考生利益以及做好后续产品维护，编写组将持续关注新颁布或修订的考试大纲、相关法律法规、标准规范等，如有调整将实时更新相应电子版文件至天一网校，并向购买本系列图书的考生免费提供。具体获取途径如下：注册登录 www.tianyiwangxiao.com→选择首页中的“资源下载”→选择“建筑工程”下的“注册安全工程师”，可获取图书增值服务。

本系列图书如有不足之处，恳请广大读者予以指正。

如有与本系列图书相关的问题或建议，欢迎您致电 4006597013 或者通过 QQ：1400594158 与我们联系，我们将以更加优质、便捷的方式为您提供多方位、多层次的服务。

扫描二维码
获取天一网校APP

全国中级注册安全工程师职业资格考试用书编写组

# 目录

# 第一章　习近平新时代中国特色社会主义思想有关安全生产的内容

## 第一节　国家有关安全的方针政策

### 一、依法治国的基本内容

2018 年 3 月，中共中央印发了《深化党和国家机构改革方案》。方案称：全面依法治国是中国特色社会主义的本质要求和重要保障。为加强党中央对法治中国建设的集中统一领导，健全党领导全面依法治国的制度和工作机制，更好落实全面依法治国基本方略，组建中央全面依法治国委员会，负责全面依法治国的顶层设计、总体布局、统筹协调、整体推进、督促落实，作为党中央决策议事协调机构。

2020 年 11 月 16 日至 17 日，中央全面依法治国工作会议在北京召开。中共党史上首次召开的这一会议，将习近平法治思想明确为全面依法治国的指导思想。这一会议、这一思想，注定影响深远。会上，习近平总书记对推进全面依法治国要重点抓好的工作，提出了 11 个方面的要求，即“11 个坚持”。这“11 个坚持”构成了习近平法治思想的主要内涵：要坚持党对全面依法治国的领导；要坚持以人民为中心；要坚持中国特色社会主义法治道路；要坚持依宪治国、依宪执政；要坚持在法治轨道上推进国家治理体系和治理能力现代化；要坚持建设中国特色社会主义法治体系；要坚持依法治国、依法执政、依法行政共同推进，法治国家、法治政府、法治社会一体建设；要坚持全面推进科学立法、严格执法、公正司法、全民守法；要坚持统筹推进国内法治和涉外法治；要坚持建设德才兼备的高素质法治工作队伍；要坚持抓住领导干部这个“关键少数”。

### 二、党的十九大报告相关内容

习近平代表第十八届中央委员会于 2017 年 10 月 18 日在中国共产党第十九次全国代表大会上向大会作《决胜全面建成小康社会夺取新时代中国特色社会主义伟大胜利》的报告。关于安全生产的内容如下：

打造共建共治共享的社会治理格局。加强社会治理制度建设，完善党委领导、政府负责、社会协同、公众参与、法治保障的社会治理体制，提高社会治理社会化、法治化、智能化、专业化水平。加强预防和化解社会矛盾机制建设，正确处理人民内部矛盾。树立安全发展理念，弘扬生命至上、安全第一的思想，健全公共安全体系，完善安全生产责任制，坚决遏制重特大安全事故，提升防灾减灾救灾能力。

# 第二节　我国安全生产领域改革和发展

## 一、《中共中央 国务院关于推进安全生产领域改革发展的意见》的相关内容

### (一)总体要求

1. 指导思想

全面贯彻党的十八大和十八届三中、四中、五中、六中全会精神,以邓小平理论、"三个代表"重要思想、科学发展观为指导,深入贯彻习近平总书记系列重要讲话精神和治国理政新理念新思想新战略,进一步增强"四个意识",紧紧围绕统筹推进"五位一体"总体布局和协调推进"四个全面"战略布局,牢固树立新发展理念,坚持安全发展,坚守发展决不能以牺牲安全为代价这条不可逾越的红线,以防范遏制重特大生产安全事故为重点,坚持安全第一、预防为主、综合治理的方针,加强领导、改革创新,协调联动、齐抓共管,着力强化企业安全生产主体责任,着力堵塞监督管理漏洞,着力解决不遵守法律法规的问题,依靠严密的责任体系、严格的法治措施、有效的体制机制、有力的基础保障和完善的系统治理,切实增强安全防范治理能力,大力提升我国安全生产整体水平,确保人民群众安康幸福、共享改革发展和社会文明进步成果。

2. 基本原则

基本原则包括:

(1)坚持安全发展;

(2)坚持改革创新;

(3)坚持依法监管;

(4)坚持源头防范;

(5)坚持系统治理。

### (二)健全落实安全生产责任制

健全落实安全生产责任制的内容包括:

(1)明确地方党委和政府领导责任;

(2)明确部门监管责任;

(3)严格落实企业主体责任;

(4)健全责任考核机制;

(5)严格责任追究制度。

### (三)改革安全监管监察体制

改革安全监管监察体制的内容包括:

(1)完善监督管理体制;

(2)改革重点行业领域安全监管监察体制;

(3)进一步完善地方监管执法体制;

(4)健全应急救援管理体制。

### (四)大力推进依法治理

大力推进依法治理的内容包括:

(1)健全法律法规体系;

(2)完善标准体系;
(3)严格安全准入制度;
(4)规范监管执法行为;
(5)完善执法监督机制;
(6)健全监管执法保障体系;
(7)完善事故调查处理机制。

### (五)建立安全预防控制体系

建立安全预防控制体系的内容包括:
(1)加强安全风险管控;
(2)强化企业预防措施;
(3)建立隐患治理监督机制;
(4)强化城市运行安全保障;
(5)加强重点领域工程治理;
(6)建立完善职业病防治体系。

### (六)加强安全基础保障能力建设

加强安全基础保障能力建设的内容包括:
(1)完善安全投入长效机制;
(2)建立安全科技支撑体系;
(3)健全社会化服务体系;
(4)发挥市场机制推动作用;
(5)健全安全宣传教育体系。

#### 典型例题

【单选题】《中共中央 国务院关于推进安全生产领域改革发展的意见》提出加快落实安全生产责任制。根据该意见,下列关于安全生产责任制的说法,正确的是(　　)。

A. 地方党委和政府的安全生产领导责任是全员安全生产责任制的应有之义
B. 党政同责、一岗双责适用于地方各级党政领导,也适用于国有企业党政领导
C. 地方各级党委和政府应做到安全责任、管理、投入、培训和应急救援“五到位”
D. 企业应建立向应急管理部门和职代会报告重大事故隐患治理情况的“双报告”制度

B。【解析】根据《中共中央 国务院关于推进安全生产领域改革发展的意见》,严格落实企业主体责任。企业对本单位安全生产和职业健康工作负全面责任,要严格履行安全生产法定责任,建立健全自我约束、持续改进的内生机制。企业实行全员安全生产责任制度,法定代表人和实际控制人同为安全生产第一责任人,主要技术负责人负有安全生产技术决策和指挥权,强化部门安全生产职责,落实一岗双责。建立企业全过程安全生产和职业健康管理制度,做到安全责任、管理、投入、培训和应急救援“五到位”。故选项 A,C 错误。强化企业预防措施。树立隐患就是事故的观念,建立健全隐患排查治理制度、重大隐患治理情况向负有安全生产监督管理职责的部门和企业职代会“双报告”制度,实行自查自改自报闭环管理。故选项 D 错误。

## 二、《“十四五”国家安全生产规划》的相关内容

### （一）指导思想

以习近平新时代中国特色社会主义思想为指导，全面贯彻落实党的十九大和十九届历次全会精神，增强“四个意识”、坚定“四个自信”、做到“两个维护”，紧紧围绕统筹推进“五位一体”总体布局和协调推进“四个全面”战略布局，坚持人民至上、生命至上，坚守安全发展理念，从根本上消除事故隐患，从根本上解决问题，实施安全生产精准治理，着力破解瓶颈性、根源性、本质性问题，全力防范化解系统性重大安全风险，坚决遏制重特大事故，有效降低事故总量，推进安全生产治理体系和治理能力现代化，以高水平安全保障高质量发展，不断增强人民群众的获得感、幸福感、安全感。

### （二）基本原则

基本原则包括：

（1）系统谋划，标本兼治；

（2）源头防控，精准施治；

（3）深化改革，强化法治；

（4）广泛参与，社会共治。

### （三）规划目标

到2025年，防范化解重大安全风险体制机制不断健全，重大安全风险防控能力大幅提升，安全生产形势趋稳向好，生产安全事故总量持续下降，危险化学品、矿山、消防、交通运输、建筑施工等重点领域重特大事故得到有效遏制，经济社会发展安全保障更加有力，人民群众安全感明显增强。到2035年，安全生产治理体系和治理能力现代化基本实现，安全生产保障能力显著增强，全民安全文明素质全面提升，人民群众安全感更加充实、更有保障、更可持续。

**典型例题**

【单选题】2016年10月31日，全国安全生产监管监察系统先进集体和先进工作者表彰大会在京召开。中共中央总书记、国家主席、中央军委主席习近平作出重要指示，强调各级安全监管监察部门要牢固树立发展决不能以牺牲（　　）为代价的红线意识，以防范和遏制重特大事故为重点，坚持标本兼治，综合治理、系统建设，统筹推进安全生产领域改革发展。

A. 安全　　　　B. 健康

C. 环境　　　　D. 质量

A。【解析】党的十八大以来，以习近平同志为核心的党中央对安全生产工作空前重视，习近平总书记强调，各级安全监管监察部门要牢固树立发展决不能以牺牲安全为代价的红线意识，以防范和遏制重特大事故为重点，坚持标本兼治、综合治理、系统建设，统筹推进安全生产领域改革发展。习近平指出，接连发生的重特大安全生产事故，造成重大人员伤亡和财产损失，必须引起高度重视。人命关天，发展决不能以牺牲人的生命为代价。这必须作为一条不可逾越的红线。

# 第二章 安全生产法律体系基本知识

## 第一节 安全生产法律体系概述

安全生产法律体系是一个包含多种法律形式和法律层次的综合性系统，从法律规范的形式和特点来讲，既包括作为整个安全生产法律法规基础的宪法规范，也包括行政法律规范、技术性法律规范、程序性法律规范。

我国安全生产法律体系的特点包括：法律规范的内容和形式具有多样性；法律规范的相互关系具有系统性；法律规范的调整对象和阶级意志具有统一性。

## 第二节 安全生产法律体系的框架

### 一、安全生产法律体系的分类

按法律地位及效力同等原则，安全生产法律体系分为以下六个门类：

#### （一）宪法

《中华人民共和国宪法》（以下简称《宪法》）是安全生产法律体系框架的最高层级，《宪法》中“加强劳动保护，改善劳动条件”是有关安全生产方面最高法律效力的规定。

#### （二）安全生产方面的法律

1. 安全生产法

我国有关安全生产的法律包括《中华人民共和国安全生产法》（以下简称《安全生产法》）和与它平行的专门法律和相关法律。《安全生产法》是综合规范安全生产法律制度的法律，它适用于所有生产经营单位，是我国安全生产法律体系的核心。

2. 安全生产单行法律

安全生产单行法律是针对某一专业领域的安全生产法律。如《中华人民共和国矿山安全法》《中华人民共和国道路交通安全法》《中华人民共和国消防法》《中华人民共和国特种设备安全法》《中华人民共和国建筑法》等。

3. 安全生产相关法律

安全生产相关法律是指安全生产专门法律以外的其他含有安全生产内容的法律，如《中华人民共和国劳动法》《中华人民共和国煤炭法》《中华人民共和国铁路法》《中华人民共和国民用航空法》《中华人民共和国工会法》《中华人民共和国全民所有制企业法》《中华人民共和国乡镇企业法》《中华人民共和国矿产资源法》等。还有一些与安全生产监督执法工作有关的法律，如《中华人民共和国刑法》《中华人民共和国刑事诉讼法》《中华人民共和国行政处罚法》《中华人民共和国行政强制法》《中华人民共和国行政复议法》《中华人民共和国国家赔偿法》《中华人民共和国标准化法》等。

## （三）安全生产行政法规

安全生产行政法规是由国务院组织制定并批准公布的，为实施安全生产法律规范、安全生产监督管理制度而制定的行政法规，是实施安全生产监督管理和监察工作的重要依据，如《安全生产许可证条例》《生产安全事故报告和调查处理条例》《危险化学品安全管理条例》《煤矿安全监察条例》等。

## （四）安全生产部门规章

国务院部门安全生产规章由有关部门为加强安全生产工作而颁布的规范性文件组成，从部门角度可划分为：交通运输业、化学工业、石油工业、机械工业、电子工业、冶金工业、电力工业、建筑业、建材工业、航空航天业、船舶工业、轻纺工业、煤炭工业、地质勘探业、农村和乡镇工业、技术装备与统计工作、安全评价与竣工验收、劳动保护用品、培训教育、事故调查与处理、职业危害、特种设备、防火防爆和其他部门等。部门安全生产规章作为安全生产法律法规的重要补充，在我国安全生产监督管理工作中起着十分重要的作用。

根据《中华人民共和国立法法》（以下简称《立法法》）的规定，部门规章应当经部务会议或者委员会会议决定。部门规章由部门首长签署命令予以公布。部门规章签署公布后，及时在国务院公报或者部门公报和中国政府法制信息网以及在全国范围内发行的报纸上刊载。

## （五）地方性安全生产法规

地方性安全生产法规是指由有立法权的地方权力机关，即省级或设区的市级人民代表大会及其常务委员会制定的安全生产规范性文件，是由法律授权制定的，是对国家安全生产法律、法规的补充和完善，以解决本地区某一特定的安全生产问题为目标，具有较强的针对性和可操作性。

《立法法》第七十二条规定，省、自治区、直辖市的人民代表大会及其常务委员会根据本行政区域的具体情况和实际需要，在不同宪法、法律、行政法规相抵触的前提下，可以制定地方性法规。设区的市的人民代表大会及其常务委员会根据本市的具体情况和实际需要，在不同宪法、法律、行政法规和本省、自治区的地方性法规相抵触的前提下，可以对城乡建设与管理、环境保护、历史文化保护等方面的事项制定地方性法规，法律对设区的市制定地方性法规的事项另有规定的，从其规定。设区的市的地方性法规须报省、自治区的人民代表大会常务委员会批准后施行。省、自治区的人民代表大会常务委员会对报请批准的地方性法规，应当对其合法性进行审查，同宪法、法律、行政法规和本省、自治区的地方性法规不抵触的，应当在4个月内予以批准。

## （六）安全生产地方政府规章

地方政府安全生产规章一方面从属于法律和行政法规，另一方面又从属于地方法规，并且不能与它们相抵触。

根据《立法法》的规定，地方政府规章应当经政府常务会议或者全体会议决定。地方政府规章由省长、自治区主席、市长或者自治州州长签署命令予以公布。地方政府规章签署公布后，及时在本级人民政府公报和中国政府法制信息网以及在本行政区域范围内发行的报纸上刊载。

《立法法》第八十二条规定，省、自治区、直辖市和设区的市、自治州的人民政府，可以根据法律、行政法规和本省、自治区、直辖市的地方性法规，制定规章。

地方政府规章可以就下列事项作出规定：

(1)为执行法律、行政法规、地方性法规的规定需要制定规章的事项；

(2)属于本行政区域的具体行政管理事项。

设区的市、自治州的人民政府根据本条上述规定制定地方政府规章，限于城乡建设与管理、环境保护、历史文化保护等方面的事项。已经制定的地方政府规章，涉及上述事项范围以外的，继续有效。

除省、自治区的人民政府所在地的市，经济特区所在地的市和国务院已经批准的较大的市以外，其他设区的市、自治州的人民政府开始制定规章的时间，与本省、自治区人民代表大会常务委员会确定的本市、自治州开始制定地方性法规的时间同步。

应当制定地方性法规但条件尚不成熟的，因行政管理迫切需要，可以先制定地方政府规章。规章实施满两年需要继续实施规章所规定的行政措施的，应当提请本级人民代表大会或者其常务委员会制定地方性法规。

没有法律、行政法规、地方性法规的依据，地方政府规章不得设定减损公民、法人和其他组织权利或者增加其义务的规范。

## 二、安全生产法律体系的效力层级

安全生产方面的法律规范比较多，具体执行有关规定时应当注意互相之间的效力层级问题，具体包括以下几个方面：

### (一)纵向效力层级

1. 宪法至上

《立法法》第八十七条规定，宪法具有最高的法律效力，一切法律、行政法规、地方性法规、自治条例和单行条例、规章都不得同宪法相抵触。

2. 上位法优先于下位法

《立法法》第八十八条规定，法律的效力高于行政法规、地方性法规、规章。行政法规的效力高于地方性法规、规章。

《立法法》第八十九条规定，地方性法规的效力高于本级和下级地方政府规章。省、自治区的人民政府制定的规章的效力高于本行政区域内的设区的市、自治州的人民政府制定的规章。

### (二)横向效力层级

1. 特别法优先于一般法、新法优先于旧法

《立法法》第九十二条规定，同一机关制定的法律、行政法规、地方性法规、自治条例和单行条例、规章，特别规定与一般规定不一致的，适用特别规定；新的规定与旧的规定不一致的，适用新的规定。

2. 需要裁决的特殊情形

《立法法》第九十四条规定，法律之间对同一事项的新的一般规定与旧的特别规定不一致，不能确定如何适用时，由全国人民代表大会常务委员会裁决。行政法规之间对同一事项的新的一般规定与旧的特别规定不一致，不能确定如何适用时，由国务院裁决。

《立法法》第九十五条规定，地方性法规、规章之间不一致时，由有关机关依照下列规定的权限作出裁决：

(1)同一机关制定的新的一般规定与旧的特别规定不一致时，由制定机关裁决。

(2)地方性法规与部门规章之间对同一事项的规定不一致，不能确定如何适用时，由国务院提出意见，国务院认为应当适用地方性法规的，应当决定在该地方适用地方性法规的规定；认为应当适用部门规章的，应当提请全国人民代表大会常务委员会裁决。

(3)部门规章之间、部门规章与地方政府规章之间对同一事项的规定不一致时，由国务院裁决。

根据授权制定的法规与法律规定不一致，不能确定如何适用时，由全国人民代表大会常务委员会裁决。

3. 规章的同等效力

《立法法》第九十一条规定，部门规章之间、部门规章与地方政府规章之间具有同等效力，在各自的权限范围内施行。

4. 自治条例和单行条例和经济特区法规效力的特别规定

《立法法》第九十条规定，自治条例和单行条例依法对法律、行政法规、地方性法规作变通规定的，在本自治地方适用自治条例和单行条例的规定。经济特区法规根据授权对法律、行政法规、地方性法规作变通规定的，在本经济特区适用经济特区法规的规定。

**典型例题**

【单选题】我国安全生产国家标准与行业标准的制定修订程序的不同之处是(　　)。

A. 国家标准无备案阶段，行业标准有备案阶段

B. 国家标准有备案阶段，行业标准无备案阶段

C. 国家标准有复审要求，行业标准无复审要求

D. 国家标准无复审要求，行业标准有复审要求

A。【解析】中国国家标准的制定程序划分为：预阶段、立项阶段、起草阶段、征求意见阶段、审查阶段、批准阶段、出版阶段、复审阶段、废止阶段。修订程序划分为：立项阶段、修订阶段、征求意见阶段、审查阶段、批准阶段、出版阶段、复审阶段、废止阶段。行业标准的制定、修订程序和国家标准的制定、修订程序基本一样，不同之处是行业标准有一个备案阶段，需向国务院标准化行政主管部门备案。

# 第三章 《安全生产法》的相关内容及解读

## 第一节 《安全生产法》概述

### 一、立法目的

《安全生产法》第一条规定，为了加强安全生产工作，防止和减少生产安全事故，保障人民群众生命和财产安全，促进经济社会持续健康发展，制定本法。

由此可见，《安全生产法》的立法目的可以总结为以下四点：

(1)加强安全生产工作；

(2)防止和减少生产安全事故；

(3)保障人民群众生命和财产安全；

(4)促进经济社会持续健康发展。

### 二、适用范围

《安全生产法》第二条规定，在中华人民共和国领域内从事生产经营活动的单位(以下统称生产经营单位)的安全生产，适用本法；有关法律、行政法规对消防安全和道路交通安全、铁路交通安全、水上交通安全、民用航空安全以及核与辐射安全、特种设备安全另有规定的，适用其规定。

#### (一)适用的主体范围

本法适用的主体范围，是在中华人民共和国领域内从事生产经营活动的单位，是指一切合法或者非法从事生产经营活动的企业、事业单位和个体经济组织以及其他组织。包括国有企业事业单位、集体所有制的企业事业单位、股份制企业、中外合资经营企业、中外合作经营企业、外交企业、合伙企业、个人独资企业等，不论其性质如何、规划大小，只要是从事生产经营活动，都应遵守本法的各项规定。

另外，这里讲的“生产经营活动”，适用的范围只在生产经营领域。不属于生产经营活动中的安全问题，如公共场所活动中的安全问题，就不属于本法的调整范围。

#### (二)适用除外的规定

考虑到有一部分生产经营活动的单位或者某些安全事项有特殊性，对其单独立法进行规范是必要的。例如，对于消防安全、道路交通安全、铁路交通安全、水上交通安全、民用航空安全以及核与辐射安全、特种设备安全，有专门的法律作了有针对性的规定。也就是说，在这些领域中的安全事务，由有关的法律、行政法规进行调整，执行有关法律、行政法规中已作出的规定。对于一些安全生产方面的问题，上述法律、行政法规中未作规定的，仍然要适用本法的规定。

## 三、安全生产工作方针和工作机制

《安全生产法》第三条规定，安全生产工作坚持中国共产党的领导。安全生产工作应当以人为本，坚持人民至上、生命至上，把保护人民生命安全摆在首位，树牢安全发展理念，坚持安全第一、预防为主、综合治理的方针，从源头上防范化解重大安全风险。安全生产工作实行管行业必须管安全、管业务必须管安全、管生产经营必须管安全，强化和落实生产经营单位主体责任与政府监管责任，建立生产经营单位负责、职工参与、政府监管、行业自律和社会监督的机制。

该条文规定了安全生产的原则、方针和主体责任等内容，可以从以下方面理解：

### （一）“以人为本”的原则

生产过程中必须坚持“以人为本”的原则。在生产与安全的关系中，一切以安全为重，安全必须排在第一位。

### （二）工作方针

安全生产工作应当坚持安全第一、预防为主、综合治理的方针。这一方针是开展安全生产工作总的指导方针，是长期实践的经验总结。

### （三）主体责任

生产经营单位，是生产经营活动的主体，也是直接承担安全生产工作责任的主体。生产经营单位安全生产主体责任，是指生产经营单位依照法律、法规，应当履行的安全生产法定职责和义务。生产经营单位承担的安全生产主体责任，是指生产经营单位在生产经营活动全过程中必须履行相应义务、承担责任，接受未尽责的追究。

### （四）工作格局

安全生产工作要建立生产经营单位负责、职工参与、政府监管、行业自律和社会监督的机制。建立这一工作格局，目的是形成齐抓共管的合力。

## 四、生产经营单位的基本义务概述

《安全生产法》第四条规定，生产经营单位必须遵守本法和其他有关安全生产的法律、法规，加强安全生产管理，建立健全全员安全生产责任制和安全生产规章制度，加大对安全生产资金、物资、技术、人员的投入保障力度，改善安全生产条件，加强安全生产标准化、信息化建设，构建安全风险分级管控和隐患排查治理双重预防机制，健全风险防范化解机制，提高安全生产水平，确保安全生产。平台经济等新兴行业、领域的生产经营单位应当根据本行业、领域的特点，建立健全并落实全员安全生产责任制，加强从业人员安全生产教育和培训，履行本法和其他法律、法规规定的有关安全生产义务。

据此，生产经营单位的基本义务可以概括为以下几个方面：

### （一）遵守法律、法规的义务

安全生产管理，必须坚持法治的原则。生产经营单位必须遵守本法和其他有关安全生产的法律、法规。

### （二）加强安全生产管理

安全生产管理是企业管理的重要内容，“管生产必须管安全”。生产经营单位必须严格遵守安全生产法律法规、规章制度与技术标准,依法依规加强安全生产,加大安全投入,要依法设置安全生产的管理机构、管理人员,建立健全本单位安全生产的各项规章制度并组织实施,保持安全设备设施完好有效。

### (三)建立健全全员安全生产责任制和安全生产规章制度

安全生产责任制,即根据安全生产法规建立的各级领导、职能部门、安全生产管理人员、工程技术人员、操作人员在劳动生产过程中对安全生产层层负责的制度。安全生产责任制是企业中最基本的一项安全制度,也是企业安全生产、劳动保护管理制度的核心。

安全生产规章制度,以安全生产责任制为核心,是安全生产的行为准则。其作用是明确各岗位安全职责,规范安全生产行为,建立和维护安全生产秩序。包括安全生产责任制、安全操作规程和基本的安全生产管理制度。是生产经营单位制定的组织生产过程和进行生产管理的规则和制度的总和。也称为内部劳动规则,是生产经营单位内部的“法律”。

### (四)改善安全生产条件

安全生产条件,是指生产经营单位在安全生产中的设施、设备、场所、环境等“硬件”方面的条件,这些条件是与安全生产责任制度相配套的。生产经营单位在符合安全生产条件的基础上,还要不断改善安全生产条件,从根本上促进安全生产水平的提升。

## 五、生产经营单位主要负责人的主体责任

《安全生产法》第五条规定,生产经营单位的主要负责人是本单位安全生产第一责任人,对本单位的安全生产工作全面负责。其他负责人对职责范围内的安全生产工作负责。

不同组织形式的企业的生产经营单位的主要负责人有所不同。对于公司制的企业,有限责任公司和股份有限公司的主要负责人应当是公司董事长和经理(总经理、首席执行官或其他实际履行经理职责的企业负责人)。对于非公司制的企业,主要负责人为企业的厂长、经理、矿长等企业行政管理人员。

安全生产工作是企业管理工作中的重要内容,涉及企业生产经营活动的各个方面,必须由企业主要负责人统一领导、统筹协调、负全面责任。生产经营单位可以安排副职负责人协助主要负责人分管安全生产工作,但不能因此减轻或免除主要负责人对本单位安全生产工作所负的全面责任。

## 六、工会在安全生产方面的职责

《安全生产法》第七条规定,工会依法对安全生产工作进行监督。生产经营单位的工会依法组织职工参加本单位安全生产工作的民主管理和民主监督,维护职工在安全生产方面的合法权益。生产经营单位制定或者修改有关安全生产的规章制度,应当听取工会的意见。

工会对安全生产工作的监督可以表现在以下方面:工会有权对建设项目的安全设施与主体工程同时设计、同时施工、同时投入生产和使用进行监督,提出意见。对生产经营单位违反安全生产法律、法规,侵犯从业人员合法权益的行为,有权要求纠正。发现生产经营单位违章指挥,强令冒险作业或者发现事故隐患时,有权提出解决的建议。有权依法参加事故调查,向有关部门提出处理意见。

由工会通过职工代表大会或者其他形式,组织职工群众参加本单位安全生产工作的民主管理和民主监督,可以使职工群众在安全生产方面的民主管理和民主监督权利得到更充分地保证和更有效地行使。

工会是劳动者利益的代表,是职工利益的表达者和维护者。表达和维护广大职工群众的合法权益,是工会的基本职责,是工会一切工作的出发点和落脚点。工会作为职工维权的第一知情者、第一责任者和第一实施者,用人单位制定或者修改有关安全生产方面的规章制度,应当听取工会的意见。

## 七、政府机关在安全生产方面的职责

### (一)各级人民政府在安全生产方面的职责

《安全生产法》第八条规定,国务院和县级以上地方各级人民政府应当根据国民经济和社会发展规划制定安全生产规划,并组织实施。安全生产规划应当与国土空间规划等相关规划相衔接。各级人民政府应当加强安全生产基础设施建设和安全生产监管能力建设,所需经费列入本级预算。县级以上地方各级人民政府应当组织有关部门建立完善安全风险评估与论证机制,按照安全风险管控要求,进行产业规划和空间布局,并对位置相邻、行业相近、业态相似的生产经营单位实施重大安全风险联防联控。

《安全生产法》第九条规定,国务院和县级以上地方各级人民政府应当加强对安全生产工作的领导,建立健全安全生产工作协调机制,支持、督促各有关部门依法履行安全生产监督管理职责,及时协调、解决安全生产监督管理中存在的重大问题。乡镇人民政府和街道办事处,以及开发区、工业园区、港区、风景区等应当明确负责安全生产监督管理的有关工作机构及其职责,加强安全生产监管力量建设,按照职责对本行政区域或者管理区域内生产经营单位安全生产状况进行监督检查,协助人民政府有关部门或者按照授权依法履行安全生产监督管理职责。

国务院和县级以上地方各级人民政府的职责可以分为两条:一是制定安全生产规划。安全生产规划,是各级人民政府制订的比较全面长远的安全生产发展计划,具有整体性、长期性、系统性、及时性、强制性等特点。二是对安全生产工作的领导职责。包括加强领导、对各有关部门的安全生产监管工作依法进行支持和督促、建立健全安全生产工作协调机制、及时解决安全生产监督管理中存在的重大问题等内容。

乡镇人民政府和街道办事处,以及开发区、工业园区、港区、风景区等机构在安全生产方面的职责主要包括两个方面:一是按照有关法规规定的职责对本行政区域内生产经营单位的安全生产状况进行监督检查,二是协助上级人民政府有关部门依法履行安全生产监督管理职责。

《安全生产法》第十三条规定,各级人民政府及其有关部门应当采取多种形式,加强对有关安全生产的法律、法规和安全生产知识的宣传,增强全社会的安全生产意识。

各级人民政府应当采取多种形式,利用电视、报纸、广播以及互联网等新媒体,大力开展对安全生产法律、法规的宣传,使有关安全生产的法律、法规被广大职工和公众所熟悉。

### (二)国务院应急管理部门的监管职责

《安全生产法》第十条规定,国务院应急管理部门依照本法,对全国安全生产工作实施综合监督管理;县级以上地方各级人民政府应急管理部门依照本法,对本行政区域内安全生产工作实施综合监督管理。国务院交通运输、住房和城乡建设、水利、民航等有关部门依照本法和其他有关法律、行政法规的规定，在各自的职责范围内对有关行业、领域的安全生产工作实施监督管理；县级以上地方各级人民政府有关部门依照本法和其他有关法律、法规的规定，在各自的职责范围内对有关行业、领域的安全生产工作实施监督管理。对新兴行业、领域的安全生产监督管理职责不明确的，由县级以上地方各级人民政府按照业务相近的原则确定监督管理部门。应急管理部门和对有关行业、领域的安全生产工作实施监督管理的部门，统称负有安全生产监督管理职责的部门。负有安全生产监督管理职责的部门应当相互配合、齐抓共管、信息共享、资源共用，依法加强安全生产监督管理工作。

## 八、国家标准、行业标准的制定和执行

《安全生产法》第十一条规定，国务院有关部门应当按照保障安全生产的要求，依法及时制定有关的国家标准或者行业标准，并根据科技进步和经济发展适时修订。生产经营单位必须执行依法制定的保障安全生产的国家标准或者行业标准。

《安全生产法》第十二条规定，国务院有关部门按照职责分工负责安全生产强制性国家标准的项目提出、组织起草、征求意见、技术审查。国务院应急管理部门统筹提出安全生产强制性国家标准的立项计划。国务院标准化行政主管部门负责安全生产强制性国家标准的立项、编号、对外通报和授权批准发布工作。国务院标准化行政主管部门、有关部门依据法定职责对安全生产强制性国家标准的实施进行监督检查。

## 九、有关协会组织在安全生产方面的职责

《安全生产法》第十四条规定，有关协会组织依照法律、行政法规和章程，为生产经营单位提供安全生产方面的信息、培训等服务，发挥自律作用，促进生产经营单位加强安全生产管理。

协会组织是依法成立的社团法人，依据其成员共同制定的章程体现其组织职能，维护本行业企业的权益，规范市场行为，增强抵御市场风险的能力。协会组织的主要功能主要体现在：协调职能、服务职能、监管职能。

## 十、安全生产技术、管理服务机构的职责

《安全生产法》第十五条规定，依法设立的为安全生产提供技术、管理服务的机构，依照法律、行政法规和执业准则，接受生产经营单位的委托为其安全生产工作提供技术、管理服务。生产经营单位委托前款规定的机构提供安全生产技术、管理服务的，保证安全生产的责任仍由本单位负责。

从事专业安全生产服务机构必须要符合法律、法规等规定的设立条件，其人员也要有一定的资质条件，并在许可的范围内开展活动。安全生产服务机构开展安全生产技术服务，应当遵守公开、公正、诚信和自愿的原则。安全生产服务机构必须遵守法律、行政法规的有关规定和执业准则，按照生产经营单位的委托，提供有关的安全评价、检测、检验、认证、咨询、培训、管理等服务。根据合同法的规定，在委托范围之内，受托机构的一切行为后果都由委托的生产经营单位承担。其安全生产责任并不因为委托相关机构就减轻或免除。

## 十一、生产安全事故责任追究制度

《安全生产法》第十六条规定,国家实行生产安全事故责任追究制度,依照本法和有关法律、法规的规定,追究生产安全事故责任单位和责任人员的法律责任。

生产安全事故责任单位和责任人承担的法律责任主要有:

### (一)行政责任

行政责任是指有违反有关行政管理的法律、法规的规定所依法应当承担的法律后果。行政处分的种类包括警告、记过、记大过、降级、撤职、开除等。行政处罚的种类包括警告、罚款、没收违法所得、没收非法财物、责令停产停业、暂扣或者吊销营业执照、行政拘留等。

### (二)民事责任

民事责任是指民事主体依照法律规定或者按照当事人约定,履行民事义务,承担民事责任。

### (三)刑事责任

刑事责任是指有依照刑法规定构成犯罪的严重违法行为所应承担的法律后果。对生产安全事故造成严重事故后果的,明确依照刑法追究刑事责任。

## 十二、国家鼓励单位与个人进行科学研究和技术革新

《安全生产法》第十八条规定,国家鼓励和支持安全生产科学技术研究和安全生产先进技术的推广应用,提高安全生产水平。

该条规定主要包括以下两个方面的内容:一是国家鼓励和支持安全生产的科学技术研究。二是国家鼓励和支持安全生产先进技术的推广应用。安全生产的科学技术成果,只有在生产经营实践中得到推广应用,才能发挥保障生产安全的实际作用。

《安全生产法》第十九条规定,国家对在改善安全生产条件、防止生产安全事故、参加抢险救护等方面取得显著成绩的单位和个人,给予奖励。

该条阐述的是对在安全生产方面取得显著成绩的单位和个人给予奖励。国家对在以下三方面为安全生产工作作出显著成绩的给予奖励:

(1)在改善安全生产条件方面作出显著成绩的;

(2)在防止生产安全事故方面作出显著成绩的;

(3)参加抢险救护作出显著成绩的。

# 第二节　生产经营单位的安全生产保障义务

## 一、生产经营单位应当具备的安全生产条件

《安全生产法》第二十条规定,生产经营单位应当具备本法和有关法律、行政法规和国家标准或者行业标准规定的安全生产条件;不具备安全生产条件的,不得从事生产经营活动。

为了进一步强调安全生产条件对于保障安全生产的重要性,生产经营单位从事生产

经营活动，必须具备法律、行政法规规定的安全生产条件生产经营单位要保证生产经营活动安全地进行，必须在生产经营设施、设备、人员素质、管理制度、采用的工艺技术等方面达到相应的要求，具备必要的安全生产条件。

生产经营单位从事生产经营活动，必须具备有关国家标准或者行业标准规定的安全生产条件。我国安全生产的国家标准或者行业标准主要包括安全生产技术、管理方面的标准，生产设备、工具的安全标准，生产工艺的安全标准、劳动防护用品标准等。

## 二、生产经营单位主要负责人的安全生产职责

### （一）生产经营单位主要负责人的七项基本职责

根据《安全生产法》第二十一条的规定，生产经营单位的主要负责人对本单位安全生产工作负有以下七项职责：

1. 建立健全并落实本单位全员安全生产责任制，加强安全生产标准化建设

建立健全安全生产责任制是落实安全生产责任的核心，必须具有全面性，做到安全工作层层有人负责。生产经营单位负责人必须亲自带头，自觉执行责任制的规定。

2. 组织制定并实施本单位安全生产规章制度和操作规程

制定安全生产规章制度和操作规程是加强本单位安全生产管理非常重要的基础性工作，需要强有力的组织保障和推动才能顺利完成。

3. 组织制定并实施本单位安全生产教育和培训计划

组织制订和实施安全生产教育和培训计划涉及本单位整个生产经营活动的布局安排、资金保障、人员调度等重大问题，客观上需要生产经营单位的主要负责人亲自组织推动。针对实践中生产经营单位不重视安全生产教育和培训、安全生产教育和培训流于形式等突出问题，也有必要将组织制订并实施本单位安全生产教育和培训计划作为主要负责人的法定职责，促使生产经营单位进一步扎实做好安全生产教育和培训。

4. 保证本单位安全生产投入的有效实施

生产经营单位的主要负责人应保证本单位安全生产方面的投入有效实施，并保证这项投入真正用于本单位有安全生产工作，在经济效益与安全生产方面找到最佳结合点，促进安全地生产经营。

5. 组织建立并落实安全风险分级管控和隐患排查治理双重预防工作机制，督促、检查本单位的安全生产工作，及时消除生产安全事故隐患

生产经营单位的主要负责人应当经常性地对本单位的安全生产工作进行督促、检查，对检查中发现的问题及时解决，对存在的生产安全事故隐患及时予以排除。

6. 组织制定并实施本单位的生产安全事故应急预案

生产安全事故应急预案对于防止事故扩大和迅速抢救受害人员，尽可能地减少损失，具有重要的作用。它是一个涉及多方面工作的系统工程，需要生产经营单位主要负责人组织制定和实施，一旦发生事故也要亲自指挥、调度。

7. 及时、如实报告生产安全事故

生产经营单位的主要负责人应当按照《安全生产法》和其他法律、法规、规章的规定，及时、如实报告生产安全事故，不得隐瞒不报、谎报或者迟报。

### （二）发生生产安全事故时单位主要负责人的职责

《安全生产法》第五十条规定，生产经营单位发生生产安全事故时，单位的主要负责人应当立即组织抢救，并不得在事故调查处理期间擅离职守。

生产经营单位主要负责人作为本单位的首要领导以及安全生产的第一责任人，在事故发生后，应当坚守岗位，组织事故抢救，并积极配合有关部门进行事故调查和处理。如果发生的生产安全事故属于重大责任事故，且其行为构成《刑法》规定的重大责任事故罪、重大劳动安全事故罪以及其他犯罪时，还可能要追究主要负责人的刑事责任。因此，单位的主要负责人不得擅离职守，而应坚守岗位、积极组织抢救并等候处理。

## 三、生产经营单位应建立安全生产责任制

《安全生产法》第二十二条规定，生产经营单位的安全生产责任制应当明确各岗位的责任人员、责任范围和考核标准等内容。生产经营单位应当建立相应的机制，加强对全员安全生产责任制落实情况的监督考核，保证全员安全生产责任制的落实。

安全生产责任制的要求可总结为“三定”，即定岗位、定人员、定安全责任。生产经营单位的各级负责生产和经营的管理人员，在完成生产或者经营任务的同时，对保证生产安全负责；各职能部门的人员，对自己业务范围内有关的安全生产负责；班组长、特种作业人员对其岗位的安全生产工作负责；从业人员应在自己本职工作范围内做到安全生产。其次，生产经营单位应当建立完善安全生产责任制监督、考核、奖惩的相关制度，明确安全生产管理机构和人事、财务等相关职能部门的职责。安全生产责任制的落实情况应当与生产经营单位的安全生产奖惩措施挂钩。

## 四、生产经营单位应具备必需的安全生产投入

《安全生产法》第二十三条规定，生产经营单位应当具备的安全生产条件所必需的资金投入，由生产经营单位的决策机构、主要负责人或者个人经营的投资人予以保证，并对由于安全生产所必需的资金投入不足导致的后果承担责任。有关生产经营单位应当按照规定提取和使用安全生产费用，专门用于改善安全生产条件。安全生产费用在成本中据实列支。安全生产费用提取、使用和监督管理的具体办法由国务院财政部门会同国务院应急管理部门征求国务院有关部门意见后制定。

生产经营单位要达到安全生产条件，必须要有一定的资金保证，用于安全设施的建设、安全设备的购置、为从业人员配备劳动防护用品、对安全设备进行检测、维护、保养等。

## 五、设立安全生产管理组织和配备安全生产管理人员的规定

《安全生产法》第二十四条规定，矿山、金属冶炼、建筑施工、运输单位和危险物品的生产、经营、储存、装卸单位，应当设置安全生产管理机构或者配备专职安全生产管理人员。前款规定以外的其他生产经营单位，从业人员超过 100 人的，应当设置安全生产管理机构或者配备专职安全生产管理人员；从业人员在 100 人以下的，应当配备专职或者兼职的安全生产管理人员。

对于一般生产经营单位根据从业人员的数量有不同规定。从业人员超过 100 人的生

产经营单位是规模比较大的生产经营单位，大多是人员密集的作业场所，例如，大型服装加工企业；群众性活动场所。对于这类生产经营单位，考虑到其规模较大，一旦发生事故，造成的损失也可能较大，安全生产工作尤其重要。因此，必须在单位内成立专门从事安全生产管理工作的机构，或者配备专职的人员从事安全生产管理工作。从业人员在100人以下的其他生产经营单位，从事的生产经营活动风险较小，生产经营的规模也较小。因此，法律规定不要求其必须设置安全生产管理机构，可以配备专职的安全生产管理人员，也可以配备兼职的安全生产管理人员。

## 六、生产经营单位主要负责人和安全生产管理人员的能力要求

《安全生产法》第二十七条规定，生产经营单位的主要负责人和安全生产管理人员必须具备与本单位所从事的生产经营活动相应的安全生产知识和管理能力。危险物品的生产、经营、储存、装卸单位以及矿山、金属冶炼、建筑施工、运输单位的主要负责人和安全生产管理人员，应当由主管的负有安全生产监督职责的部门对其生产知识和管理能力考核合格。考核不得收费。危险物品的生产、储存、装卸单位以及矿山、金属冶炼单位应当有注册安全工程师从事安全生产管理工作。鼓励其他生产经营单位聘用注册安全工程师从事安全生产管理工作。注册安全工程师按专业分类管理，具体办法由国务院人力资源和社会保障部门、国务院应急管理部门会同国务院有关部门制定。

一般来说，生产经营单位的主要负责人应当具备下列条件：①熟悉和了解并能认真贯彻国家有关安全生产的法律、法规、规章以及方针政策，以及与本单位有关的安全标准；②基本掌握安全分析、安全决策及事故预测和防护知识，具有审查安全建设规划、计划、大中修施工方案的安全决策知识；③具有一定文化程度，受过一定的安全技术培训，具有一定的从事本行业工作的经验，基本熟悉和掌握对本单位所从事的生产经营活动必需的安全知识；④具有一定组织管理能力，较好地组织和领导本单位的安全生产工作。

一般来讲，生产经营单位的安全生产管理人员的安全生产知识要高于主要负责人，并要有相应的现场安全管理能力，应当具备下列条件：①熟悉并能认真贯彻国家有关安全生产的法律、法规、规章和方针政策，以及与本单位有关的安全生产规章制度、操作规程及相关的安全标准；②掌握安全分析、安全决策及事故预测和防护知识，具有审查安全建设规划、计划、大中修施工方案的安全决策知识；③具有一定文化程度，受过一定的安全技术培训，具有从事本行业的经验，熟悉和掌握对本单位所从事的生产经营活动必需的安全知识，并能够熟练地在安全生产管理工作中运用；④具有一定组织管理能力，较好地组织和领导相应的安全生产工作，具有较好的现场安全生产管理能力。

《注册安全工程师分类管理办法》第十四条规定，取得注册安全工程师职业资格证书并经注册的人员，表明其具备与所从事的生产经营活动相应的安全生产知识和管理能力，可视为其安全生产知识和管理能力考核合格。

## 七、安全生产管理机构以及安全生产管理人员的职责

### （一）安全生产管理机构以及安全生产管理人员应履行的基本职责

《安全生产法》第二十五条规定，生产经营单位的安全生产管理机构以及安全生产管

理人员履行以下七项职责：

(1)组织或者参与拟定本单位安全生产规章制度、操作规程和生产安全事故应急救援预案；

(2)组织或者参与本单位安全生产教育和培训，如实记录安全生产教育和培训情况；

(3)组织开展危险源辨识和评估，督促落实本单位重大危险源的安全管理措施；

(4)组织或者参与本单位应急救援演练；

(5)检查本单位的安全生产状况，及时排查生产安全事故隐患，提出改进安全生产管理的建议；

(6)制止和纠正违章指挥、强令冒险作业、违反操作规程的行为；

(7)督促落实本单位安全生产整改措施。

**典型例题**

【单选题】张某是某化工工厂的厂长，李某是该厂安全生产管理人员。根据《安全生产法》，下列关于张某和李某安全生产职责的说法中，正确的是(　　)。

A. 张某负责拟订安全生产规章制度、操作规程和生产安全事故应急救援预案

B. 李某负责组织或者参与安全生产教育和培训，如实记录安全生产教育和培训情况

C. 张某负责检查安全生产状况，及时排查生产安全事故隐患，提出改进安全生产管理的建议

D. 李某负责实施安全事故应急救援预案，参与应急救援演练

B。【解析】《安全生产法》第二十五条规定，生产经营单位的安全生产管理机构以及安全生产管理人员履行下列职责：(1)组织或者参与拟订本单位安全生产规章制度、操作规程和生产安全事故应急救援预案。(2)组织或者参与本单位安全生产教育和培训，如实记录安全生产教育和培训情况。(3)组织开展危险源辨识和评估，督促落实本单位重大危险源的安全管理措施。(4)组织或者参与本单位应急救援演练。(5)检查本单位的安全生产状况，及时排查生产安全事故隐患，提出改进安全生产管理的建议。(6)制止和纠正违章指挥、强令冒险作业、违反操作规程的行为。(7)督促落实本单位安全生产整改措施。

### (二)安全生产管理人员应做到恪尽职守依法履职

《安全生产法》第二十六条规定，生产经营单位的安全生产管理机构以及安全生产管理人员应当恪尽职守，依法履行职责。生产经营单位作出涉及安全生产的经营决策，应当听取安全生产管理机构以及安全生产管理人员的意见。生产经营单位不得因安全生产管理人员依法履行职责降低其工资、福利等待遇或者解除与其订立的劳动合同。危险物品的生产、储存单位以及矿山、金属冶炼单位的安全生产管理人员的任免，应当告知主管的负有安全生产管理职责的部门。

### (三)生产经营单位安全生产管理人员的检查与报告

《安全生产法》第四十六条规定，生产经营单位的安全生产管理人员应当根据本单位的生产经营特点，对安全生产状况进行经常性检查；对检查中发现的安全问题，应当立即

处理；不能处理的，应当及时报告本单位有关负责人，有关负责人应当及时处理。检查及处理情况应当如实记录在案。生产经营单位的安全生产管理人员在检查中发现重大事故隐患，依照前款规定向本单位有关负责人报告，有关负责人不及时处理的，安全生产管理人员可以向主管的负有安全生产监督管理职责的部门报告，接到报告的部门应当依法及时处理。

一般来说，安全检查主要从以下几个方面进行：

(1)查制度，即检查本单位的安全生产规章制度是否健全、完善；

(2)查设备，即检查本单位的安全设备、设施是否处于正常的运行状态；

(3)查安全知识，即检查从业人同是否具备应有的安全知识和操作技能；

(4)查纪律，即检查从业人员在工作中是否严格遵守安全生产规章制度和操作规程；

(5)查事故隐患，即检查工作场所是否存在可能导致生产安全事故发生和因素；

(6)查从业人员的劳动防护用品是否符合标准，真正起到保护劳动者的作用；

(7)其他事项。

生产经营单位的安全生产管理人员在对本单位的安全生产进行检查的过程中，发现存在的安全问题，可以处理的，应当立即采取措施进行处理，如发现事故隐患，应当立即采取措施加以排除；对于不能当场处理的安全问题，如安全设施不合格，需要改建等情况，安全生产管理人员无法立即采取措施进行处理，应该立即将这一情况报告本单位的主要负责人或者主管安全生产工作的其他负责人。主要负责人或者主管安全生产工作的其他负责人应当及时处理。

## 八、生产经营单位对从业人员的安全生产教育及培训管理

### (一)对从业人员进行安全生产教育和培训

生产经营单位应当对从业人员进行安全生产教育和培训，保证从业人员具备必要的安全生产知识，熟悉有关的安全生产规章和安全操作规程，掌握本岗位的安全操作技能，了解事故应急处理措施，知悉自身在安全生产方面的权利和义务。未经安全生产教育和培训合格的从业人员，不得上岗作业。

安全生产教育和培训是实现安全生产的一项重要基础性工作。安全生产教育和培训的内容，主要包括以下几个方面：

(1)安全生产的方针、政策、法律、法规以及安全生产规章制度的教育和培训；

(2)安全操作技能的教育和培训；

(3)安全技术知识教育和培训，包括一般性安全技术知识，如单位生产过程中不安全及事故发生规律、预防事故的基本知识、个人防护用品的佩戴使用、事故报告程序等，以及专业性的安全技术知识，如防火、防爆、防毒等知识；

(4)发生生产安全事故时的应急处理措施，以及相关的安全防护知识；

(5)从业人员在生产过程中的相关权利和义务；

(6)特殊作业岗位的安全生产知识和操作要求等。

**典型例题**

【单选题】某企业开会讨论员工安全培训工作。张某认为，安全培训走走形式就行了，别耽误生产；李某认为，培训的重点是安全规章制度和操作规程，不要培训员工的安全权利；赵某认为，我没有经过培训照样上岗也没出事，培训无所谓；王某认为，培训内容应该与工作相关，培训考核不合格不能工作。根据《安全生产法》，下列员工中，说法正确的是(　　)。

A. 张某　　B. 李某

C. 王某　　D. 赵某

C。【解析】《安全生产法》第二十八条规定，生产经营单位应当对从业人员进行安全生产教育和培训，保证从业人员具备必要的安全生产知识，熟悉有关的安全生产规章制度和安全操作规程，掌握本岗位的安全操作技能，了解事故应急处理措施，知悉自身在安全生产方面的权利和义务。未经安全生产教育和培训合格的从业人员，不得上岗作业。

### (二)对被派遣劳动者和实习学生的管理规定

生产经营单位使用被派遣劳动者的，应当将被劳动者纳入本单位从业人员统一管理，对被派遣劳动者进行岗位安全操作规程和安全操作技能的教育和培训。劳务派遣单位应当对被派遣劳动者进行必要的安全生产教育和培训。生产经营单位接收中等职业学校、高等学校学生实习的，应当对实习学生进行相应的安全生产教育和培训，提供必要的劳动防护用品。学校应当协助生产经营单位对实习学生进行安全生产教育和培训。

### (三)建立安全生产教育和培训档案

生产经营单位应当建立安全生产教育和培训档案，如实记录安全生产教育和培训的时间、内容、参加人员以及考核结果等情况。

生产经营单位应当指定专人负责本单位的安全生产教育和培训档案。档案的范围应当包括本单位的主要负责人、有关负责人、安全生产管理人员、特种作业人员、职能部门工作人员、班组长以及其他从业人员。档案的内容应当详细记录每位从业人员参加安全生产教育培训的时间、内容、考核结果以及复训情况等，包括按特种作业人员的情况。档案应当按照有关法律法规的要求进行保存，不得擅自修改、伪造。档案除电子文档形式保存外，原则上还应当有纸质文件形式。

### (四)采用新工艺、新技术、新材料、新设备的安全防护和教育培训

生产经营单位采用新工艺、新技术、新材料或者使用新设备，必须了解、掌握其安全技术特性，采取有效的安全防护措施，并对从业人员进行专门的安全生产教育和培训。

### (五)特种作业人员的培训

《安全生产法》第三十条规定，生产经营单位的特种作业人员必须按照国家有关规定经专门的安全作业培训，取得相应资格，方可上岗作业。特种作业人员的范围由国务院应急管理部门会同国务院有关部门确定。

特种作业，是指容易发生人员伤亡事故，对操作者本人、他人及周围设施的安全有重大危害的作业。根据现行的有关规定，特种作业大致包括：电工作业、焊接与热切割作业、高处作业、制冷与空调作业、煤山作业、金属非金属矿山作业、石油天然气作业、危险化学品作业、爆破作业、国务院有关主管部门确定的其他特种作业。直接从事以上特种作业的人员，就是特种作业人员。

## 九、新建、改建、扩建工程项目的安全设施“三同时”原则

《安全生产法》第三十一条规定，生产经营单位新建、改建、扩建工程项目（以下统称建设项目）的安全设施，必须与主体工程同时设计、同时施工、同时投入生产和使用。安全设施投资应当纳入建设项目概算。

## 十、特殊建设项目的安全评价

《安全生产法》第三十二条规定，矿山、金属冶炼建设项目和用于生产、储存、装卸危险物品的建设项目，应当按照国家有关规定进行安全评价。

本条所称的建设项目的安全评价，主要是在建设项目的研究阶段的安全预评价，即根据建设项目可行性研究阶段报告的内容运用科学的评价方法，分析和预测该建设项目存在的危险、危害因素的种类和危险、危害程度，提出合理可行的安全技术和管理对策，作为该建设项目初步设计中安全设计和建设项目安全管理、监察的重要依据。安全评价一般由生产经营单位委托取得相应资质的为安全生产提供技术服务的机构承担。

## 十一、设计单位的安全责任

《安全生产法》第三十三条规定，建设项目安全设施的设计人、设计单位应当对安全设施设计负责。矿山、金属冶炼建设项目和用于生产、储存、装卸危险物品的建设项目的安全设施设计应当按照国家有关规定报经有关部门审查，审查部门及其负责审查的人员对审查结果负责。

建设项目安全设施的设计人、设计单位对安全设施设计负责，应当达到下列要求：必须按照资质等级承担相应的安全设施设计任务，不得擅自超越资质等级及业务范围承接任务；应当保证设计质量；对因安全设施问题造成的后果负责。

矿山、金属冶炼建设项目和用于生产、储存、装卸危险物品的建设项目，同其他建设项目相比具有更大的危险性。有关主管部门对其安全设施的设计进行审查，主要是审查安全评价报告对建设项目提出的安全措施的要求，是否贯彻落实到建设项目安全设施的设计中，安全设施的设计是否符合有关法律、法规、规范、国家标准或者行业标准的规定等。只有符合这些规定的，经审查同意的，方可施工。

## 十二、建设项目安全设施的施工和验收

《安全生产法》第三十四条规定，矿山、金属冶炼建设项目和用于生产、储存、装卸危险物品的建设项目的施工单位必须按照批准的安全设施设计施工，并对安全设施的工程质量负

责。矿山、金属冶炼建设项目和用于生产、储存、装卸危险物品的建设项目竣工投入生产或者使用前,应当由建设单位负责组织对安全设施进行验收;验收合格后,方可投入生产和使用。负有安全生产监督管理职责的部门应当加强对建设单位验收活动和验收结果的监督核查。

施工单位必须按照批准的安全设施设计施工,任何单位和个人不得擅自决定不按照批准的安全设施设计施工或者擅自修改设计文件。凡属安全设施设计内容变更和调整,都必须编制施工调整方案,报原审批部门批准后方可执行。对于因施工原因造成的质量问题,施工单位承担全部责任。实行总承包的工程,总承包单位对安全设施工程质量负责,实行分包的工程,分包单位要对其分包的工程质量负责,总承包单位应当与分包单位就分包工程的质量承担连带责任。

矿山、金属冶炼建设项目和用于生产、储存、装卸危险物品的建设项目的安全设施的验收,是指安全设施已经按照设计要求完成全部施工任务,准备将会建设单位投入生产和使用时,由建设单位对该安全设施是否符合设计要求和工程质量标准进行的检查、考核工作。这是安全设施建设全过程的最后一道程序,是对安全设施质量控制的最后一个重要环节。认真做好安全设施的验收工作,对于保证安全设施的质量具有重要意义。

作为建设项目的投资主体,建设单位应当对建设项目安全设施投入生产和使用的安全质量和效果负责,保证建设项目的安全进行。验收的内容,主要是安全设施是否与主体工程同时建成,是否严格按照批准的设计进行施工,工程质量是否符合法律、法规、安全规程和技术标准的要求等。对于未经验收或者经验收不合格的安全设施,建设单位不得将其投入生产和使用。否则,建设单位将依法承担相应的法律责任。同时,为了促使建设单位按标准认真做好验收工作,本条规定负有安全生产监督管理职责的部门应当加强对验收活动和验收结果的监督检查,包括可以对有关重要项目或重要部位进行现场检查。

## 十三、设置安全警示标志的规定

《安全生产法》第三十五条规定,生产经营单位应当在有较大危险因素的生产经营场所和有关设施、设备上,设置明显的安全警示标志。

## 十四、安全设备达标及运行管理的规定

《安全生产法》第三十六条规定,安全设备的设计、制造、安装、使用、检测、维修、改造和报废,应当符合国家标准或者行业标准。生产经营单位必须对安全设备进行经常性维护、保养,并定期检测,保证正常运转。维护、保养、检测应当做好记录,并由有关人员签字。

安全设备对于生产经营单位的安全生产至关重要。为了保证安全设备在安装使用后处于正常运转的状态,真正起到保证安全生产的作用,生产经营单位必须对安全设备进行经常性维护、保养,并定期检测,保证正常运转。为了明确对安全设备进行维护、保养、检测的责任,增强生产经营单位有关人员的责任心,促使其认真按照要求对安全设备进行维护、保养、检测,本条还规定对维护、保养、检测的有关情况应当做好记录,并由有关人员签字。记录的内容,一般应当包括维护、保养、检测的时间、地点、人员、设备名称、检测结构,发现的问题以及问题的处理情况等。需要在记录上签字的有关人员,包括直接从事维护、保养、检测的技术人员以及相关的安全生产管理人员。必要时,生产经营单位的主要负责

人也要签字。这样规定也有利于发生事故时的责任划分,为正确追究有关人员的法律责任提供第一手的证据。

## 十五、特种设备检验、检测的规定

《安全生产法》第三十七条规定,生产经营单位使用的危险物品的容器、运输工具,以及涉及人身安全、危险性较大的海洋石油开采特种设备和矿山井下特种设备,必须按照国家有关规定,由专业生产单位生产,并经具有专业资质的检测、检验机构检测、检验合格,取得安全使用证或者安全标志,方可投入使用。检测、检验机构对检测、检验结果负责。

**典型例题**

【单选题】对特种设备进行检测、检验,是保证特种设备性能良好、运行正常的重要措施。根据《安全生产法》,矿山井下特种设备投入使用前应经具有专业资质的机构检测、检验合格,并应取得的证照或者标志是(　　)。

A. 生产许可证或者安全警示标志　　B. 检验合格证或者安全警示标志

C. 安全生产许可证或者安全标志　　D. 安全使用证或者安全标志

D。【解析】《安全生产法》第三十七条规定,生产经营单位使用的危险物品的容器、运输工具,以及涉及人身安全、危险性较大的海洋石油开采特种设备和矿山井下特种设备,必须按照国家有关规定,由专业生产单位生产,并经具有专业资质的检测、检验机构检测、检验合格,取得安全使用证或者安全标志,方可投入使用。检测、检验机构对检测、检验结果负责。

## 十六、对严重危及生产安全的工艺、设备实行淘汰制度

《安全生产法》第三十八条规定,国家对严重危及生产安全的工艺、设备实行淘汰制度,具体目录由国务院应急管理部门会同国务院有关部门制定并公布。法律、行政法规对目录的制定另有规定的,适用其规定。省、自治区、直辖市人民政府可以根据本地区实际情况制定并公布具体目录,对前款规定以外的危及生产安全的工艺、设备予以淘汰。生产经营单位不得使用应当淘汰的危及生产安全的工艺、设备。

## 十七、对危险物品的监督管理

《安全生产法》第三十九条规定,生产、经营、运输、储存、使用危险物品或者处置废弃危险物品的,由有关主管部门依照有关法律、法规的规定和国家标准或者行业标准审批并实施监督管理。生产经营单位生产、经营、运输、储存、使用危险物品或者处置废弃危险物品,必须执行有关法律、法规和国家标准或者行业标准,建立专门的安全管理制度,采取可靠的安全措施,接受有关主管部门依法实施的监督管理。

有关部门在对生产、经营、运输、储存、使用危险物品或者处置废弃危险物品进行审批时,应当严格按照法律、法规以及国家标准或者行业标准规定的条件和程序进行审批,对不符合条件的,不得批准,不能降低条件,放松要求。对经审查批准从事与危险物品有关的活动的单位和企业要加强监督管理,及时进行严格的监督检查。

从事危险物品的生产、经营、储存、使用、运输以及废弃危险物品处置活动的生产经营单位,必须严格执行有关法律、法规和国家标准或者行业标准的规定,建立、健全严格的安全管理规章制度,采取安全、可靠的安全防护和应急处置措施,提高从业人同的素质,保证生产经营活动的安全进行。同时,对于有关主管部门依法实施的监督,生产经营单位应当积极配合,不得拒绝或阻挠。

## 十八、重大危险源的管理规定

《安全生产法》第四十条规定,生产经营单位对重大危险源应当登记建档,进行定期检测、评估、监控,并制定应急预案,告知从业人员和相关人员在紧急情况下应当采取的应急措施。生产经营单位应当按照国家有关规定将本单位重大危险源及有关安全措施、应急措施报有关地方人民政府应急管理部门和有关部门备案。

生产经营单位加强对重大危险源的管理,主要包括以下内容:

(1)对重大危险源应当登记建档。登记的内容包括:重大危险源的名称、地点、性质、可能造成的危害等。登记建档应当注意保证档案的完整性、连贯性。

(2)重大危险源的定期检测、评估、监控。这项工作可以由本单位的有关人员进行,也可以委托具有相应资质的中介机构进行。检测、评估、监控应当符合有关技术标准的要求,详细记录有关情况,并出具检测、评估或者监控报告,由有关人员签字并对其结果负责。

(3)对重大危险源应当制定应急预案。

(4)告知从业人员和相关人员在紧急情况下应当采取的应急措施。这是生产经营单位的一项法定义务。

此外,生产经营单位还应将重大危险源及有关措施报有关部门备案。根据生产经营单位重大危险源的分布及具体危害情况,可以有针对性地采取措施,加强监督管理,经常性进行检查,防止生产安全事故的发生。同时了解生产经营单位重大危险源的情况、安全措施以及应急措施,也有利于应急管理部门和有关部门在发生生产安全事故时及时组织抢救,并为事故原因的处理提供方便。

## 十九、事故隐患排查治理的规定

《安全生产法》第四十一条规定,生产经营单位应当建立安全风险分级管控制度,按照安全风险分级采取相应的管控措施。生产经营单位应当建立健全并落实生产安全事故隐患排查治理制度,采取技术、管理措施,及时发现并消除事故隐患。事故隐患排查治理情况应当如实记录,并通过职工大会或者职工代表大会、信息公示栏等方式向从业人员通报。其中,重大事故隐患排查治理情况应当及时向负有安全生产监督管理职责的部门和职工大会或者职工代表大会报告。县级以上地方各级人民政府负有安全生产监督管理职责的部门应当将重大事故隐患纳入相关信息系统,建立健全重大事故隐患治理督办制度,督促生产经营单位消除重大事故隐患。

生产经营单位应当建立生产安全事故隐患排查治理制度,逐步建立并实施从主要负责人到从业人员的事故隐患排查责任制。生产经营单位应当保证事故隐患排查治理的资金,定期组织开展事故隐患排查工作。对排查出的生产安全事故隐患,应当按照事故隐患的等级进行登记，建立事故隐患信息档案。

督办的方式，可以采取下达督办指令，也可以在网上公示。对于某些生产经营单位难以解决的重大事故隐患，负有安全生产监督管理职责的部门应当积极协调，帮助生产经营单位消除隐患。负有安全生产监督管理职责的部门应当加强重大事故隐患治理过程中的监督检查，发现问题，及时督促整改。重大事故隐患治理结束后，应当及时核销。对于迟迟未消除重大事故隐患的生产经营单位，又没有其他客观原因说明的，负有安全生产监督管理职责的部门应当依法责令其停产整顿，直至提请县级以上人民政府予以关闭。

## 二十、生产经营场所的安全管理

《安全生产法》第四十二条规定，生产、经营、储存、使用危险物品的车间、商店、仓库不得与员工宿舍在同一座建筑物内，并应当与员工宿舍保持安全距离。生产经营场所和员工宿舍应当设有符合紧急疏散要求、标志明显、保持畅通的出口。禁止占用、锁闭、封堵生产经营场所或者员工宿舍的出口、疏散通道。

## 二十一、爆破、吊装等危险作业的现场安全管理

《安全生产法》第四十三条规定，生产经营单位进行爆破、吊装、动火、临时用电以及国务院应急管理部门会同国务院有关部门规定的其他危险作业，应当安排专门人员进行现场安全管理，确保操作规程的遵守和安全措施的落实。

## 二十二、教育、督促从业人员遵守相关安全规定

《安全生产法》第四十四条规定，生产经营单位应当教育和督促从业人员严格执行本单位的安全生产规章制度和安全操作规程；并向从业人员如实告知作业场所和工作岗位存在的危险因素、防范措施以及事故应急措施。

生产经营单位的安全生产规章制度主要包括两个方面的内容，一是安全生产管理方面的规章制度，二是安全技术方面的规章制度。安全操作规程是指在生产活动中，为消除能导致人身伤亡或造成设备、财产破坏以及危害环境的因素而制定的具体技术要求和实施程序的统一规定。安全生产规章制度和安全操作规程，是保证生产经营活动安全进行的制度保障，从业人员在进行作业时必须严格执行。

向从业人员告知作业场所和工作岗位的危险因素、防范措施以及事故应急措施，是保障从业人员知情权的重要内容。告知的内容包括三个方面：①作业场所和工作岗位存在的危险因素的种类、性质以及可能导致的生产安全事故；②对危险因素的防范措施；③针对该作业场所和工作岗位的可能导致的生产安全事故的种类和特点，事先制定的应急措施。告知的形式有多种，如组织从业人员进行学习，或者在作业场所和工作岗位设置公告栏，将有关内容予以公告等。

## 二十三、劳动防护用品的提供及使用

《安全生产法》第四十五条规定，生产经营单位必须为从业人员提供符合国家标准或

者行业标准的劳动防护用品，并监督、教育从业人员按照使用规则佩戴、使用。

生产经营单位为劳动者提供的劳动防护用品，应当符合国家标准或者行业标准的、质量合格。且不得以货币或者其他物品替代劳动防护用品。同时，生产经营单位应当采取措施，使劳动者掌握劳动防护用品的使用方法，并在实践中监督、指导劳动者按照使用规则佩戴、使用劳动防护用品，使其真正发挥作用。

**典型例题**

【单选题】生产经营单位必须为从业人员提供劳动防护用品，并监督、教育从业人员按照使用规则佩戴、使用。根据《安全生产法》，下列关于企业为员工提供劳动防护用品的做法中，正确的是（　　）。

A. 甲企业经理办公会研究决定，按照略低于国家标准的本企业标准为从业人员提供劳动防护用品

B. 丙企业为特种作业人员只提供了一般劳动防护用品，但是特种防护用品由个人自购后单位报销

C. 丁企业通过市场调研，将从业人员所需劳动防护用品折算为现金与工资一并发放

D. 乙企业提供符合本省地方标准的劳动防护用品，该地方标准的要求高于国家标准和行业标准

D。【解析】《安全生产法》第四十五条规定，生产经营单位必须为从业人员提供符合国家标准或者行业标准的劳动防护用品，并监督、教育从业人员按照使用规则佩戴、使用。劳动防护用品应按照国家标准和行业标准进行配备，地方标准应以国家标准和行业标准为基础，符合或高于国家标准和行业标准，满足最低劳动防护用品配备。

## 二十四、劳动防护用品和培训的经费保障

《安全生产法》第四十七条规定，生产经营单位应当安排用于配备劳动防护用品、进行安全生产培训的经费。

## 二十五、交叉作业的协调管理

《安全生产法》第四十八条规定，两个以上生产经营单位在同一作业区域内进行生产经营活动，可能危及对方生产安全的，应当签订安全生产管理协议，明确各自的安全生产管理职责和应当采取的安全措施，并指定专职安全生产管理人员进行安全检查与协调。

## 二十六、生产经营项目、场所及设备发包或出租的安全管理

《安全生产法》第四十九条规定，生产经营单位不得将生产经营项目、场所、设备发包或者出租给不具备安全生产条件或者相应资质的单位或者个人。生产经营项目、场所发包或者出租给其他单位的，生产经营单位应当与承包单位、承租单位签订专门的安全生产

管理协议,或者在承包合同、租赁合同中约定各自的安全生产管理职责;生产经营单位对承包单位、承租单位的安全生产工作统一协调、管理,定期进行安全检查,发现安全问题的,应当及时督促整改。矿山、金属冶炼建设项目和用于生产、储存、装卸危险物品的建设项目施工单位应当加强对施工项目的安全管理,不得倒卖、出租、出借、挂靠或者以其他形式非法转让施工资质,不得将其承包的全部建设工程转包给第三人或者将其承包的全部建设工程支解以后以分包的名义分别转包给第三人,不得将工程分包给不具备相应资质条件的单位。

生产经营单位将生产经营项目、场所、设备发包或者出租给其他单位或个人的,生产经营单位与承包单位、承租单位就安全生产管理的约定方式有两种:一种是签订专门的安全生产管理协议;另一种是不签订专门的协议而是在承包合同、承租合同中对各自的安全生产管理职责进行约定。在约定中,生产经营单位可以与承包单位、承租单位就各自在安全生产管理中权利、义务以及事故发生时的责任承担等问题进行协商确定。此外,生产经营单位应当对承包单位、承租单位的安全生产工作统一协调、管理,定期进行安全检查,发现安全问题应当及时督促整改。不得通过安全生产管理协议或者承包合同、租赁合同予以免除或者转让给承包单位、承租单位。在协议中转让该义务的,转让义务的条款无效。生产经营单位未对承包单位、承租单位的安全生产统一协调、管理,未定期进行安全检查,或者发现安全问题,未及时督促整改的,依照本法有关规定追究其法律责任。

## 二十七、投保工伤保险和安全生产责任险的规定

《安全生产法》第五十一条规定,生产经营单位必须依法参加工伤保险,为从业人员缴纳保险费。国家鼓励生产经营单位投保安全生产责任保险;属于国家规定的高危行业、领域的生产经营单位,应当投保安全生产责任保险。具体范围和实施办法由国务院应急管理部门会同国务院财政部门、国务院保险监督管理机构和相关行业主管部门制定。

根据《中共中央 国务院关于推进安全生产领域改革发展的意见》关于建立健全安全生产责任保险制度的要求,为进一步规范安全生产责任保险工作,切实发挥保险机构参与风险评估管控和事故预防功能,原国家安全监管总局、保监会、财政部制定了《安全生产责任保险实施办法》,于2017年12月12日发布。其第二条规定,本办法所称安全生产责任保险,是指保险机构对投保的生产经营单位发生的生产安全事故造成的人员伤亡和有关经济损失等予以赔偿,并且为投保的生产经营单位提供生产安全事故预防服务的商业保险。并在第五条、第六条规定,安全生产责任保险的保费由生产经营单位缴纳,不得以任何方式摊派给从业人员个人。煤矿、非煤矿山、危险化学品、烟花爆竹、交通运输、建筑施工、民用爆炸物品、金属冶炼、渔业生产等高危行业领域的生产经营单位应当投保安全生产责任保险。鼓励其他行业领域生产经营单位投保安全生产责任保险。各地区可针对本地区安全生产特点,明确应当投保的生产经营单位。对存在高危粉尘作业、高毒作业或其他严重职业病危害的生产经营单位,可以投保职业病相关保险。对生产经营单位已投保的与安全生产相关的其他险种,应当增加或将其调整为安全生产责任保险,增强事故预防功能。

# 第三节　从业人员的安全生产权利义务

## 一、从业人员的安全生产权利

### (一)签订劳动合同的权利

根据《劳动法》《劳动合同法》的相关规定,劳动合同是劳动者与用人单位确立劳动关系、明确双方权利和义务的协议。建立劳动关系应当订立劳动合同。劳动合同中应当具备社会保险、劳动保护、劳动条件和职业危害防护的条款。

与此相对应,《安全生产法》第五十二条也规定,生产经营单位与从业人员订立的劳动合同,应当载明有关保障从业人员劳动安全、防止职业危害的事项,以及依法为从业人员办理工伤保险的事项。生产经营单位不得以任何形式与从业人员订立协议,免除或者减轻其对从业人员因生产安全事故伤亡依法承担的责任。

### (二)从业人员的知情权和建议权

《安全生产法》第五十三条规定,生产经营单位的从业人员有权了解其作业场所和工作岗位存在的危险因素、防范措施及事故应急措施,有权对本单位的安全生产工作提出建议。

依照本条规定,生产经营单位的从业人员有权了解其作业场所和工作岗位与安全生产有关的三方面情况:一是存在的危险因素,危险因素一般是指能对人造成伤亡或者对物造成突发性损害的因素;二是防范措施;三是事故应急措施。生产经营单位的从业人员对于劳动安全的知情权,是保护劳动者生命健康权的重要前提。从业人员的劳动安全知情权,还体现为生产经营单位应当履行的相应义务。

从业人员通过积极行使对安全生产工作的建议权,参与生产经营的民主管理,可以充分调动其积极性与主动性,可以充分发挥其聪明才智,为本单位献计献策,对安全生产工作提出意见与建议,共同做好生产经营单位的安全生产工作。生产经营单位要重视和尊重从业人员的意见和建议。

### (三)提出批评、检举、控告和拒绝违章指挥权

《安全生产法》第五十四条规定,从业人员有权对本单位安全生产工作中存在的问题提出批评、检举、控告;有权拒绝违章指挥和强令冒险作业。生产经营单位不得因从业人员对本单位安全生产工作提出批评、检举、控告或者拒绝违章指挥、强令冒险作业而降低其工资、福利待遇或者解除与其订立的劳动合同。

### (四)紧急情况下的应急处置权

《安全生产法》第五十五条规定,从业人员发现直接危及人身安全的紧急情况时,有权停止作业或者在采取可能的应急措施后撤离作业场所。生产经营单位不得因从业人员在前款紧急情况下停止作业或者采取紧急撤离措施而降低其工资、福利等待遇或者解除与其订立的劳动合同。

从业人员在紧急情况下的紧急撤离包含两层含义:一是停止作业马上撤离作业场所,二是在采取可能的应急措施后撤离作业场所。需要注意的是,这里的撤离,不要求从业人员事先征得有关负责人员同意。当然,在条件允许的情况下,从业人员可以事先报告或者采取可能的应急措施后再撤离作业场所。

**典型例题**

【单选题】某企业发生火灾事故，从业人员张三看到火势较大快速撤离现场时背部被灼伤，经鉴定达到了四级伤残。根据《安全生产法》，下列关于张三安全生产权利和义务的说法中，正确的是（　　）。

A. 张三应当立即协助救火，保障企业财产安全，不得擅自撤离现场

B. 张三撤离现场前未请示当班领导，该企业有权降低其当班工资

C. 张三现场工作时未佩戴合格的劳动防护用品，无权享受工伤保险

D. 张三有权依照有关民事法律向该企业提出赔偿要求

D。【解析】《安全生产法》第五十五条规定，从业人员发现直接危及人身安全的紧急情况时，有权停止作业或者在采取可能的应急措施后撤离作业场所。生产经营单位不得因从业人员在前款紧急情况下停止作业或者采取紧急撤离措施而降低其工资、福利等待遇或者解除与其订立的劳动合同。第五十六条规定，因生产安全事故受到损害的从业人员，除依法享有工伤保险外，依照有关民事法律尚有获得赔偿的权利的，有权提出赔偿要求。

【单选题】根据《安全生产法》，下列关于生产经营单位从业人员安全生产权利和义务的说法中，错误的是（　　）。

A. 从业人员拒绝违章指挥造成损失的，应承担一定的责任

B. 从业人员有权了解其作业场所和工作岗位存在的危险因素、防范措施及事故应急措施

C. 从业人员有权对本单位安全生产工作中存在的问题提出批评、检举、控告

D. 从业人员发现直接危及人身安全的紧急情况时，有权停止作业

A。【解析】《安全生产法》第五十四条规定，从业人员有权对本单位安全生产工作中存在的问题提出批评、检举、控告；有权拒绝违章指挥和强令冒险作业。生产经营单位不得因从业人员对本单位安全生产工作提出批评、检举、控告或者拒绝违章指挥、强令冒险作业而降低其工资、福利等待遇或者解除与其订立的劳动合同。故选项A错误。

### （五）获得工伤保险、安全生产责任保险和民事赔偿权

《安全生产法》第五十六条规定，因生产安全事故受到损害的从业人员，除依法享有工伤保险外，依照有关民事法律尚有获得赔偿的权利的，有权提出赔偿要求。

本条阐述的是从业人员享受社会保险和民事赔偿的权利。从业人员因安全生产事故受到损害的，如果认定构成工伤，可以依法享受相应的工伤保险待遇。工伤保险待遇包括治疗工伤的医疗费用和康复费用，住院伙食补助费，到统筹地区以外就医的交通住宿费，安装配置伤残辅助器具所需费用，生活不能自理的还可以获得生活护理费，伤残的可以获得相应的一次性伤残补助金等，终止或者解除劳动合同时可获得一次性医疗补助金，因工死亡的包括丧葬补助金、供养亲属抚恤金和因公死亡补助金等。

用人单位为劳动者参加工伤保险，并不意味着绝对排除了其在劳动者遭受工伤时的民事赔偿责任。由于工伤保险待遇项目有确定的范围，有的项目赔偿标准也不高，有些情

况下劳动者通过工伤保险并不能得到充分救济，而侵权损害赔偿可以更好填补受害人及其家属的相关损失，因此，为了确保从业人员在因生产安全事故遭受损害的情况下可以获得充分、合理的救济，本条规定了从业人员依法享受工伤保险待遇和依法向用人单位主张民事赔偿的相关权利，从业人员在依法行使相关权利时，用人单位不得无故推诿，拒绝承担其依法应当承担的法律责任。

此外，针对上文提到的高危行业领域的生产经营单位以及其他行业领域生产经营单位，因生产安全事故受到损害的从业人员，还有权享受单位为其缴纳的安全生产责任保险。

## 二、从业人员的安全生产义务

### （一）遵章守制、服从管理

《安全生产法》第五十七条规定，从业人员在作业过程中，应当严格落实岗位安全责任，遵守本单位的安全生产规章制度和操作规程，服从管理，正确佩戴和使用劳动防护用品。

建立健全安全生产责任制和安全生产规章制度是生产经营单位的基本义务，相应的从业人员应当在作业过程中应当遵守本单位的安全生产规章制度和操作规程，服从管理。这样才能保证生产经营单位的活动安全、有序地进行。正确佩戴和使用劳动防护用品是为维护从业人员自身的生命安全作出的规定，从业人员遵守这一规定也是对自身安全负责。

### （二）接受安全生产教育和培训

《安全生产法》第五十八条规定，从业人员应当接受安全生产教育和培训，掌握本职工作所需的安全生产知识，提高安全生产技能，增强事故预防和应急处理能力。

安全教育培训的基本内容包括安全意识、安全知识和安全技能教育。

安全教育培训的形式多种多样，如组织专门的安全教育培训班；作业前后交代安全注意事项，讲评安全生产情况；施工和检修前进行安全措施交底；组织安全技术知识讲座、竞赛；召开事故分析会、现场会，分析造成事故原因、责任、教训，制定事故防范措施；组织安全技术交流，安全生产展览、张贴宣传画、标语，设置警示标志，以及利用广播、电影、电视、录像等方式进行安全教育；通过由安全技术部门召开的安全例会、专题会、表彰会、座谈会或者采用安全信息、简报、通报等形式，总结、评比安全生产工作等。从业人员要积极参加各种形式的安全教育培训。

### （三）发现事故隐患或者不安全因素的报告义务

《安全生产法》第五十九条规定，从业人员发现事故隐患或者其他不安全因素，应当立即向现场安全生产管理人员或者本单位负责人报告；接到报告的人员应当及时予以处理。

从业人员处于安全生产的第一线，最有可能及时发现事故隐患或者其他不安全因素，因此，本条对从业人员发现事故隐患或者其他不安全因素规定了报告义务，这符合职工参与安全生产工作的机制要求。其报告义务有两点要求：一是在发现上述情况后，应当立即报告，因为安全生产事故具有突发性，如果拖延报告，则使事故发生的可能性加大。二是接受报告的主体是现场安全生产管理人员或者本单位的负责人，以便于对事故隐患或者其他不安全因素及时作出处理，避免事故的发生。接到报告的人员须及时进行处理，以防止有关人员延误消除事故隐患的时机。

### 三、工会的安全生产职权

《安全生产法》第六十条规定，工会有权对建设项目的安全设施与主体工程同时设计、同时施工、同时投入生产和使用进行监督，提出意见。

工会对生产经营单位违反安全生产法律、法规，侵犯从业人员合法权益的行为，有权要求纠正；发现生产经营单位违章指挥、强令冒险作业或者发现事故隐患时，有权提出解决的建议，生产经营单位应当及时研究答复；发现危及从业人员的生命安全的情况时，有权向生产经营单位建议组织从业人员撤离危险场所，生产经营单位必须立即作出处理。

工会有权依法参加事故调查，向有关部门提出处理意见，并要求追究有关人员的责任。

### 四、被派遣劳动者的权利义务

《安全生产法》第六十一条规定，生产经营单位使用被派遣劳动者，被派遣劳动者享有本法规定的从业人员的权利，并应当履行本法规定的从业人员的义务。

劳务派遣，是指由劳务派遣机构与派遣劳工订立劳动合同，把劳动者派向其他用工单位，再由其用工单位向派遣机构支付一笔服务费用的一种用工形式。用工单位只能在临时性、辅助性或者替代性的工作岗位上使用被派遣劳动者。被派遣劳动者享有与用工单位的劳动者同工同酬的权利。此外，被派遣劳动者还享有上述规定的从业人员的权利。

## 第四节 安全生产监督管理的规定

### 一、政府及应急管理部门的安全职责

县级以上地方各级人民政府应当根据本行政区域内的安全生产状况，组织有关部门按照职责分工，对本行政区域内容易发生重大生产安全事故的生产经营单位进行严格检查。应急管理部门应当按照分类分级监督管理的要求，制订安全生产年度监督检查计划，并按照年度监督检查计划进行监督检查，发现事故隐患，应当及时处理。

县级以上地方各级人民政府应当按照下列要求组织有关部门开展安全生产监督检查：一是全面了解、掌握本行政区域安全生产状况；二是按照各有关部门的职责分工组织安全检查、职权法定是依法行政的基本要求；三是确定安全检查的重点；四是检查必须严格，禁止搞形式、走过场。

应急管理部门在履行监督检查职责，应当采用下列措施：①对生产经营单位进行分类分级监督管理。所谓分类，是指根据生产经营单位危险性质的不同，划分不同的行业或者领域类别。所谓分级，是指根据生产经营单位存在的可能引发生产安全事故的风险程度，对其进行等级评估，确定事故风险等级。②制订本部门年度监督检查计划，并按照计划实施监督检查。监督检查计划应当包括检查的生产经营单位的数量和频次、检查的方式和重点等内容。计划的内容应当明确、具体，具有可操作性，并落实到本部门内设责任机构及人员。计划由本部门主要负责人组织制订。

## 二、安全生产事项的审批

负有安全生产监督管理职责的部门依照有关法律、法规的规定，对涉及安全生产的事项需要审查批准（包括批准、核准、许可、注册、认证、颁发证照等，下同）或者验收的，必须严格依照有关法律、法规和国家标准或者行业标准规定的安全生产条件和程序进行审查；不符合有关法律、法规和国家标准或者行业标准规定的安全生产条件的，不得批准或者验收通过。对未依法取得批准或者验收合格的单位擅自从事有关活动的，负责行政审批的部门发现或者接到举报后应当立即予以取缔，并依法予以处理。对已经依法取得批准的单位，负责行政审批的部门发现其不再具备安全生产条件的，应当撤销原批准。

## 三、监管部门的审查验收与经费保障

负有安全生产监督管理职责的部门对涉及安全生产的事项进行审查、验收，不得收取费用；不得要求接受审查、验收的单位购买其指定品牌或者指定生产、销售单位的安全设备、器材或者其他产品。

负有安全生产监督管理职责的部门对涉及安全生产的事项进行审查、验收的行为，是依法履行其职责的行为，不是为特定的生产经营单位提供的特殊服务，目的是保障安全生产、保护人民群众的生命财产安全。这项工作所需要的经费应当由各级人民政府财政予以保障。负有安全生产监督管理职责的部门要求生产经营单位购买其指定的设备、器材或者其他新产品和服务，一方面侵犯了企业的经营自主权，破坏了公平竞争的市场秩序；另一方面也为腐败的滋生提供了土壤，危及甚至损害了政府部门的形象。对此，生产经营单位有权拒绝购买，并向有关方面举报。

## 四、监督检查的职权范围

应急管理部门和其他负有安全生产监督管理职责的部门依法开展安全生产行政执法工作，对生产经营单位执行有关安全生产的法律、法规和国家标准或者行业标准的情况进行监督检查，行使以下职权：

（1）进入生产经营单位进行检查，调阅有关资料，向有关单位和人员了解情况（调查取证权）；

（2）对检查中发现的安全生产违法行为，当场予以纠正或者要求限期改正；对依法应当给予行政处罚的行为，依照《安全生产法》和其他有关法律、行政法规的规定作出行政处罚决定（行政处罚权）；

（3）对检查中发现的事故隐患，应当责令立即排除；重大事故隐患排除前或者排除过程中无法保证安全的，应当责令从危险区域内撤出作业人员，责令暂时停产停业或者停止使用相关设施、设备；重大事故隐患排除后，经审查同意，方可恢复生产经营和使用（现场处理措施权）；

（4）对有根据认为不符合保障安全生产的国家标准或者行业标准的设施、设备、器材以及违法生产、储存、使用、经营、运输的危险物品予以查封或者扣押，对违法生产、储存、使用、经营危险物品的作业场所予以查封，并依法作出处理决定（行政强制措施权）。

监督检查不得影响被检查单位的正常生产经营活动。

## 五、监督检查的具体要求

### (一)生产经营单位配合监督检查的义务

生产经营单位对负有安全生产监督管理职责的部门的监督检查人员(以下统称安全生产监督检查人员)依法履行监督检查职责,应当予以配合,不得拒绝、阻挠。

生产经营单位有接受监管部门依法进行的监督检查的义务,包括允许监督检查人员进入相关场所实施现场检查,为监督检查人员依法履行职务提供便利条件、资料,接受监督检查人员的询问,如实提供相关情况等。生产经营单位不履行本条规定的义务,拒绝或者阻碍监督检查的,有关部门可依照相关规定追究其法律责任。

### (二)对安全生产监督检查人员的要求

安全生产监督检查人员应当忠于职守,坚持原则,秉公执法。安全生产监督检查人员执行监督检查任务时,必须出示有效的行政执法证件;对涉及被检查单位的技术秘密和业务秘密,应当为其保密。

忠于职守,是安全生产监督检查人员应当具备的最基本职业素养。安全生产监督检查人员必须牢记习近平总书记的嘱托,“一定要有担当意识、忧患意识和戒惧之心。要经常临事而惧,要有睡不着觉、半夜惊醒的压力”。坚持原则,就是要求安全生产监督检查人员应当坚持依法行政、依法执法和依法办事,拒绝各种不正之风和腐败现象的侵蚀。秉公执法,就是要求安全生产监督检查人员应当做到执法上的公开、公平、公正。

安全生产监督检查人员在进行监督检查时,必须出示监督执法证件,目的是为了向相对人表明执法者的身份和执法的合法性,防止他人假冒执法人员侵犯相对人的合法权益。安全生产监督检查人员执行职务时不依法出示监督执法证件的,被监督检查的单位有权拒绝检查。

技术秘密和业务秘密属于商业秘密的范畴。一旦被泄露出去,将会给生产经营单位造成不利影响,所以,安全生产监督检查人员执行公务时,对涉及被检查单位的技术秘密和业务秘密,应承担保密的义务。

### (三)监督检查记录和责任落实

安全生产监督检查人员应当将检查的时间、地点、内容、发现的问题及其处理情况,作出书面记录,并由检查人员和被检查单位的负责人签字;被检查单位的负责人拒绝签字的,检查人员应当将情况记录在案,并向负有安全生产监督管理职责的部门报告。

检查记录应包括的内容:①检查的时间,一般以日、时、分为单位,特别是记录对容易发生事故的重点部门和重点区域的检查时间。②检查的地点,通常是指被检查的生产经营单位。如果是对生产经营单位的某个矿井、某个车间、某些设备设施等进行检查,这时还应当对具体的作业场所和设备设施的名称、地址予以记录。③发现的问题,通常是指检查中发现的事故隐患和安全生产违法行为。如果问题比较多,应当分期表述,并写明所违反的法律法规条文。④对发现问题的处理情况。通常是指是否按照法律、法规和规章的规定对发现的事故隐患和违法行为进行了处理。

检查记录签字实行“谁检查、谁签字、谁负责”。这样有利于落实政府部门和生产经营单位的两个方面的安全生产责任制,提高他们的责任心,保证检查的效果和书面检查的准确性。同时,签字也是证据确认行为,为发生生产安全事故后查清原因、分清责任提供证据。实践中,经常发生被检查单位的负责人拒绝签字的情况,依照法律规定,检查人员应当将有关情况详细记录在案,作为将来确定责任的依据。同时,检查人员还应当将生产经营单位负责人拒绝签字的有关情况向负有安全生产监督管理职责的部门报告。

### (四)联合检查与单项检查

负有安全生产监督管理职责的部门在监督检查中,应当互相配合,实行联合检查;确需分别进行检查的,应当互通情况,发现存在的安全问题应当由其他有关部门进行处理的,应当及时移送其他有关部门并形成记录备查,接受移送的部门应当及时进行处理。

安全生产监督检查应当互相配合,实行联合检查。对生产经营单位来讲,监督检查的部门多,检查次数相应就会多,可能会影响到被检查单位的生产经营秩序,给被检查单位造成一定的负担。为防止这一现象的发生,确保各部门进行执法检查时协调配合,本条作出了“负有安全生产监督管理职责的部门在监督检查中,应当互相配合,实行联合检查”的原则性规定。但当在某些情况下,确需分别进行单项检查的,可以分别进行监督检查,但各监督检查部门应做到以下两点:一是应当互通情况。实施监督检查部门应将自己监督检查中发现的涉及其他有关部门监督管理职责范围内的情况,主动通报给相关的监督管理部门。如煤矿安全监察机构发现煤矿采矿证已经过期的,应当主动通报同级自然资源管理部门。二是发现的问题应属于其他部门处理的,应当及时移交给其他部门处理。某一个部门在进行监督检查时,可能会发现不属于自己监督处理职权范围的问题,对此应当将该问题及时移送其他部门并形成书面记录备查。需要指出的是,移送部门应当形成书面记录,并请接受移送的部门签字或者盖章确认,这样有利于明确责任,防止日后推诿。在移送过程中有关部门之间发生争议时,应当及时提请政府协调。

### (五)强制措施

负有安全生产监督管理职责的部门依法对存在重大事故隐患的生产经营单位作出停产停业、停止施工、停止用相关设施或者设备的决定,生产经营单位应当依法执行,及时消除事故隐患。生产经营单位拒不执行,有发生生产安全事故的现实危险的,在保证安全的前提下,经本部门主要负责人批准,负有安全生产监督管理职责的部门可以采取通知有关单位停止供电、停止供应民用爆炸物品等措施,强制生产经营单位履行决定。通知应当采用书面形式,有关单位应当予以配合。

负有安全生产监督管理职责的部门依照前款规定采取停止供电措施,除有危及生产安全的紧急情形外,应当提前24小时通知生产经营单位。生产经营单位依法履行行政决定、采取相应措施消除事故隐患的,负有安全生产监督管理职责的部门应当及时解除前款规定的措施。

负有安全生产监督管理职责的部门在采取强制措施时应当把握以下几点:

1. 安全生产监管部门行使强制执行权的前提条件和程序

(1)必须具有存在重大事故隐患的情形,且安全生产监督部门已作出相应处罚

安全生产监管部门采取强制措施应首先满足的条件是生产经营单位存在重大事故隐患。对于不存在重大事故隐患的生产经营单位,不能适用本条规定。再者,对于这种重大事故隐患,应急管理部门已经作出相应处罚决定,如停产停业、停止施工、停止用相关设施或者设备,生产经营单位本应当依法执行这些处罚决定,及时消除隐患。从根本上说,安

全生产停产停业强制措施的最终目的就是为了避免生产经营单位发生重大安全事故，从而保证其生产经营活动的正常进行。

（2）必须是对作出的相应处罚拒不执行，且有发生事故的现实危险

根据上述规定，对应急管理部门依法对其作出停产停业、停止使用相关设施或者设备的决定后，生产经营单位应当依法执行，及时采取措施消除事故隐患。生产经营单位做到了这些要求，也就没有强制执行的必要。只有在生产经营单位拒不执行相关决定，继续冒险开工、违法作业，有发生事故的现实危险的，才能强制其执行相关决定。

（3）必须在保证安全的前提下，才能采取相关强制执行措施

采取强制执行措施必须以保障安全为首要原则。在某些情况下采取停电等措施反而会加大危险性，例如，煤矿井下瓦斯浓度超标时，如果停电造成通风设备无法运转，反而会更危险。因此，适用该规定采取强制断电等措施时必须以确保安全为前提。

（4）需经本部门主要负责人批准

这是采取强制执行措施的程序性要求，目的是保证这项权力慎重、规范地行使。

2. 强制执行的具体措施

这里规定的强制执行措施主要是通知有关单位停止供电、停止供应民用爆炸物品，目的是使生产经营单位失去继续生产生产经营必备的物质材料，不得不停产停业、停止施工、停止使用相关设施或者设备。

停止供应民用爆炸物品主要适用于矿山、工程施工等常规性使用民用爆炸物品的生产经营单位。由于负有安全生产监督管理职责的部门不是电力或民用爆炸物品的供应单位，只能通知有关单位停止供电或者停止供应民用爆炸物品。这种通知是一种具有执法效力的要求，供电、供应民用爆炸物品的有关单位有积极配合的义务，不能推诿阻碍。同时，这种情况下的停止供电、停止供应民用爆炸物品是协助执法的行为，不承担违约责任。

采取停电措施的影响面比较大，应当给予生产经营单位相应的时间进行调整、准备。因此，有关部门采取停止供电措施，应当提前 24 小时通知生产经营单位。同时这也给予生产经营单位一个主动整改的机会，在这段时间内单位主动执行有关决定的，不再采取强制执行措施。当然，这种提前通知还存在一个例外情况，如果有危及生产安全的紧急情形的，为了保障人民群众的生命财产安全，负有安全生产监督管理职责的部门可以不通知生产经营单位，直接通知有关单位采取停止供电措施。

3. 解除强制执行措施的条件

（1）生产经营单位依法履行行政决定。即生产经营单位已经按照负有安全生产监督管理职责的部门行政决定的要求，正确履行了停产停业、停止施工、停止使用相关设施设备的义务；

（2）采取相应措施消除事故隐患。除了履行行政决定外，生产经营单位还必须采取措施消除事故隐患后，负有安全生产监督管理职责的部门才能解除前款规定的行政强制措施。

## 六、安全生产行政监察

2018 年 3 月 20 日，第十三届全国人大一次会议表决通过了《中华人民共和国监察法》（以下简称《监察法》），国家主席习近平签署第 3 号主席令予以公布，《监察法》自公布之日起施行。

依照《监察法》的规定,中华人民共和国国家监察委员会是最高监察机关。省、自治区、直辖市、自治州、县、自治县、市、市辖区设立监察委员会。国家监察委员会负责全国监察工作。地方各级监察委员会负责本行政区域内的监察工作。国家监察委员会领导地方各级监察委员会的工作,上级监察委员会领导下级监察委员会的工作。各级监察委员会有权对本级负有安全生产监督管理职责的部门及其公务人员实施监察。

## 七、检评机构的条件和责任

承担安全评价、认证、检测、检验职责的机构应当具备国家规定的资质条件,并对其作出的安全评价、认证、检测、检验结果的合法性、真实性负责。

### (一)安全生产检评机构应当具备的资质条件

在安全生产工作中,安全评价、认证、检测、检验发挥着重要的作用,是生产经营单位进行安全生产管理以及负有安全生产监督管理职责的部门履行安全生产监督管理职责的重要依据。

承担安全评价、认证、检测、检验的机构属于服务性机构,其主要职责是接受有关生产经营单位或者负有安全生产监督管理职责的部门的委托,进行相应的安全评价、认证、检测、检验等技术服务工作。安全评价是指对生产经营单位的有关安全生产条件是否符合有关法律、法规和国家标准或者行业标准所提出的综合性意见。安全认证,是指根据生产经营单位的申请,证明其有关安全生产条件达到一定的要求,并发给其证书或者标志。安全检验、检测,是指通过一定的技术手段,对涉及安全生产的设施、设备、器材的质量、性能以及某种物质的含量、成分等具体的指标、参数所进行的验证、测量等。

某些特殊领域的生产经营单位必须进行相应的安全评价、认证、检测、检验。如根据《危险化学品安全管理条例》的规定,生产、储存危险化学品的企业,应当委托具备国家规定的资质条件的机构,对本企业的安全生产条件每3年进行一次安全评价,提出安全评价报告。

安全评价、认证、检测、检验工作具有很强的专业性和技术性,因此《安全生产法》明确要求承担安全评价、认证、检测、检验职责的机构应当具备国家规定的资质条件,这里规定的资质条件,是指有关法律、行政法规和规章规定的承担安全生产技术服务的机构应当具备的条件。包括人员、设备、管理制度和执业规则等。例如,要有一定数量的专业技术人员,要有一定的设备、器材和仪器,要有健全的内部管理制度和执业规则等等。承担安全评价、认证、检测、检验的机构应当具备相应的资质条件,否则,不得开展安全评价、认证、检测、检验业务。根据有关法律、法规、规章规定承担管理职责的有关部门要认真履行职责,切实加强对服务机构的监督管理,保证其具备相应的资质条件。

### (二)检评机构应当对其检评结果负责

安全评价、认证、检测、检验的机构应对其作出的安全评价、认证、检测、检验结果的合法性、真实性负责。这包括两方面的含义:一是安全评价、认证、检测、检验的机构接受委托进行有关的安全评价、认证、检测、检验,必须做到客观、公正,执行规定的程序和操作规则,保证结果的准确性。二是安全评价、认证、检测、检验机构要对自己作出的安全评价报告和检测、检验结果的真实性、公正性、准确性负责,出具虚假证明或者出具的结果不实并由此导致生产安全事故的,应依法撤销其相应的资质。造成损害的,依法承担赔偿责任;

构成犯罪的，还要依照刑法有关提供虚假证明文件罪或者其他有关罪名追究其刑事责任。

## 八、安全生产举报和报告制度

### （一）举报和受理程序

负有安全生产监督管理职责的部门应当建立举报制度，公开举报电话、信箱或者电子邮件地址等网络举报平台，受理有关安全生产的举报；受理的举报事项经调查核实后，应当形成书面材料；需要落实整改措施的，报经有关负责人签字并督促落实。对不属于本部门职责，需要由其他有关部门进行调查处理的，转交其他有关部门处理。涉及人员死亡的举报事项，应当由县级以上人民政府组织核查处理。

负有安全生产监督管理职责的部门实施监督管理，除了主动进入生产经营单位进行检查外，建立举报制度也是一种有效的监督方式。建立举报制度可以充分发挥群众监督、舆论监督的作用，及时、广泛地掌握各生产经营单位安全生产的情况、线索，增加监管力度。建立和落实举报制度，负有安全生产监督管理职责的部门应当做到以下几个方面：

1. 公开举报的方式

要向社会公开监督举报的联系方式。公开受理举报的单位的电话、信箱或者电子邮件地址应当具体、明确，便于记忆。目前，安全生产举报投诉特服号是“12350”，受理安全生产事故、重大安全隐患、非法违法生产建设经营等方面的举报投诉。

负有安全生产监督管理职责的部门应当设立专门的举报电话、信箱或者电子邮件地址等网络举报平台，并向社会公开，以方便群众利用不同方式进行举报。向社会公开举报电话、信箱或者电子邮件地址等网络举报平台，可以利用报刊、电视、互联网等各种媒体，使尽可能多的群众知悉。12350是我国安全生产举报投诉特服电话。举报人在选择使用某种方式举报时，可以具名，也可以匿名。不论以哪种方式举报，负有安全生产监督管理职责的部门均应受理。

受理举报的事项是有关安全生产的事项。包括：①安全生产违法行为，即生产经营单位及其有关人员违反有关安全生产的法律、法规、强制性标准、安全生产规章制度和操作规程等行为。例如，生产经营单位不为从业人员提供符合国家标准或者行业标准的劳动防护用品，有关管理人员违章指挥或者强令冒险作业等；②生产经营单位存在的重大事故隐患；③负有安全生产监督管理职责的部门及其工作人员的失职、渎职或者违法、违纪行为。例如，要求被审查、验收的单位购买其指定的安全设备、器材或者其他产品，批准或者验收通过不符合法定安全生产条件的涉及安全生产的事项等。

2. 受理单位应调查核实举报内容

建立举报制度是前提，更重要的是将举报制度落到实处，对举报的内容进行调查核实。负有安全生产监督管理职责的部门对受理的举报事项，应当进行调查。调查可以以举报的事项为线索，但不限于举报范围内的事项。调查可以采用书面调查的方式，也可以进行实地调查。实施调查时，负有安全生产监督管理职责的部门可以行使《安全生产法》赋予的职权，进入生产经营单位进行检查，调阅有关资料，向有关单位和人员了解情况。经过调查，已核实有关情况的，应当形成书面材料，载明调查经过、事实情况以及处理结论等内容。

3. 督促落实整改措施

负有安全生产监督管理职责的部门对有关举报事项调查核实后，认为需要落实有关整改措施的,应当在书面材料中提出有关整改措施的意见,报有决定权的部门负责人,经其批准签字后,负有安全生产监督管理职责的部门还应当督促有关生产经营单位落实整改措施。

### (二)举报权

任何单位或者个人对事故隐患或者安全生产违法行为,均有权向负有安全生产监督管理职责的部门报告或者举报。因安全生产违法行为造成重大事故隐患或者导致重大事故,致使国家利益或者社会公共利益受到侵害的,人民检察院可以根据民事诉讼法、行政诉讼法的相关规定提起公益诉讼。

安全生产涉及的行业和领域比较广,生产经营单位点多面广,不同行业的生产经营状况和安全生产管理方式差异较大,单靠政府有关监督管理部门难以完全有效地做好监督工作。只有建立起一种广泛、有效的监督机制,充分调动单位与个人的积极性,把安全生产工作置于全社会的监督之下,群防群治,才能真正做好这项工作。因此,赋予单位和个人报告事故隐患、举报安全生产违法行为的权利,具有很强的现实意义。

在实践中,要特别重视生产经营单位内部有关管理人员和从业人员的报告和举报。他们处在管理、生产的第一线,对本单位的安全生产情况最了解,他们的报告和举报具有重要价值。同时,也要鼓励其他单位和个人的报告和举报。他们通常与被报告、举报的单位没有直接利益关系,能摆脱生产经营单位在立场上的局限性,从而提供一些重要线索。报告、举报事项包括两类:①事故隐患。由于事故隐患具有隐蔽性、危险性、形态多样性等特征,鼓励人们及时向有关部门报告事故隐患,有利于抢在事故发生前,及时发现事故隐患,并采取措施,消除隐患,保障生产安全;②安全生产违法行为。主要是指生产经营单位及其有关人员、安全生产技术服务机构的安全生产违法行为以及政府有关部门及其工作人员的安全生产违法行为。报告、举报的内容应当真实,不得谎报事故隐患和安全生产违法行为,更不能诬告、陷害有关单位和人员。但是,实践中要注意区别错报与谎报、诬告、陷害的区别。

### (三)居民委员会、村民委员会的报告义务

居民委员会、村民委员会发现其所在区域内的生产经营单位存在事故隐患或者安全生产违法行为时,应当向当地人民政府或者有关部门报告。

为了维护当地居民或者村民的安全,维护社会公共利益,居民委员会、村民委员会发现其所在区域内的生产经营单位存在事故隐患或者安全生产违法行为时,有权利也有义务向当地人民政府或者有关部门报告。对于未发现的事故隐患或者安全生产违法行为,居民委员会、村民委员会没有责任。对于其所在区域外的生产经营单位存在的事故隐患或者安全生产违法行为,居民委员会、村民委员会享有报告或者举报的权利,但不承担必须报告的义务。当地人民政府或者有关部门接到报告后应当给予重视,作出相应的处理。否则,一旦出现问题,有关责任人员应承担相应的法律责任。

### (四)举报奖励

县级以上各级人民政府及其有关部门对报告重大事故隐患或者举报安全生产违法行为的有功人员,给予奖励。具体奖励办法由国务院应急管理部门会同国务院财政部门制定。

为了鼓励单位和个人积极报告事故隐患,举报安全生产违法行为,县级以上各级人民政府及其有关部门对报告重大事故隐患或者举报安全生产违法行为的有功人员给予奖励。确定有功人员应根据实际情况具体掌握。例如,提供了应急管理部门还没有掌握的

关键信息、线索，从而发现并排除重大事故隐患、防止重大生产安全事故的发生，或者使严重安全生产违法行为受到了查处，就可以认定为有功人员。

为进一步加强安全生产工作的社会监督，鼓励举报重大事故隐患和安全生产违法行为，及时发现并排除重大事故隐患，制止和惩处违法行为，2018 年 1 月 4 日，原国家安全监管总局（现为应急管理部）、财政部依据《安全生产法》《职业病防治法》和《中共中央 国务院关于推进安全生产领域改革发展的意见》等有关法律法规和文件要求，制定并发布《安全生产领域举报奖励办法》（安监总财〔2018〕19 号），该办法适用于所有重大事故隐患和安全生产违法行为的举报奖励。并规定，负有安全监管职责的部门开展举报奖励工作，应当遵循“合法举报、适当奖励、属地管理、分级负责”和“谁受理、谁奖励”的原则。

## 九、宣传教育和舆论监督

新闻、出版、广播、电影、电视等单位有进行安全生产公益宣传教育的义务，有对违反安全生产法律、法规的行为进行舆论监督的权利。

安全生产宣传教育和舆论监督，对安全生产工作十分重要。通过安全生产宣传教育，可以普及安全生产知识，传播先进的安全生产管理经验，提高社会公众的安全生产意识；通过舆论监督，可以增强生产经营单位及其有关人员、政府、有关部门及其工作人员的责任心，促使他们认真履行职责，加强安全生产管理。安全生产宣传教育具有一定的公益属性，为确保安全生产宣传教育工作取得成效，加强对安全生产违法行为的监督，《安全生产法》明确规定新闻、出版、广播、电影、电视等单位有进行安全生产公益宣传教育的义务，同时有权利对安全生产违法行为进行舆论监督。这些单位的舆论监督透明度高、传播面广、影响力大，对违反安全生产法律、法规的单位和个人有较强的威慑作用，是一种有效的监督方式。因此，法律赋予它们以舆论监督的权利，任何单位和个人不得阻挠、干预对安全生产违法行为正常的舆论监督。同时，舆论监督单位对有关安全生产违法行为进行曝光，要有可靠的根据，不能不经查实或凭空想象发布不正当言论，避免造成不良影响，也不得借此谋取不正当利益。

## 十、安全生产违法行为信息库

负有安全生产监督管理职责的部门应当建立安全生产违法行为信息库，如实记录生产经营单位的安全生产违法行为信息；对违法行为情节严重的生产经营单位及其有关从业人员，应当及时向社会公告，并通报行业主管部门、投资主管部门、自然资源主管部门、生态环境主管部门、证券监督管理机构以及有关金融机构。

建立安全生产违法信息库是推进建立社会诚信体系建设、加快完善现代市场体系的重要方面。《安全生产“十三五”规划》也规定，推进安全生产信息化建设。推进信息技术与安全生产的深度融合，统一安全生产信息化标准，依托国家电子政务网络平台，完善安全生产信息基础设施和网络系统。全面推进安全监管监察部门安全生产大数据等信息技术应用，构建国家、省、市、县四级重大危险源管理体系，实现跨部门、跨地区数据资源共享共用，提升重大危险源监测、隐患排查、风险管控、应急处置等预警监控能力。推动矿山、金属冶炼等高危企业建设安全生产智能装备、在线监测监控、隐患自查自改自报等安全管理信息系统。推进危险化学品、民爆物品、烟花爆竹等企业建设全过程信息化追溯体系。鼓励中小企业通过购买信息化服务提高安全生产管理水平。

## 第五节　生产安全事故应急救援及调查处理

### 一、生产安全事故应急救援

#### (一)生产安全事故应急能力建设

国家加强生产安全事故应急能力建设,在重点行业、领域建立应急救援基地和应急救援队伍,并由国家安全生产应急救援机构统一协调指挥;鼓励生产经营单位和其他社会力量建立应急救援队伍,配备相应的应急救援装备和物资,提高应急救援的专业水平。国务院应急管理部门牵头建立全国统一的生产安全事故应急救援信息系统,国务院交通运输、住房和城乡建设、水利、民航等有关部门建立健全相关行业、领域的生产安全事故应急救援信息系统,实现互联互通、信息共享,通过推行网上安全信息采集、安全监管和监测预警,提升监管的精准化、智能化水平。

1. 国家应当加强生产安全事故应急救援能力建设

事故应急救援指为减少、消除事故危害,防止事故扩大或恶化,最大限度地降低事故造成的损失或危害而采取的救援措施或行动。可以从以下几方面加强生产安全事故应急救援能力建设:

第一,在重点行业、领域建立应急救援基地和应急救援队伍,推进应急救援专业化处置能力建设。重点行业、领域的应急救援基地是由国家规划,由国家、地方和重点行业、领域的生产经营单位共同投资建设的,能够承担规划服务区域内特别重大和复杂的生产安全事故处置任务的重要救援队伍;具备重点行业、领域的应急救援人才储备、技术储备、装备储备和救援人员培训与学习训练功能。国家应急救援基地在负责本单位生产安全事故应急救援任务的同时,还要承担其他国家指定区域的生产安全事故救援任务而进行的救援行动。

第二,鼓励生产经营单位和其他社会力量建立应急救援队伍,配备相应的应急救援装备和物资,提高应急救援的专业水平。逐步建立社会化的应急救援机制,加强生产经营单位专兼职队伍和职工队伍建设。按照专业救援和职工参与相结合、险时救援和平时防范相结合的原则,建设专业队伍为骨干、兼职队伍为辅助、职工队伍为基础的企业应急队伍体系。

2. 建立全国统一的生产安全事故应急救援信息系统

建立全国统一的生产安全事故应急救援信息系统是强化安全生产建设,提高科学决策能力的需要。现阶段,国家生产安全事故应急救援信息系统建设的基本要求为:积极适应安全生产应急管理工作需要,紧紧围绕“统一指挥、反应灵敏、协调有序、运转高效”的应急管理机制,加强应急救援信息系统建设。

#### (二)政府的应急救援职责

生产安全事故具有突发性、紧迫性的特点,如果不事先做好充分的应急准备工作,很难在短时间内组织起有效的抢救,防止事故扩大,减少人员伤亡和财产损失。组织、指挥生产安全事故应急救援,是县级以上地方各级人民政府的重要职责,要履行好这一职责,必须未雨绸缪,做好应对可能发生的生产安全事故的各种准备工作。《安全生产法》第八十条规定,县级以上地方各级人民政府应当组织有关部门制定本行政区域内生产安全事故应急救援预案,建立应急救援体系。

县级以上地方人民政府组织制定应急救援预案,首先应当结合本行政区域内安全生产的实际情况,确定容易发生生产安全事故的地区、行业和单位,分析可能导致发生事故的原因,有针对性地制定应急救援预案。其次,应急救援预案确定的程序要简单,步骤要明确,保证在事故发生时,应急救援预案能及时启动,并紧张有序地实施。再次,政府机关应当统一指挥,责任明确。生产经营单位、政府部门之间以及同其他有关方面如何分工、配合、协调,应当在应急救援预案中加以明确。

应急救援体系是指保证应急救援预案的具体落实所需要的组织、人力、物力等各种要素及其调配关系的总和。应急救援体系应当与应急救援预案相协调。同时,应急救援体系应当是一个统一指挥、分工明确、协调配合,在发生生产安全事故时能迅速启动的体系。

### (三)生产安全事故应急救援预案及演练

生产经营单位应当制定本单位生产安全事故应急救援预案,与所在地县级以上地方人民政府组织制定的生产安全事故应急救援预案相衔接,并定期组织演练。

#### 1. 生产安全事故应急救援预案的制定

为规范生产安全事故应急预案管理工作,迅速有效处置生产安全事故,应急管理部关于修改《生产安全事故应急预案管理办法》的决定已经 2019 年 6 月 24 日应急管理部第 20 次部务会议审议通过,自 2019 年 9 月 1 日起施行。该条文对安全生产事故应急预案的编制、评审、公布和备案、实施、监督管理等作出具体规定。根据该办法的规定,应急预案的编制应当符合下列基本要求:

(1)有关法律、法规、规章和标准的规定;

(2)本地区、本部门、本单位的安全生产实际情况;

(3)本地区、本部门、本单位的危险性分析情况;

(4)应急组织和人员的职责分工明确,并有具体的落实措施;

(5)有明确、具体的应急程序和处置措施,并与其应急能力相适应;

(6)有明确的应急保障措施,满足本地区、本部门、本单位的应急工作需要;

(7)应急预案基本要素齐全、完整,应急预案附件提供的信息准确;

(8)应急预案内容与相关应急预案相互衔接。

此外,生产经营单位编制的各类应急预案之间应当相互衔接,并与相关人民政府及其部门、应急救援队伍和涉及的其他单位的应急预案相衔接。

#### 2. 生产经营单位应当定期组织应急演练

各级人民政府应急管理部门应当将本部门应急预案的培训纳入安全生产培训工作计划,并组织实施本行政区域内重点生产经营单位的应急预案培训工作。各级人民政府应急管理部门应当至少每 2 年组织 1 次应急预案演练,提高本部门、本地区生产安全事故应急处置能力。应急预案演练结束后,应急预案演练组织单位应当对应急预案演练效果进行评估,撰写应急预案演练评估报告,分析存在的问题,并对应急预案提出修订意见。生产经营单位应当制定本单位的应急预案演练计划,根据本单位的事故风险特点，每年至少组织1次综合应急预案演练或者专项应急预案演练，每半年至少组织1次现场处置方案演练。易燃易爆物品、危险化学品等危险物品的生产、经营、储存、运输单位，矿山、金属冶炼、城市轨道交通运营、建筑施工单位，以及宾馆、商场、娱乐场所、旅游景区等人员密集场所经营单位，应当至少每半年组织1次生产安全事故应急预案演练，并将演练情况报送所在地县级以上地方人民政府负有安全生产监督管理职责的部门。县级以上地方人民政府负有安全生产监督管理职责的部门应当对本行政区域内前款规定的重点生产经营单位的生产安全事故应急救援预案演练进行抽查；发现演练不符合要求的，应当责令限期改正。

### （四）应急救援组织、人员和设备的要求

危险物品的生产、经营、储存单位以及矿山、金属冶炼、城市轨道交通运营、建筑施工单位应当建立应急救援组织；生产经营规模较小的，可以不建立应急救援组织，但应当指定兼职的应急救援人员。危险物品的生产、经营、储存、运输单位以及矿山、金属冶炼、城市轨道交通运营、建筑施工单位应当配备必要的应急救援器材、设备和物资，并进行经常性维护、保养，保证正常运转。

危险物品的生产经营单位的应急救援组织的建立和应急救援人员的指定，目的是为了保障危险物品的生产、经营、储存单位以及矿山、建筑施工单位的从业人员在事故发生时能及时得到救护，以尽可能减少事故造成的人员伤亡和财产损失。由于危险物品和矿山、金属冶炼、城市轨道交通运营、建筑施工危险程度不一样，对应急救援组织的要求有所不同，因此，本条对相关单位建立应急救援组织的问题只作出原则性规定。至于高危行业生产经营单位应当建立什么形式、多大规模的救援组织，应当按照有关规定执行。对于生产规模较小的高危行业生产经营单位，按照本条的规定，可以不建立应急救援组织的，应当指定兼职的应急救援人员。

高危行业生产经营单位，应当根据本单位的生产经营活动的特点，为有关场所或者生产经营设备、设施配备必要的应急救援器材、设备、物资，并注明其使用方法。在有关场所配备必要的应急救援器材、设备、物资展开自救和他救工作，以便更有效地应对和处置生产安全事故，避免事故情况进一步恶化。

## 二、生产安全事故发生后的报告与抢救

### （一）生产经营单位的事故报告

生产经营单位发生生产安全事故后，事故现场有关人员应当立即报告本单位负责人。单位负责人接到事故报告后，应当迅速采取有效措施，组织抢救，防止事故扩大，减少人员伤亡和财产损失，并按照国家有关规定立即如实报告当地负有安全生产监督管理职责的部门，不得隐瞒不报、谎报或者迟报，不得故意破坏事故现场、毁灭有关证据。

1. 事故现场有关人员应当立即向单位负责人报告

生产经营单位发生生产安全事故后，事故现场有关人员，包括有关管理人员以及从业人员等，应当立即向本单位负责人报告，不得拖延或者不报告，以便本单位负责人能及时组织抢救，并向有关部门报告。

2. 生产经营单位负责人承担的义务和责任

接到事故报告后，生产经营单位负责人应当迅速采取有效措施，组织抢救，防止事故

扩大，减少人员伤亡和财产损失。依照《生产安全事故报告和调查处理条例》的规定，发生生产安全事故的生产经营单位应当按照下列程序作出报告：

(1)事故发生后，事故现场有关人员应当立即向本单位负责人报告；

(2)单位负责人接到报告后，应当于1小时内向事故发生地县级以上人民政府应急管理部门和负有安全生产监督管理职责的有关部门报告；

(3)情况紧急时，事故现场有关人员可以直接向事故发生地县级以上人民政府应急管理部门和负有安全生产监督管理职责的有关部门报告，以便于积极组织事故救援力量调度；

(4)报告事故应当包括下列内容：事故发生单位概况，事故发生的时间、地点以及事故现场情况，事故的简要经过，事故已经造成或者可能造成的伤亡人数(包括下落不明的人数)和初步估计的直接经济损失，已经采取的措施，其他应当报告的情况；

(5)事故报告后出现新情况的，应当及时补报。自事故发生之日30日内，事故造成的伤亡人数发生变化的，应当及时补报。道路交通事故、火灾事故自发生之日起7日内，事故造成的伤亡人数变化的，应当及时补报。对事故发生单位主要负责人迟报、谎报或者瞒报事故的行为应当追究其法律责任。

3. 不得故意破坏事故现场、毁灭有关证据

事故现场和有关证据是调查事故原因、查明事故性质和责任的重要方面。任何单位和个人不得破坏事故现场、毁灭相关证据。事故现场保护的主要任务就是在现场勘查之前，维持现场的原始状态。因抢救人员、防止事故扩大以及疏通交通等原因，需要移动事故现场物件的，应当做出标志，绘制现场简图并作出书面记录，妥善保存现场重要痕迹、物证，并应当尽量使现场少受破坏。同时，移动物件必须经过事故单位负责人或者组织事故调查的应急管理部门和负有安全生产监督管理职责的有关部门的同意。

### (二)负有安全监管职责的部门的事故报告

负有安全生产监督管理职责的部门接到事故报告后，应当立即按照国家有关规定上报事故情况。负有安全生产监督管理职责的部门和有关地方人民政府对事故情况不得隐瞒不报、谎报或者迟报。

对生产安全事故报告不仅是生产经营单位的义务，也是应急管理部门的义务。以特别重大事故的报告为例，从事故发生单位负责人报告县级主管部门，再由县级主管部门报告市级主管部门，市级主管部门报告省级主管部门，省级主管部门报告国务院主管部门，最后报至国务院，层级环节众多，如果任何一个环节拖延时间，都可能产生严重后果，造成工作上的被动局面。在报告时限上，《生产安全事故报告和调查处理条例》进一步规定，应急管理部门和负有安全生产监督管理职责的有关部门逐级上报事故情况，每级上报的时间不得超过2小时。

应急管理部门和负有安全生产监督管理职责的有关部门接到事故报告后，应当依照下列规定上报事故情况，并通知公安机关、劳动保障行政部门、工会和人民检察院：

(1)特别重大事故、重大事故逐级上报至国务院应急管理部门和负有安全生产监督管理职责的有关部门；

(2)较大事故逐级上报至省、自治区、直辖市人民政府应急管理部门和负有安全生产监督管理职责的有关部门；

(3)一般事故上报至设区的市级人民政府应急管理部门和负有安全生产监督管理职责的有关部门。

应急管理部门和负有安全生产监督管理职责的有关部门依照上述规定上报事故情况，应当同时报告本级人民政府。国务院应急管理部门和负有安全生产监督管理职责的有关部门以及省级人民政府接到发生特别重大事故、重大事故的报告后，应当立即报告国务院。

### (三)事故抢救

1. 有关地方人民政府和监管部门负责人的事故救援职责

有关地方人民政府和负有安全生产监督管理职责的部门的负责人接到生产安全事故报告后，应当按照生产安全事故应急救援预案的要求立即赶到事故现场，组织事故抢救。

地方人民政府和负有安全生产监管职责的部门接到事故报告后，除了按照国家规定履行相应的报告义务外，也应当组织事故抢救。按照生产安全事故应急救援预案的要求，是指应当按照生产安全事故应急救援预案的要求立即赶到事故现场，组织事故抢救。在具体的事故应急救援预案中，依据属地管辖和事故等级的情况，属于哪一级政府和安全生产监管部门的职责都是明确具体的，发生事故后对照预案执行即可。

2. 参与事故抢救的部门和单位的职责

参与事故抢救的部门和单位应当服从统一指挥，加强协同联动，采取有效的应急救援措施，并根据事故救援的需要采取警戒、疏散等措施，防止事故扩大和次生灾害的发生，减少人员伤亡和财产损失。

参加事故抢救的部门和单位应当按照事故应急救援预案的要求，服从统一指挥，加强协同联动，采取有效的应急救援措施。发生生产安全事故后，事故现场容易混乱，危险性会持续一段时间，参加事故抢救的部门和单位应当根据事故救援的需要，及时采取对有关场所进行警戒、疏散人群等措施，防止事故进一步扩大和次生灾害的发生，减少人员伤亡和财产损失。

3. 事故抢救应避免或者减少对环境造成危害

事故抢救过程中应当采取必要措施，避免或者减少对环境造成危害。

在最大限度减少事故人员伤亡和财产损失的情况下，根据事故应急预案和事故现场周边的实际情况，采取必要的措施，避免或者减少因事故抢救对周边环境的危害，包括对事故源采取及时、有效的控制、转移措施等。

4. 单位和个人对事故抢救的支持、配合义务

任何单位和个人都应当支持、配合事故抢救，并提供一切便利条件。

每个单位和个人要从保护人民生命财产安全、保护社会公众利益、国家利益的高度来认识生产事故的抢救问题，对事故抢救要积极、支持配合，提供一切可能的便利条件。

## 三、事故的调查处理与责任追究

### (一)事故调查处理

事故调查处理应当按照科学严谨、依法依规、实事求是、注重实效的原则，及时、准确地查清事故原因，查明事故性质和责任，评估应急处置工作，总结事故教训，提出整改措施，并对事故责任单位和人员提出处理建议。事故调查报告应当依法及时向社会公布。

事故调查和处理的具体办法由国务院制定。事故发生单位应当及时全面落实整改措施，负有安全生产监督管理职责的部门应当加强监督检查。

1. 事故调查的基本原则

事故调查处理的原则是“科学严谨、依法依规、实事求是、注重实效”。这一原则是在多年事故救援、调查工作实践中总结出来的，符合事故调查的基本规律，对事故调查工作起到了重要的指导作用。

2. 事故调查的主要任务

事故调查的主要任务可以总结如下：

(1)及时、准确地查明事故原因

查清事故发生的经过和事故原因，是事故调查处理的首要任务和内容，也是进行下一步分清责任，出具处理意见的基础。

(2)查明事故性质和责任

这是指要查明事故的类型和具体责任的承担。查明事故性质是认定事故责任的首要前提。如果事故纯属自然事故或者意外事故，则不需要认定事故责任。如果是人为事故和责任事故，就应当查明哪些人员对事故负有责任，并确定其责任。事故责任有直接责任和间接责任，有主要责任，也有次要责任。

(3)总结事故教训，提出整改措施

通过查明事故经过和事故原因，发现安全生产工作的漏洞，从事故中总结教训，并提出整改措施，防止类似事故重复发生。

(4)对事故责任者提出处理意见

生产安全事故责任追究制度是我国安全生产领域的一项基本制度。结合对事故责任的认定，对事故责任人分别提出不同的处理建议，使有关责任者受到合理的处理，这对于增强有关人员的责任心，提高生产经营单位预防事故的水平和提高地方政府及其监管部门的责任意识，预防事故再次发生，具有重要的警示意义。

3. 事故调查报告的公布

事故调查报告应当依法及时向社会公布。一般情况下，事故调查报告包括事故发生单位概况、事故发生经过和事故救援情况、造成的人员伤亡和直接经济损失、事故原因和事故性质、责任的认定及对事故责任者的处理、事故防范和整改措施等内容，事故调查报告应当附具有关证据材料。事故调查组成人员应当在事故调查报告上签名。生产安全事故的调查处理情况涉及当事方的切身利益，也涉及社会公众的知情权，因此，以适当的方式公布事故调查报告很有必要。

公布事故调查报告的积极意义在于：一是具有宣传、教育和警示的作用，二是有利于充分发挥社会的监督作用。

4. 事故发生单位落实整改的义务

事故调查和处理的目的绝不仅仅是为了发现责任人的问题和责任并予以惩治，更是要查明原因，发现漏洞，分清责任，使生产经营单位领导和职工从中吸取教训，改进工作，防止事故再次发生。

5. 对整改落实情况的监督检查

事故发生单位落实整改措施情况属于安全生产工作的重要内容，负有安全生产监督职责的部门应当对落实情况进行监督检查,这是履行安全生产监管职责的要求。

(二)有关行政部门的法律责任

《安全生产法》第八十七条规定,生产经营单位发生生产安全事故,经调查确定为责任事故的,除了应当查明事故单位的责任并依法予以追究外,还应当查明对安全生产的有关事项负有审查批准和监督职责的行政部门的责任,对有失职、渎职行为的,依照本法第九十条的规定追究法律责任。

法律上的权利与责任是并存的,不应有无责任的权力。具有监督职责和审查批准的权力的安全生产监管部门,同时也应当承担相应的责任,体现权责一致的原则。实践中需要注意的是,本条规定了对安全生产的有关事项负有审查批准和监督职责的行政部门的责任,认定这些部门的责任,需要结合生产安全事故调查报告予以认定。

(三)事故调查处理不得干涉

任何单位和个人不得阻挠和干涉对事故的依法调查处理。

对生产安全事故进行调查处理,是严格执法、搞好安全生产工作的重要方面。无论是发生生产事故的生产经营单位、从业人员、还是其他有关单位和个人,都应当对事故调查进行积极配合,不得阻挠和干预。否则,要根据情节轻重追究其相应的责任。

(四)事故定期分析和定期公布制度

《安全生产法》第八十九条规定,县级以上地方各级人民政府应急管理部门应当定期统计分析本行政区域内发生生产安全事故的情况,并定期向社会公布。

对于生产安全事故情况的统计分析和公布的具体分工是:省级人民政府负责安全生产监督管理的部门负责本省、自治区、直辖市范围内发生生产安全事故的情况的统计分析和公布,市、县人民政府负责安全生产监督管理的部门负责本市、县行政区域内这方面的工作。省级人民政府负责安全生产监督管理的部门应当在全省性的媒体上公布,市、县级人民政府负责安全生产监督管理的部门应当分别在全市性和县级媒体上公布。

实践中需要注意的是,在《安全生产法》第八十六条中增加规定了事故调查报告向社会公布的制度,与《安全生产法》第八十九条规定的生产安全事故情况向社会公布是有区别的。前者是针对具体的事故调查报告,涉及某一个事故的起因、后果、事故责任和调查处理情况等内容;本条的公布主要是从统计分析的角度,对某一地区一段时间内生产安全事故的数量、类别、死伤人数、财产损失等综合情况的公布。两者不宜混淆,不能以公布生产安全事故的总体情况替代对具体事故调查的公布。

## 第六节　安全生产违法行为的法律责任

### 一、政府及安全监管部门的法律责任

(一)审批监管部门工作人员的责任

负有安全生产监督管理职责的部门的工作人员,有下列行为之一的,给予降级或者撤职的处分;构成犯罪的,依照刑法有关规定追究刑事责任:

(1)对不符合法定安全生产条件的涉及安全生产的事项予以批准或者验收通过的;

(2)发现未依法取得批准、验收的单位擅自从事有关活动或者接到举报后不予取缔或者不依法予以处理的;

(3)对已经依法取得批准的单位不履行监督管理职责,发现其不再具备安全生产条件而不撤销原批准或者发现安全生产违法行为不予查处的;

(4)在监督检查中发现重大事故隐患,不依法及时处理的。

负有安全生产监督管理职责的部门的工作人员有前款规定以外的滥用职权、玩忽职守、徇私舞弊行为的,依法给予处分;构成犯罪的,依照刑法有关规定追究刑事责任。

### (二)监管部门的法律责任

1. 违法指定购买设备器材、违规收费的责任

负有安全生产监督管理职责的部门,要求被审查、验收的单位购买其指定的安全设备、器材或者其他产品的,在对安全生产事项的审查、验收中收取费用的,由其上级机关或者监察机关责令改正,责令退还收取的费用;情节严重的,对直接负责的主管人员和其他直接责任人员依法给予处分。

行政处分包括警告、记过、记大过、降级、撤职、开除,具体给予何种行政处分,可根据具体情况作出。这里讲的"情节严重",包括在审查、验收中多次要求接受审查、验收的单位购买其指定品牌或者指定的生产、销售单位的安全设备、器材或者其他产品的;在审查、验收中多次收取费用,且数额较大,社会影响较大等。这里所说的"直接负责的主管人员",是指在单位违法行为中负有直接领导责任的人员,包括违法行为的决策人,事后对单位违法行为予以认可和支持的领导人员,以及由于疏于管理或放任,因而对单位违法行为负有不可推卸的责任的领导人员。这里所说的"其他直接责任人员",是指直接实施单位违法行为的人员。

2. 生产安全事故隐瞒不报、谎报或者迟报的法律责任

有关地方人民政府、负有安全生产监督管理职责的部门,对生产安全事故隐瞒不报、谎报或者迟报的,对直接负责的主管人员和其他直接责任人员依法给予处分;构成犯罪的,依照刑法有关规定追究刑事责任。

## 二、安全生产检评机构出具虚假证明的法律责任

《安全生产法》第九十二条规定,承担安全评价、认证、检测、检验职责的机构出具失实报告的,责令停业整顿,并处3万元以上10万元以下的罚款;给他人造成损害的,依法承担赔偿责任。承担安全评价、认证、检测、检验职责的机构租借资质、挂靠、出具虚假报告的,没收违法所得;违法所得在10万元以上的,并处违法所得2倍以上5倍以下的罚款;没有违法所得或者违法所得不足10万元的,单处或者并处10万元以上20万元以下的罚款;对其直接负责的主管人员和其他直接责任人员处5万元以上10万元以下的罚款;给他人造成损害的,与生产经营单位承担连带赔偿责任;构成犯罪的,依照刑法有关规定追究刑事责任。对有前款违法行为的机构及其直接责任人员,吊销其相应资质和资格,5年内不得从事安全评价、认证、检测、检验等工作;情节严重的,实行终身行业和职业禁入。

根据上述规定,承担安全评价、认证、检测、检验工作的机构,出具虚假证明,相关法律责任如下:

(1)没收违法所得。由本法规定的行政执法机关将承担安全评价、认证、检测、检验工

作的机构由于出具虚假证明文件而获得的财产上的非法利益强制无偿收归国有；

(2)罚款。罚款分为对机构的罚款和对个人的罚款；

(3)赔偿责任。没收违法所得和罚款都是国家对其进行的处罚，而对于给他人造成的损失，还要承担民事赔偿责任；

(4)构成犯罪的，依照刑法有关规定追究刑事责任。这里讲的构成犯罪须具备以下的条件：一是主体是特定的，必须是有关的中介机构，二是客观上实施了故意提供虚假证明文件的行为，三是情节严重的。这里讲的“情节严重”是指故意提供虚假证明文件手段比较恶劣；虚假的内容特别重要以及因此而造成重大生产安全事故等；

(5)对有上述违法行为的机构及其直接责任人员，吊销其相应的资质。这是一种资格处罚，即由有关部门撤销有违法行为的机构所取得的安全评价、认证、检测、检验的资格。

## 三、生产经营单位的安全生产法律责任

### (一)个人责任

1. 资金投入违法的责任

生产经营单位的决策机构、主要负责人或者个人经营的投资人不依照本法规定保证安全生产所必需的资金投入，致使生产经营单位不具备安全生产条件的，责令限期改正，提供必需的资金；逾期未改正的，责令生产经营单位停产停业整顿。有上述违法行为，导致发生生产安全事故的，对生产经营单位的主要负责人给予撤职处分，对个人经营的投资人处 2 万元以上 20 万元以下的罚款；构成犯罪的，依照刑法有关规定追究刑事责任。

对于安全生产资金投入违法行为的追责，首先应由负责安全生产监督管理的部门责令生产经营单位的决策机构、主要负责人、个人经营的投资人在规定的期限内纠正违法行为，提供生产经营单位应当具备的安全生产条件所必需的资金。如果违法行为人在规定的时限内仍然不改正的，责令停产停业整顿。

2. 生产经营单位主要负责人的法律责任

(1)生产经营单位主要负责人的不依法履行职责的责任

生产经营单位的主要负责人未履行相关安全生产管理职责的，责令限期改正，处 2 万元以上 5 万元以下的罚款；逾期未改正的，处 5 万元以上 10 万元以下的罚款，责令生产经营单位停产停业整顿。生产经营单位的主要负责人有上述违法行为，导致发生生产安全事故的，给予撤职处分；构成犯罪的，依照刑法有关规定追究刑事责任。生产经营单位的主要负责人依照上述规定受刑事处罚或者撤职处分的，自刑罚执行完毕或者受处分之日起，5 年内不得担任任何生产经营单位的主要负责人；对重大、特别重大生产安全事故负有责任的，终身不得担任本行业生产经营单位的主要负责人。

生产经营单位的主要负责人未履行相关规定的安全生产管理职责，导致发生生产安全事故的，由应急管理部门依照下列规定处以罚款：①发生一般事故的，处上一年年收入 40% 的罚款；②发生较大事故的，处上一年年收入 60% 的罚款；③发生重大事故的，处上一年年收入 80% 的罚款；④发生特别重大事故的，处上一年年收入 100% 的罚款。

通过对主要负责人的罚款，可以更直接、有效地督促其履行安全生产管理职责。在对主要负责人罚款的同时，生产经营单位也应当被责令停产停业整顿，直到生产经营单位的

主要负责人按照本法规定履行了法定职责，才能恢复生产经营活动。这样既有主要负责人的个人责任，又有生产经营单位的责任。

(2)生产经营单位主要负责人事故处理违法行为的责任

生产经营单位的主要负责人在本单位发生生产安全事故时，不立即组织抢救或者在事故调查处理期间擅离职守或者逃匿的，给予降级、撤职的处分，并由应急管理部门处上一年年收入60%至100%的罚款；对逃匿的处15日以下拘留；构成犯罪的，依照刑法有关规定追究刑事责任。生产经营单位的主要负责人对生产安全事故隐瞒不报、谎报或者迟报的，依照上述规定处罚。

3. 生产经营单位的其他负责人和安全生产管理人员未履行职责的法律责任

生产经营单位的其他负责人和安全生产管理人员未履行相关规定的安全生产管理职责的，责令限期改正；处1万元以上3万元以下的罚款；导致发生生产安全事故的，暂停或者撤销其与安全生产有关的资格；并处一年年收入20%以上50%以下的罚款；构成犯罪的，依照刑法有关规定追究刑事责任。

4. 生产经营单位的从业人员违章操作的法律责任

生产经营单位的从业人员不落实岗位安全责任，不服从管理，违反安全生产规章制度或者操作规程的，由生产经营单位给予批评教育，依照有关规章制度给予处分；构成犯罪的，依照刑法有关规定追究刑事责任。

对于从业人员不落实岗位安全责任，不服从管理，违反有关规章制度和操作规程的，应当按照以下几个方面进行处理：①由生产经营单位给予批评教育。即由生产经营单位对该从业人员由于违反规章制度和操作规程的行为进行批评，同时对其进行有关安全生产知识方面的教育，使其认识到严格遵守安全生产规章制度和操作规程的重要性，以及违反安全生产规章制度或者操作规程能造成的严重后果和依法应当承担的法律责任，确保其不再违法；②依照有关规章制度给予处分。这里讲的“规章制度”，主要是指生产经营单位依法制定的内部奖惩制度，予以从业人员处分的主体是从业人员所属的生产经营单位；③构成犯罪的，依照刑法有关规定追究刑事责任。

**典型例题**

【单选题】某企业发生一起危险化学品爆炸事故，事故发生后，该企业主要负责人擅离职守，未立即组织抢救。根据《安全生产法》，应急管理部门对该企业主要负责人可处上一年年收入(    )的罚款。

A. 70%　　B. 10%

C. 30%　　D. 50%

A。【解析】《安全生产法》第一百一十条规定，生产经营单位的主要负责人在本单位发生生产安全事故时，不立即组织抢救或者在事故调查处理期间擅离职守或者逃匿的，给予降级、撤职的处分，并由应急管理部门处上一年年收入60%至100%的罚款；对逃匿的处15日以下拘留；构成犯罪的，依照刑法有关规定追究刑事责任。生产经营单位的主要负责人对生产安全事故隐瞒不报、谎报或者迟报的，依照前款规定处罚。

## (二)单位责任

1. 安全生产管理违法行为的处罚

生产经营单位有下列行为之一的,责令限期改正,可以处10万元以下的罚款;逾期未改正的,责令停产停业整顿,并处10万元以上20万元以下的罚款,对其直接负责的主管人员和其他直接责任人员处2万元以上5万元以下的罚款:

(1)未按照规定设置安全生产管理机构或者配备安全生产管理人员、注册安全工程师的;

(2)危险物品的生产、经营、储存、装卸单位以及矿山、金属冶炼、建筑施工、运输单位的主要负责人和安全生产管理人员未按照规定经考核合格的;

(3)未按照规定对从业人员、被派遣劳动者、实习学生进行安全生产教育和培训,或者未按照规定如实告知有关的安全生产事项的;

(4)未如实记录安全生产教育和培训情况的;

(5)未将事故隐患排查治理情况如实记录或者未向从业人员通报的;

(6)未按照规定制定生产安全事故应急救援预案或者未定期组织演练的;

(7)特种作业人员未按照规定经专门的安全作业培训并取得相应资格,上岗作业的。

2. 生产经营单位违法行为的处罚

矿山、金属冶炼建设项目或者用于生产、储存、装卸危险物品的建设项目涉及较高的生产安全要求,要对其进行安全评价,需要有安全设施设计并按照有关规定报经有关部门审查同意,施工单位必须按照批准的安全设施设计施工,这些建设项目竣工投入生产或者使用前安全设施需要经验收合格。生产经营单位违反这些要求的,要承担相应的法律责任。

《安全生产法》规定,生产经营单位有下列行为之一的,责令停止建设或者停产停业整顿,限期改正,并处10万元以上50万元以下的罚款,对其直接负责的主管人员和其他直接责任人员处2万元以上5万元以下的罚款;逾期未改正的,处50万元以上100万元以下的罚款,对其直接负责的主管人员和其他直接责任人员处5万元以上10万元以下的罚款;构成犯罪的,依照刑法有关规定追究刑事责任:

(1)未按照规定对矿山、金属冶炼建设项目或者用于生产、储存、装卸危险物品的建设项目进行安全评价的;

(2)矿山、金属冶炼建设项目或者用于生产、储存、装卸危险物品的建设项目没有安全设施设计或者安全设施设计未按照规定报经有关部门审查同意的;

(3)矿山、金属冶炼建设项目或者用于生产、储存、装卸危险物品的建设项目的施工单位未按照批准的安全设施设计施工的;

(4)矿山、金属冶炼建设项目或者用于生产、储存、装卸危险物品的建设项目竣工投入生产或者使用前,安全设施未经验收合格的。

3. 违反危险物品安全管理规定的法律责任

生产经营单位有下列行为之一的,责令限期改正,可以处5万元以下的罚款;逾期未改正的,处5万元以上20万元以下的罚款,对其直接负责的主管人员和其他直接责任人员处1万元以上2万元以下的罚款;情节严重的,责令停产停业整顿;构成犯罪的,依照刑法有关规定追究刑事责任：

（1）未在有较大危险因素的生产经营场所和有关设施、设备上设置明显的安全警示标志的；

（2）安全设备的安装、使用、检测、改造和报废不符合国家标准或者行业标准的；

（3）未对安全设备进行经常性维护、保养和定期检测的；

（4）关闭、破坏直接关系生产安全的监控、报警、防护、救生设备、设施，或者篡改、隐瞒、销毁其相关数据、信息的；

（5）未为从业人员提供符合国家标准或者行业标准的劳动防护用品的；

（6）危险物品的容器、运输工具，以及涉及人身安全、危险性较大的海洋石油开采特种设备和矿山井下特种设备未经具有专业资质的机构检测、检验合格，取得安全使用证或者安全标志，投入使用的；

（7）使用应当淘汰的危及生产安全的工艺、设备的；

（8）餐饮等行业的生产经营单位使用燃气未安装可燃气体报警装置的。

未经依法批准，擅自生产、经营、运输、储存、使用危险物品或者处置废弃危险物品的，依照有关危险物品安全管理的法律、行政法规的规定予以处罚；构成犯罪的，依照刑法有关规定追究刑事责任。

生产经营单位有下列行为之一的，责令限期改正，可以处10万元以下的罚款；逾期未改正的，责令停产停业整顿，并处10万元以上20万元以下的罚款，对其直接负责的主管人员和其他直接责任人员处2万元以上5万元以下的罚款；构成犯罪的，依照刑法有关规定追究刑事责任：

（1）生产、经营、运输、储存、使用危险物品或者处置废弃危险物品，未建立专门安全管理制度、未采取可靠的安全措施的；

（2）对重大危险源未登记建档，未进行定期检测、评估、监控，未制定应急预案，或者未告知应急措施的；

（3）进行爆破、吊装、动火、临时用电以及国务院应急管理部门会同国务院有关部门规定的其他危险作业，未安排专门人员进行现场安全管理的；

（4）未建立安全风险分级管控制度或者未按照安全风险分级采取相应管控措施的；

（5）未建立事故隐患排查治理制度，或者重大事故隐患排查治理情况未按照规定报告的。

4. 消除事故隐患不到位的法律责任

生产经营单位未采取措施消除事故隐患的，责令立即消除或者限期消除，处5万元以下的罚款；生产经营单位拒不执行的，责令停产停业整顿，对其直接负责的主管人员和其他直接责任人员处5万元以上10万元以下的罚款；构成犯罪的，依照刑法有关规定追究刑事责任。

有责令限期消除的期限问题上，应当遵循合理性原则，即应根据事故隐患的性质和实际情况，合理地确定消除时限，期限过短或者过长都不合适，既不能让生产经营单位客观上因时间太短而无法消除事故隐患，也不能过于宽松导致生产安全事故发生。法律没有对责令限期消除的期限作出明确规定，行政机关如何确定这个期限，本质上属于行使自由裁量权的范畴。行使自由裁量权绝非随意而为，同样应当遵循行政合法性原则和行政合理性原则两大行政法的基本原则。责令限期消除的期限，应当在综合考虑消除事故隐患需要的时间、事故隐患的现实危险性等因素的基础上合理地确定。

5. 生产经营单位违法发包、出租的法律责任

生产经营单位将生产经营项目、场所、设备发包或者出租给不具备安全生产条件或者相应资质的单位或者个人的，责令限期改正，没收违法所得；违法所得 10 万元以上的，并处违法所得 2 倍以上 5 倍以下的罚款；没有违法所得或者违法所得不足 10 万元的，单处或者并处 10 万元以上 20 万元以下的罚款；对其直接负责的主管人员和其他直接责任人员处 1 万元以上 2 万元以下的罚款；导致发生生产安全事故给他人造成损害的，与承包方、承租方承担连带赔偿责任。

生产经营单位未与承包单位、承租单位签订专门的安全生产管理协议或者未在承包合同、租赁合同中明确各自的安全生产管理职责，或者未对承包单位、承租单位的安全生产统一协调、管理的，责令限期改正，处 5 万元以下的罚款，对其直接负责的主管人员和其他直接责任人员可以处 1 万元以下的罚款；逾期未改正的，责令停产停业整顿。

连带责任的特征主要表现在：①连带责任对于责任人而言是一种比较严重的责任方式。连带责任对外是一个整体的责任，连带责任中的每个责任人都需要对权利人承担全部责任，被请求承担全部责任的连带责任人，不得以自己的过错程度等为由只承担自己的责任；②连带责任对权利人保护得更为充分。连带责任给了权利人选择权，权利人可以请求一个或者数个连带责任人承担全部或者部分责任，在某个或者部分连带责任人无清偿能力的情况下，权利人的全部债权并不受到威胁；③连带责任是法定责任，责任人不能约定改变责任的性质，对于内部责任份额的约定对外不发生效力。

6. 同一作业区域内违法行为的法律责任

两个以上生产经营单位在同一作业区域内进行可能危及对方安全生产的生产经营活动，未签订安全生产管理协议或者未指定专职安全生产管理人员进行安全检查与协调的，责令限期改正，可以处 5 万元以下的罚款，对其直接负责的主管人员和其他直接责任人员可以处 1 万元以下的罚款；逾期未改正的，责令停产停业。

7. 生产经营场所和员工宿舍不符合要求的法律责任

生产经营单位有下列行为之一的，责令限期改正，可以处 5 万元以下的罚款，对其直接负责的主管人员和其他直接责任人员可以处 1 万元以下的罚款；逾期未改正的，责令停产停业整顿；构成犯罪的，依照刑法有关规定追究刑事责任：

（1）生产、经营、储存、使用危险物品的车间、商店、仓库与员工宿舍在同一座建筑内，或者与员工宿舍的距离不符合安全要求的；

（2）生产经营场所和员工宿舍未设有符合紧急疏散需要、标志明显、保持畅通的出口、疏散通道，或者占用、锁闭、封堵生产经营场所或者员工宿舍出口、疏散通道的。

8. 用工免责协议违法行为的法律责任

生产经营单位与从业人员订立协议，免除或者减轻其对从业人员因生产安全事故伤亡依法应承担的责任的，该协议无效；对生产经营单位的主要负责人、个人经营的投资人处 2 万元以上 10 万元以下的罚款。

**典型例题**

【单选题】王某是甲化工企业的法定代表人，该企业与农村进城务工人员张某、李某等多人签订了劳动合同。有关部门对甲化工企业现场检查时，发现该企业与张某、李某等人签订的劳动合同中有“员工因自身过错造成工伤的，企业概不承担责任”的约定。根据《安全生产法》《劳动合同法》，下列关于劳动合同效力及法律责任的说法中，错误的是(　　)。

A. 关于“员工因自身过错造成工伤的，企业概不承担责任”的约定无效

B. 有关部门有权因上述约定对王某进行罚款

C. 有关部门无权因上述约定对甲企业进行罚款

D. 甲企业与张某、李某等人签订的劳动合同无效

C。【解析】生产经营单位与从业人员订立协议，免除或者减轻其对从业人员因生产安全事故伤亡依法应承担的责任的，该协议无效；对生产经营单位的主要负责人、个人经营的投资人处 2 万元以上 10 万元以下的罚款。故选项 C 错误。

9. 生产经营单位拒绝、阻碍监督检查的法律责任

《安全生产法》第一百零八条规定，违反本法规定，生产经营单位拒绝、阻碍负有安全生产监督管理职责的部门依法实施监督检查的，责令改正；拒不改正的，处 2 万元以上 20 万元以下的罚款；对其直接负责的主管人员和其他直接责任人员处 1 万元以上 2 万元以下的罚款；构成犯罪的，依照刑法有关规定追究刑事责任。

10. 对不具备安全生产条件的生产经营单位的处罚

生产经营单位不具备《安全生产法》和其他有关法律、行政法规和国家标准或者行业标准规定的安全生产条件，经停产停业整顿仍不具备安全生产条件的，予以关闭；有关部门应当依法吊销其有关证照。

予以关闭，是指行政机关对违反行政管理秩序的企业、事业单位或者其他组织，依法剥夺其从事某项生产经营活动的权利的一种行政处罚。关闭，对于生产经营单位来说，是一种比较严厉的行政处罚，因此在实施时应当很慎重。

吊销有关证照，是指有关行政执法机关依法取消生产经营单位从事生产经营活动的合法凭证，包括吊销营业执照、吊销采矿许可证、吊销危险化学品生产许可证、吊销危险化学品经营许可证等。吊销营业执照，是指市场监督管理部门取消企业和个体工商户经市场监督管理部门核准登记后获得的从事生产经营活动的合法凭证；吊销采矿许可证，是指由矿产资源主管部门取消有违法行为的单位所取得的许可开采矿产资源的合法凭证，取消其采矿的资格；吊销危险化学品生产许可证、吊销危险化学品经营许可证，是指由负责颁发许可证的有关部门取消违法单位所取得的许可其从事危险化学品生产、经营的合法凭证，取消该企业从事危险化学品生产、经营活动的资格。

11. 对事故责任单位的罚款

《安全生产法》第一百一十四条规定，发生生产安全事故，对负有责任的生产经营单位除要求其依法承担相应的赔偿等责任外，由应急管理部门依照下列规定处以罚款：

（1）发生一般事故的，处 30 万元以上 100 万元以下的罚款；

(2)发生较大事故的,处100万元以上200万元以下的罚款;

(3)发生重大事故的,处200万元以上1 000万元以下的罚款;

(4)发生特别重大事故的,处1 000万元以上2 000万元以下的罚款。

发生生产安全事故,情节特别严重、影响特别恶劣的,应急管理部门可以按照前款罚款数额的2倍以上5倍以下对负有责任的生产经营单位处以罚款。

《安全生产法》规定,本法规定的生产安全一般事故、较大事故、重大事故、特别重大事故的划分标准由国务院规定。国务院应急管理部门和其他负有安全生产监督管理职责的部门应当根据各自的职责分工,制定相关行业、领域重大事故隐患的判定标准。

依据以上规定,国务院制定的《生产安全事故报告和调查处理条例》具体规定了事故的划分标准,该条文根据生产安全事故(以下简称事故)造成的人员伤亡或者直接经济损失,将事故一般分为四个等级:①特别重大事故,是指造成30人以上死亡,或者100人以上重伤(包括急性工业中毒,下同),或者1亿元以上直接经济损失的事故;②重大事故,是指造成10人以上30人以下死亡,或者50人以上100人以下重伤,或者5 000万元以上1亿元以下直接经济损失的事故;③较大事故,是指造成3人以上10人以下死亡,或者10人以上50人以下重伤,或者1 000万元以上5 000万元以下直接经济损失的事故;④一般事故,是指造成3人以下死亡,或者10人以下重伤,或者1 000万元以下直接经济损失的事故。国务院应急管理部门可以会同国务院有关部门,制定事故等级划分的补充性规定。上述所称的"以上"包括本数,所称的"以下"不包括本数。

此外,生产经营单位对事故负有责任,即该事故是责任事故。因第三方原因、不可抗力等因素引起的事故,生产经营单位没有责任,不应当依据本条规定予以处罚。而且,事故责任单位处以罚款与生产经营单位依法承担民事赔偿责任并不冲突。生产安全事故发生后,往往要对受害人承担民事赔偿责任,二者互不影响。

12. 行政处罚

《安全生产法》第一百一十五条规定,本法规定的行政处罚,由应急管理部门和其他负有安全生产监督管理职责的部门按照职责分工决定。其中,根据本法的规定应当给予民航、铁路、电力行业的生产经营单位及其主要负责人行政处罚的,也可以由主管的负有安全生产监督管理职责的部门进行处罚。予以关闭的行政处罚,由负有安全生产监督管理职责的部门报请县级以上人民政府按照国务院规定的权限决定;给予拘留的行政处罚,由公安机关依照治安管理处罚的规定决定。

本条阐述的是处罚决定机关。行政处罚,是行政执法机关为了维护公共利益和社会秩序,保护公民、法人和其他组织的合法权益,对违反行政管理秩序,依法应当予以行政相对人法律制裁。行政处罚的种类,按照行政处罚法的规定,包括警告、罚款、责令停产停业、暂扣或者吊销许可证、暂扣或者吊销执照、没收违法所得、没收非法财物、行政拘留以及法律规定的其他行政处罚。本法规定的行政处罚包括责令停产停业整顿、没收违法所得、罚款等。

上述各部门有关实施行政处罚的具体领域,针对的违法行为的范围,需要根据各部门的职责分工来确定。予以关闭的行政处罚由负有安全生产监督管理的部门报请县级以上人民政府按照国务院规定的权限决定。予以拘留的行政处罚由公安机关依照治安管理处罚法规定的程序决定。这里规定的拘留是一种行政拘留,是法定行政机关依法对违反行政法律规范的人,在短期内限制其人身自由的一种处罚。行政拘留是行政处罚中最为严厉的一种处罚。实施行政拘留的机关,一般仅限于公安机关。按照治安管理处罚法的规定,只有县级以上的公安机关才享有行政拘留的裁决权,其他任何行政机关都没有决定行政拘留的权力。

13. 事故赔偿责任

生产经营单位发生生产安全事故造成人员伤亡、他人财产损失的,应当依法承担赔偿责任;拒不承担或者其负责人逃匿的,由人民法院依法强制执行。生产安全事故的责任人未依法承担赔偿责任,经人民法院依法采取执行措施后,仍不能对受害人给予足额赔偿的,应当继续履行赔偿义务;受害人发现责任人有其他财产的,可以随时请求人民法院执行。

(1)生产经营单位的赔偿责任

生产经营单位发生生产安全事故,造成人员伤亡、他人财产损失的,应当依法承担赔偿责任。这是生产经营单位依法应当承担的损害赔偿的民事责任。如果生产经营单位拒不承担赔偿责任,或者生产经营单位的负责人逃匿的,由人民法院依法强制执行。按照民事诉讼法的规定,发生法律效力的民事判决、裁定,当事人必须履行。一方拒绝履行的,对方当事人可以向人民法院申请强制执行,也可以由审判员移送执行员执行。调解书和其他应当由人民法院执行的法律文书,当事人必须履行。一方拒绝履行的,对方当事人可以向人民法院申请执行。人民法院在强制执行时,可以采取以下强制措施:查询、冻结、划拨被执行人的存款,扣留、提取被执行人的收入,查封、扣押、拍卖、变卖被执行人的财产,搜查被执行人的财产,搜查被申请执行人隐匿的财产,强制被申请执行人交付法律文书指定交付财物等。

(2)赔偿责任的继续履行

生产安全事故的责任人未依法承担赔偿责任,经人民法院依法采取执行措施后,仍不能对受害人给予足额赔偿的,应当继续履行赔偿义务。受害人发现被责任人有其他财产的,可以随时请求人民法院执行。在实践当中,一般有两种情况:一是有些生产安全事故的责任人有能力履行赔偿义务,但是却称自己没有赔偿能力,企图拖延一段时间,不承担责任;二是有些生产安全事故的责任人确实是由于经济状况不好,或者资金周转问题,无力承担赔偿责任。生产安全事故的责任人什么时候有能力履行赔偿义务,什么时候就应当履行义务,直到完全履行赔偿义务为止。在这期间,如果受害人发现生产安全事故的责任人在采取执行措施后,还有其他可供执行的财产,或者发现生产安全事故的责任人经过一段时间的恢复后,又获得了新的财产,可以随时请求人民法院执行。

附注:2021 年 6 月 10 日,中华人民共和国第十三届全国人民代表大会常务委员会第二十九次会议通过了《全国人民代表大会常务委员会关于修改〈中华人民共和国安全生产法〉的决定》,自 2021 年 9 月 1 日起施行。

# 第四章 安全生产单行法律及相关法律的主要规定

## 第一节 《中华人民共和国矿山安全法》的相关规定

### 一、概述

《中华人民共和国矿山安全法》(以下简称《矿山安全法》)是调整在矿山建设、生产、闭坑及监督管理等活动中产生的有关矿山安全的各种社会关系的法律规范的总称。

### 二、《矿山安全法》的主要内容

#### (一)基本规定

1. 立法目的及适用范围

《矿山安全法》的立法目的,即保障矿山生产安全,防止矿山事故,保护矿山职工人身安全,促进采矿业的发展。其适用范围:中华人民共和国领域和中华人民共和国管辖的其他海域的矿产资源开采活动。

2. 矿山企业的安全生产基本义务

矿山企业必须遵守有关安全生产的法律、法规,具有保障安全生产的设施,建立、健全安全管理制度,采取有效措施改善职工劳动条件,加强矿山安全管理工作,保证安全生产。

3. 矿山安全工作的政府监管

国务院劳动行政主管部门对全国矿山安全工作实施统一监督。县级以上地方各级人民政府劳动行政主管部门对本行政区域内的矿山安全工作实施统一监督。县级以上人民政府管理矿山企业的主管部门对矿山安全工作进行管理。

4. 矿山安全科学技术的国家鼓励和奖励政策

国家鼓励矿山安全科学技术研究,推广先进技术,改进安全设施,提高矿山安全生产水平。

对坚持矿山安全生产,防止矿山事故,参加矿山抢险救护,进行矿山安全科学技术研究方面取得显著成绩的单位和个人,给予奖励。

#### (二)矿山建设的安全保障

1. 矿山建设工程的"三同时"原则

矿山建设工程的安全设施必须和主体工程同时设计、同时施工、同时投入生产和使用。

2. 矿山建设工程的设计管理

矿山建设工程的设计文件,必须符合矿山安全规程和行业技术规范,并按照国家规定经管理矿山企业的主管部门批准;不符合矿山安全规程和行业技术规范的,不得批准。矿山建设工程安全设施的设计必须有劳动行政主管部门参加审查。矿山安全规程和行业技术规范，由国务院管理矿山企业的主管部门制定。

矿山设计下列项目必须符合矿山安全规程和行业技术规范：

(1)矿井的通风系统和供风量、风质、风速；

(2)露天矿的边坡角和台阶的宽度、高度；

(3)供电系统；

(4)提升、运输系统；

(5)防水、排水系统和防火、灭火系统；

(6)防瓦斯系统和防尘系统；

(7)有关矿山安全的其他项目。

3. 矿井出口、矿山运输及通讯安全管理

每个矿井必须有两个以上能行人的安全出口，出口之间的直线水平距离必须符合矿山安全规程和行业技术规范。

矿山必须有与外界相通的、符合安全要求的运输和通信设施。

4. 矿山建设工程的施工安全管理

矿山建设工程必须按照管理矿山企业的主管部门批准的设计文件施工。

矿山建设工程安全设施竣工后，由管理矿山企业的主管部门验收，并须有劳动行政主管部门参加；不符合矿山安全规程和行业技术规范的，不得验收，不得投入生产。

**典型例题**

【多选题】矿山开采危险性较大，安全设施是矿山开采的重要组成部分。根据《矿山安全法》，下列关于矿山建设工程设计、施工和验收的说法中，正确的有(　　)。

A. 矿山建设工程的安全设施，必须和主体工程同时设计、同时施工、同时投入生产和使用

B. 矿山建设工程的设计文件，必须符合矿山安全规程和行业技术规范

C. 每个矿井必须有两个以上的出口，出口之间的距离必须符合矿山安全规程和行业技术规范

D. 矿山建设工程安全设施竣工后，由施工单位负责组织对安全设施进行验收

E. 矿山必须有与外界相通的，符合安全要求的运输和通信设施

ABE。【解析】《矿山安全法》第七条规定，矿山建设工程的安全设施必须和主体工程同时设计、同时施工、同时投入生产和使用。第八条规定，矿山建设工程的设计文件，必须符合矿山安全规程和行业技术规范，并按照国家规定经管理矿山企业的主管部门批准；不符合矿山安全规程和行业技术规范的，不得批准。第十条规定，每个矿井必须有两个以上能行人的安全出口，出口之间的直线水平距离必须符合矿山安全规程和行业技术规范。第十一条规定，矿山必须有与外界相通的、符合安全要求的运输和通信设施。第十二条规定，矿山建设工程必须按照管理矿山企业的主管部门批准的设计文件施工。矿山建设工程安全设施竣工后，由管理矿山企业的主管部门验收，并须有劳动行政主管部门参加；不符合矿山安全规程和行业技术规范的，不得验收，不得投入生产。

### （三）矿山开采的安全保障

1. 矿山开采必须具备的条件和执行的规程规范

矿山开采必须具备保障安全生产的条件，执行开采不同矿种的矿山安全规程和行业技术规范。

2. 矿柱、岩柱的特别保护

矿山设计规定保留的矿柱、岩柱，在规定的期限内，应当予以保护，不得开采或者毁坏。

3. 矿山设备、器材的安全管理

矿山使用的有特殊安全要求的设备、器材、防护用品和安全检测仪器，必须符合国家安全标准或者行业安全标准；不符合国家安全标准或者行业安全标准的，不得使用。

矿山企业必须对机电设备及其防护装置、安全检测仪器，定期检查、维修，保证使用安全。

对于矿山相关机电设备、仪器，非负责设备运行的人员，不得操作设备。非值班电气人员，不得进行电气作业。操作电气设备的人员，应当有可靠的绝缘保护。检修电气设备时，不得带电作业。

4. 矿山开采作业的安全保障措施

矿山企业必须对作业场所中的有毒有害物质和井下空气含氧量进行检测，保证符合安全要求。

矿山企业必须对下列危害安全的事故隐患采取预防措施：

(1)冒顶、片帮、边坡滑落和地表塌陷；

(2)瓦斯爆炸、煤尘爆炸；

(3)冲击地压、瓦斯突出、井喷；

(4)地面和井下的火灾、水害；

(5)爆破器材和爆破作业发生的危害；

(6)粉尘、有毒有害气体、放射性物质和其他有害物质引起的危害；

(7)其他危害。

矿山企业对使用机械、电气设备，排土场、矸石山、尾矿库和矿山闭坑后可能引起的危害，应当采取预防措施。

上述内容是矿山开采作业应采取的检测和事故预防措施。煤矿有重大安全生产隐患和行为的，应当立即停止生产，排除隐患。矿山作业场所空气中的有毒有害物质的浓度，不得超过国家标准或者行业标准。矿山企业应当按照国家规定的方法，按照要求定期检测。

### （四）矿山企业的安全管理

1. 安全生产责任制

矿山企业必须建立、健全安全生产责任制。矿长对本企业的安全生产工作负责。

矿山企业应当建立、健全行政领导岗位安全生产责任制、职能机构安全生产责任制、岗位人员的安全生产责任制。管生产必须管安全，“谁主管，谁负责”是我国安全生产工作中长期坚持的一项基本原则。矿山主要负责人对矿山企业的安全生产工作负有下列职责：认真贯彻执行矿山安全法以及其他法律、法规中有关矿山安全生产的规定；建立、健全矿山安全生产责任制；组织制定矿山企业安全生产的规章制度和操作规程；保证矿山企业安全生产投入的有效实施；督促、检查本企业的安全生产工作，及时消除生产安全事故隐患；组织制定并实施矿山企业的生产安全事故应急救援预案；及时、如实地报告矿山生产安全事故。

2. 矿山企业的民主监督

矿长应当定期向职工代表大会或者职工大会报告安全生产工作，发挥职工代表大会的监督作用。

矿长应当定期向职工代表大会或者职工大会报告下列事项，接受民主监督：企业安全生产重大决策，企业安全技术措施计划及其执行情况，职工安全教育、培训计划及其执行情况，职工提出的改善劳动条件的建议和要求的处理情况，重大事故处理情况，有关安全生产的其他重要事项。

3. 矿山企业职工的安全生产权利和义务

矿山企业职工必须遵守有关矿山安全的法律、法规和企业规章制度。矿山企业职工有权对危害安全的行为，提出批评、检举和控告。

4. 矿山企业工会的监督

矿山企业工会依法维护职工生产安全的合法权益，组织职工对矿山安全工作进行监督。矿山企业违反有关安全的法律、法规，工会有权要求企业行政方面或者有关部门认真处理。矿山企业召开讨论有关安全生产的会议，应当有工会代表参加，工会有权提出意见和建议。

矿山企业工会发现企业行政方面违章指挥、强令工人冒险作业或者生产过程中发现明显重大事故隐患和职业危害，有权提出解决的建议；发现危及职工生命安全的情况时，有权向矿山企业行政方面建议组织职工撤离危险现场，矿山企业行政方面必须及时作出处理决定。

5. 矿山企业的职工安全教育、培训义务

矿山企业必须对职工进行安全教育、培训；未经安全教育、培训的，不得上岗作业。矿山企业安全生产的特种作业人员必须接受专门培训，经考核合格取得操作资格证书的，方可上岗作业。

矿山企业必须依法对职工进行安全教育、培训。对此，《矿山安全法实施条例》作出以下具体规定。

矿山企业应当按照下列规定对职工进行安全教育、培训：

（1）新进矿山的井下作业职工，接受安全教育、培训的时间不得少于72小时，考试合格后，必须在有安全工作经验的职工带领下工作满4个月，然后经再次考核合格，方可独立工作；

（2）新进露天矿的职工，接受安全教育、培训的时间不得少于40小时，经考试合格后，方可上岗作业；

（3）对调换工种和采用新工艺作业的人员，必须重新培训，经考试合格后，方可上岗作业；

（4）所有生产作业人员，每年接受在职安全教育、培训的时间不少于20小时。

职工安全教育、培训期间，矿山企业应当支付工资。职工安全教育、培训情况和考核结果，应当记录存档。

矿山企业对职工的安全教育、培训，应当包括下列内容：

(1)矿山安全法以及相关法律法规赋予矿山职工的权利与义务；

(2)矿山安全规程以及矿山企业有关安全管理的规章制度；

(3)与矿山职工本职工作有关的安全知识；

(4)各种矿山安全事故征兆的识别、发生紧急危险情况时的应急措施和撤退路线；

(5)自救装备的使用和有关急救方面的知识；

(6)有关矿山主管部门规定的其他内容。

瓦斯检查工、爆破工、通风工、信号工、拥罐工、电工、金属焊接(切割)工、矿井泵工、瓦斯抽放工、主扇风机操作工、主提升机操作工、绞车操作工、输送机操作工、尾矿工、安全检查工和矿内机动车司机等特种作业人员应当接受专门技术培训，经考核合格取得操作资格证书后，方可上岗作业。特种作业人员的考核、发证工作按照国家有关规定执行。

6. 矿长和矿山企业安全生产工作人员应具备的条件

矿长必须经过考核，具备安全专业知识，具有领导安全生产和处理矿山事故的能力。矿山企业安全工作人员必须具备必要的安全专业知识和矿山安全工作经验。

对矿长安全资格的考核，应当包括以下内容：《矿山安全法》和有关法律、法规及矿山安全规程，矿山安全知识，安全生产管理能力，矿山事故处理能力，安全生产业绩。矿山企业是危险性比较大的生产企业，对于主要负责人和安全生产管理人员，都应该有严格的要求。

7. 矿山企业的劳动保护措施

(1)发放劳动防护用品

矿山企业必须向职工发放保障安全生产所需的劳动防护用品。而且，必须是符合国家标准或者行业标准的劳动防护用品，并监督、教育职工按照使用规则佩戴、使用。劳动防护用品是保护职工安全所采取的必不可少的辅助措施，在某种意义上说，它是劳动者防止职业伤害的最后一项措施。国家对劳动防护用品的产品质量指标和技术条件，制定了一系列技术标准。

(2)对未成年工的录用限制和女职工的特殊劳动保护

矿山企业不得录用未成年人从事矿山井下劳动。矿山企业对女职工按照国家规定实行特殊劳动保护，不得分配女职工从事矿山井下劳动。

《劳动法》也规定，国家对女职工和未成年工实行特殊劳动保护。未成年工是指年满16周岁未满18周岁的劳动者。不得安排未成年工从事矿山井下、有毒有害、国家规定的第四级体力劳动强度的劳动和其他禁忌从事的劳动。禁止安排女职工从事矿山井下、国家规定的第四级体力劳动强度的劳动和其他禁忌从事的劳动。

(3)制定和组织落实矿山事故防范措施

矿山企业必须制定矿山事故防范措施，并组织落实。

《矿山安全法实施条例》进一步规定，矿山企业应当每年编制矿山灾害预防和应急计划，在每季度末，应当根据实际情况对计划及时进行修改，制定相应的措施。矿山企业应当使每个职工熟悉矿山灾害预防和应急计划，并且每年至少组织一次矿山救灾演习。

(4)矿山企业的救护和医疗急救

矿山企业应当建立由专职或者兼职人员组成的救护和医疗急救组织,配备必要的装备、器材和药物。

《矿山安全法实施条例》进一步规定,生产经营规模较小,不具备单独建立专业救护和医疗急救人员的矿山,可以不建立应急救援组织,但应当指定兼职的救护和医疗急救人员。此外,还应当与邻近的有专业的救护和医疗急救组织的矿山企业签订救护和急救协议,或者与邻近的矿山企业联合建立专业救护和医疗急救组织。

(5)安全技术措施专项费用保证

矿山企业必须从矿产品销售额中按照国家规定提取安全技术措施专项费用。安全技术措施专项费用必须全部用于改善矿山安全生产条件,不得挪作他用。

要保证安全生产,必须有一定的物质基础。生产经营单位必须安排一定的经费用于安全生产工作。《矿山安全法实施条例》进一步规定,矿山企业必须按照国家规定的安全条件进行生产,并安排一部分资金,用于下列改善矿山安全生产条件的项目:①预防矿山事故的安全技术措施;②预防职业危害的劳动卫生技术措施;③职工的安全培训;④改善矿山安全生产条件的其他技术措施。以上所需资金,由矿山企业按矿山维简费的20%的比例据实列支;没有矿山维简费的矿山企业,按固定资产折旧费的20%的比例据实列支。

### (五)矿山安全的监督和管理

1.县级以上政府主管部门的监督职责

县级以上各级人民政府劳动行政主管部门对矿山安全工作行使下列监督职责:

(1)检查矿山企业和管理矿山企业的主管部门贯彻执行矿山安全法律、法规的情况;

(2)参加矿山建设工程安全设施的设计审查和竣工验收;

(3)检查矿山劳动条件和安全状况;

(4)检查矿山企业职工安全教育、培训工作;

(5)监督矿山企业提取和使用安全技术措施专项费用的情况;

(6)参加并监督矿山事故的调查和处理;

(7)法律、行政法规规定的其他监督职责。

县级以上人民政府管理矿山企业的主管部门对矿山安全工作行使下列管理职责:

(1)检查矿山企业贯彻执行矿山安全法律、法规的情况;

(2)审查批准矿山建设工程安全设施的设计;

(3)负责矿山建设工程安全设施的竣工验收;

(4)组织矿长和矿山企业安全工作人员的培训工作;

(5)调查和处理重大矿山事故;

(6)法律、行政法规规定的其他管理职责。

2.矿山安全生产监督检查人员的监督职权

安全生产监督检查人员的基本执法准则是忠于职守,坚持原则,秉公执法。应急管理部门在矿山安全生产监督检查中具有的职权是:现场调查取证权,现场处理权,采取查封或者扣押行政强制措施权。

《矿山安全法》规定,劳动行政主管部门的矿山安全监督人员有权进入矿山企业,在现场检查安全状况;发现有危及职工安全的紧急险情时,应当要求矿山企业立即处理。

### (六)矿山事故处理

发生矿山事故,矿山企业必须立即组织抢救,防止事故扩大,减少人员伤亡和财产损失,对伤亡事故必须立即如实报告劳动行政主管部门和管理矿山企业的主管部门。发生一般矿山事故,由矿山企业负责调查和处理。发生重大矿山事故,由政府及其有关部门、工会和矿山企业按照行政法规的规定进行调查和处理。矿山企业对矿山事故中伤亡的职工按照国家规定给予抚恤或者补偿。矿山事故发生后,应当尽快消除现场危险,查明事故原因,提出防范措施。现场危险消除后,方可恢复生产。

矿山事故发生后,组织抢救是矿山的首要任务。《矿山安全法实施条例》进一步规定,矿山发生事故后,事故现场有关人员应当立即报告矿长或者有关主管人员;矿长或者有关主管人员接到事故报告后,必须立即采取有效措施,组织抢救,防止事故扩大,尽力减少人员伤亡和财产损失。

矿山发生重伤、死亡事故后,矿山企业应当在24小时内如实向劳动行政主管部门和管理矿山企业的主管部门报告。劳动行政主管部门和管理矿山企业的主管部门接到死亡事故或者一次重伤3人以上的事故报告后,应当立即报告本级人民政府,并报各自的上一级主管部门。

发生伤亡事故,矿山企业和有关单位应当保护事故现场;因抢救事故,需要移动现场部分物品时,必须做出标志,绘制事故现场图,并详细记录;在消除现场危险,采取防范措施后,方可恢复生产。

矿山事故发生后,有关部门应当按照国家有关规定,进行事故调查处理。矿山事故调查处理工作应当自事故发生之日起90日内结束;遇有特殊情况,可以适当延长,但是不得超过180日。矿山事故处理结案后,应当公布处理结果。

矿山安全事故调查处理应当遵循实事求是和尊重科学的原则。矿山安全事故调查处理,应及时、准确地查清矿山事故原因,查明矿山事故性质和责任,最后总结矿山事故教训,提出整改措施,并对事故责任者提出处理意见。调查结束应形成矿山安全事故调查报告,并公布调查结果。

### (七)法律责任

1.单位责任

有下列行为之一的,由劳动行政主管部门责令改正,可以并处罚款;情节严重的,提请县级以上人民政府决定责令停产整顿;对主管人员和直接责任人员由其所在单位或者上级主管机关给予行政处分:

(1)未对职工进行安全教育、培训,分配职工上岗作业的;

(2)使用不符合国家安全标准或者行业安全标准的设备、器材、防护用品、安全检测仪器的;

(3)未按照规定提取或者使用安全技术措施专项费用的;

(4)拒绝矿山安全监督人员现场检查或者在被检查时隐瞒事故隐患、不如实反映情况的;

(5)未按照规定及时、如实报告矿山事故的。

矿山建设工程安全设施的设计未经允准擅自施工的,由管理矿山企业的主管部门责令停止施工；拒不执行的，由管理矿山企业的主管部门提请县级以上人民政府决定由有关主管部门吊销其采矿许可证和营业执照。

矿山建设工程的安全设施未经验收或者验收不合格擅自投入生产的，由劳动行政主管部门会同管理矿山企业的主管部门责令停止生产，并由劳动行政主管部门处以罚款；拒不停止生产的，由劳动行政主管部门提请县级以上人民政府决定由有关主管部门吊销其采矿许可证和营业执照。

已经投入生产的矿山企业，不具备安全生产条件而强行开采的，由劳动行政主管部门会同管理矿山企业的主管部门责令限期改进；逾期仍不具备安全生产条件的，由劳动行政主管部门提请县级以上人民政府决定责令停产整顿或者由有关主管部门吊销其采矿许可证和营业执照。

2. 个人责任

矿长不具备安全专业知识的，安全生产的特种作业人员未取得操作资格证书上岗作业的，由劳动行政主管部门责令限期改正；逾期不改正的，提请县级以上人民政府决定责令停产，调整配备合格人员后，方可恢复生产。

矿山企业主管人员违章指挥、强令工人冒险作业，因而发生重大伤亡事故的，依照刑法有关规定追究刑事责任。

矿山企业主管人员对矿山事故隐患不采取措施，因而发生重大伤亡事故的，依照刑法有关规定追究刑事责任。

矿山安全监督人员和安全管理人员滥用职权，玩忽职守、徇私舞弊，构成犯罪的，依法追究刑事责任；不构成犯罪的，给予行政处分。

3. 对行政处罚决定不服的行政复议和起诉

当事人对行政处罚决定不服的，可以在接到处罚决定通知之日起 15 日内向作出处罚决定的机关的上一级机关申请复议；当事人也可以在接到处罚决定通知之日起 15 日内直接向人民法院起诉。

复议机关应当在接到复议申请之日起 60 日内作出复议决定。当事人对复议决定不服的，可以在接到复议决定之日起 15 日内向人民法院起诉。复议机关逾期不作出复议决定的，当事人可以在复议期满之日起 15 日内向人民法院起诉。

当事人逾期不申请复议也不向人民法院起诉、又不履行处罚决定的，作出处罚决定的机关可以申请人民法院强制执行。

## 第二节 《中华人民共和国特种设备安全法》的相关规定

### 一、概述

#### （一）特种设备的概念及安全工作原则

《中华人民共和国特种设备安全法》（以下简称《特种设备安全法》）规定，本法所称特种设备，是指对人身和财产安全有较大危险性的锅炉、压力容器（含气瓶）、压力管道、电梯、起重机械、客运索道、大型游乐设施、场（厂）内专用机动车辆，以及法律、行政法规规定适用本法的其他特种设备。

国家对特种设备实行目录管理。特种设备目录由国务院特种设备安全监督管理部门提出，报经国务院批准，由国务院特种设备安全监督管理部门发布实施。

特种设备安全工作原则：安全第一，预防为主，节能环保，综合治理。

### （二）特种设备安全监督管理

国家对特种设备的生产、经营、使用，实施分类的、全过程的安全监督管理。分类监管，即针对不同种类、不同设备，采取不同的监督管理方式。全过程的监管，即从设计到报废都要管理，每一个环节都要管理。

国务院负责特种设备安全监督管理的部门对全国特种设备安全实施监督管理。县级以上地方各级人民政府负责特种设备安全监督管理的部门对本行政区域内特种设备安全实施监督管理。县级以上地方各级人民政府应当建立协调机制，及时协调、解决特种设备安全监督管理中存在的问题。

## 二、特种设备生产经营与使用

### （一）一般规定

1. 特种设备安全检测

特种设备生产、经营、使用单位及其主要负责人对其生产、经营、使用的特种设备安全负责。特种设备生产、经营、使用单位应当按照国家有关规定配备特种设备安全管理人员、检测人员和作业人员，并对其进行必要的安全教育和技能培训。

由于特种设备本身具有潜在危险性的特点，特种设备的安全性能不但与特种设备本身质量安全性能有关，而且与其相关的安全管理、检验检测及作业人员的素质和水平有关。为了保证特种设备的安全性能，必须具备相应的知识和技能，保证安全管理、检验检测及作业符合安全技术规范要求，才能确保设备运行安全。

特种设备生产、经营、使用单位对其生产、经营、使用的特种设备应当进行自行检测和维护保养，对国家规定实行检验的特种设备应当及时申报并接受检验。

2. 特种设备采用新材料、新技术、新工艺的规定

特种设备采用新材料、新技术、新工艺，与安全技术规范的要求不一致，或者安全技术规范未作要求、可能对安全性能有重大影响的，应当向国务院负责特种设备安全监督管理的部门申报，由国务院负责特种设备安全监督管理的部门及时委托安全技术咨询机构或者相关专业机构进行技术评审，评审结果经国务院负责特种设备安全监督管理的部门批准，方可投入生产、使用。

### （二）特种设备生产

1. 特种设备生产许可制度

特种设备生产许可制度是一项重要的市场准入制度，是特种设备安全监察的一项重要行政管理措施。国家按照分类监督管理的原则对特种设备生产实行许可制度。特种设备生产单位应当具备下列条件，并经负责特种设备安全监督管理的部门许可，方可从事生产活动：

（1）有与生产相适应的专业技术人员；

（2）有与生产相适应的设备、设施和工作场所；

（3）有健全的质量保证、安全管理和岗位责任等制度。

2. 特种设备验证与设备资料

特种设备产品、部件或者试制的特种设备新产品、新部件以及特种设备采用的新材料，按照安全技术规范的要求需要通过型式试验进行安全性验证的，应当经负责特种设备安全监督管理的部门核准的检验机构进行型式试验。

锅炉、压力容器、压力管道元件等特种设备的制造过程和锅炉、压力容器、压力管道、电梯、起重机械、客运索道、大型游乐设施的安装、改造、重大修理过程，应当经特种设备检验机构按照安全技术规范的要求进行监督检验；未经监督检验或者监督检验不合格的，不得出厂或者交付使用。

特种设备出厂时，应当随附安全技术规范要求的设计文件、产品质量合格证明、安装及使用维护保养说明、监督检验证明等相关技术资料和文件，并在特种设备显著位置设置产品铭牌、安全警示标志及其说明。进口特种设备附随的技术资料和文件也应符合以上规定。

特种设备安装、改造、修理的施工单位应当在施工前将拟进行的特种设备安装、改造、修理情况书面告知直辖市或者设区的市级人民政府负责特种设备安全监督管理的部门。

3. 特种设备存档与缺陷召回

特种设备安装、改造、修理竣工后，安装、改造、修理的施工单位应当在验收后 30 日内将相关技术资料和文件移交特种设备使用单位。特种设备使用单位应当将其存入该特种设备的安全技术档案。

国家建立缺陷特种设备召回制度。因生产原因造成特种设备存在危及安全的同一性缺陷的，特种设备生产单位应当立即停止生产，主动召回。国务院负责特种设备安全监督管理的部门发现特种设备存在应当召回而未召回的情形时，应当责令特种设备生产单位召回。

### （三）特种设备经营

特种设备销售单位销售的特种设备，应当符合安全技术规范及相关标准的要求，其设计文件、产品质量合格证明、安装及使用维护保养说明、监督检验证明等相关技术资料和文件应当齐全。特种设备销售单位应当建立特种设备检查验收和销售记录制度。禁止销售或租赁未取得许可生产的特种设备，未经检验和检验不合格的特种设备，或者国家明令淘汰和已经报废的特种设备。

特种设备在出租期间的使用管理和维护保养义务由特种设备出租单位承担，法律另有规定或者当事人另有约定的除外。

进口的特种设备应当符合我国安全技术规范的要求，并经检验合格后，必取得我国特种设备生产许可方可经营。进口特种设备安装及使用维护保养说明、产品铭牌、安全警示标志及其说明应当采用中文。

### （四）特种设备使用

1. 特种设备登记

特种设备使用单位应当使用取得许可生产并经检验合格的特种设备，禁止使用国家明令淘汰和已经报废的特种设备。特种设备使用单位应当在特种设备投入使用前或者投入使用后 30 日内，向负责特种设备安全监督管理的部门办理使用登记。取得使用登记证书，登记标志应当置于该特种设备的显著位置。

2. 特种设备档案建立

特种设备在使用过程中，会因各种因素，产生缺陷，需要不断的维护、修理，定期进行检验，部分特种设备还需要进行能效状况评估，这些都要依据特种设备的设计、制造、安装等原始文件资料和使用过程中的历次改造、修理、自行检验检测、检验等文件资料作为依据。

特种设备使用单位应当建立特种设备安全技术档案。安全技术档案应当包括以下内容：

(1)特种设备的设计文件、产品质量合格证明、安装及使用维护保养说明、监督检验证明等相关技术资料和文件；

(2)特种设备的定期检验和定期自行检查记录；

(3)特种设备的日常使用状况记录；

(4)特种设备及其附属仪器仪表的维护保养记录；

(5)特种设备的运行故障和事故记录。

3. 特种设备安全管理防护

电梯、客运索道、大型游乐设施等为公众提供服务的特种设备的运营使用单位，应当对特种设备的使用安全负责，设置特种设备安全管理机构或者配备专职的特种设备安全管理人员；其他特种设备使用单位，应当根据情况设置特种设备安全管理机构或者配备专职、兼职的特种设备安全管理人员。

特种设备的使用应当具有规定的安全距离、安全防护措施。安全距离为特种设备提供防止来自外部的可预见的损害的保护；安全防护是指通过设置防护设备设施或利用空间距离等手段做好准备和保护，避免受害。

4. 特种设备隐患处理

特种设备作业人员在作业过程中发现事故隐患或者其他不安全因素，应当立即向特种设备安全管理人员和单位有关负责人报告；特种设备运行不正常时，特种设备作业人员应当按照操作规程采取有效措施保证安全。特种设备出现故障或者发生异常情况，特种设备使用单位应当对其进行全面检查，消除事故隐患，方可继续使用。

公众乘坐或者操作电梯、客运索道、大型游乐设施，应当遵守安全使用说明和安全注意事项的要求，服从有关工作人员的管理和指挥；遇有运行不正常时，应当按照安全指引，有序撤离。

5. 电梯的维护与保养

电梯的维护保养技术性较强，必须由专业单位和经过专业培训的人员进行。电梯的维护保养应当由电梯制造单位或者依照本法取得许可的安装、改造、修理单位进行。电梯的维护保养单位应当在维护保养中严格执行安全技术规范的要求，保证其维护保养的电梯的安全性能，并负责落实现场安全防护措施，保证施工安全。电梯的维护保养单位应当对其维护保养的电梯的安全性能负责；接到故障通知后，应当立即赶赴现场，并采取必要的应急救援措施。

电梯投入使用后，电梯制造单位应当对其制造的电梯的安全运行情况进行跟踪调查和了解，对电梯的维护保养单位或者使用单位在维护保养和安全运行方面存在的问题，提出改进建议，并提供必要的技术帮助。发现电梯存在严重事故隐患时，应当及时告知电梯使用单位，并向负责特种设备安全监督管理的部门报告。电梯制造单位对调查和了解的情况，应当作出记录。

6. 特种设备登记变更与报废处理

特种设备进行改造、修理，按照规定需要变更使用登记的，应当办理变更登记，方可继续使用，变更登记在先，使用在后。

特种设备达到设计使用年限可以继续使用的（应当报废的除外），应当按照安全技术规范的要求通过检验或者安全评估，并办理使用登记证书变更，方可继续使用。允许继续使用的，应当采取加强检验、检测和维护保养等措施，确保使用安全。

特种设备存在严重事故隐患，无改造、修理价值，或者达到安全技术规范规定的其他报废条件的，特种设备使用单位应当依法履行报废义务，采取必要措施消除该特种设备的使用功能，并向原登记的负责特种设备安全监督管理的部门办理使用登记证书注销手续。

7. 压力容器充装的要求

移动式压力容器、气瓶充装单位，应当具备下列条件，并经负责特种设备安全监督管理的部门许可，方可从事充装活动：

（1）有与充装和管理相适应的管理人员和技术人员；

（2）有与充装和管理相适应的充装设备、检测手段、场地厂房、器具、安全设施；

（3）有健全的充装管理制度、责任制度、处理措施。

充装单位应当建立充装前后的检查、记录制度，禁止对不符合安全技术规范要求的移动式压力容器和气瓶进行充装。气瓶充装单位应当向气体使用者提供符合安全技术规范要求的气瓶，对气体使用者进行气瓶安全使用指导，并按照安全技术规范的要求办理气瓶使用登记，及时申报定期检验。

## 三、特种设备检验与检测

### （一）特种设备检验应具备的条件

从事《特种设备安全法》规定的监督检验、定期检验的特种设备检验机构，以及为特种设备生产、经营、使用提供检测服务的特种设备检测机构，应当具备下列条件，并经负责特种设备安全监督管理的部门核准，方可从事检验、检测工作：

（1）有与检验、检测工作相适应的检验、检测人员；

（2）有与检验、检测工作相适应的检验、检测仪器和设备；

（3）有健全的检验、检测管理制度和责任制度。

特种设备检验、检测机构的检验、检测人员应当经考核，取得检验、检测人员资格，方可从事检验、检测工作。

### （二）特种设备检验与维护

定期校验是指定期对安全附件和安全保护装置的性能、精度是否符合有关安全技术规范及相应标准要求，能否安全使用的一种检查、检定。检修是指对安全附件和安全保护装置的检验检测和修理。

特种设备使用单位应当按照安全技术规范的要求，在检验合格有效期届满前 1 个月向特种设备检验机构提出定期检验要求。特种设备检验机构接到定期检验要求后，应当按照安全技术规范的要求及时进行安全性能检验。特种设备使用单位应当将定期检验标志置于该特种设备的显著位置。

特种设备使用单位应当对其使用的特种设备、安全附件、安全保护装置等进行经常性维护保养和定期自行检查，并作出记录。

客运索道、大型游乐设施在每日投入使用前，其运营使用单位应当进行试运行和例行安全检查，并对安全附件和安全保护装置进行检查确认。

### （三）特种设备检验职责

特种设备检验、检测机构的检验、检测人员不得同时在2个以上检验、检测机构中执业；变更执业机构的，应当依法办理变更手续。特种设备检验、检测工作应当遵守法律、行政法规的规定，并按照安全技术规范的要求进行。特种设备检验、检测机构及其检验、检测人员应当客观、公正、及时地出具检验、检测报告，并对检验、检测结果和鉴定结论负责，在检验、检测中发现特种设备存在严重事故隐患时，应当及时告知相关单位，并立即向负责特种设备安全监督管理的部门报告。

### （四）特种设备检测监督管理

负责特种设备安全监督管理的部门应当组织对特种设备检验、检测机构的检验、检测结果和鉴定结论进行监督抽查，但应当防止重复抽查。监督抽查结果应当向社会公布。

特种设备检验机构及其检验人员利用检验工作故意刁难特种设备生产、经营、使用单位的，特种设备生产、经营、使用单位有权向负责特种设备安全监督管理的部门投诉，接到投诉的部门应当及时进行调查处理。

## 四、特种设备监督检查

### （一）监督检查的一般规定

负责特种设备安全监督管理的部门依照规定，对特种设备生产、经营、使用单位和检验、检测机构实施监督检查。并且应当对学校、幼儿园以及医院、车站、客运码头、商场、体育场馆、展览馆、公园等公众聚集场所的特种设备，实施重点安全监督检查。

负责特种设备安全监督管理的部门对依法办理使用登记的特种设备应当建立完整的监督管理档案和信息查询系统；对达到报废条件的特种设备，应当及时督促特种设备使用单位依法履行报废义务。

### （二）监督检查的具体内容

负责特种设备安全监督管理的部门在依法履行监督检查职责时，可以行使下列职权：

（1）进入现场进行检查，向特种设备生产、经营、使用单位和检验、检测机构的主要负责人和其他有关人员调查、了解有关情况；

（2）根据举报或者取得的涉嫌违法证据，查阅、复制特种设备生产、经营、使用单位和检验、检测机构的有关合同、发票、账簿以及其他有关资料；

（3）对有证据表明不符合安全技术规范要求或者存在严重事故隐患的特种设备实施查封、扣押；

（4）对流入市场的达到报废条件或者已经报废的特种设备实施查封、扣押；

（5）对违反规定的行为作出行政处罚决定。

### （三）监督检查的执法规定

负责特种设备安全监督管理的部门的安全监察人员应当熟悉相关法律、法规，具有相应的专业知识和工作经验，取得特种设备安全行政执法证件。

负责特种设备安全监督管理的部门实施安全监督检查时，应当有 2 名以上特种设备安全监察人员参加，并出示有效的特种设备安全行政执法证件。

负责特种设备安全监督管理的部门在依法履行职责过程中，发现违反《特种设备安全法》规定和安全技术规范要求的行为或者特种设备存在事故隐患时，应当以书面形式发出特种设备安全监察指令，责令有关单位及时采取措施予以改正或者消除事故隐患。紧急情况下要求有关单位采取紧急处置措施的，应当随后补发特种设备安全监察指令。

负责特种设备安全监督管理的部门在依法履行职责过程中，发现重大违法行为或者特种设备存在严重事故隐患时，应当责令有关单位立即停止违法行为、采取措施消除事故隐患，并及时向上级负责特种设备安全监督管理的部门报告。接到报告的负责特种设备安全监督管理的部门应当采取必要措施，及时予以处理。

负责特种设备安全监督管理的部门对特种设备生产、经营、使用单位和检验、检测机构实施监督检查，应当对每次监督检查的内容、发现的问题及处理情况作出记录，并由参加监督检查的特种设备安全监察人员和被检查单位的有关负责人签字后归档。被检查单位的有关负责人拒绝签字的，特种设备安全监察人员应当将情况记录在案。

**典型例题**

【单选题】根据《特种设备安全法》，下列关于特种设备检验、检测人员执业要求的说法中，正确的是（　　）。

A. 注册安全工程师执业范围包括安全检验、检测，可以在特种设备检验、检测机构从事特种设备的检验、检测工作

B. 特种设备检验、检测机构的检验、检测人员在为客户服务时可以推荐质量、声誉好的特种设备

C. 特种设备检验、检测机构的检验、检测人员可以同时在两个以上的检验、检测机构中执业

D. 特种设备检验、检测机构的检验、检测人员应当经考核取得检验、检测人员资格，方可从事检验、检测工作

D。【解析】《特种设备安全法》第五十一条规定，特种设备检验、检测机构的检验、检测人员应当经考核，取得检验、检测人员资格，方可从事检验、检测工作。特种设备检验、检测机构的检验、检测人员不得同时在两个以上的检验、检测机构中执业；变更执业机构的，应当依法办理变更手续。第五十五条规定，特种设备检验、检测机构及其检验、检测人员不得从事有关特种设备的生产、经营活动，不得推荐或者监制、监销特种设备。《注册安全工程师职业资格制度规定》第二十七条规定，注册安全工程师的执业范围包括：(1)安全生产管理。(2)安全生产技术。(3)生产安全事故调查与分析。(4)安全评估评价、咨询、论证、检测、检验、教育、培训及其他安全生产专业服务。故选项 D 正确。

## 五、特种设备作业及检测人员考核

根据市场监管总局关于发布《特种设备无损检测人员考核规则》《特种设备作业人员考核规则》的公告(2019 年第 24 号),特种设备作业人员考核发证工作由县级及以上市场监督管理部门分级负责。具体发证机关及发证项目由市场监督管理部门确定并公布。发证机关委托考试机构组织考试或自行组织考试。

对于氧舱、大型游乐设施、客运索道、安全阀等作业人员较少的项目,由省级市场监督管理部门发证;省级市场监督管理部门确定由设区的市级市场监督管理部门或县级市场监督管理部门发证的,由省级市场监督管理部门统一确定考试机构。

国家市场监督管理总局负责全国特种作业人员考核工作的监督管理,县级以上市场监督管理部门负责本行政区域内特种设备作业人员考核工作的监督管理和对考试机构进行监督检查。

从事特种设备无损检测工作的人员应依据《特种设备无损检测人员考核规则》取得对应证书。

## 六、事故应急救援与调查处理

### (一)事故应急预案

国务院负责特种设备安全监督管理的部门应当依法组织制定特种设备重特大事故应急预案,报国务院批准后纳入国家突发事件应急预案体系。

县级以上地方各级人民政府及其负责特种设备安全监督管理的部门应当依法组织制定本行政区域内特种设备事故应急预案,建立或者纳入相应的应急处置与救援体系。

特种设备使用单位应当制定特种设备事故应急专项预案,并定期进行应急演练。

### (二)现场救援与事故报告

特种设备发生事故后,事故发生单位应当按照应急预案采取措施,组织抢救,防止事故扩大,减少人员伤亡和财产损失,保护事故现场和有关证据,并及时向事故发生地县级以上人民政府负责特种设备安全监督管理的部门和有关部门报告。

县级以上人民政府负责特种设备安全监督管理的部门接到事故报告,应当尽快核实情况,立即向本级人民政府报告,并按照规定逐级上报。必要时可以越级上报事故情况。对特别重大事故、重大事故,国务院负责特种设备安全监督管理的部门应当立即报告国务院并通报国务院应急管理部门等有关部门。

与事故相关的单位和人员不得迟报、谎报或者瞒报事故情况,不得隐匿、毁灭有关证据或者故意破坏事故现场。

### (三)事故调查处理

1. 事故调查

发生特别重大事故,由国务院或者国务院授权有关部门组织事故调查组进行调查。

发生重大事故,由国务院负责特种设备安全监督管理的部门会同有关部门组织事故调查组进行调查。

发生较大事故,由省、自治区、直辖市人民政府负责特种设备安全监督管理的部门会同有关部门组织事故调查组进行调查。

发生一般事故，由设区的市级人民政府负责特种设备安全监督管理的部门会同有关部门组织事故调查组进行调查。

事故调查组应当依法、独立、公正开展调查，提出事故调查报告。

2. 事故处理

组织事故调查的部门应当将事故调查报告报本级人民政府，并报上一级人民政府负责特种设备安全监督管理的部门备案。有关部门和单位应当依照法律、行政法规的规定，追究事故责任单位和人员的责任。

事故责任单位应当依法落实整改措施，预防同类事故发生。事故造成损害的，事故责任单位应当依法承担赔偿责任。

## 七、法律责任

### （一）生产与销售单位的法律责任

未经许可从事特种设备生产活动的，责令停止生产，没收违法制造的特种设备，处10万元以上50万元以下罚款；有违法所得的，没收违法所得；已经实施安装、改造、修理的，责令恢复原状或者责令限期由取得许可的单位重新安装、改造、修理。

特种设备出厂时，未按照安全技术规范的要求随附相关技术资料和文件的，责令限期改正；逾期未改正的，责令停止制造、销售，处2万元以上20万元以下罚款；有违法所得的，没收违法所得。

特种设备安装、改造、修理的施工单位在施工前未书面告知负责特种设备安全监督管理的部门即行施工的，或者在验收后30日内未将相关技术资料和文件移交特种设备使用单位的，责令限期改正；逾期未改正的，处1万元以上10万元以下罚款。

特种设备生产单位有下列行为之一的，责令限期改正；逾期未改正的，责令停止生产，处5万元以上50万元以下罚款；情节严重的，吊销生产许可证：

（1）不再具备生产条件、生产许可证已经过期或者超出许可范围生产的；

（2）明知特种设备存在同一性缺陷，未立即停止生产并召回的。

特种设备生产单位生产、销售、交付国家明令淘汰的特种设备的，责令停止生产、销售，没收违法生产、销售、交付的特种设备，处3万元以上30万元以下罚款；有违法所得的，没收违法所得。特种设备生产单位涂改、倒卖、出租、出借生产许可证的，责令停止生产，处5万元以上50万元以下罚款；情节严重的，吊销生产许可证。

特种设备经营单位有下列行为之一的，责令停止经营，没收违法经营的特种设备，处3万元以上30万元以下罚款；有违法所得的，没收违法所得：

（1）销售、出租未取得许可生产，未经检验或者检验不合格的特种设备的；

（2）销售、出租国家明令淘汰、已经报废的特种设备，或者未按照安全技术规范的要求进行维护保养的特种设备的。

特种设备销售单位未建立检查验收和销售记录制度，或者进口特种设备未履行提前告知义务的，责令改正，处1万元以上10万元以下罚款。特种设备生产单位销售、交付未经检验或者检验不合格的特种设备的，责令停止经营，没收违法经营的特种设备，处3万元以上 30 万元以下罚款；有违法所得的，没收违法所得；情节严重的，吊销生产许可证。

### (二)使用单位的法律责任

特种设备使用单位有下列行为之一的，责令限期改正；逾期未改正的，责令停止使用有关特种设备，处 1 万元以上 10 万元以下罚款：

(1)使用特种设备未按照规定办理使用登记的；

(2)未建立特种设备安全技术档案或者安全技术档案不符合规定要求，或者未依法设置使用登记标志、定期检验标志的；

(3)未对其使用的特种设备进行经常性维护保养和定期自行检查，或者未对其使用的特种设备的安全附件、安全保护装置进行定期校验、检修，并作出记录的；

(4)未按照安全技术规范的要求及时申报并接受检验的；

(5)未按照安全技术规范的要求进行锅炉水(介)质处理的；

(6)未制定特种设备事故应急专项预案的。

特种设备使用单位有下列行为之一的，责令停止使用有关特种设备，处 3 万元以上 30 万元以下罚款：

(1)使用未取得许可生产，未经检验或者检验不合格的特种设备，或者国家明令淘汰、已经报废的特种设备的；

(2)特种设备出现故障或者发生异常情况，未对其进行全面检查、消除事故隐患，继续使用的；

(3)特种设备存在严重事故隐患，无改造、修理价值，或者达到安全技术规范规定的其他报废条件，未依法履行报废义务，并办理使用登记证书注销手续的。

发生特种设备事故，有下列情形之一的，对单位处 5 万元以上 20 万元以下罚款；对主要负责人处 1 万元以上 5 万元以下罚款；主要负责人属于国家工作人员的，并依法给予处分：

(1)发生特种设备事故时，不立即组织抢救或者在事故调查处理期间擅离职守或者逃匿的；

(2)对特种设备事故迟报、谎报或者瞒报的。

未经许可，擅自从事电梯维护保养的，责令停止违法行为，处 1 万元以上 10 万元以下罚款；有违法所得的，没收违法所得。未按照安全技术规范的要求对电梯进行校验、调试的责令限期改正；逾期未改正的，处 1 万元以上 10 万元以下罚款。

### (三)特种设备安全管理失职的法律责任

特种设备生产、经营、使用单位有下列情形之一的，责令限期改正；逾期未改正的，责令停止使用有关特种设备或者停产停业整顿，处 1 万元以上 5 万元以下罚款：

(1)未配备具有相应资格的特种设备安全管理人员、检测人员和作业人员的；

(2)使用未取得相应资格的人员从事特种设备安全管理、检测和作业的；

(3)未对特种设备安全管理人员、检测人员和作业人员进行安全教育和技能培训的。

电梯、客运索道、大型游乐设施的运营使用单位有下列情形之一的，责令限期改正；逾期未改正的，责令停止使用有关特种设备或者停产停业整顿，处 2 万元以上 10 万元以下罚款：

(1)未设置特种设备安全管理机构或者配备专职的特种设备安全管理人员的；

(2)客运索道、大型游乐设施每日投入使用前,未进行试运行和例行安全检查,未对安全附件和安全保护装置进行检查确认的;

(3)未将电梯、客运索道、大型游乐设施的安全使用说明、安全注意事项和警示标志置于易于为乘客注意的显著位置的。

特种设备安全管理人员、检测人员和作业人员不履行岗位职责,违反操作规程和有关安全规章制度,造成事故的,吊销相关人员的资格。

### (四)发生事故的处罚

发生事故,对负有责任的单位除要求其依法承担相应的赔偿等责任外,依照下列规定处以罚款:

(1)发生一般事故,处10万元以上20万元以下罚款;

(2)发生较大事故,处20万元以上50万元以下罚款;

(3)发生重大事故,处50万元以上200万元以下罚款。

对事故发生负有责任的单位的主要负责人未依法履行职责或者负有领导责任的,依照下列规定处以罚款;属于国家工作人员的,并依法给予处分:

(1)发生一般事故,处上一年年收入30%的罚款;

(2)发生较大事故,处上一年年收入40%的罚款;

(3)发生重大事故,处上一年年收入60%的罚款。

### (五)特种设备检验、检测机构及个人的法律责任

特种设备生产、经营、使用单位或者检验、检测机构拒不接受负责特种设备安全监督管理的部门依法实施的监督检查的,责令限期改正;逾期未改正的,责令停产停业整顿,处2万元以上20万元以下罚款。

特种设备检验、检测机构及其检验、检测人员有下列行为之一的,责令改正,对机构处5万元以上20万元以下罚款,对直接负责的主管人员和其他直接责任人员处5 000元以上5万元以下罚款;情节严重的,吊销机构资质和有关人员的资格:

(1)未经核准或者超出核准范围、使用未取得相应资格的人员从事检验、检测的;

(2)未按照安全技术规范的要求进行检验、检测的;

(3)出具虚假的检验、检测结果和鉴定结论或者检验、检测结果和鉴定结论严重失实的;

(4)发现特种设备存在严重事故隐患,未及时告知相关单位,并立即向负责特种设备安全监督管理的部门报告的;

(5)泄露检验、检测过程中知悉的商业秘密的;

(6)从事有关特种设备的生产、经营活动的;

(7)推荐或者监制、监销特种设备的;

(8)利用检验工作故意刁难相关单位的。

特种设备检验、检测机构的检验、检测人员同时在2个以上检验、检测机构中执业的,处5 000元以上5万元以下罚款;情节严重的,吊销其资格。

违反本法规定,被依法吊销许可证的,自吊销许可证之日起3年内,负责特种设备安全监督管理的部门不予受理其新的许可申请。

# 第三节 《中华人民共和国道路交通安全法》的相关规定

## 一、概述

### (一)立法的目的与原则

《中华人民共和国道路交通安全法》(以下简称《道路交通安全法》)的立法目的,即维护道路交通秩序,预防和减少交通事故,保护人身安全,保护公民、法人和其他组织的财产安全及其他合法权益,提高通行效率。中华人民共和国境内的车辆驾驶人、行人、乘车人以及与道路交通活动有关的单位和个人,都应当遵守本法。

道路交通安全工作,应当遵循依法管理、方便群众的原则,保障道路交通有序、安全、畅通。

### (二)交通安全管理体制

国务院公安部门负责全国道路交通安全管理工作。县级以上地方各级人民政府公安机关交通管理部门负责本行政区域内的道路交通安全管理工作。县级以上各级人民政府交通、建设管理部门依据各自职责,相互配合,负责有关的道路交通工作。

## 二、车辆和驾驶人

### (一)机动车登记与变更

国家对机动车实行登记制度。机动车经公安机关交通管理部门登记后,方可上道路行驶。尚未登记的机动车,需要临时上道路行驶的,应当取得临时通行牌证。

申请机动车登记,应当提交以下证明、凭证:机动车所有人的身份证明;机动车来历证明;机动车整车出厂合格证明或者进口机动车进口凭证;车辆购置税的完税证明或者免税凭证;法律、行政法规规定应当在机动车登记时提交的其他证明、凭证。

公安机关交通管理部门应当自受理申请之日起 5 个工作日内完成机动车登记审查工作,对符合规定条件的,应当发放机动车登记证书、号牌和行驶证;对不符合规定条件的,应当向申请人说明不予登记的理由。

有下列情形之一的,应当办理相应的登记:机动车所有权发生转移的;机动车登记内容变更的;机动车用作抵押的;机动车报废的。

### (二)机动车检验

对登记后上道路行驶的机动车,应当依照法律、行政法规的规定,根据车辆用途、载客载货数量、使用年限等不同情况,定期进行安全技术检验。对提供机动车行驶证和机动车第三者责任强制保险单的,机动车安全技术检验机构应当予以检验,

任何单位不得要求机动车到指定的场所进行检验,不得要求机动车到指定的场所进行维修、保养。对符合机动车国家安全技术标准的,公安机关交通管理部门应当发给检验合格标志。机动车安全技术检验机构对机动车检验收取费用,应当严格执行国务院价格主管部门核定的收费标准。

### (三)禁止性规定

任何单位或者个人不得有下列行为:

(1)拼装机动车或者擅自改变机动车已登记的结构、构造或者特征;

(2)改变机动车型号、发动机号、车架号或者车辆识别代号;

(3)伪造、变造或者使用伪造、变造的机动车登记证书、号牌、行驶证、检验合格标志、保险标志;

(4)使用其他机动车的登记证书、号牌、行驶证、检验合格标志、保险标志。

### (四)第三者责任强制保险制度

国家实行机动车第三者责任强制保险制度,同时设立道路交通事故社会救助基金,用于支付交通事故受伤人员的抢救费用,对于尽力挽救伤者生命,体现社会对生命权的尊重,减少社会矛盾,都有着积极的意义。

### (五)驾驶员资质

驾驶机动车,应当依法取得机动车驾驶证。申请机动车驾驶证,应当符合国务院公安部门规定的驾驶许可条件;经考试合格后,由公安机关交通管理部门发给相应类别的机动车驾驶证。驾驶人应当按照驾驶证载明的准驾车型驾驶机动车;驾驶机动车时,应当随身携带机动车驾驶证。

### (六)驾驶资质培训

机动车的驾驶培训实行社会化,由交通运输主管部门对驾驶培训学校、驾驶培训班实行备案管理,并对驾驶培训活动加强监督,其中专门的拖拉机驾驶培训学校、驾驶培训班由农业(农业机械)主管部门实行监督管理。驾驶培训学校、驾驶培训班应当严格按照国家有关规定,对学员进行道路交通安全法律、法规、驾驶技能的培训,确保培训质量。任何国家机关以及驾驶培训和考试主管部门不得举办或者参与举办驾驶培训学校、驾驶培训班。

### (七)驾驶证审验与处罚

公安机关交通管理部门对机动车驾驶人违反道路交通安全法律、法规的行为,除依法给予行政处罚外,实行累积记分制度。公安机关交通管理部门对累积记分达到规定分值的机动车驾驶人,扣留机动车驾驶证,对其进行道路交通安全法律、法规教育,重新考试;考试合格的,发还其机动车驾驶证。

公安机关交通管理部门依照法律、行政法规的规定,定期对机动车驾驶证实施审验。对遵守道路交通安全法律、法规,在1年内无累积记分的机动车驾驶人,可以延长机动车驾驶证的审验期。

## 三、道路通行条件

### (一)交通信号设施

交通信号包括交通信号灯、交通标志、交通标线和交通警察的指挥。交通信号灯、交通标志、交通标线的设置应当符合道路交通安全、畅通的要求和国家标准,并保持清晰、醒目、准确、完好。任何单位和个人不得擅自设置、移动、占用、损毁交通信号灯、交通标志、交通标线。

道路两侧及隔离带上种植的树木或者其他植物,设置的广告牌、管线等,应当与交通设施保持必要的距离,不得遮挡路灯、交通信号灯、交通标志,不得妨碍安全视距,不得影响通行。铁路与道路平面交叉的道口,应当设置警示灯、警示标志或者安全防护设施。无人看守的铁路道口,应当在距道口一定距离处设置警示标志。

道路出现坍塌、坑槽、水毁、隆起等损毁或者交通信号灯、交通标志、交通标线等交通设施损毁、灭失的,道路、交通设施的养护部门或者管理部门应当设置警示标志并及时修复。

### （二）工程建设影响道路通行时的处理

未经许可，任何单位和个人不得占用道路从事非交通活动。因工程建设需要占用、挖掘道路，或者跨越、穿越道路架设、增设管线设施，应当事先征得道路主管部门的同意；影响交通安全的，还应当征得公安机关交通管理部门的同意。施工作业单位应当在经批准的路段和时间内施工作业，并在距离施工作业地点来车方向安全距离处设置明显的安全警示标志，采取防护措施；施工作业完毕，应当迅速清除道路上的障碍物，消除安全隐患，经道路主管部门和公安机关交通管理部门验收合格，符合通行要求后，方可恢复通行。对未中断交通的施工作业道路，公安机关交通管理部门应当加强交通安全监督检查，维护道路交通秩序。新建、改建、扩建的公共建筑、商业街区、居住区、大（中）型建筑等，应当配建、增建停车场；停车泊位不足的，应当及时改建或者扩建；投入使用的停车场不得擅自停止使用或者改作他用。在城市道路范围内，在不影响行人、车辆通行的情况下，政府有关部门可以施划停车泊位。

对于特殊路段，如学校、幼儿园、医院、养老院门前的道路，且没有行人过街设施的，应当画出人行横道线，并设置提示标志。城市主要道路的人行道，应当按照规划设置盲道。盲道的设置应当符合国家标准。

**典型例题**

【单选题】道路通行条件有明确的法律规定和要求。根据《道路交通安全法》，下列关于道路通行条件的说法中，正确的是（　　）。

A. 施工作业单位施工作业完毕，必须经道路主管部门和公安机关交通管理部门验收合格，方可恢复通行

B. 铁路与道路平面交叉的道口，应当设置警示灯、警示标志或者安全防护设施，并配备专人看守

C. 穿越道路架设、增设通信线路，必须同时征得道路主管部门和公安机关交通管理部门的同意

D. 在城市道路范围内，在不影响行人、车辆通行的情况下，有关企事业单位可施划停车泊位

A。【解析】施工作业完毕，应当迅速清除道路上的障碍物，消除安全隐患，经道路主管部门和公安机关交通管理部门验收合格，符合通行要求后，方可恢复通行。故选项 A 正确。铁路与道路平面交叉的道口，应当设置警示灯、警示标志或者安全防护设施。无人看守的铁路道口，应当在距道口一定距离处设置警示标志。故选项 B 错误。因工程建设需要占用、挖掘道路，或者跨越、穿越道路架设、增设管线设施，应当事先征得道路主管部门的同意；影响交通安全的，还应当征得公安机关交通管理部门的同意。故选项 C 错误。在城市道路范围内，在不影响行人、车辆通行的情况下，政府有关部门可以施划停车泊位。故选项 D 错误。

## 四、道路通行规定

### （一）一般规定

机动车、非机动车须遵循右侧通行的基本原则。根据道路条件和通行需要，道路划分

为机动车道、非机动车道和人行道的,机动车、非机动车、行人实行分道通行。对于设立专用车道的,在专用车道内,只准许规定的车辆通行,其他车辆不得通行。

车辆、行人应当按照交通信号通行;遇有交通警察现场指挥时,应当按照交通警察的指挥通行;在没有交通信号的道路上,应当在确保安全、畅通的原则下通行。

公安机关交通管理部门根据道路和交通流量的具体情况,可以对机动车、非机动车、行人采取疏导、限制通行、禁止通行等措施。遇有大型群众性活动、大范围施工等情况,自然灾害、恶劣气象条件或者重大交通事故等情形,可以采取交通管制措施。

### (二)机动车通行规定

1. 机动车道路行驶规定

机动车上道路行驶,不得超过限速标志标明的最高时速。在没有限速标志的路段,应当保持安全车速。

同车道行驶的机动车,后车应当与前车保持足以采取紧急制动措施的安全距离。有下列情形之一的,不得超车:

(1)前车正在左转弯、掉头、超车的;

(2)与对面来车有会车可能的;

(3)前车为执行紧急任务的警车、消防车、救护车、工程救险车的;

(4)行经铁道口、交叉路口、窄桥、弯道、陡坡、隧道、人行横道、交通流量大的路段。

机动车通过交叉路口,应当按照交通信号灯、交通标志、交通标线或者交通警察的指挥通过;通过没有交通信号灯、交通标志、交通标线或者交通警察指挥的交叉路口时,应当减速慢行,并让行人和优先通行的车辆先行。在车道减少的路段、路口,或者在没有交通信号灯、交通标志、交通标线或者交通警察指挥的交叉路口遇到停车排队等候或者缓慢行驶时,机动车应当依次交替通行。依次交替通行更有利于缓解交通堵塞。机动车通过铁路道口时,应当按照交通信号或者管理人员的指挥通行;没有交通信号或者管理人员的,应当减速或者停车,在确认安全后通过。

2. 机动车荷载规定

机动车载物应当符合核定的载质量,严禁超载;载物的长、宽、高不得违反装载要求,不得遗洒、飘散载运物。机动车运载超限的不可解体的物品,影响交通安全的,应当按照公安机关交通管理部门指定的时间、路线、速度行驶,悬挂明显标志。

机动车载运爆炸物品、易燃易爆化学物品以及剧毒、放射性等危险物品,应当经公安机关批准后,按指定的时间、路线、速度行驶,悬挂警示标志并采取必要的安全措施。

机动车载人不得超过核定人数,客运机动车不得违反规定载货。禁止货运机动车载客,货运机动车需要附载作业人员的,应当设置保护作业人员的安全措施。

3. 机动车驾驶行为规定

机动车行驶时,驾驶人、乘坐人员应当按规定使用安全带。机动车在道路上发生故障,需要停车排除故障时,驾驶人应当立即开启危险报警闪光灯,将机动车移至不妨碍交通的地方停放;难以移动的,应当持续开启危险报警闪光灯,必要时迅速报警。

警车、消防车、救护车、工程救险车执行紧急任务时,可以使用警报器、标志灯具;在确保安全的前提下,不受行驶路线、行驶方向、行驶速度和信号灯的限制,其他车辆和行人应当让行。

高速公路、大中城市中心城区内的道路,禁止拖拉机通行。在允许拖拉机通行的道路上，拖拉机可以从事货运，但是不得用于载人。机动车应当在规定地点停放，禁止在人行道上停放机动车。在道路上临时停车的，不得妨碍其他车辆和行人通行。

### （三）非机动车通行规定

非机动车应当在非机动车道内行驶；在没有非机动车道的道路上，应当靠车行道的右侧行驶。非机动车应当在规定地点停放。未设停放地点的，非机动车停放不得妨碍其他车辆和行人通行。

残疾人机动轮椅车、电动自行车在非机动车道内行驶时，最高时速不得超过 15 公里。

### （四）行人通行规定

行人应当在人行道内行走，没有人行道的靠路边行走。行人通过有交通信号灯的人行横道，应当按照交通信号灯指示通行；通过没有交通信号灯、人行横道的路口，或者在没有过街设施的路段横过道路，应当在确认安全后通过。行人不得跨越、倚坐道路隔离设施，不得扒车、强行拦车或者实施妨碍道路交通安全的其他行为。盲人在道路上通行，应当使用盲杖或者采取其他导盲手段，车辆应当避让盲人。行人通过铁路道口时，应当按照交通信号或者管理人员的指挥通行；没有交通信号和管理人员的，应当在确认无火车驶离后，迅速通过。

### （五）高速公路通行规定

行人、非机动车、拖拉机、轮式专用机械车、铰接式客车、全挂拖斗车以及其他设计最高时速低于 70 公里的机动车，不得进入高速公路。高速公路限速标志标明的最高时速不得超过 120 公里。

机动车在高速公路上发生故障时，应当依据有关规定办理；但是，警告标志应当设置在故障车来车方向 150 米以外，车上人员应当迅速转移到右侧路肩上或者应急车道内，并且迅速报警。机动车在高速公路上发生故障或者交通事故，无法正常行驶的，应当由救援车、清障车拖曳、牵引。

任何单位、个人不得在高速公路上拦截检查行驶的车辆，公安机关的人民警察依法执行紧急公务除外。

## 五、交通事故处理

### （一）交通事故现场处理

在道路上发生交通事故，车辆驾驶人应当立即停车，保护现场；造成人身伤亡的，车辆驾驶人应当立即抢救受伤人员，并迅速报告执勤的交通警察或者公安机关交通管理部门。因抢救受伤人员变动现场的，应当标明位置。乘车人、过往车辆驾驶人、过往行人应当予以协助。在道路上发生交通事故，仅造成轻微财产损失，并且基本事实清楚的，当事人应当先撤离现场再进行协商处理。

在道路上发生交通事故，未造成人身伤亡，当事人对事实及成因无争议的，可以即行撤离现场，恢复交通，自行协商处理损害赔偿事宜；不即行撤离现场的，应当迅速报告执勤的交通警察或者公安机关交通管理部门。公安机关交通管理部门接到交通事故报警后，应当立即派交通警察赶赴现场，先组织抢救受伤人员，并采取措施，尽快恢复交通。

### （二）交通事故后续处理

车辆发生交通事故后逃逸的，事故现场目击人员和其他知情人员应当向公安机关交通管理部门或者交通警察举报。举报属实的，公安机关交通管理部门应当给予奖励。

交通警察应当对交通事故现场进行勘验、检查，收集证据；因收集证据的需要，可以扣留事故车辆，但是应当妥善保管，以备核查。公安机关交通管理部门应当根据交通事故现场勘验、检查、调查情况和有关的检验、鉴定结论，及时制作交通事故认定书，作为处理交通事故的证据。交通事故认定书应当载明交通事故的基本事实、成因和当事人的责任，并送达当事人。

### （三）交通事故损害赔偿

1. 事故医疗支付与赔偿争议

医疗机构对交通事故中的受伤人员应当及时抢救，不得因抢救费用未及时支付而拖延救治。肇事车辆参加机动车第三者责任强制保险的，由保险公司在责任限额范围内支付抢救费用；抢救费用超过责任限额的，未参加机动车第三者责任强制保险或者肇事后逃逸的，由道路交通事故社会救助基金先行垫付部分或者全部抢救费用，道路交通事故社会救助基金管理机构有权向交通事故责任人追偿。

对交通事故损害赔偿的争议，当事人可以请求公安机关交通管理部门调解，也可以直接向人民法院提起民事诉讼。经公安机关交通管理部门调解，未达成协议或调解书生效后不履行的，当事人可以向人民法院提起民事诉讼。

2. 事故责任划分与承担

机动车发生交通事故造成人身伤亡、财产损失的，由保险公司在机动车第三者责任强制保险责任限额范围内予以赔偿；不足的部分，按照下列规定承担赔偿责任：机动车之间发生交通事故的，由有过错的一方承担赔偿责任；双方都有过错的，按照各自过错的比例分担责任。机动车与非机动车驾驶人、行人之间发生交通事故，非机动车驾驶人、行人没有过错的，由机动车一方承担赔偿责任；有证据证明非机动车驾驶人、行人有过错的，根据过错程度适当减轻机动车一方的赔偿责任；机动车一方没有过错的，承担不超过10%的赔偿责任。交通事故的损失是由非机动车驾驶人、行人故意碰撞机动车造成的，机动车一方不承担赔偿责任。

## 六、法律责任

### （一）交通违法行为的法律责任

公安机关交通管理部门及其交通警察对道路交通安全违法行为，应当及时纠正。对于情节轻微，未影响道路通行的，指出违法行为，给予口头警告后放行。

公安机关交通管理部门及其交通警察应当依据事实和本法的有关规定对道路交通安全违法行为予以处罚。对道路交通安全违法行为的处罚种类包括：警告、罚款、暂扣或者吊销机动车驾驶证、拘留。

饮酒后驾驶机动车的，处暂扣6个月机动车驾驶证，并处1 000元以上2 000元以下罚款。因饮酒后驾驶机动车被处罚，再次饮酒后驾驶机动车的，处10日以下拘留，并处1 000元以上2 000元以下罚款，吊销机动车驾驶证。醉酒驾驶机动车的，由公安机关交通管理部门约束至酒醒，吊销机动车驾驶证，依法追究刑事责任；5年内不得重新取得机动车驾驶证。饮酒后或者醉酒驾驶机动车发生重大交通事故，构成犯罪的，依法追究刑事责任，并由公安机关交通管理部门吊销机动车驾驶证，终生不得重新取得机动车驾驶证。

上道路行驶的机动车未悬挂机动车号牌，未放置检验合格标志、保险标志，或者未随车携带行驶证、驾驶证的，公安机关交通管理部门应当扣留机动车，并依照规定予以处罚。当事人相应手续补办后，应当及时退还机动车。伪造、变造或者使用伪造、变造的机动车登记证书、号牌、行驶证、驾驶证的，由公安机关交通管理部门予以收缴，扣留该机动车，处15 日以下拘留，并处2 000 元以上5 000 元以下罚款；构成犯罪的，依法追究刑事责任。

机动车所有人、管理人未按照国家规定投保机动车第三者责任强制保险的，由公安机关交通管理部门扣留车辆，依照规定投保后，并处依照规定投保最低责任限额应缴纳的保险费的2 倍罚款。罚款全部纳入道路交通事故社会救助基金。

驾驶拼装的机动车或者已达到报废标准的机动车上道路行驶的，公安机关交通管理部门应当予以收缴，强制报废。

违反道路交通安全法律、法规的规定，发生重大交通事故，构成犯罪的，依法追究刑事责任，并由公安机关交通管理部门吊销机动车驾驶证。造成交通事故后逃逸的，由公安机关交通管理部门吊销机动车驾驶证，且终生不得重新取得机动车驾驶证。

未经批准，擅自挖掘道路、占用道路施工或者从事其他影响道路交通安全活动的，由道路主管部门责令停止违法行为，并恢复原状，可以依法给予罚款；致使通行的人员、车辆及其他财产遭受损失的，依法承担赔偿责任。道路施工作业或者道路出现损毁，未及时设置警示标志、未采取防护措施，或者应当设置交通信号灯、交通标志、交通标线而没有设置或者应当及时变更交通信号灯、交通标志、交通标线而没有及时变更，致使通行的人员、车辆及其他财产遭受损失的，负有相关职责的单位应当依法承担赔偿责任。

#### (二)行政处罚的实施

行政处罚决定书应当载明当事人的违法事实、行政处罚的依据、处罚内容、时间、地点以及处罚机关名称，并由执法人员签名或者盖章。当事人应当自收到罚款的行政处罚决定书之日起15 日内，到指定的银行缴纳罚款。

当事人逾期不履行行政处罚决定的，作出行政处罚决定的行政机关可以采取下列措施：

(1)到期不缴纳罚款的，每日按罚款数额的3%加处罚款；

(2)申请人民法院强制执行。

执行职务的交通警察认为应当对道路交通违法行为人给予暂扣或者吊销机动车驾驶证处罚的，可以先予扣留机动车驾驶证，并在24 小时内将案件移交公安机关交通管理部门处理。

道路交通违法行为人应当在15 日内到公安机关交通管理部门接受处理。无正当理由逾期未接受处理的，吊销机动车驾驶证。公安机关交通管理部门暂扣或者吊销机动车驾驶证的，应当出具行政处罚决定书。

公安机关交通管理部门对被扣留的车辆应当妥善保管，不得使用。逾期不来接受处理，并且经公告3 个月仍不来接受处理的，对扣留的车辆依法处理。

## 第四节 《中华人民共和国消防法》的相关规定

### 一、消防概述

《中华人民共和国消防法》(以下简称《消防法》)规定，为了预防火灾和减少火灾危害，加强应急救援工作，保护人身、财产安全，维护公共安全，制定本法。

消防工作贯彻预防为主、防消结合的方针，按照政府统一领导、部门依法监管、单位全面负责、公民积极参与的原则，实行消防安全责任制，建立健全社会化的消防工作网络。

依据“政府统一领导、部门依法监管、单位全面负责、公民积极参与”的原则。对于消防安全责任制的实施，首先是政府对消防工作负有领导责任，其次是单位的法定代表人或者主要负责人应当对本单位的消防安全工作全面负责，并在单位内部实行和落实逐级防火责任制，岗位防火责任制。

## 二、火灾预防

### （一）消防布局

地方各级人民政府应当将包括消防安全布局、消防站、消防供水、消防通信、消防车通道、消防装备等内容的消防规划纳入城乡规划，并负责组织实施。

城乡消防安全布局不符合消防安全要求的，应当调整、完善；公共消防设施、消防装备不足或者不适应实际需要的，应当增建、改建、配置或者进行技术改造。

### （二）建设工程的消防规定

建设工程的消防设计、施工必须符合国家工程建设消防技术标准。建设、设计、施工、工程监理等单位依法对建设工程的消防设计、施工质量负责。

2018 年 5 月 14 日，国务院办公厅正式颁布的《国务院办公厅关于开展工程建设项目审批制度改革试点的通知》（国办发〔2018〕33 号）规定，将消防设计审核、人防设计审查等技术审查并入施工图设计文件审查，相关部门不再进行技术审查。规划、国土、消防、人防、档案、市政公用等部门和单位实行限时联合验收，统一竣工验收图纸和验收标准，统一出具验收意见。中共中央办公厅、国务院办公厅于 2018 年 9 月发布《关于调整住房和城乡建设部职责机构编制的通知》（厅字〔2018〕85 号）明确规定，将公安部指导建设工程消防设计审查职责划入住房和城乡建设部，涉及消防部队相关人员编制的划转待转隶后另行核定。

2021 年 4 月 29 日通过的《全国人民代表大会常务委员会关于修改〈中华人民共和国道路交通安全法〉等八部法律的决定》进一步明确了建设工程消防设计审核和消防验收的审查职责和相关要求，具体如下：

对按照国家工程建设消防技术标准需要进行消防设计的建设工程，实行建设工程消防设计审查验收制度。

国务院住房和城乡建设主管部门规定的特殊建设工程，建设单位应当将消防设计文件报送住房和城乡建设主管部门审查，住房和城乡建设主管部门依法对审查的结果负责。除此之外的其他建设工程，建设单位申请领取施工许可证或者申请批准开工报告时应当提供满足施工需要的消防设计图纸及技术资料。

特殊建设工程未经消防设计审查或者审查不合格的，建设单位、施工单位不得施工；其他建设工程，建设单位未提供满足施工需要的消防设计图纸及技术资料的，有关部门不得发放施工许可证或者批准开工报告。

国务院住房和城乡建设主管部门规定应当申请消防验收的建设工程竣工，建设单位应当向住房和城乡建设主管部门申请消防验收。除此之外的其他建设工程，建设单位在验收后应当报住房和城乡建设主管部门备案，住房和城乡建设主管部门应当进行抽查。依法应当进行消防验收的建设工程，未经消防验收或者消防验收不合格的，禁止投入使用;其他建设工程经依法抽查不合格的,应当停止使用。

建设工程消防设计审查、消防验收、备案和抽查的具体办法,由国务院住房和城乡建设主管部门规定。

### (三)公众聚集场所的消防安全

公共聚集场所的消防安全一直是消防监督管理的重点。公众聚集场所投入使用、营业前消防安全检查实行告知承诺管理。公众聚集场所在投入使用、营业前,建设单位或者使用单位应当向场所所在地的县级以上地方人民政府消防救援机构申请消防安全检查,作出场所符合消防技术标准和管理规定的承诺,提交规定的材料,并对其承诺和材料的真实性负责。消防救援机构对申请人提交的材料进行审查;申请材料齐全、符合法定形式的,应当予以许可。消防救援机构应当根据消防技术标准和管理规定,及时对作出承诺的公众聚集场所进行核查。申请人选择不采用告知承诺方式办理的,消防救援机构应当自受理申请之日起10个工作日内,根据消防技术标准和管理规定,对该场所进行检查。经检查符合消防安全要求的,应当予以许可。公众聚集场所未经消防救援机构许可的,不得投入使用、营业。消防安全检查的具体办法,由国务院应急管理部门制定。

举办大型群众性活动,承办人应当依法向公安机关申请安全许可,制定灭火和应急疏散预案并组织演练,明确消防安全责任分工,确定消防安全管理人员,保持消防设施和消防器材配置齐全、完好有效,保证疏散通道、安全出口、疏散指示标志、应急照明和消防车通道符合消防技术标准和管理规定。

### (四)相关单位的消防安全职责

机关、团体、企业、事业等单位应当履行下列消防安全职责:

(1)落实消防安全责任制,制定本单位的消防安全制度、消防安全操作规程,制定灭火和应急疏散预案;

(2)按照国家标准、行业标准配置消防设施、器材,设置消防安全标志,并定期组织检验、维修,确保完好有效;

(3)对建筑消防设施每年至少进行一次全面检测,确保完好有效,检测记录应当完整准确,存档备查;

(4)保障疏散通道、安全出口、消防车通道畅通,保证防火防烟分区、防火间距符合消防技术标准;

(5)组织防火检查,及时消除火灾隐患;

(6)组织进行有针对性的消防演练。

(7)法律、法规规定的其他消防安全职责。

单位的主要负责人是本单位的消防安全责任人。

### (五)消防安全重点单位的确立与职责

县级以上地方人民政府消防救援机构应当将发生火灾可能性较大以及发生火灾可能造成重大的人身伤亡或者财产损失的单位,确定为本行政区域内的消防安全重点单位,并由应急管理部门报本级人民政府备案。

消防安全重点单位应当履行下列消防安全职责:

(1)确定消防安全管理人,组织实施本单位的消防安全管理工作;

(2)建立消防档案,确定消防安全重点部位,设置防火标志,实行严格管理;

(3)实行每日防火巡查,并建立巡查记录;

(4)对职工进行岗前消防安全培训,定期组织消防安全培训和消防演练。

### (六)特种作业防火措施要求

禁止在具有火灾、爆炸危险的场所吸烟、使用明火。因施工等特殊情况需要使用明火作业的,应当按照规定事先办理审批手续,采取相应的消防安全措施;作业人员应当遵守消防安全规定。进行电焊、气焊等具有火灾危险作业的人员和自动消防系统的操作人员,作业前需采取相应的消防安全措施,必须持证上岗,并遵守相关操作规程。

### (七)消防产品质量监督管理

消防产品必须符合国家标准;没有国家标准的,须符合行业标准。禁止生产、销售或者使用不合格的消防产品以及国家明令废止的消防产品。

依法实行强制性产品认证的消防产品,由具有法定资质的认证机构按照国家标准、行业标准的强制性要求认证合格后,方可生产、销售、使用。经强制性产品认证合格或者技术鉴定合格的消防产品,国务院应急管理部门应当予以公布。

新研制的尚未制定国家标准、行业标准的消防产品,应当按照国务院产品质量监督部门会同国务院应急管理部门规定的办法,经技术鉴定符合消防安全要求的,方可生产、销售、使用。

### (八)建筑构件和建筑材料的防火性能

建筑构件、建筑材料和室内装修、装饰材料的防火性能必须符合国家标准;没有国家标准的,必须符合行业标准。

人员密集场所室内装修、装饰,应当按照消防技术标准的要求,使用不燃、难燃材料。

根据《建筑材料及制品燃烧性能分级》将建筑材料按其燃烧性能划分为四级:A 级表示不燃材料(制品),$B_1$ 级表示是难燃材料(制品),$B_2$ 级表示可燃材料(制品),$B_3$ 级表示易燃材料(制品)。

### (九)电器产品、燃气用具的安全规定

电器产品、燃气用具的产品标准,应当符合消防安全的要求。电器产品、燃气用具的安装、使用及其线路、管路的设计、敷设、维护保养、检测,必须符合消防技术标准和管理规定。

### (十)消防设施的维护

任何单位、个人不得损坏、挪用或者擅自拆除、停用消防设施、器材,不得埋压、圈占、遮挡消火栓或者占用防火间距,不得占用、堵塞、封闭疏散通道、安全出口、消防车通道。人员密集场所的门窗不得设置影响逃生和灭火救援的障碍物。

负责公共消防设施维护管理的单位,应当保持消防供水、消防通信、消防车通道等公共消防设施的完好有效。在修建道路以及停电、停水、截断通信线路时有可能影响消防队灭火救援的,有关单位必须事先通知当地消防救援机构。

### (十一)消防宣传教育工作的开展

地方各级人民政府应当加强对农村消防工作的领导,特别是在农业收获季节、森林和草原防火期间、重大节假日期间以及火灾多发季节,应当加强防火措施,组织并开展有针对性的消防宣传教育,组织建立和督促落实消防安全责任制,并进行消防安全检查。

群众性的消防工作是推进消防工作社会化的基础,应通过宣传、教育、动员、组织居民群众积极开展消防安全工作,使广大公民增强消防法制观念,严格遵守消防法律、法规,提高群众的自防自救能力,以创造良好的消防安全环境。

## 三、消防组织

国家综合性消防救援队、专职消防队按照国家规定承担重大灾害事故和其他以抢救人员生命为主的应急救援工作。

县级以上地方人民政府应当按照国家规定建立国家综合性消防救援队、专职消防队，并按照国家标准配备消防装备，承担火灾扑救工作。乡镇人民政府应当根据当地经济发展和消防工作的需要，建立专职消防队、志愿消防队，承担火灾扑救工作。

下列单位应当建立单位专职消防队，承担本单位的火灾扑救工作：

(1)大型核设施单位、大型发电厂、民用机场、主要港口；

(2)生产、储存易燃易爆危险品的大型企业；

(3)储备可燃的重要物资的大型仓库、基地；

(4)除上述三项规定以外的火灾危险性较大、距离国家综合性消防救援队较远的其他大型企业；

(5)距离国家综合性消防救援队较远、被列为全国重点文物保护单位的古建筑群的管理单位。

**典型例题**

【多选题】有关单位建立专职消防队，应当符合国家有关规定，并报当地消防救援机构验收。根据《消防法》，下列单位中，必须建立专职消防队的有(　　)。

A. 大中型危化品仓储企业　　B. 大型玻璃制造厂

C. 大型钢材仓库　　D. 小型民用飞机场

E. 大型核能发电厂

DE。【解析】大型核设施单位、大型发电厂、民用机场、主要港口应当建立单位专职消防队，承担本单位的火灾扑救工作。故选项 D，E 正确。

## 四、灭火救援

### (一)单位、个人的职责义务

任何人发现火灾都应当立即报警。任何单位、个人都应当无偿为报警提供便利，严禁谎报火警。人员密集场所发生火灾，该场所的现场工作人员应当立即组织、引导在场人员疏散。任何单位发生火灾，必须立即组织力量扑救。邻近单位应当给予支援。消防队接到火警，必须立即赶赴火灾现场，救助遇险人员，排除险情，扑灭火灾。

发生火灾后，着火单位及时组织人员进行扑救，对防止火势扩大，减少火灾损失具有重要的意义。当火场有人员受到火势威胁时，要坚持“救人第一”的指导思想，必须先抢救人员，同时采取相应的灭火措施。人员密集场所的工作人员应利用对场所疏散通道、安全出口以及室内建筑消防设施、器材等情况熟悉的优势积极疏散人员，在火灾发生时义务组织、引导在场群众进行有序的疏散，努力减少人员伤亡。

### (二)火灾现场扑救指挥

消防救援机构统一组织和指挥火灾现场扑救，应当优先保障遇险人员的生命安全。

火灾现场总指挥根据扑救火灾的需要，有权决定下列事项：

（1）使用各种水源；

（2）截断电力、可燃气体和可燃液体的输送，限制用火用电；

（3）划定警戒区，实行局部交通管制；

（4）利用邻近建筑物和有关设施；

（5）为了抢救人员和重要物资，防止火势蔓延，拆除或者破损毗邻火灾现场的建筑物、构筑物或者设施等；

（6）调动供水、供电、供气、通信、医疗救护、交通运输、环境保护等有关单位协助灭火救援。

国家综合性消防救援队、专职消防队参加火灾以外的其他重大灾害事故的应急救援工作，由县级以上人民政府统一领导。

### （三）救火费用与补偿

国家综合性消防救援队、专职消防队扑救火灾、应急救援，不得收取任何费用。单位专职消防队、志愿消防队参加扑救外单位火灾所损耗的燃料、灭火剂和器材、装备等，由火灾发生地的人民政府给予补偿。

参加扑救火灾是为公共财产、公民人身和财产免受损失，是每个社会成员应当履行的义务。《消防法》还规定，对因参加扑救火灾或者应急救援受伤、致残或者死亡的人员，按照国家有关规定给予医疗、抚恤。

### （四）火灾事故调查

消防救援机构有权根据需要封闭火灾现场，负责调查火灾原因，统计火灾损失。

火灾扑灭后，发生火灾的单位和相关人员应当按照消防救援机构的要求保护现场，如实提供与火灾有关的情况。消防救援机构根据火灾现场勘验、及时制作火灾事故认定书，作为处理火灾事故的证据。同时也是加强和改进消防工作的一项基础性工作。

## 五、消防监督检查

### （一）地方人民政府的监督检查责任

地方各级人民政府应当落实消防工作责任制，对本级人民政府有关部门履行消防安全职责的情况进行监督检查。县级以上地方人民政府有关部门应当根据本系统的特点，有针对性地开展消防安全检查，及时督促整改火灾隐患。

### （二）消防监督检查中的处理措施

消防救援机构在消防监督检查中发现火灾隐患的，应当通知有关单位或者个人立即采取措施消除隐患；不及时消除隐患可能严重威胁公共安全的，消防救援机构应当依照规定对危险部位或者场所采取临时查封措施。

消防救援机构在消防监督检查中发现城乡消防安全布局、公共消防设施不符合消防安全要求的，或存在影响公共安全的重大火灾隐患的，应当由应急管理部门书面报告本级人民政府。接到报告的人民政府应当及时核实情况，组织或者责成有关部门、单位采取措施，予以整改。

### （三）执法监督

消防救援机构、公安派出所的工作人员进行消防监督检查，应当出示证件。

住房和城乡建设主管部门、消防救援机构及其工作人员应当按照法定的职权和程序进行消防设计审查、消防验收、备案抽查和消防安全检查，做到公正、严格、文明、高效。住房和城乡建设主管部门、消防救援机构及其工作人员进行消防设计审查、消防验收、备案抽查和消防安全检查等，不得收取费用，不得利用职务谋取利益；不得利用职务为用户、建设单位指定或者变相指定消防产品的品牌、销售单位或者消防技术服务机构、消防设施施工单位。

住房和城乡建设主管部门消防救援机构及其工作人员执行职务，应当自觉接受社会和公民的监督。任何单位和个人都有权对住房和城乡建设主管部门、消防救援机构及其工作人员在执法中的违法行为进行检举、控告。收到检举、控告的机关，应当按照职责及时查处。切实保证《消防法》的贯彻实施，同时也符合依法行政、权责确定、公开透明、接受监督的法治要求。

## 六、法律责任

### （一）设计单位、施工单位及建设单位的法律责任

违反《消防法》规定，有下列行为之一的，由住房和城乡建设主管部门、消防救援机构按照各自职权责令停止施工、停止使用或者停产停业，并处 3 万元以上 30 万元以下罚款：

（1）依法应当进行消防设计审核的建设工程，未经依法审核或者审核不合格，擅自施工的；

（2）依法应当进行消防验收的建设工程，未经消防验收或者消防验收不合格，擅自投入使用的；

（3）不需要向住房和城乡建设主管部门申请消防验收的建设工程，建设单位在验收后应当报住房和城乡建设主管部门备案，住房和城乡建设主管部门应当进行抽查，验收后经依法抽查不合格，不停止使用的；

（4）公众聚集场所未经消防救援机构许可，擅自投入使用、营业的，或者经核查发现场所使用、营业情况与承诺内容不符的。

核查发现公众聚集场所使用、营业情况与承诺内容不符，经责令限期改正，逾期不整改或者整改后仍达不到要求的，依法撤销相应许可。

建设单位未依照本法规定在验收后报住房和城乡建设主管部门备案的，由住房和城乡建设主管部门责令改正，处 5 000 元以下罚款。

建设工程相关单位有下列行为之一的，由住房和城乡建设主管部门责令改正或者停止施工，并处 1 万元以上 10 万元以下罚款：

（1）建设单位要求建筑设计单位或者建筑施工企业降低消防技术标准设计、施工的；

（2）建筑设计单位不按照消防技术标准强制性要求进行消防设计的；

（3）建筑施工企业不按照消防设计文件和消防技术标准施工，降低消防施工质量的；

（4）工程监理单位与建设单位或者建筑施工企业串通，弄虚作假，降低消防施工质量的。

### （二）消防安全违法行为的处罚

违反《消防法》规定，有下列行为之一的，责令改正，处5 000元以上5万元以下罚款：

（1）消防设施、器材或者消防安全标志的配置、设置不符合国家标准、行业标准，或者未保持完好有效的；

（2）损坏、挪用或者擅自拆除、停用消防设施、器材的；

（3）占用、堵塞、封闭疏散通道、安全出口或者有其他妨碍安全疏散行为的；

（4）埋压、圈占、遮挡消火栓或者占用防火间距的；

（5）占用、堵塞、封闭消防车通道，妨碍消防车通行的；

（6）人员密集场所在门窗上设置影响逃生和灭火救援的障碍物的；

（7）对火灾隐患经消防救援机构通知后不及时采取措施消除的。

对于生产、储存、经营易燃易爆危险品的场所与居住场所设置在同一建筑物内，或者未与居住场所保持安全距离的，责令停产停业，并处5 000元以上5万元以下罚款。

# 第五节　《中华人民共和国建筑法》的相关规定

## 一、建筑工程安全生产一般规定

### （一）安全生产方针与制度

建筑工程安全生产管理必须坚持“安全第一、预防为主”的方针，建立健全安全生产的责任制度和群防群治制度。

### （二）建筑工程设计安全规定

建筑工程设计应当符合按照国家规定制定的建筑安全规程和技术规范，保证工程的安全性能。

建筑工程设计的质量直接影响到建筑活动及建筑产品的安全，在建筑工程设计中，应当符合的建筑安全规程和技术规范，必须综合考虑保证工程施工作业安全和建筑物使用安全的要求，提出的各项设计技术要求，能够保证工程的结构等方面具有可靠的安全性，既能保证工程施工作业的安全，也能确保该建筑物的使用安全。

## 二、建筑施工单位安全管理规定

### （一）安全技术措施

1. 安全技术措施的编制

建筑施工企业在编制施工组织设计时，应当根据建筑工程的特点制定相应的安全技术措施；对专业性较强的工程项目，应当编制专项安全施工组织设计，并采取安全技术措施。

施工组织设计须有安全技术措施。在编制的施工组织设计中，为了防止发生人身伤亡和财产损失事故以及预防职业病，针对建筑工程的特点、施工方法、使用的机械、动力设备及现场道路、周围环境等条件所制定的相应安全技术措施。

对专业性较强的工程项目，应当编制专项安全施工组织设计，并采取安全技术措施。

专业性较强的工程项目,主要是指爆破、吊装、水下、深坑、支模、拆除等工程项目。

2. 现场安全防护

施工现场对毗邻的建筑物、构筑物和特殊作业环境可能造成损害的,建筑施工企业应当采取安全防护措施。这直接关系到建筑生产安全和周围群众的安全。

施工现场应封闭管理,施工企业对施工现场应采取的措施包括:维护安全措施、防范危险措施、预防火灾的措施、其他维护施工现场安全措施。

施工现场可能对毗邻的建筑物、构筑物和特殊作业环境造成损害的,建筑施工企业应采取安全防护措施。比如对毗邻的建筑物和构筑物采取必要的保护、加固措施等。

### (二)防治环境污染和危害的措施

建筑施工企业应当遵守有关环境保护和安全生产的法律、法规的规定,采取控制和处理施工现场的各种粉尘、废气、废水、固体废物以及噪声、振动对环境的污染和危害的措施。

### (三)安全生产管理措施

1. 建筑施工企业的安全生产责任

建筑施工企业必须依法加强对建筑安全生产的管理,执行安全生产责任制度,采取有效措施,防止伤亡和其他安全生产事故的发生。建筑施工企业的法定代表人对本企业的安全生产负责。

2. 总包单位的安全生产责任

施工现场安全由建筑施工企业负责。实行施工总承包的,由总承包单位负责。分包单位向总承包单位负责,服从总承包单位对施工现场的安全生产管理。

分包单位应当在总承包单位的统一管理下,在其分包工程范围内建立施工现场安全管理责任制,并组织实施。建筑工程施工组织设计中的安全项目由总承包单位负责编制。分包单位在总承包单位的总体部署下,负责编制分包工程的施工组织设计,该设计中的安全项目应当符合总承包单位施工组织设计的要求。

**典型例题**

**【单选题】**甲公司为某施工项目总承包单位,乙公司为该项目分包单位。根据《建筑法》,下列关于施工现场安全管理责任的说法中,正确的是(　　)。

A. 乙公司作为独立单位,承担施工作业任务,全权负责施工现场安全生产管理

B. 分包合同中约定乙公司承担安全生产管理责任,甲公司不承担安全生产管理责任

C. 甲公司负责施工现场安全,乙公司应向甲公司负责,服从甲公司的安全生产管理

D. 乙公司不服从甲公司安全生产管理导致生产安全事故,甲公司不承担安全生产责任

C。**【解析】**《建筑法》第四十五条规定,施工现场安全由建筑施工企业负责。实行施工总承包的,由总承包单位负责。分包单位向总承包单位负责,服从总承包单位对施工现场的安全生产管理。故选项C正确。

3. 劳动安全生产教育培训制度

建筑施工企业应当建立健全劳动安全生产教育培训制度，加强对职工安全生产的教育培训；未经安全生产教育培训的人员，不得上岗作业。

4. 施工企业、作业人员的权利与义务

建筑施工企业和作业人员在施工过程中，应当遵守有关安全生产的法律、法规和建筑行业安全规章、规程，不得违章指挥或者违章作业。作业人员有权对影响人身健康的作业程序和作业条件提出改进意见，有权获得安全生产所需的防护用品。

5. 发生事故后采取的措施

施工中发生事故时，建筑施工企业应当采取紧急措施减少人员伤亡和事故损失，并按照国家有关规定及时向有关部门报告。

发生事故后的应急救援、调查处理应参照《生产安全事故应急条例》《建设工程安全生产管理条例》《生产安全事故报告和调查处理条例》等法律。

## 三、建设单位安全管理规定

### (一)建设单位办理的审批手续

有下列情形之一的，建设单位应当按照国家有关规定办理申请批准手续：

(1)需要临时占用规划批准范围以外场地的；

(2)可能损坏道路、管线、电力、邮电通信等公共设施的；

(3)需要临时停水、停电、中断道路交通的；

(4)需要进行爆破作业的；

(5)法律、法规规定需要办理报批手续的其他情形。

### (二)地下管线资料的保护

建设单位应当向建筑施工企业提供与施工现场相关的地下管线资料，建筑施工企业应当采取措施加以保护。施工现场的地下资料，主要包括电信光缆线路资料、煤气和天然气管道资料、上下水管道资料等。

### (三)主体和承重结构的装修

对涉及建筑主体和承重结构变动的装修，建设单位应当在施工前委托原设计单位或者具有相应资质条件的设计单位提出设计方案；没有设计方案的，不得施工。建筑装修单位不得委托不具有相应资质条件的设计单位进行设计；设计单位不得超越资质等级进行设计。设计单位进行设计时应当严格执行国家有关保证工程安全的设计规范。原有房屋装修需要拆改结构时，装修设计必须保证房屋的整体性、抗震性和结构的安全。

## 四、行政主管部门的监督与管理

建设行政主管部门负责建筑安全生产的管理，并依法接受劳动行政主管部门对建筑安全生产的指导和监督。

建设行政主管部门对建筑安全生产的管理,实行统一管理与分级管理相结合的原则。国务院建设行政主管部门对全国的建筑安全生产实施统一的行业管理,地方人民政府的建设行政主管部门按照自己的职责对本地区的建筑安全生产进行管理。

## 五、法律责任

### (一)施工单位的法律责任

施工单位违反《建筑法》规定,未取得施工许可证或者开工报告未经批准擅自施工的,责令改正,对不符合开工条件的责令停止施工,可以处以罚款。

建筑施工企业转让、出借资质证书或者以其他方式允许他人以本企业的名义承揽工程的,责令改正,没收违法所得,并处罚款,可以责令停业整顿,降低资质等级;情节严重的,吊销资质证书。对因该项承揽工程不符合规定的质量标准造成的损失,建筑施工企业与使用本企业名义的单位或者个人承担连带赔偿责任。

建筑施工企业的管理人员违章指挥、强令职工冒险作业,因而发生重大伤亡事故或者造成其他严重后果的,依法追究刑事责任。

建筑施工企业违反规定,对建筑安全事故隐患不采取措施予以消除的,责令改正,可以处以罚款;情节严重的,责令停业整顿,降低资质等级或者吊销资质证书;构成犯罪的,依法追究刑事责任。

建筑施工企业在施工中偷工减料的,使用不合格的建筑材料、建筑构配件和设备的,或者有其他不按照工程设计图纸或者施工技术标准施工的行为的,责令改正,处以罚款;情节严重的,责令停业整顿,降低资质等级或者吊销资质证书;造成建筑工程质量不符合规定的质量标准的,负责返工、修理,并赔偿因此造成的损失;构成犯罪的,依法追究刑事责任。

建筑施工企业违反规定,不履行保修义务或者拖延履行保修义务的,责令改正,可以处以罚款,并对在保修期内因屋顶、墙面渗漏、开裂等质量缺陷造成的损失,承担赔偿责任。

### (二)发承包单位的法律责任

发包单位将工程发包给不具有相应资质条件的承包单位的,或者违反规定将建筑工程肢解发包的,责令改正,处以罚款。

承包单位将承包的工程转包的,或者违反规定进行分包的,责令改正,没收违法所得,并处罚款,可以责令停业整顿,降低资质等级;情节严重的,吊销资质证书。对因转包工程或者违法分包的工程不符合规定的质量标准造成的损失,与接受转包或者分包的单位承担连带赔偿责任。

在工程发包与承包中索贿、受贿、行贿,构成犯罪的,依法追究刑事责任;不构成犯罪的,分别处以罚款。没收贿赂的财物,对直接负责的主管人员和其他直接责任人员给予处分。对在工程承包中行贿的承包单位,除依照上述规定处罚外,可以责令停业整顿,降低资质等级或者吊销资质证书。

### (三)建设单位与监理单位的法律责任

建设单位违反规定,要求建筑设计单位或者建筑施工企业违反建筑工程质量、安全标准,降低工程质量的,责令改正,可以处以罚款;构成犯罪的,依法追究刑事责任。

工程监理单位与建设单位或者建筑施工企业串通，弄虚作假、降低工程质量的，责令改正，处以罚款，降低资质等级或者吊销资质证书；有违法所得的，予以没收；造成损失的，承担连带赔偿责任；构成犯罪的，依法追究刑事责任。

## 第六节 《中华人民共和国突发事件应对法》的相关规定

### 一、突发事件的分类和分级

#### （一）分类

按照突发事件的性质、过程和机理的不同，将突发事件分为 4 类：

（1）自然灾害。主要包括水旱灾害、气象灾害、地震灾害、地质灾害、海洋灾害、生物灾害和森林草原火灾等；

（2）事故灾害。主要包括工矿商贸等企业的种类安全事故，运输事故，公共设施和设备事故，环境污染和生态破坏事件等；

（3）公共卫生事件。主要包括传染病疫情，群体性不明原因疾病，食品安全和职业危害，动物疫情，以及其他严重影响公众健康和生命安全的事件；

（4）社会安全事件。主要包括严重危害社会治安秩序的突发事件。

#### （二）分级

突发事件按照社会危害程度、影响范围、性质、可控性、行业特点等因素，将自然灾害、事件灾害、公共卫生事件分为特别重大、重大、较大和一般 4 级，分别用红色、橙色、黄色和蓝色表示。

### 二、突发事件的预防和应急准备

#### （一）突发事件应急预案

突发事件在时间上是突然发生的，为在关键时刻最大限度地减少损失，必须反应迅速，协调一致，及时有效地采取应对措施。为此，必须在平时制定完备的预案，而预案是为完成某项工作任务所作的全面的、具体的实施方案。

#### （二）应急管理

应急管理是指对已经发生的突发事件，政府根据事先制定的应急预案，采取应急行动，控制或者消除正在发生的危机事件。减轻危机带来的损失，保护人民群众生命和财产安全。

#### （三）突发事件应急培训和演练

主要是培训应急管理所需的知识和技能，其目的在于：

（1）提高各级领导的应急指挥决策能力是科学应对突发事件的关键；

（2）增强政府及其部门领导干部应急管理意识，提高统筹常态管理与应急管理、指挥处置应对突发公共事件的水平。

#### （四）突发事件应急保障

突发事件应急保障主要是经费保障、物资保障和信息保障。

典型例题

【单选题】《突发事件应对法》规定了突发事件预防与应急准备的基础性工作。下列关于突发事件的预防与应急准备的说法中，正确的是（　　）。

A. 各级人民政府应当建立应急救援物资、生活必需品和应急处置装备的储备制度

B. 学校应当把应急知识教育纳入教学内容，对学生进行相关知识教育

C. 国务院有关部门组织制定国家突发事件总体应急预案，并适时修订

D. 突发事件应急预案分国家、省、市、县四级

B。【解析】《突发事件应对法》第十七条规定，国家建立健全突发事件应急预案体系。国务院制定国家突发事件总体应急预案，组织制定国家突发事件专项应急预案；国务院有关部门根据各自的职责和国务院相关应急预案，制定国家突发事件部门应急预案。地方各级人民政府和县级以上地方各级人民政府有关部门根据有关法律、法规、规章、上级人民政府及其有关部门的应急预案以及本地区的实际情况，制定相应的突发事件应急预案。应急预案制定机关应当根据实际需要和情势变化，适时修订应急预案。应急预案的制定、修订程序由国务院规定。由此可知，国家突发事件应急预案分为国家、地方两级。第三十二条规定，设区的市级以上人民政府和突发事件易发、多发地区的县级人民政府应当建立应急救援物资、生活必需品和应急处置装备的储备制度。第三十条规定，各级各类学校应当把应急知识教育纳入教学内容，对学生进行应急知识教育，培养学生的安全意识和自救与互救能力。教育主管部门应当对学校开展应急知识教育进行指导和监督。

## 三、突发事件的监测和预警制度

国家建立健全突发事件监测制度。县级以上人民政府及其有关部门应当根据自然灾害、事故灾难和公共卫生事件的种类和特点，建立健全基础信息数据库，完善监测网络，划分监测区域，确定监测点，明确监测项目，提供必要的设备、设施，配备专职或者兼职人员，对可能发生的突发事件进行监测。

国家建立健全突发事件预警制度。可以预警的自然灾害、事故灾难和公共卫生事件的预警级别，按照突发事件发生的紧急程度、发展势态和可能造成的危害程度分为一级、二级、三级和四级，分别用红色、橙色、黄色和蓝色标示，一级为最高级别。预警级别的划分标准由国务院或者国务院确定的部门制定。

## 四、一级、二级预警的应对措施

发布一级、二级警报，宣布进入预警期后，县级以上地方各级人民政府除采取规定的措施外，还应当针对即将发生的突发事件的特点和可能造成的危害，采取下列一项或者多项措施：

（1）责令应急救援队伍、负有特定职责的人员进入待命状态，并动员后备人员做好参加应急救援和处置工作的准备；

（2）调集应急救援所需物资、设备、工具，准备应急设施和避难场所，并确保其处于良好状态、随时可以投入正常使用；

（3）加强对重点单位、重要部位和重要基础设施的安全保卫，维护社会治安秩序；

(4)采取必要措施,确保交通、通信、供水、排水、供电、供气、供热等公共设施的安全和正常运行;

(5)及时向社会发布有关采取特定措施避免或者减轻危害的建议、劝告;

(6)转移、疏散或者撤离易受突发事件危害的人员并予以妥善安置,转移重要财产;

(7)关闭或者限制使用易受突发事件危害的场所,控制或者限制容易导致危害扩大的公共场所的活动。

## 五、三级、四级预警的应对措施

发布三级、四级警报,宣布进入预警期后,县级以上地方各级人民政府应当根据即将发生的突发事件的特点和可能造成的危害,采取下列措施:

(1)启动应急预案;

(2)责令有关部门、专业机构、监测网点和负有特定职责的人员及时收集、报告有关信息,向社会公布反映突发事件信息的渠道,加强对突发事件发生、发展情况的监测、预报和预警工作;

(3)组织有关部门和机构、专业技术人员、有关专家学者,随时对突发事件信息进行分析评估,预测发生突发事件可能性的大小、影响范围和强度以及可能发生的突发事件的级别;

(4)定时向社会发布与公众有关的突发事件预测信息和分析评估结果,并对相关信息的报道工作进行管理;

(5)及时按照有关规定向社会发布可能受到突发事件危害的警告,宣传避免、减轻危害的常识,公布咨询电话。

## 六、自然灾害、事故灾难或者公共卫生事件的应急处置措施

(1)组织营救和救治受害人员,疏散、撤离并妥善安置受到威胁的人员以及采取其他救助措施;

(2)迅速控制危险源,标明危险区域,封锁危险场所,划定警戒区,实行交通管制以及其他控制措施;

(3)立即抢修被损坏的交通、通信、供水、排水、供电、供气、供热等公共设施,向受到危害的人员提供避难场所和生活必需品,实施医疗救护和卫生防疫以及其他保障措施;

(4)禁止或者限制使用有关设备、设施,关闭或者限制使用有关场所,中止人员密集的活动或者可能导致危害扩大的生产经营活动以及采取其他保护措施;

(5)启用本级人民政府设置的财政预备费和储备的应急救援物资,必要时调用其他急需物资、设备、设施、工具;

(6)组织公民参加应急救援和处置工作,要求具有特定专长的人员提供服务;

(7)保障食品、饮用水、燃料等基本生活必需品的供应;

(8)依法从严惩处囤积居奇、哄抬物价、制假售假等扰乱市场秩序的行为,稳定市场价格,维护市场秩序;

(9)依法从严惩处哄抢财物、干扰破坏应急处置工作等扰乱社会秩序的行为,维护社会治安;

(10)采取防止发生次生、衍生事件的必要措施。

### 七、社会安全事件的应急处置措施

(1)强制隔离使用器械相互对抗或者以暴力行为参与冲突的当事人,妥善解决现场纠纷和争端,控制事态发展;

(2)对特定区域内的建筑物、交通工具、设备、设施以及燃料、燃气、电力、水的供应进行控制;

(3)封锁有关场所、道路,查验现场人员的身份证件,限制有关公共场所内的活动;

(4)加强对易受冲击的核心机关和单位的警卫,在国家机关、军事机关、国家通讯社、广播电台、电视台、外国驻华使领馆等单位附近设置临时警戒线;

(5)法律、行政法规和国务院规定的其他必要措施。

### 八、突发事件应急处置的组织规定

履行统一领导职责或者组织处置突发事件的人民政府,必要时可以向单位和个人征用应急救援所需设备、设施、场地、交通工具和其他物资,请求其他地方人民政府提供人力、物力、财力或者技术支援,要求生产、供应生活必需品和应急救援物资的企业组织生产、保证供给,要求提供医疗、交通等公共服务的组织提供相应的服务。履行统一领导职责或者组织处置突发事件的人民政府,应当组织协调运输经营单位,优先运送处置突发事件所需物资、设备、工具、应急救援人员和受到突发事件危害的人员。

履行统一领导职责或者组织处置突发事件的人民政府,应当按照有关规定统一、准确、及时发布有关突发事件事态发展和应急处置工作的信息。

### 九、事后恢复与重建

突发事件应急处置工作结束后,履行统一领导职责的人民政府应当立即组织对突发事件造成的损失进行评估,组织受影响地区尽快恢复生产、生活、工作和社会秩序,制定恢复重建计划,并向上一级人民政府报告。

## 第七节 《中华人民共和国刑法》及其相关司法解释的规定

### 一、制定刑法的目的和根据

《中华人民共和国刑法》(以下简称《刑法》)规定,为了惩罚犯罪,保护人民,根据宪法,结合我国同犯罪作斗争的具体经验及实际情况,制定本法。我国制定刑法的目的就是为了“惩罚犯罪,保护人民”。其中“保护人民”是制定刑法的根本目的。我国制定刑法的依据有两个:一是宪法;二是我国同犯罪作斗争的具体经验及实际情况。

### 二、刑法的基本原则

(1)罪刑法定原则:法律明文规定为犯罪行为的,依照法律定罪处刑;法律没有明文规定为犯罪行为的,不得定罪处刑;

(2)法律面前人人平等原则:对任何人犯罪,在适用法律上一律平等。不允许任何人有超越法律的特权;

(3)罪责刑相适应原则:刑罚的轻重,应当与犯罪分子所犯罪行和承担的刑事责任相适应。

## 三、刑罚的种类

刑罚分为主刑和附加刑。主刑的种类如下:管制;拘役;有期徒刑;无期徒刑;死刑。附加刑的种类如下:罚金;剥夺政治权利;没收财产。附加刑也可以独立适用。

## 四、《刑法》中关于安全生产的相关规定

### (一)重大责任事故罪

在生产、作业中违反有关安全管理的规定,因而发生重大伤亡事故或者造成其他严重后果的,处3年以下有期徒刑或者拘役;情节特别恶劣的,处3年以上7年以下有期徒刑。

### (二)强令、组织他人违章冒险作业罪

强令他人违章冒险作业,或者明知存在重大事故隐患而不排除,仍冒险组织作业,因而发生重大伤亡事故或者造成其他严重后果的,处5年以下有期徒刑或者拘役;情节特别恶劣的,处5年以上有期徒刑。

### (三)重大劳动安全事故罪

安全生产设施或者安全生产条件不符合国家规定,因而发生重大伤亡事故或者造成其他严重后果的,对直接负责的主管人员和其他直接责任人员,处3年以下有期徒刑或者拘役;情节特别恶劣的,处3年以上7年以下有期徒刑。

### (四)大型群众性活动重大安全事故罪

举办大型群众性活动违反安全管理规定,因而发生重大伤亡事故或者造成其他严重后果的,对直接负责的主管人员和其他直接责任人员,处3年以下有期徒刑或者拘役;情节特别恶劣的,处3年以上7年以下有期徒刑。

### (五)危险物品肇事罪

违反爆炸性、易燃性、放射性、毒害性、腐蚀性物品的管理规定,在生产、储存、运输、使用中发生重大事故,造成严重后果的,处3年以下有期徒刑或者拘役;后果特别严重的,处3年以上7年以下有期徒刑。

### (六)工程重大安全事故罪

建设单位、设计单位、施工单位、工程监理单位违反国家规定,降低工程质量标准,造成重大安全事故的,对直接责任人员,处5年以下有期徒刑或者拘役,并处罚金;后果特别严重的,处5年以上10年以下有期徒刑,并处罚金。

### (七)教育设施重大安全事故罪

明知校舍或者教育教学设施有危险,而不采取措施或者不及时报告,致使发生重大伤亡事故的,对直接责任人员,处3年以下有期徒刑或者拘役;后果特别严重的,处3年以上7年以下有期徒刑。

### (八)消防责任事故罪

违反消防管理法规,经消防监督机构通知采取改正措施而拒绝执行,造成严重后果的,对直接责任人员,处3年以下有期徒刑或者拘役;后果特别严重的,处3年以上7年以下有期徒刑。

### (九)不报、谎报安全事故罪

在安全事故发生后,负有报告职责的人员不报或者谎报事故情况,贻误事故抢救,情节严重的,处3年以下有期徒刑或者拘役;情节特别严重的,处3年以上7年以下有期徒刑。其中,负有报告职责的人员是指负有组织、指挥或者管理职责的负责人、管理人员、实际控制人、投资人,以及其他负有报告职责的人员。

**典型例题**

【单选题】为保护人民群众生命财产安全,依法打击严重安全生产违法行为,《刑法修正案(十一)》新增危险作业罪。下列行为中,涉嫌构成危险作业罪的是(　　)。

A. 丁企业员工李某破坏本企业防爆报警装置,具有发生重大伤亡事故的现实危险

B. 甲煤矿企业为逃避监管,矿长指示员工销毁超产能信息

C. 乙企业存在重大事故隐患被责令停产停业,主要负责人拒不执行

D. 丙企业未取得危险化学品安全生产许可证,安排职工进行危险化学品生产

A。【解析】在生产、作业中违反有关安全管理的规定,有下列情形之一,具有发生重大伤亡事故或者其他严重后果的现实危险的,处1年以下有期徒刑、拘役或者管制:(1)关闭、破坏直接关系生产安全的监控、报警、防护、救生设备、设施,或者篡改、隐瞒、销毁其相关数据、信息的。(2)因存在重大事故隐患被依法责令停产停业、停止施工、停止使用有关设备、设施、场所或者立即采取排除危险的整改措施,而拒不执行的。(3)涉及安全生产的事项未经依法批准或者许可,擅自从事矿山开采、金属冶炼、建筑施工,以及危险物品生产、经营、储存等高度危险的生产作业活动的。丁企业员工李某符合上述第(1)条规定,故涉嫌构成危险作业罪。

## 五、《最高人民法院、最高人民检察院关于办理危害生产安全刑事案件适用法律若干问题的解释》的相关规定

### (一)关于发生危害生产安全"强令他人违章冒险作业"的认定

明知存在事故隐患、继续作业存在危险,仍然违反有关安全管理的规定,实施下列行为之一的,应当认定为刑法规定的"强令他人违章冒险作业":

(1)利用组织、指挥、管理职权,强制他人违章作业的;

(2)采取威逼、胁迫、恐吓等手段,强制他人违章作业的;

(3)故意掩盖事故隐患,组织他人违章作业的;

(4)其他强令他人违章作业的行为。

### (二)关于发生危害生产安全"重大责任事故罪"的认定

实施重大责任事故罪、重大劳动安全事故罪、大型群众性活动重大安全事故罪、危险物品肇事罪、消防责任事故罪、不报、谎报安全事故罪的行为,因而发生安全事故,具有下列情形之一的,应当认定为"造成严重后果"或者"发生重大伤亡事故或者造成其他严重后果",对相关责任人员,处3年以下有期徒刑或者拘役:

(1)造成死亡1人以上,或者重伤3人以上的;

(2)造成直接经济损失100万元以上的;

(3)其他造成严重后果或者重大安全事故的情形。

实施强令违章冒险作业罪的行为,因而发生安全事故,具有上述三项情形的,应当认

定为“发生重大伤亡事故或者造成其他严重后果”，对相关责任人员，处5年以下有期徒刑或者拘役。

实施工程重大安全事故罪的行为，因而发生安全事故，具有上述三项情形的，应当认定为“造成重大安全事故”，对直接责任人员，处5年以下有期徒刑或者拘役，并处罚金。

实施教育设施重大安全事故罪规定的行为，因而发生安全事故，具有造成死亡1人以上，或者重伤3人以上的情形的，应当认定为“发生重大伤亡事故”，对直接责任人员，处3年以下有期徒刑或者拘役。

### （三）对相关责任人员的刑罚界定

实施重大责任事故罪，重大劳动安全事故罪，大型群众性活动重大安全事故罪，危险物品肇事罪，消防责任事故罪，不报、谎报安全事故罪规定的行为，因而发生安全事故，具有下列情形之一的，对相关责任人员，处3年以上7年以下有期徒刑：

（1）造成死亡3人以上或者重伤10人以上，负事故主要责任的；

（2）造成直接经济损失500万元以上，负事故主要责任的；

（3）其他造成特别严重后果、情节特别恶劣或者后果特别严重的情形。

实施强令违章冒险作业罪规定的行为，因而发生安全事故，具有上述三项情形的，对相关责任人员，处5年以上有期徒刑。实施工程重大安全事故罪规定的行为，因而发生安全事故，具有上述三项情形的，对直接责任人员，处5年以上10年以下有期徒刑，并处罚金。

实施教育设施重大安全事故罪的行为，因而发生安全事故，具有下列情形之一的，对直接责任人员，处3年以上7年以下有期徒刑：

（1）造成死亡3人以上或者重伤10人以上，负事故主要责任的；

（2）具有造成死亡1人以上，或者重伤3人以上的情形，同时造成直接经济损失500万元以上并负事故主要责任的，或者同时造成恶劣社会影响的。

具有下列情形之一的，应当认定为不报、谎报安全事故罪规定的“情节特别严重”：

（1）导致事故后果扩大，增加死亡3人以上，或者增加重伤10人以上，或者增加直接经济损失500万元以上的。

（2）采用暴力、胁迫、命令等方式阻止他人报告事故情况，导致事故后果扩大的。

（3）其他情节特别严重的情形。

### （四）从轻或从重处罚的规定

在安全事故发生后，直接负责的主管人员和其他直接责任人员故意阻挠开展抢救，导致人员死亡或者重伤，或者为了逃避法律追究，对被害人进行隐藏、遗弃，致使被害人因无法得到救助而死亡或者重度残疾的，分别依照故意杀人罪、过失致人死亡罪的规定，以故意杀人罪或者故意伤害罪定罪处罚。

生产不符合保障人身、财产安全的国家标准、行业标准的安全设备，或者明知安全设备不符合保障人身、财产安全的国家标准、行业标准而进行销售，致使发生安全事故，造成严重后果的，依照生产、销售不符合安全标准的产品罪的规定，以生产、销售不符合安全标准的产品罪定罪处罚。

实施重大责任事故罪、强令违章冒险作业罪、重大劳动安全事故罪、大型群众性活动重大安全事故罪、危险物品肇事罪、工程重大安全事故罪、教育设施重大安全事故罪、消防责任事故罪、不报、谎报安全事故罪的犯罪行为，在安全事故发生后积极组织、参与事故抢救，或者积极配合调查、主动赔偿损失的，可以酌情从轻处罚。但是具有下列情形之一的，从重处罚：

（1）未依法取得安全许可证件或者安全许可证件过期、被暂扣、吊销、注销后从事生产经营活动的；

(2)关闭、破坏必要的安全监控和报警设备的;

(3)已经发现事故隐患,经有关部门或者个人提出后,仍不采取措施的;

(4)一年内曾因危害生产安全违法犯罪活动受过行政处罚或者刑事处罚的;

(5)采取弄虚作假、行贿等手段,故意逃避、阻挠负有安全监督管理职责的部门实施监督检查的;

(6)安全事故发生后转移财产意图逃避承担责任的;

(7)其他从重处罚的情形。

## 第八节 《中华人民共和国行政处罚法》的相关规定

### 一、行政处罚的原则

#### (一)处罚法定原则

《中华人民共和国行政处罚法》(以下简称《行政处罚法》)规定,公民、法人或者其他组织违反行政管理秩序的行为,应当给予行政处罚的,依照本法由法律、法规或者规章规定,并由行政机关依照本法规定的程序实施。处罚法定原则是行政合法性原则在行政处罚行为中的集中体现。主要内容是:处罚依据是法定的;实施处罚的主体是法定的;实施处罚的职权是法定的;处罚程序是法定的。

#### (二)公正、公开原则

《行政处罚法》规定,行政处罚遵循公正、公开的原则。设定和实施行政处罚必须以事实为依据,与违法行为的事实、性质、情节以及社会危害程度相当。对违法行为给予行政处罚的规定必须公布;未经公布的,不得作为行政处罚的依据。

#### (三)一事不再罚原则

对当事人的同一个违法行为,不得给予两次以上罚款的行政处罚。同一个违法行为违反多个法律规范应当给予罚款处罚的,按照罚款数额高的规定处罚。

#### (四)结合教育原则

实施行政处罚,纠正违法行为,应当坚持处罚与教育相结合,教育公民、法人或者其他组织自觉守法。

#### (五)民事刑事责任适用原则

民事刑事适用原则是指不免除民事责任、不取代刑事责任的原则。行政相对方因违法受到行政处罚,其违法行为对他人造成损害的,应当依法承担民事责任。违法行为严重构成犯罪的,应当依法追究刑事责任。不得以已给予行政处罚为由而免于追究其民事责任或刑事责任。因为行政制裁与民事制裁、刑事制裁的性质及对象等是不同的。

#### (六)申诉和赔偿原则

公民、法人或者其他组织对行政机关所给予的行政处罚,享有陈述权、申辩权;对行政处罚不服的,有权依法申请行政复议或者提起行政诉讼。公民、法人或者其他组织因行政机关违法给予行政处罚受到损害的,有权依法提出赔偿要求。

#### (七)处罚追究时效原则

违法行为在2年内未被发现的,不再给予行政处罚;涉及公民生命健康安全、金融安全且有危害后果的,上述期限延长至5年。法律另有规定的除外。前款规定的期限,从违法行为发生之日起计算;违法行为有连续或者继续状态的,从行为终了之日起计算。

## 二、行政处罚的种类

行政处罚的种类有：

(1)警告、通报批评；

(2)罚款、没收违法所得、没收非法财物；

(3)暂扣许可证件、降低资质等级、吊销许可证件；

(4)限制开展生产经营活动、责令停产停业、责令关闭、限制从业；

(5)行政拘留；

(6)法律、行政法规规定的其他行政处罚。

## 三、行政处罚的实施机关

行政处罚由具有行政处罚权的行政机关在法定职权范围内实施。国务院或者省、自治区、直辖市人民政府可以决定一个行政机关行使有关行政机关的行政处罚权。限制人身自由的行政处罚权只能由公安机关和法律规定的其他机关行使。

### (一)行政处罚机关的条件

享有行政处罚权、能够实施行政处罚的机关应具备以下条件:①必须是行政机关;②必须具有外部管理职能;③必须取得特定的行政处罚权;④必须在法定的职权范围内实施。

### (二)授权实施行政处罚

法律、法规授权的具有管理公共事务职能的组织,可以在法定授权范围内实施行政处罚。法律、法规授权的组织若不具有管理公共事务的职能,则不能实施行政处罚。

### (三)委托实施行政处罚

受委托组织在委托范围内,以委托行政机关名义实施行政处罚,不得再委托其他组织或者个人实施行政处罚。

委托行政机关对受委托组织实施行政处罚的行为应当负责监督,并对该行为的后果承担法律责任。

能够接受行政委托、依法行使行政处罚的组织必须符合以下条件:依法成立并具有管理公共事务职能;具有熟悉有关法律、法规、规章和业务并取得行政执法资格的工作人员;对违法行为需要进行技术检查或技术鉴定的,应当由有条件的组织进行相应技术检查或者技术鉴定。

## 四、行政处罚的管辖适用

### (一)行政处罚的管辖

(1)行政处罚由违法行为发生地的行政机关管辖。法律、行政法规、部门规章另有规定的,从其规定。

(2)行政处罚由县级以上地方人民政府具有行政处罚权的行政机关管辖。法律、行政法规另有规定的,从其规定。

(3)省、自治区、直辖市根据当地实际情况,可以决定将基层管理迫切需要的县级人民政府部门的行政处罚权交由能够有效承接的乡镇人民政府、街道办事处行使,并定期组织评估。决定应当公布。承接行政处罚权的乡镇人民政府、街道办事处应当加强执法能力建设,按照规定范围、依照法定程序实施行政处罚。有关地方人民政府及其部门应当加强组织协调、业务指导、执法监督,建立健全行政处罚协调配合机制,完善评议、考核制度。

(4)两个以上行政机关都有管辖权的,由最先立案的行政机关管辖。对管辖发生争议的，应当协商解决，协商不成的，报请共同的上一级行政机关指定管辖；也可以直接由共同的上一级行政机关指定管辖。

### （二）行政处罚适用的条件

（1）必须已经实施了违法行为，且该违法行为违反了行政法规范；

（2）行政相对人具有责任能力；

（3）行政相对人的行为依法应当受到处罚；

（4）违法行为未超过追究时效。

### （三）行政处罚的适用方式

1. 不予处罚

不予处罚的情况如下：

（1）不满14周岁的未成年人有违法行为的，不予行政处罚；

（2）精神病人、智力残疾人在不能辨认或控制自己行为时有违法行为的，不予行政处罚（间歇性精神病人在精神正常时有违法行为的，应当给予行政处罚）；

（3）违法行为轻微并及时纠正，没有造成危害后果的，不予行政处罚；

（4）违法行为在两年内未被发现的，除法律另有规定外，不再给予行政处罚。

2. 从轻或减轻处罚

根据规定，依法应当从轻或减轻行政处罚的情况有：

（1）主动消除或者减轻违法行为危害后果的；

（2）受他人胁迫或者诱骗实施违法行为的；

（3）主动供述行政机关尚未掌握的违法行为的；

（4）配合行政机关查处违法行为有立功表现的；

（5）法律、法规、规章规定其他应当从轻或者减轻行政处罚的。

3. 从重处罚

发生重大传染病疫情等突发事件，为了控制、减轻和消除突发事件引起的社会危害，行政机关对违反突发事件应对措施的行为，依法快速、从重处罚。

4. 处罚折抵

违法行为构成犯罪，人民法院判处拘役或者有期徒刑时，行政机关已经给予当事人行政拘留的，应当依法折抵相应刑期。违法行为构成犯罪，人民法院判处罚金时，行政机关已经给予当事人罚款的，应当折抵相应罚金。

## 五、处罚权的设定

根据《行政处罚法》和其他法律、法规的规定，行政处罚的设定权限划分如下：

（1）全国人民代表大会及其常务委员会是国家最高权力机关和立法机关，可以设定任何种类行政处罚。

（2）国务院是最高行政机关，可以依法设定除限制人身自由以外的行政处罚。法律对违法行为已经作出行政处罚规定的，行政法规不得超越法律规定的给予行政处罚的行为、种类和幅度的范围另行作出行政处罚规定。

（3）地方性法规可以设定除限制人身自由、吊销企业营业执照以外的行政处罚。法律、行政法规对违法行为已经作出行政处罚规定的，地方性法规不得超越法律、行政法规规定的给予行政处罚的行为、种类和幅度的范围另行作出行政处罚规定。

(4)国务院各部、委制定的规章可以在法律、行政法规规定的给予行政处罚的行为、种类和幅度的范围内作出具体规定;尚未制定法律、行政法规的,部门规章可以设定警告或者一定数量罚款的行政处罚。罚款的限额由国务院规定。国务院可以授权具有行政处罚权的直属机构按照本条的情形规定行政处罚。

(5)省、自治区、直辖市人民政府和省、自治区人民政府所在地的市人民政府、经国务院批准的较大的市以及经济特区市人民政府制定的规章可以在法律、法规规定的给予行政处罚的行为、种类和幅度的范围内作出具体规定;尚未制定法律、法规的,上述人民政府制定的规章可以设定警告或者一定数量罚款的行政处罚。罚款的限额由省级人大常委会规定。

(6)除上述规定外,其他任何规范性文件不得设定行政处罚。

## 六、行政处罚的程序

### (一)简易程序

行政处罚的简易程序又称当场处罚程序,指行政处罚主体对于事实清楚、情节简单、后果轻微的行政违法行为,当场作出行政处罚决定的程序。行政处罚符合的条件如下:

(1)违法事实确凿;

(2)对该违法行为处以行政处罚有明确、具体的法定依据;

(3)处罚较为轻微,即对个人处以 200 元以下的罚款或者警告,对法人或组织处以 3 000元以下的罚款或者警告。

### (二)一般程序

一般程序是行政机关进行行政处罚的基本程序。一般程序适用于处罚较重或情节复杂的案件以及当事人对执法人员给予当场处罚的事实认定有分歧而无法作出行政处罚决定的案件。

一般程序的具体内容有:调查取证→告知处罚事实、理由、依据和有关权利→听取陈述、申辩或者举行听证会→作出行政处罚决定→作出行政处罚决定书。

行政机关在调查或者进行检查时,执法人员不得少于两人。在收集证据时,可以采取抽样取证的方法;在证据可能灭失或者以后难以取得的情况下,经行政机关负责人批准,可以先行登记保存,并应当在 7 日内及时作出处理决定,在此期间,当事人或者有关人员不得销毁或者转移证据。

调查终结,行政机关负责人应当对调查结果进行审查,根据不同情况,分别作出如下决定:

(1)确有应受行政处罚的违法行为的,根据情节轻重及具体情况,作出行政处罚决定;

(2)违法行为轻微,依法可以不予行政处罚的,不予行政处罚;

(3)违法事实不能成立的,不得给予行政处罚;

(4)违法行为已构成犯罪的,移送司法机关。

对情节复杂或者重大违法行为给予较重的行政处罚,行政机关的负责人应当集体讨论决定。

### (三)听证程序

行政机关拟作出下列行政处罚决定,应当告知当事人有要求听证的权利,当事人要求听证的,行政机关应当组织听证:

(1)较大数额罚款;

(2)没收较大数额违法所得、没收较大价值非法财物；

(3)降低资质等级、吊销许可证件；

(4)责令停产停业、责令关闭、限制从业；

(5)其他较重的行政处罚；

(6)法律、法规、规章规定的其他情形。

当事人不承担行政机关组织听证的费用。

听证应当依照以下程序组织：

(1)当事人要求听证的，应当在行政机关告知后5日内提出；

(2)行政机关应当在听证的7日前，通知当事人举行听证的时间、地点；

(3)除涉及国家秘密、商业秘密或者个人隐私外，听证公开举行；

(4)听证由行政机关指定的非本案调查人员主持；当事人认为主持人与本案有直接利害关系的，有权申请回避；

(5)当事人可以亲自参加听证，也可以委托一至二人代理；

(6)当事人及其代理人无正当理由拒不出席听证或者未经许可中途退出听证的，视为放弃听证权利，行政机关终止听证；

(7)举行听证时，调查人员提出当事人违法的事实、证据和行政处罚建议；当事人进行申辩和质证；

(8)听证应当制作笔录。笔录应当交当事人或者其代理人核对无误后签字或者盖章。当事人或者其代理人拒绝签字或者盖章的，由听证主持人在笔录中注明。

## 七、行政处罚的执行

依照相关规定作出行政处罚决定，有下列情形之一的，执法人员可以当场收缴罚款：

(1)依法给予100元以下的罚款的；

(2)不当场收缴事后难以执行的；

(3)在边远、水上、交通不便地区，行政机关及其执法人员依照相关规定，作出罚款决定后，当事人到指定的银行或者通过电子支付系统缴纳罚款确有困难，经当事人提出的。

除上述情形外，作出行政处罚决定的行政机关及其执法人员不得自行收缴罚款。当事人应当自收到行政处罚决定书之日起15日内，到指定的银行缴纳罚款。银行应当收受罚款，并将罚款直接上缴国库。

当事人逾期不履行行政处罚决定的，作出行政处罚决定的行政机关可以采取下列措施：

(1)到期不缴纳罚款的，每日按罚款数额的3%加处罚款，加处罚款的数额不得超出罚款的数额；

(2)根据法律规定，将查封、扣押的财物拍卖、依法处理或者将冻结的存款、汇款划拨抵缴罚款；

(3)根据法律规定，采取其他行政强制执行方式；

(4)依照《中华人民共和国行政强制法》的规定申请人民法院强制执行。

当事人确有经济困难，需要延期或者分期缴纳罚款的，经当事人申请和行政机关批准，可以暂缓或者分期缴纳。

链接

《中华人民共和国行政强制法》规定，行政强制，包括行政强制措施和行政强制执行。行政强制措施的种类：限制公民人身自由；查封场所、设施或者财物；扣押财物；冻结存款、汇款；其他行政强制措施。行政强制执行的方式：加处罚款或者滞纳金；划拨存款、汇款；拍卖或者依法处理查封、扣押的场所、设施或者财物；排除妨碍、恢复原状；代履行；其他强制执行方式。

行政机关实施行政强制措施应当遵守下列规定：

（1）实施前须向行政机关负责人报告并经批准。

（2）由两名以上行政执法人员实施。

（3）出示执法身份证件。

（4）通知当事人到场。

（5）当场告知当事人采取行政强制措施的理由、依据以及当事人依法享有的权利、救济途径。

（6）听取当事人的陈述和申辩。

（7）制作现场笔录。

（8）现场笔录由当事人和行政执法人员签名或者盖章，当事人拒绝的，在笔录中予以注明。

（9）当事人不到场的，邀请见证人到场，由见证人和行政执法人员在现场笔录上签名或者盖章。

（10）法律、法规规定的其他程序。

情况紧急，需要当场实施行政强制措施的，行政执法人员应当在 24 小时内向行政机关负责人报告，并补办批准手续。行政机关负责人认为不应当采取行政强制措施的，应当立即解除。

行政机关依法作出行政决定后，当事人在行政机关决定的期限内不履行义务的，具有行政强制执行权的行政机关依照规定强制执行。行政机关作出强制执行决定前，应当事先催告当事人履行义务。催告应当以书面形式作出，并载明下列事项：履行义务的期限；履行义务的方式；涉及金钱给付的，应当有明确的金额和给付方式；当事人依法享有的陈述权和申辩权。

有下列情形之一的，中止执行：

（1）当事人履行行政决定确有困难或者暂无履行能力的。

（2）第三人对执行标的主张权利，确有理由的。

（3）执行可能造成难以弥补的损失，且中止执行不损害公共利益的。

（4）行政机关认为需要中止执行的其他情形。

中止执行的情形消失后，行政机关应当恢复执行。对没有明显社会危害，当事人确无能力履行，中止执行满 3 年未恢复执行的，行政机关不再执行。

有下列情形之一的，终结执行：

（1）公民死亡，无遗产可供执行，又无义务承受人的。

（2）法人或者其他组织终止，无财产可供执行，又无义务承受人的。

（3）执行标的灭失的。

（4）据以执行的行政决定被撤销的。

（5）行政机关认为需要终结执行的其他情形。

在执行中或者执行完毕后，据以执行的行政决定被撤销、变更，或者执行错误的，应当恢复原状或者退还财物；不能恢复原状或者退还财物的，依法给予赔偿。

当事人在法定期限内不申请行政复议或者提起行政诉讼，又不履行行政决定的，没有行政强制执行权的行政机关可以自期限届满之日起 3 个月内，依照规定申请人民法院强制执行。

行政机关申请人民法院强制执行前，应当催告当事人履行义务。催告书送达 10 日后当事人仍未履行义务的，行政机关可以向所在地有管辖权的人民法院申请强制执行；执行对象是不动产的，向不动产所在地有管辖权的人民法院申请强制执行。

行政机关向人民法院申请强制执行，应当提供下列材料：

(1)强制执行申请书。

(2)行政决定书及作出决定的事实、理由和依据。

(3)当事人的意见及行政机关催告情况。

(4)申请强制执行标的情况。

(5)法律、行政法规规定的其他材料。

强制执行申请书应当由行政机关负责人签名，加盖行政机关的印章，并注明日期。

人民法院接到行政机关强制执行的申请，应当在 5 日内受理。行政机关对人民法院不予受理的裁定有异议的，可以在 15 日内向上一级人民法院申请复议，上一级人民法院应当自收到复议申请之日起 15 日内作出是否受理的裁定。

人民法院发现有下列情形之一的，在作出裁定前可以听取被执行人和行政机关的意见：

(1)明显缺乏事实根据的。

(2)明显缺乏法律、法规依据的。

(3)其他明显违法并损害被执行人合法权益的。

人民法院应当自受理之日起 30 日内作出是否执行的裁定。裁定不予执行的，应当说明理由，并在 5 日内将不予执行的裁定送达行政机关。行政机关对人民法院不予执行的裁定有异议的，可以自收到裁定之日起 15 日内向上一级人民法院申请复议，上一级人民法院应当自收到复议申请之日起 30 日内作出是否执行的裁定。

因情况紧急，为保障公共安全，行政机关可以申请人民法院立即执行。经人民法院院长批准，人民法院应当自作出执行裁定之日起 5 日内执行。

## 八、法律责任

行政机关实施行政处罚，有下列情形之一的，由上级行政机关或者有关部门责令改正，对直接负责的主管人员和其他直接责任人员依法给予处分：

(1)没有法定的行政处罚依据的；

(2)擅自改变行政处罚种类、幅度的；

(3)违反法定的行政处罚程序的；

(4)违反委托处罚的相关规定的；

(5)执法人员未取得执法证件的。

行政机关对当事人进行处罚不使用罚款、没收财物单据或者使用非法定部门制发的罚款、没收财物单据的，当事人有权拒绝处罚，并有权予以检举。由上级行政机关或者有关机关对使用的非法单据予以收缴销毁，对直接负责的主管人员和其他直接责任人员依法给予处分。

行政机关违反相关规定自行收缴罚款的，财政部门违反相关规定向行政机关返还罚款、没收的违法所得或者拍卖款项的，由上级行政机关或者有关机关责令改正，对直接负责的主管人员和其他直接责任人员依法给予处分。

## 第九节　《中华人民共和国劳动法》及《中华人民共和国劳动合同法》的相关规定

### 一、《中华人民共和国劳动法》的相关规定

#### （一）立法的目的

《中华人民共和国劳动法》（以下简称《劳动法》）的立法目的，即为了保护劳动者的合法权益，调整劳动关系，建立和维护适应社会主义市场经济的劳动制度，促进经济发展和社会进步。

#### （二）劳动安全卫生

1. 劳动安全保护

我国严格保护劳动者在履行劳动合同、进行生产劳动过程中的劳动安全卫生权利。我国《劳动法》中明确规定，用人单位必须为劳动者提供符合国家规定的劳动安全条件和必需的劳动防护用品，对从事有职业危害作业的劳动者应当定期进行健康检查。

2. 严禁违章指挥及冒险作业

用人单位强令劳动者违章冒险作业，发生重大伤亡事故，造成严重后果的，对责任人员依法追究刑事责任。用人单位强令劳动者违章冒险作业，指用人单位的管理人员明知违反国家安全卫生规程，对劳动者生命安全或者身体健康具有危险性，仍然违章指挥，强令劳动者违反有关操作规程冒险作业。

3. 劳动环境的规定

用人单位必须建立、健全劳动安全卫生制度，严格执行国家的劳动安全卫生规程和标准，规范化、科学化地安排生产作业，对劳动者进行劳动安全卫生教育，积极采取切实有效的劳动安全卫生措施，防止劳动过程中的事故，减少职业危害。用人单位如果没有达到国家规定的安全卫生技术标准要求，职工有权提出异议，并要求用人单位改正、改进。对于危害生命安全和身体健康的劳动条件，劳动者有权对用人单位提出批评，并可以向有关主管部门检举和控告。

4. 劳动者安全保障的权利

就用人单位和劳动者双方的市场主体地位而言，由于用人单位掌握着招收录用权、岗位分配权、生产经营的监督管理权、劳动报酬决定权等实际权力，劳动者处于相对弱势地位。因此一些用人单位随意侵害劳动者权益的现象时有发生。为此，我国法律为了保护劳动者的权益，特别赋予了劳动者在一定条件下的紧急处置权。同时，法律还赋予劳动者对于危害生命安全和身体健康的劳动条件有批评权、检举权和控告权。用人单位不得因为劳动者行使了上述权利，就对劳动者进行打击报复，否则将依法承担法律责任。

### (三)女职工和未成年工特殊劳动保护

《劳动法》明确规定,国家对女职工和未成年工实行特殊劳动保护。未成年工是指年满16周岁未满18周岁的劳动者。

禁止安排女职工从事矿山井下、国家规定的第四级体力劳动强度的劳动和其他禁忌从事的劳动。不得安排女职工在经期从事高处、低温、冷水作业和国家规定的第三级体力劳动强度的劳动。不得安排女职工在怀孕期间从事国家规定的第三级体力劳动强度的劳动和孕期禁忌从事的活动。对怀孕7个月以上的女职工,不得安排其延长工作时间和夜班劳动。女职工生育享受不少于90天的产假。不得安排女职工在哺乳未满1周岁的婴儿期间从事国家规定的第三级体力劳动强度的劳动和哺乳期禁忌从事的其他劳动,不得安排其延长工作时间和夜班劳动。

不得安排未成年工从事矿山井下、有毒有害、国家规定的第四级体力劳动强度的劳动和其他禁忌从事的劳动。用人单位应当对未成年工定期进行健康检查。

### (四)社会保险和福利

1. 劳动者享有的社会保险待遇

劳动者在下列情形下,依法享受社会保险待遇:退休;患病、负伤;因工伤残或者患职业病;失业;生育。

2. 社会保险基金的管理

劳动者享受社会保险待遇的条件和标准由法律、法规规定。社会保险基金经办机构依照法律规定收支、管理和运营社会保险基金,并负有使社会保险基金保值增值的责任。社会保险基金监督机构依照法律规定,对社会保险基金的收支、管理和运营实施监督。社会保险基金经办机构和社会保险基金监督机构的设立和职能由法律规定。任何组织和个人不得挪用社会保险基金。

3. 国家及用人单位的责任

国家鼓励用人单位根据本单位实际情况为劳动者建立补充保险。国家提倡劳动者个人进行储蓄性保险。国家发展社会福利事业,兴建公共福利设施,为劳动者休息、休养和疗养提供条件。用人单位应当创造条件,改善集体福利,提高劳动者的福利待遇。

### (五)劳动行政部门监督管理体制

县级以上各级人民政府劳动行政部门依法对用人单位遵守劳动法律、法规的情况进行监督检查,对违反劳动法律、法规的行为有权制止,并责令改正。

县级以上各级人民政府劳动行政部门监督检查人员执行公务,有权进入用人单位了解执行劳动法律、法规的情况,查阅必要的资料,并对劳动场所进行检查。但执行公务时必须出示证件,秉公执法并遵守有关规定。

县级以上各级人民政府有关部门在各自职责范围内,对用人单位遵守劳动法律、法规的情况进行监督。

各级工会依法维护劳动者的合法权益,对用人单位遵守劳动法律、法规的情况进行监督。

任何组织和个人对于违反劳动法律、法规的行为有权检举和控告。

### (六)法律责任

1. 用人单位的行政法律责任

(1)用人单位制定的劳动规章制度违反法律、法规规定的,由劳动行政部门给予警告,责令改正;对劳动者造成损害的,应当承担赔偿责任;

(2)用人单位违反《劳动法》规定,延长劳动者工作时间的,由劳动行政部门给予警告,责令改正,并可以处以罚款;

(3)用人单位有下列侵害劳动者合法权益情形之一的,由劳动行政部门责令支付劳动者的工资报酬、经济补偿,并可以责令支付赔偿金:①克扣或者无故拖欠劳动者工资的;②拒不支付劳动者延长工作时间工资报酬的;③低于当地最低工资标准支付劳动者工资的;④解除劳动合同后,未依照本法规定给予劳动者经济补偿的;

(4)用人单位非法招用未满16周岁的未成年人的,由劳动行政部门责令改正,处以罚款;情节严重的,由市场监督管理部门吊销营业执照;

(5)用人单位违反本法对女职工和未成年工的保护规定,侵害其合法权益的,由劳动行政部门责令改正,处以罚款;对女职工或者未成年工造成损害的,应当承担赔偿责任;

(6)由于用人单位的原因订立的无效合同,对劳动者造成损害的,应当承担赔偿责任;

(7)用人单位违反法律规定的条件解除劳动合同或者故意拖延不订立劳动合同的,由劳动行政部门责令改正;对劳动者造成损害的,应当承担赔偿责任。

2. 用人单位的刑事责任

(1)用人单位的劳动安全设施和劳动卫生条件不符合国家规定或者未向劳动者提供必要的劳动防护用品和劳动保护设施的,由劳动行政部门或者有关部门责令改正,可以处以罚款;情节严重的,提请县级以上人民政府决定责令停产整顿;对事故隐患不采取措施,致使发生重大事故,造成劳动者生命和财产损失的,对责任人员比照规定追究刑事责任;

(2)用人单位强令劳动者违章冒险作业,发生重大伤亡事故,造成严重后果的,对责任人员依法追究刑事责任;

(3)用人单位有下列行为之一,由公安机关对责任人员处以15日以下拘留、罚款或者警告;构成犯罪的,对责任人员依法追究刑事责任:①以暴力、威胁或者非法限制人身自由的手段强迫劳动的;②侮辱、体罚、殴打、非法搜查和拘禁劳动者的;

(4)用人单位无理阻挠劳动行政部门、有关部门及其工作人员行使监督检查权,打击报复举报人员的,由劳动行政部门或者有关部门处以罚款;构成犯罪的,对责任人员依法追究刑事责任。

3. 劳动者的法律责任

劳动者违反本法规定的条件解除劳动合同或者违反劳动合同中约定的保密事项,对用人单位造成经济损失的,应当依法承担赔偿责任。

4. 劳动行政部门的法律责任

用人单位无故不缴纳社会保险费的,由劳动行政部门责令其限期缴纳,逾期不缴的,可以加收滞纳金。

劳动行政部门或者有关部门的工作人员滥用职权、玩忽职守、徇私舞弊,构成犯罪的,依法追究刑事责任;不构成犯罪的,给予行政处分。

国家工作人员和社会保险基金经办机构的工作人员挪用社会保险基金,构成犯罪的,依法追究刑事责任。

## 二、《中华人民共和国劳动合同法》的相关规定

### (一)劳动合同订立的原则

《中华人民共和国劳动合同法》(以下简称《劳动合同法》)规定,订立劳动合同,应当

遵循合法、公平、平等自愿、协商一致、诚实信用的原则。依法订立的劳动合同具有约束力,用人单位与劳动者应当履行劳动合同约定的义务。

## (二)劳动合同的订立

建立劳动关系,应当订立书面劳动合同。已建立劳动关系,未同时订立书面劳动合同的,应当自用工之日起1个月内订立书面劳动合同。用人单位与劳动者在用工前订立劳动合同的,劳动关系自用工之日起建立。

用人单位未在用工的同时订立书面劳动合同,与劳动者约定的劳动报酬不明确的,新招用的劳动者的劳动报酬按照集体合同规定的标准执行;没有集体合同或者集体合同未规定的,实行同工同酬。

用人单位为劳动者提供专项培训费用,对其进行专业技术培训的,可以与该劳动者订立协议,约定服务期。劳动者违反服务期约定的,应当按照约定向用人单位支付违约金。违约金的数额不得超过用人单位提供的培训费用。用人单位要求劳动者支付的违约金不得超过服务期尚未履行部分所应分摊的培训费用。用人单位与劳动者约定服务期的,不影响按照正常的工资调整机制提高劳动者在服务期期间的劳动报酬。

用人单位与劳动者可以在劳动合同中约定保守用人单位的商业秘密和与知识产权相关的保密事项。对负有保密义务的劳动者,用人单位可以在劳动合同或者保密协议中与劳动者约定竞业限制条款,并约定在解除或者终止劳动合同后,在竞业限制期限内按月给予劳动者经济补偿。劳动者违反竞业限制约定的,应当按照约定向用人单位支付违约金。

竞业限制的人员限于用人单位的高级管理人员、高级技术人员和其他负有保密义务的人员。竞业限制的范围、地域、期限由用人单位与劳动者约定,竞业限制的约定不得违反法律、法规的规定。在解除或者终止劳动合同后上述规定的人员到与本单位生产或者经营同类产品、从事同类业务的有竞争关系的其他用人单位,或者自己开业生产或者经营同类产品、从事同类业务的竞业限制期限,不得超过2年。

## (三)劳动合同期限

### 1. 劳动合同期限的分类

劳动合同分为固定期限劳动合同、无固定期限劳动合同和以完成一定工作任务为期限的劳动合同。

(1)固定期限劳动合同,也称为有一定期限劳动合同。劳动者与用人单位双方订立固定期限劳动合同,必须对劳动合同履行的起始和终止日期有具体明确的规定;

(2)无固定期限劳动合同,也称没有一定期限或者不定期的劳动合同,不会因期限届满而终止。但无固定期限劳动合同并不是一成不变的,只要符合法律、法规的规定,任何一方均可提出解除劳动合同;

(3)以完成一定任务为期限劳动合同,在以完成一定任务为期限劳动合同中,用人单位与劳动者双方把完成某项工作或者工程作为确定劳动合同终止时间。该项工作或者工程开始的时间,就是劳动合同履行的起始时间;该项工作或者工程完成时,劳动合同即终止。

### 2. 劳动合同期限的协商原则

劳动合同期限由双方当事人协商确定,一般遵循相对统一的原则:①有利于发展生产的原则。确定劳动合同的期限首先必须根据企业生产和工作的需要来确定;②兼顾当事人双方利益的原则。在坚持有利于企业发展生产的原则下，要兼顾当事人双方的利益。当事人双方都需要处理好眼前利益和长远利益的关系，合理确定劳动合同期限。

### （四）劳动合同的履行和变更

1. 劳动合同的履行

用人单位与劳动者应当按照劳动合同的约定，全面履行各自的义务。

用人单位应当按照劳动合同约定和国家规定，向劳动者及时足额支付劳动报酬。用人单位拖欠或者未足额支付劳动报酬的，劳动者可以依法向当地人民法院申请支付令，人民法院应当依法发出支付令。用人单位应当严格执行劳动定额标准，不得强迫或者变相强迫劳动者加班。用人单位安排加班的，应当按照国家有关规定向劳动者支付加班费。

劳动者拒绝用人单位管理人员违章指挥、强令冒险作业的，不视为违反劳动合同。劳动者对危害生命安全和身体健康的劳动条件，有权对用人单位提出批评、检举和控告。

2. 劳动合同的变更

用人单位变更名称、法定代表人、主要负责人或者投资人等事项，不影响劳动合同的履行。

用人单位发生合并或者分立等情况，原劳动合同继续有效，劳动合同由承继其权利和义务的用人单位继续履行。

用人单位与劳动者协商一致，可以变更劳动合同约定的内容。变更劳动合同，应当采用书面形式。变更后的劳动合同文本由用人单位和劳动者各执一份。

### （五）劳动合同的解除和终止

1. 劳动合同无效或部分无效的情形

符合以下情形的，劳动合同无效或者部分无效：

（1）以欺诈、胁迫的手段或者乘人之危，使对方在违背真实意思的情况下订立或者变更劳动合同的；

（2）用人单位免除自己的法定责任、排除劳动者权利的；

（3）违反法律、行政法规强制性规定的。

2. 劳动者解除劳动合同的情形

劳动者提前30日以书面形式通知用人单位，可以解除劳动合同。劳动者在试用期内提前3日通知用人单位，可以解除劳动合同。

用人单位有下列情形之一的，劳动者可以解除劳动合同：

（1）未按照劳动合同约定提供劳动保护或者劳动条件的；

（2）未及时足额支付劳动报酬的；

（3）未依法为劳动者缴纳社会保险费的；

（4）用人单位的规章制度违反法律、法规的规定，损害劳动者权益的；

（5）符合上述致使劳动合同无效的；

（6）法律、行政法规规定劳动者可以解除劳动合同的其他情形。

用人单位以暴力、威胁或者非法限制人身自由的手段强迫劳动者劳动的，或者用人单位违章指挥、强令冒险作业危及劳动者人身安全的，劳动者可以立即解除劳动合同，不需事先告知用人单位。

3. 用人单位解除劳动合同的情形

劳动者有下列情形之一的，用人单位可以解除劳动合同：

(1)在试用期间被证明不符合录用条件的;

(2)严重违反用人单位的规章制度的;

(3)严重失职,营私舞弊,给用人单位造成重大损害的;

(4)劳动者同时与其他用人单位建立劳动关系,对完成本单位的工作任务造成严重影响,或者经用人单位提出,拒不改正的;

(5)符合上述致使劳动合同无效的;

(6)被依法追究刑事责任的。

符合下列情形之一的,用人单位提前30日以书面形式通知劳动者本人或者额外支付劳动者1个月工资后,可以解除劳动合同:

(1)劳动者患病或者非因工负伤,在规定的医疗期满后不能从事原工作,也不能从事由用人单位另行安排的工作的;

(2)劳动者不能胜任工作,经过培训或者调整工作岗位,仍不能胜任工作的;

(3)劳动合同订立时所依据的客观情况发生重大变化,致使劳动合同无法履行,经用人单位与劳动者协商,未能就变更劳动合同内容达成协议的。

有下列情形之一,需要裁减人员20人以上或者裁减不足20人但占企业职工总数10%以上的,用人单位提前30日向工会或者全体职工说明情况,听取工会或者职工的意见后,裁减人员方案经向劳动行政部门报告,可以裁减人员:

(1)依照企业破产法规定进行重整的;

(2)生产经营发生严重困难的;

(3)企业转产、重大技术革新或者经营方式调整,经变更劳动合同后,仍需裁减人员的;

(4)其他因劳动合同订立时所依据的客观经济情况发生重大变化,致使劳动合同无法履行的。

裁减人员时,应当优先留用下列人员:与本单位订立较长期限的固定期限劳动合同的;与本单位订立无固定期限劳动合同的;家庭无其他就业人员,有需要扶养的老人或者未成年人的。

用人单位依照相关规定裁减人员后,在6个月内重新招用人员的,应当通知被裁减的人员,并在同等条件下优先招用被裁减的人员。

解除合同后,符合相关要求的,用人单位应当向劳动者支付经济补偿。

4. 用人单位不得解除劳动合同的情形

劳动者有下列情形之一的,用人单位不得解除劳动合同:

(1)从事接触职业病危害作业的劳动者未进行离岗前职业健康检查,或者疑似职业病病人在诊断或者医学观察期间的;

(2)在本单位患职业病或者因工负伤并被确认丧失或者部分丧失劳动能力的;

(3)患病或者非因工负伤,在规定的医疗期内的;

(4)女职工在孕期、产期、哺乳期的;

(5)在本单位连续工作满15年,且距法定退休年龄不足5年的;

(6)法律、行政法规规定的其他情形。

5. 劳动合同终止的情形

有下列情形之一的,劳动合同终止:

(1)劳动合同期满的;

(2)劳动者开始依法享受基本养老保险待遇的;

(3)劳动者死亡,或者被人民法院宣告死亡或者宣告失踪的;

(4)用人单位被依法宣告破产的;

(5)用人单位被吊销营业执照、责令关闭、撤销或者用人单位决定提前解散的;

(6)法律、行政法规规定的其他情形。

**典型例题**

【多选题】公司新招用劳动者时应当与劳动者签订劳动合同。根据《劳动合同法》,关于公司与劳动者订立劳动合同的说法,正确的有(　　)。

A. 劳动关系自签订书面劳动合同之日起建立

B. 与同一劳动者只能约定一次试用期

C. 有权了解劳动者的家庭财产、婚姻状况等个人情况

D. 有权要求劳动者提供订立和履行劳动合同的保证金

E. 应当如实告知劳动者劳动条件、安全生产状况等情况

BE。【解析】用人单位自用工之日起即与劳动者建立劳动关系。用人单位应当建立职工名册备查。故选项 A 错误。用人单位招用劳动者时,应当如实告知劳动者工作内容、工作条件、工作地点、职业危害、安全生产状况、劳动报酬,以及劳动者要求了解的其他情况;用人单位有权了解劳动者与劳动合同直接相关的基本情况,劳动者应当如实说明。故选项 C 错误。用人单位招用劳动者,不得扣押劳动者的居民身份证和其他证件,不得要求劳动者提供担保或者以其他名义向劳动者收取财物。故选项 D 错误。

### (六)法律责任

用人单位自用工之日起超过 1 个月不满 1 年未与劳动者订立书面劳动合同的,应当向劳动者每月支付 2 倍的工资。

用人单位违反本法规定不与劳动者订立无固定期限劳动合同的,自应当订立无固定期限劳动合同之日起向劳动者每月支付 2 倍的工资。

用人单位有下列情形之一的,由劳动行政部门责令限期支付劳动报酬、加班费或者经济补偿;劳动报酬低于当地最低工资标准的,应当支付其差额部分;逾期不支付的,责令用人单位按应付金额 50% 以上 100% 以下的标准向劳动者加付赔偿金:

(1)未按照劳动合同的约定或者国家规定及时足额支付劳动者劳动报酬的;

(2)低于当地最低工资标准支付劳动者工资的;

(2)安排加班不支付加班费的;

(4)解除或者终止劳动合同,未依照相关规定向劳动者支付经济补偿的。

用人单位有下列情形之一的,依法给予行政处罚;构成犯罪的,依法追究刑事责任;给劳动者造成损害的,应当承担赔偿责任:

(1)以暴力、威胁或者非法限制人身自由的手段强迫劳动的;

(2)违章指挥或者强令冒险作业危及劳动者人身安全的;

(3)侮辱、体罚、殴打、非法搜查或者拘禁劳动者的；

(4)劳动条件恶劣、环境污染严重，给劳动者身心健康造成严重损害的。

## 第十节 《中华人民共和国职业病防治法》的相关规定

### 一、职业病危害因素

职业病，是指企业、事业单位和个体经济组织等用人单位的劳动者在职业活动中，因接触粉尘、放射性物质和其他有毒、有害因素而引起的疾病。职业病危害因素是指在职业活动中产生和存在的、可能对职业人群健康、安全和作业能力造成不良影响的因素或条件，包括化学、物理、生物等因素。化学有害因素有：生产性粉尘、化学物质；物理因素有：噪声、振动、高温、高湿、低温、非电离及电离辐射等；生物因素有：白僵蚕孢子、枯草杆菌蛋白酶。除上述提到的三种因素外还有过度用力、不良体位、重复动作、搬举重物等工效学因素。

### 二、职业病的前期预防

职业病防治工作坚持预防为主、防治结合的方针，建立用人单位负责、行政机关监管、行业自律、职工参与和社会监督的机制，实行分类管理、综合治理。

用人单位应当依照法律、法规要求，严格遵守国家职业卫生标准，落实职业病预防措施，从源头上控制和消除职业病危害。

产生职业病危害的用人单位的设立除应当符合法律、行政法规规定的设立条件外，其工作场所还应当符合下列职业卫生要求：

(1)职业病危害因素的强度或者浓度符合国家职业卫生标准；

(2)有与职业病危害防护相适应的设施；

(3)生产布局合理，符合有害与无害作业分开的原则；

(4)有配套的更衣间、洗浴间、孕妇休息间等卫生设施；

(5)设备、工具、用具等设施符合保护劳动者生理、心理健康的要求；

(6)法律、行政法规和国务院卫生行政部门关于保护劳动者健康的其他要求。

国家建立职业病危害项目申报制度。用人单位工作场所存在职业病目录所列职业病的危害因素的，应当及时、如实向所在地卫生行政部门申报危害项目，接受监督。职业病危害因素分类目录由国务院卫生行政部门制定、调整并公布。职业病危害项目申报的具体办法由国务院卫生行政部门制定。

新建、扩建、改建建设项目和技术改造、技术引进项目（以下统称建设项目）可能产生职业病危害的，建设单位在可行性论证阶段应当进行职业病危害预评价。

医疗机构建设项目可能产生放射性职业病危害的，建设单位应当向卫生行政部门提交放射性职业病危害预评价报告。卫生行政部门应当自收到预评价报告之日起30日内，作出审核决定并书面通知建设单位。未提交预评价报告或者预评价报告未经卫生行政部门审核同意的，不得开工建设。

职业病危害预评价报告应当对建设项目可能产生的职业病危害因素及其对工作场所和劳动者健康的影响作出评价，确定危害类别和职业病防护措施。

## 三、劳动过程中的防护与管理

用人单位应当采取下列职业病防治管理措施：

(1)设置或者指定职业卫生管理机构或者组织，配备专职或者兼职的职业卫生管理人员，负责本单位的职业病防治工作；

(2)制定职业病防治计划和实施方案；

(3)建立、健全职业卫生管理制度和操作规程；

(4)建立、健全职业卫生档案和劳动者健康监护档案；

(5)建立、健全工作场所职业病危害因素监测及评价制度；

(6)建立、健全职业病危害事故应急救援预案。

用人单位应当保障职业病防治所需的资金投入，不得挤占、挪用，并对因资金投入不足导致的后果承担责任。

用人单位应当优先采用有利于防治职业病和保护劳动者健康的新技术、新工艺、新设备、新材料，逐步替代职业病危害严重的技术、工艺、设备、材料。

产生职业病危害的用人单位，应当在醒目位置设置公告栏，公布有关职业病防治的规章制度、操作规程、职业病危害事故应急救援措施和工作场所职业病危害因素检测结果。对产生严重职业病危害的作业岗位，应当在其醒目位置，设置警示标识和中文警示说明。警示说明应当载明产生职业病危害的种类、后果、预防以及应急救治措施等内容。

对可能发生急性职业损伤的有毒、有害工作场所，用人单位应当设置报警装置，配置现场急救用品、冲洗设备、应急撤离通道和必要的泄险区。对放射工作场所和放射性同位素的运输、贮存，用人单位必须配置防护设备和报警装置，保证接触放射线的工作人员佩戴个人剂量计。对职业病防护设备、应急救援设施和个人使用的职业病防护用品，用人单位应当进行经常性的维护、检修，定期检测其性能和效果，确保其处于正常状态，不得擅自拆除或者停止使用。

用人单位应当实施由专人负责的职业病危害因素日常监测，并确保监测系统处于正常运行状态。

用人单位与劳动者订立劳动合同(含聘用合同，下同)时，应当将工作过程中可能产生的职业病危害及其后果、职业病防护措施和待遇等如实告知劳动者，并在劳动合同中写明，不得隐瞒或者欺骗。劳动者在已订立劳动合同期间因工作岗位或者工作内容变更，从事与所订立劳动合同中未告知的存在职业病危害的作业时，用人单位应当向劳动者履行如实告知的义务，并协商变更原劳动合同相关条款。用人单位违反上述规定的，劳动者有权拒绝从事存在职业病危害的作业，用人单位不得因此解除与劳动者所订立的劳动合同。

用人单位应当为劳动者建立职业健康监护档案，并按照规定的期限妥善保存。职业健康监护档案应当包括劳动者的职业史、职业病危害接触史、职业健康检查结果和职业病诊疗等有关个人健康资料。劳动者离开用人单位时，有权索取本人职业健康监护档案复印件，用人单位应当如实、无偿提供，并在所提供的复印件上签章。

## 四、职业病诊断与职业病病人保障

### (一)职业病诊断

职业病诊断,应当综合分析下列因素:病人的职业史;职业病危害接触史和工作场所职业病危害因素情况;临床表现以及辅助检查结果等。没有证据否定职业病危害因素与病人临床表现之间的必然联系的,应当诊断为职业病。职业病诊断证明书应当由参与诊断的取得职业病诊断资格的执业医师签署,并经承担职业病诊断的医疗卫生机构审核盖章。

当事人对职业病诊断有异议的,可以向作出诊断的医疗卫生机构所在地地方人民政府卫生行政部门申请鉴定。职业病诊断争议由设区的市级以上地方人民政府卫生行政部门根据当事人的申请,组织职业病诊断鉴定委员会进行鉴定。当事人对设区的市级职业病诊断鉴定委员会的鉴定结论不服的,可以向省、自治区、直辖市人民政府卫生行政部门申请再鉴定。

### (二)职业病病人保障

用人单位应当保障职业病病人依法享受国家规定的职业病待遇。用人单位应当按照国家有关规定,安排职业病病人进行治疗、康复和定期检查。用人单位对不适宜继续从事原工作的职业病病人,应当调离原岗位,并妥善安置。用人单位对从事接触职业病危害的作业的劳动者,应当给予适当岗位津贴。

职业病病人的诊疗、康复费用,伤残以及丧失劳动能力的职业病病人的社会保障,按照国家有关工伤保险的规定执行。职业病病人除依法享有工伤保险外,依照有关民事法律,尚有获得赔偿的权利的,有权向用人单位提出赔偿要求。

劳动者被诊断患有职业病,但用人单位没有依法参加工伤保险的,其医疗和生活保障由该用人单位承担。职业病病人变动工作单位,其依法享有的待遇不变。

用人单位在发生分立、合并、解散、破产等情形时,应当对从事接触职业病危害的作业的劳动者进行健康检查,并按照国家有关规定妥善安置职业病病人。用人单位已经不存在或者无法确认劳动关系的职业病病人,可以向地方人民政府医疗保障、民政部门申请医疗救助和生活等方面的救助。

## 五、职业健康检查

国家卫生健康委负责全国范围内职业健康检查工作的监督管理。县级以上地方卫生健康主管部门负责本辖区职业健康检查工作的监督管理;结合职业病防治工作实际需要,充分利用现有资源,统一规划、合理布局;加强职业健康检查机构能力建设,并提供必要的保障条件。

在职业健康检查中,用人单位应当如实提供以下职业健康检查所需的相关资料,并承担检查费用:①用人单位的基本情况;②工作场所职业病危害因素种类及其接触人员名册、岗位(或工种)、接触时间;③工作场所职业病危害因素定期检测等相关资料。

职业健康检查机构发现疑似职业病病人时,应当告知劳动者本人并及时通知用人单位,同时向所在地卫生健康主管部门报告。发现职业禁忌的,应当及时告知用人单位和劳动者。职业健康检查机构应当建立职业健康检查档案。职业健康检查档案保存时间应当自劳动者最后一次职业健康检查结束之日起不少于15年。

2019年5月23日，国家卫生健康委办公厅《关于贯彻落实职业健康检查管理办法的通知》（国卫办职健函〔2019〕494号）进一步指出，各地要结合本地区职业病危害防治需求情况，充分利用现有资源，对职业健康检查机构建设统一规划、合理布局；统筹运用行政、市场等手段，加强政策引导和业务指导，确保实现《国家职业病防治规划（2016—2020年）》提出的"到2020年，每个县级行政区域原则上至少确定一家医疗卫生机构承担本辖区职业健康检查工作"的规划目标；要根据《办法》的有关规定，加强职业健康检查机构能力建设，对职业健康检查能力薄弱的地区，采取有效的扶持政策措施，切实提高职业健康检查质量和服务水平。

## 六、法律责任

建设单位违反《中华人民共和国职业病防治法》（以下简称《职业病防治法》）规定，有下列行为之一的，由卫生行政部门给予警告，责令限期改正；逾期不改正的，处10万元以上50万元以下的罚款；情节严重的，责令停止产生职业病危害的作业，或者提请有关人民政府按照国务院规定的权限责令停建、关闭：

（1）未按照规定进行职业病危害预评价的；

（2）医疗机构可能产生放射性职业病危害的建设项目未按照规定提交放射性职业病危害预评价报告，或者放射性职业病危害预评价报告未经卫生行政部门审核同意，开工建设的；

（3）建设项目的职业病防护设施未按照规定与主体工程同时设计、同时施工、同时投入生产和使用的；

（4）建设项目的职业病防护设施设计不符合国家职业卫生标准和卫生要求，或者医疗机构放射性职业病危害严重的建设项目的防护设施设计未经卫生行政部门审查同意擅自施工的；

（5）未按照规定对职业病防护设施进行职业病危害控制效果评价的；

（6）建设项目竣工投入生产和使用前，职业病防护设施未按照规定验收合格的。

用人单位违反《职业病防治法》规定，有下列行为之一的，由卫生行政部门责令限期改正，给予警告，可以并处5万元以上10万元以下的罚款：

（1）未按照规定及时、如实向卫生行政部门申报产生职业病危害的项目的；

（2）未实施由专人负责的职业病危害因素日常监测，或者监测系统不能正常监测的；

（3）订立或者变更劳动合同时，未告知劳动者职业病危害真实情况的；

（4）未按照规定组织职业健康检查、建立职业健康监护档案或者未将检查结果书面告知劳动者的；

（5）未依照规定在劳动者离开用人单位时提供职业健康监护档案复印件的。

用人单位违反《职业病防治法》规定，有下列行为之一的，由卫生行政部门给予警告，责令限期改正，逾期不改正的，处5万元以上20万元以下的罚款；情节严重的，责令停止产生职业病危害的作业，或者提请有关人民政府按照国务院规定的权限责令关闭：

(1)工作场所职业病危害因素的强度或者浓度超过国家职业卫生标准的;

(2)未提供职业病防护设施和个人使用的职业病防护用品,或者提供的职业病防护设施和个人使用的职业病防护用品不符合国家职业卫生标准和卫生要求的;

(3)对职业病防护设备、应急救援设施和个人使用的职业病防护用品未按照规定进行维护、检修、检测,或者不能保持正常运行、使用状态的;

(4)未按照规定对工作场所职业病危害因素进行检测、评价的;

(5)工作场所职业病危害因素经治理仍然达不到国家职业卫生标准和卫生要求时,未停止存在职业病危害因素的作业的;

(6)未按照规定安排职业病病人、疑似职业病病人进行诊治的;

(7)发生或者可能发生急性职业病危害事故时,未立即采取应急救援和控制措施或者未按照规定及时报告的;

(8)未按照规定在产生严重职业病危害的作业岗位醒目位置设置警示标识和中文警示说明的;

(9)拒绝职业卫生监督管理部门监督检查的;

(10)隐瞒、伪造、篡改、毁损职业健康监护档案、工作场所职业病危害因素检测评价结果等相关资料,或者拒不提供职业病诊断、鉴定所需资料的;

(11)未按照规定承担职业病诊断、鉴定费用和职业病病人的医疗、生活保障费用的。

向用人单位提供可能产生职业病危害的设备、材料,未按照规定提供中文说明书或者设置警示标识和中文警示说明的,由卫生行政部门责令限期改正,给予警告,并处 5 万元以上 20 万元以下的罚款。

用人单位和医疗卫生机构未按照规定报告职业病、疑似职业病的,由有关主管部门依据职责分工责令限期改正,给予警告,可以并处 1 万元以下的罚款;弄虚作假的,并处 2 万元以上 5 万元以下的罚款;对直接负责的主管人员和其他直接责任人员,可以依法给予降级或者撤职的处分。

违反《职业病防治法》规定,有下列情形之一的,由卫生行政部门责令限期治理,并处 5 万元以上 30 万元以下的罚款;情节严重的,责令停止产生职业病危害的作业,或者提请有关人民政府按照国务院规定的权限责令关闭:

(1)隐瞒技术、工艺、设备、材料所产生的职业病危害而采用的;

(2)隐瞒本单位职业卫生真实情况的;

(3)可能发生急性职业损伤的有毒、有害工作场所、放射工作场所或者放射性同位素的运输、贮存不符合相关规定的(详见上文劳动过程中的防护与管理相关内容);

(4)使用国家明令禁止使用的可能产生职业病危害的设备或者材料的;

(5)将产生职业病危害的作业转移给没有职业病防护条件的单位和个人,或者没有职业病防护条件的单位和个人接受产生职业病危害的作业的;

(6)擅自拆除、停止使用职业病防护设备或者应急救援设施的;

(7)安排未经职业健康检查的劳动者、有职业禁忌的劳动者、未成年工或者孕期、哺乳期女职工从事接触职业病危害的作业或者禁忌作业的;

(8)违章指挥和强令劳动者进行没有职业病防护措施的作业的。

# 第五章 安全生产行政法规、规章及政策文件的相关规定

## 第一节 注册安全工程师的相关规定

### 一、《注册安全工程师分类管理办法》的相关内容

#### (一)注册安全工程师的专业类别

《注册安全工程师分类管理办法》将注册安全工程师划分为煤矿安全、金属非金属矿山安全、化工安全、金属冶炼安全、建筑施工安全、道路运输安全、其他安全(不包括消防安全)7个专业类别。如需另行增设专业类别,由国务院有关行业主管部门提出有关论证报告和意见后,由人力资源社会保障部和国家安全监管总局(国家安全生产监督管理总局现已并入应急管理部,下同)共同确定。

#### (二)注册安全工程师的级别

注册安全工程师级别设置为高级、中级和初级(助理)3个级别。助理注册安全工程师需要参加各省级人力资源社会保障部门、安全监管部门共同组织实施并采用全国统一考试大纲的考试,考试合格即可取得职业资格证书(助理);中级注册安全工程师需要参加全国统一考试,考试合格即可取得职业资格证书(中级);高级注册安全工程师采取考试与评审相结合的评价方式,具体办法另行规定。

#### (三)注册安全工程师配备使用的要求

《注册安全工程师分类管理办法》规定,危险物品的生产、储存单位以及矿山、金属冶炼单位应当有相应专业类别的中级及以上注册安全工程师从事安全生产管理工作,并要求危险物品的生产、储存单位以及矿山单位安全生产管理人员中的中级及以上注册安全工程师比例应自本办法施行之日起2年内,金属冶炼单位安全生产管理人员中的中级及以上注册安全工程师比例应自本办法施行之日起5年内达到15%左右并逐步提高。

### 二、《注册安全工程师管理规定》《注册安全工程师职业资格制度规定》的相关内容

为加强安全生产专业技术人才队伍建设,提高安全生产专业技术人才能力素质,维护人民群众生命财产安全,根据《安全生产法》、《注册安全工程师分类管理办法》(安监总人事〔2017〕118号)和国家职业资格制度有关规定,2019年1月25日,应急管理部和人力资源社会保障部制定并发布了《注册安全工程师职业资格制度规定》,该规定自2019年3月1日起施行。

《注册安全工程师职业资格制度规定》明确规定，加强注册安全工程师国际交流与合作，推进注册安全工程师职业资格国际化。

关于注册安全工程师改革前后证书效力的衔接问题，《注册安全工程师职业资格制度规定》还规定，本规定施行前取得的注册安全工程师执业资格证书、注册助理安全工程师资格证书，分别与按照本规定取得的中级、初级注册安全工程师职业资格证书效用等同。专业技术人员取得中级注册安全工程师、初级注册安全工程师职业资格，即视其具备工程师、助理工程师职称，并可作为申报高一级职称的条件。

### （一）注册安全工程师概述

注册安全工程师，是指通过职业资格考试取得中华人民共和国注册安全工程师职业资格证书（以下简称注册安全工程师职业资格证书），经注册后从事安全生产管理、安全工程技术工作或提供安全生产专业服务的专业技术人员。

国家设置注册安全工程师准入类职业资格，纳入国家职业资格目录。

注册安全工程师级别设置为：高级、中级、初级。高级注册安全工程师评价和管理办法另行制定。

注册安全工程师专业类别划分为：煤矿安全、金属非金属矿山安全、化工安全、金属冶炼安全、建筑施工安全、道路运输安全、其他安全（不包括消防安全）。

应急管理部、人力资源社会保障部共同制定注册安全工程师职业资格制度，并按照职责分工负责注册安全工程师职业资格制度的实施与监管。各省、自治区、直辖市应急管理、人力资源社会保障部门，按照职责分工负责本行政区域内注册安全工程师职业资格制度的实施与监管。

### （二）考试条件

根据人力资源社会保障部于2022年2月21日发布的《关于降低或取消部分准入类职业资格考试工作年限要求有关事项的通知》，中级注册安全工程师职业资格考试工作年限要求调整如下。

凡遵守中华人民共和国宪法、法律、法规，具有良好的业务素质和道德品行，具备下列条件之一者，可以申请参加中级注册安全工程师职业资格考试：

（1）具有安全工程及相关专业大学专科学历，从事安全生产业务满5年；或具有其他专业大学专科学历，从事安全生产业务满6年；

（2）具有安全工程及相关专业大学本科学历，从事安全生产业务满3年；或具有其他专业大学本科学历，从事安全生产业务满4年；

（3）具有安全工程及相关专业第二学士学位，从事安全生产业务满2年；或具有其他专业第二学士学位，从事安全生产业务满3年；

（4）具有安全工程及相关专业硕士学位，从事安全生产业务满1年；或具有其他专业硕士学位，从事安全生产业务满2年；

（5）具有博士学位，从事安全生产业务满1年；

（6）取得初级注册安全工程师职业资格后，从事安全生产业务满3年。

凡遵守中华人民共和国宪法、法律、法规，具有良好的业务素质和道德品行，具备下列条件之一者，可以申请参加初级注册安全工程师职业资格考试：

(1)具有安全工程及相关专业中专学历，从事安全生产业务满4年；或具有其他专业中专学历，从事安全生产业务满5年；

(2)具有安全工程及相关专业大学专科学历，从事安全生产业务满2年；或具有其他专业大学专科学历，从事安全生产业务满3年；

(3)具有大学本科及以上学历，从事安全生产业务。

## (三)注册

国家对注册安全工程师职业资格实行执业注册管理制度，按照专业类别进行注册。取得注册安全工程师职业资格证书的人员，经注册后方可以注册安全工程师名义执业。

住房城乡建设部、交通运输部或其授权的机构按照职责分工，分别负责相应范围内建筑施工安全、道路运输安全类别中级注册安全工程师的注册初审工作。

各省、自治区、直辖市应急管理部门和经应急管理部授权的机构，负责其他中级注册安全工程师的注册初审工作。

应急管理部负责中级注册安全工程师的注册终审工作，具体工作由中国安全生产科学研究院实施。终审通过的建筑施工安全、道路运输安全类别中级注册安全工程师名单分别抄送住房城乡建设部、交通运输部。

申请注册的人员，必须同时具备下列基本条件：

(1)取得注册安全工程师职业资格证书；

(2)遵纪守法，恪守职业道德；

(3)受聘于生产经营单位安全生产管理、安全工程技术类岗位或安全生产专业服务机构从事安全生产专业服务；

(4)具有完全民事行为能力，年龄不超过70周岁。

申请中级注册安全工程师初始注册的，应当自取得中级注册安全工程师职业资格证书之日起5年内由本人向注册初审机构提出。

本规定施行前取得注册安全工程师执业资格证书，申请初始注册的，应当在本规定施行之日起5年内由本人向注册初审机构提出。

超过规定时间申请初始注册的，按逾期初始注册办理。

准予注册的申请人，由应急管理部核发中级注册安全工程师注册证书(纸质或电子证书)。

中级注册安全工程师注册有效期为5年。有效期满前3个月，需要延续注册的，应向注册初审机构提出延续注册申请。有效期满未延续注册的，可根据需要申请重新注册。

中级注册安全工程师在注册有效期内变更注册的，须及时向注册初审机构提出申请。

中级注册安全工程师初始注册、延续注册、变更注册、重新注册和逾期初始注册的具体要求按相关规定执行。

以不正当手段取得注册证书的，由发证机构撤销其注册证书，5年内不予重新注册；构成犯罪的，依法追究刑事责任。

注册安全工程师注册有关情况应当由注册证书发证机构向社会公布，促进信息共享。

初级注册安全工程师注册管理办法由各省、自治区、直辖市应急管理部门会同有关部门依法制定。

### (四)执业

注册安全工程师在执业活动中,必须遵纪守法,恪守职业道德和从业规范,诚信执业,主动接受有关主管部门的监督检查,加强行业自律。

注册安全工程师不得同时受聘于两个或两个以上单位执业,不得允许他人以本人名义执业,不得出租出借证书。违反上述规定的,由发证机构撤销其注册证书,5 年内不予重新注册;构成犯罪的,依法追究刑事责任。

注册安全工程师的执业范围包括:

(1)安全生产管理;

(2)安全生产技术;

(3)生产安全事故调查与分析;

(4)安全评估评价、咨询、论证、检测、检验、教育、培训及其他安全生产专业服务。

中级注册安全工程师按照专业类别可在各类规模的危险物品生产、储存以及矿山、金属冶炼等单位中执业,初级注册安全工程师的执业单位规模由各地结合实际依法制定。

各专业类别注册安全工程师执业行业见《注册安全工程师职业资格规定》的附表。

注册安全工程师应在本人执业成果文件上签字,并承担相应责任。

生产经营单位的下列安全生产工作,应有注册安全工程师参与并签署意见:

(1)制定安全生产规章制度、安全技术操作规程和作业规程;

(2)排查事故隐患,制定整改方案和安全措施;

(3)制定从业人员安全培训计划;

(4)选用和发放劳动防护用品;

(5)生产安全事故调查;

(6)制定重大危险源检测、评估、监控措施和应急救援预案;

(7)其他安全生产工作事项。

### (五)权利和义务

注册安全工程师享有下列权利:

(1)按规定使用注册安全工程师称谓和本人注册证书;

(2)从事规定范围内的执业活动;

(3)对执业中发现的不符合相关法律、法规和技术规范要求的情形提出意见和建议,并向相关行业主管部门报告;

(4)参加继续教育;

(5)获得相应的劳动报酬;

(6)对侵犯本人权利的行为进行申诉;

(7)法律、法规规定的其他权利。

注册安全工程师应当履行下列义务:

(1)遵守国家有关安全生产的法律、法规和标准;

(2)遵守职业道德,客观、公正执业,不弄虚作假,并承担在相应报告上签署意见的法律责任;

(3)维护国家、集体、公众的利益和受聘单位的合法权益;

(4)严格保守在执业中知悉的单位、个人技术和商业秘密。

取得注册安全工程师注册证书的人员,应当按照国家专业技术人员继续教育的有关规定接受继续教育,更新专业知识,提高业务水平。

### (六)人员配备

从业人员300人以上的煤矿、非煤矿矿山、建筑施工单位和危险物品生产、经营单位,应当按照不少于安全生产管理人员15%的比例配备注册安全工程师;安全生产管理人员在7人以下的,至少配备1名。除此以外的其他生产经营单位,应当配备注册安全工程师或者委托安全生产中介机构选派注册安全工程师提供安全生产服务。

安全生产中介机构应当按照不少于安全生产专业服务人员30%的比例配备注册安全工程师。

考生需注意的是上述部分内容在《注册安全工程师管理规定》(2013年修改)和《注册安全工程师职业资格制度规定》都有其相关规定,但后者自2019年3月1日起施行,依据新法优先于旧法的原则,重叠之处本参考书采用后者的具体内容。例如上文提到的中级注册安全工程师注册有效期为5年,这也符合我国建筑类行业职业证书有效期逐步从3年向5年过渡的大趋势。

# 第二节　安全培训的相关规定

## 一、《生产经营单位安全培训规定》的相关内容

### (一)生产经营单位主要负责人和安全生产管理人员的安全培训

| 主要负责人安全培训的内容 | 安全生产管理人员安全培训的内容 | 培训时间的要求 |
|---|---|---|
| (1)国家安全生产方针、政策和有关安全生产的法律、法规、规章及标准;<br>(2)安全生产管理基本知识、安全生产技术、安全生产专业知识;<br>(3)重大危险源管理、重大事故防范、应急管理和救援组织以及事故调查处理的有关规定;<br>(4)职业危害及其预防措施;<br>(5)国内外先进的安全生产管理经验;<br>(6)典型事故和应急救援案例分析;<br>(7)其他需要培训的内容 | (1)国家安全生产方针、政策和有关安全生产的法律、法规、规章及标准;<br>(2)安全生产管理、安全生产技术、职业卫生等知识;<br>(3)伤亡事故统计、报告及职业危害的调查处理方法;<br>(4)应急管理、应急预案编制以及应急处置的内容和要求;<br>(5)国内外先进的安全生产管理经验;<br>(6)典型事故和应急救援案例分析;<br>(7)其他需要培训的内容 | (1)生产经营单位主要负责人和安全生产管理人员初次安全培训时间不得少于32学时,每年再培训时间不得少于12学时;<br>(2)煤矿、非煤矿山、危险化学品、烟花爆竹、金属冶炼等生产经营单位主要负责人和安全生产管理人员初次安全培训时间不得少于48学时,每年再培训时间不得少于16学时 |

**典型例题**

【单选题】王某是一家金属矿山公司的董事长，聘请李某担任该公司的高级安全主管。根据《生产经营单位安全培训规定》，下列关于从业人员安全培训时间要求的说法中，正确的是(　　)。

A. 王某的初次安全培训时间不得少于32学时

B. 王某每年再培训时间不得少于16学时

C. 李某的初次安全培训时间不得少于24学时

D. 李某每年再培训时间不得少于12学时

B。【解析】《生产经营单位安全培训规定》第九条规定，生产经营单位主要负责人和安全生产管理人员初次安全培训时间不得少于32学时。每年再培训时间不得少于12学时。煤矿、非煤矿山、危险化学品、烟花爆竹、金属冶炼等生产经营单位主要负责人和安全生产管理人员初次安全培训时间不得少于48学时，每年再培训时间不得少于16学时。

### (二)其他从业人员的安全培训具体要求

(1)煤矿、非煤矿山、危险化学品、烟花爆竹等生产经营单位必须对新上岗的临时工、合同工、劳务工、轮换工、协议工等进行强制性安全培训，保证其具备本岗位安全操作、自救互救以及应急处置所需的知识和技能后，方能安排上岗作业；

(2)加工、制造业等生产单位的其他从业人员，在上岗前必须经过厂(矿)、车间(工段、区、队)、班组三级安全培训教育；

(3)生产经营单位应当根据工作性质对其他从业人员进行安全培训，保证其具备本岗位安全操作、应急处置等知识和技能；

(4)生产经营单位新上岗的从业人员，岗前安全培训时间不得少于24学时；

(5)煤矿、非煤矿山、危险化学品、烟花爆竹、金属冶炼等生产经营单位新上岗的从业人员安全培训时间不得少于72学时，每年再培训的时间不得少于20学时。

(6)从业人员在本生产经营单位内调整工作岗位或离岗1年以上重新上岗时，应当重新接受车间(工段、区、队)和班组级的安全培训。

### (三)法律责任

生产经营单位有下列行为之一的，由安全生产监管监察部门责令其限期改正，可以处1万元以上3万元以下的罚款：

(1)未将安全培训工作纳入本单位工作计划并保证安全培训工作所需资金的；

(2)从业人员进行安全培训期间未支付工资并承担安全培训费用的。

生产经营单位有下列行为之一的，由安全生产监管监察部门责令其限期改正，可以处5万元以下的罚款；逾期未改正的，责令停产停业整顿，并处5万元以上10万元以下的罚款，对其直接负责的主管人员和其他直接责任人员处1万元以上2万元以下的罚款：

(1)煤矿、非煤矿山、危险化学品、烟花爆竹、金属冶炼等生产经营单位主要负责人和安全管理人员未按照规定经考核合格的；

(2)未按照规定对从业人员、被派遣劳动者、实习学生进行安全生产教育和培训或者未如实告知其有关安全生产事项的；

(3)未如实记录安全生产教育和培训情况的；

(4)特种作业人员未按照规定经专门的安全技术培训并取得特种作业人员操作资格证书,上岗作业的。

县级以上地方人民政府负责煤矿安全生产监督管理的部门发现煤矿未按照规定对井下作业人员进行安全培训的,责令限期改正,处10万元以上50万元以下的罚款;逾期未改正的,责令停产停业整顿。

安全生产监管监察部门有关人员在考核、发证工作中玩忽职守、滥用职权的,由上级安全生产监管监察部门或者行政监察部门给予记过、记大过的行政处分。

## 二、《特种作业人员安全技术培训考核管理规定》的相关内容

### (一)特种作业的范围分类

特种作业是指容易发生人员伤亡事故,对操作者本人、他人及周围设施的安全可能造成重大危害的作业。特种作业人员是指直接从事特种作业的从业人员。据国内外有关资料统计,由于特种作业人员违规违章操作造成的生产安全事故,占生产经营单位事故总量的比例约80%。因此,加强特种作业人员安全技术培训考核,对保障安全生产十分重要。特种作业范围共11个作业类别、51个工种。

特种作业目录包括:

1. 电工作业

电工作业,指对电气设备进行运行、维护、安装、检修、改造、施工、调试等作业(不含电力系统进网作业)。包括高压电工作业、低压电工作业、防爆电气作业。

2. 焊接与热切割作业

焊接与热切割作业,指运用焊接或者热切割方法对材料进行加工的作业(不含《特种设备安全监察条例》规定的有关作业)。包括熔化焊接与热切割作业、压力焊作业、钎焊作业。

3. 高处作业

高处作业,指专门或经常在坠落高度基准面2米及以上有可能坠落的高处进行的作业。包括登高架设作业、高处安装、维护、拆除作业。

4. 制冷与空调作业

制冷与空调作业,指对大中型制冷与空调设备运行操作、安装与修理的作业。包括制冷与空调设备运行操作作业、制冷与空调设备安装修理作业。

5. 煤矿安全作业

煤矿安全作业,包括煤矿井下电气作业、煤矿井下爆破作业、煤矿安全监测监控作业、煤矿瓦斯检查作业、煤矿安全检查作业、煤矿提升机操作作业、煤矿采煤机(掘进机)操作作业、煤矿瓦斯抽采作业、煤矿防突作业、煤矿探放水作业。

6. 金属非金属矿山安全作业

金属非金属矿山安全作业,包括金属非金属矿井通风作业、尾矿作业、金属非金属矿山安全检查作业、金属非金属矿山提升机操作作业、金属非金属矿山支柱作业、金属非金属矿山井下电气作业、金属非金属矿山排水作业、金属非金属矿山爆破作业。

7. 石油天然气安全作业

石油天然气安全作业,指石油、天然气开采过程中操作钻机起升钻具的作业。适用于陆上石油、天然气司钻(含钻井司钻、作业司钻及勘探司钻)作业。

8. 冶金(有色)生产安全作业

冶金(有色)生产安全作业,包括煤气作业。指冶金、有色企业内从事煤气生产、储存、输送、使用、维护检修的作业。

9. 危险化学品安全作业

危险化学品安全作业,指从事危险化工工艺过程操作及化工自动化控制仪表安装、维修、维护的作业。包括光气及光气化工艺作业、氯碱电解工艺作业、氯化工艺作业、硝化工艺作业、合成氨工艺作业、裂解(裂化)工艺作业、氟化工艺作业、加氢工艺作业、重氮化工艺作业、氧化工艺作业、过氧化工艺作业、胺基化工艺作业、磺化工艺作业、聚合工艺作业、烷基化工艺作业、化工自动化控制仪表作业。

10. 烟花爆竹安全作业

烟花爆竹安全作业,指从事烟花爆竹生产、储存中的药物混合、造粒、筛选、装药、筑药、压药、搬运等危险工序的作业。包括烟火药制造作业、黑火药制造作业、引火线制造作业、烟花爆竹产品涉药作业、烟花爆竹储存作业。

11. 其他作业

应急管理部门认定的其他作业。

## (二)特种作业人员的条件

特种作业人员必须经专门的安全技术培训并考核合格,取得《中华人民共和国特种作业操作证》(以下简称特种作业操作证)后,方可上岗作业。具体条件为:

(1)年满18周岁,且不超过国家法定退休年龄;

(2)经社区或者县级以上医疗机构体检健康合格,并无妨碍从事相应特种作业的器质性心脏病、癫痫病、美尼尔氏症、眩晕症、癔症、震颤麻痹症、精神病、痴呆症以及其他疾病和生理缺陷;

(3)具有初中及以上文化程度;

(4)具备必要的安全技术知识与技能;

(5)相应特种作业规定的其他条件。

## (三)特种作业人员的资格许可

特种作业人员必须经专门的安全技术培训并考核合格,取得特种作业操作证后,方可上岗作业。

特种作业人员的安全技术培训、考核、发证、复审工作实行统一监管、分级实施、教考分离的原则。

国家应急管理部指导、监督全国特种作业人员的安全技术培训、考核、发证、复审工作;省、自治区、直辖市人民政府应急管理部门指导、监督本行政区域特种作业人员的安全技术培训工作,负责本行政区域特种作业人员的考核、发证、复审工作;县级以上地方人民政府应急管理部门负责监督检查本行政区域特种作业人员的安全技术培训和持证上岗工作。国家煤矿安全监察局(以下简称煤矿安监局)指导、监督全国煤矿特种作业人员(含煤矿矿井使用的特种设备作业人员)的安全技术培训、考核、发证、复审工作;省、自治区、直辖市人民政府负责煤矿特种作业人员考核发证工作的部门或者指定的机构指导、监督本行政区域煤矿特种作业人员的安全技术培训工作,负责本行政区域煤矿特种作业人员的考核、发证、复审工作。省、自治区、直辖市人民政府应急管理部门和负责煤矿特种作业人员考核发证工作的部门或者指定的机构(以下统称考核发证机关)可以委托设区的市人民政府应急管理部门和负责煤矿特种作业人员考核发证工作的部门或者指定的机构实施特种作业人员的考核、发证、复审工作。

对特种作业人员安全技术培训、考核、发证、复审工作中的违法行为,任何单位和个人均有权向应急管理部、煤矿安监局和省、自治区、直辖市及设区的市人民政府应急管理部管理部门、负责煤矿特种作业人员考核发证工作的部门或者指定的机构举报。

### (四)特种作业人员的培训

特种作业人员应当接受与其所从事的特种作业相应的安全技术理论培训和实际操作培训。

取得职业高中、技工学校及中专以上学历的毕业生从事与其所学专业相应的特种作业,持学历证明经考核发证机关同意,可以免予相关专业的培训。

跨省、自治区、直辖市从业的特种作业人员,可以在户籍所在地或者从业所在地参加培训。

对特种作业人员的安全技术培训,具备安全培训条件的生产经营单位应当以自主培训为主,也可以委托具备安全培训条件的机构进行培训。

不具备安全培训条件的生产经营单位,应当委托具备安全培训条件的机构进行培训。生产经营单位委托其他机构进行安全培训的,保证安全培训的责任仍由本单位负责。

生产经营单位安排从业人员进行安全培训期间,应当支付工资和必要的费用。

从事特种作业人员安全技术培训的机构(以下统称培训机构),应当制定相应的培训计划、教学安排,并按照应急管理部制定的特种作业人员培训大纲和煤矿特种作业人员培训大纲进行特种作业人员的安全技术培训。

### (五)特种作业人员的考核发证

特种作业人员的考核包括考试和审核两部分。考试由考核发证机关或其委托的单位负责;审核由考核发证机关负责。

(1)应急管理部、煤矿安监局分别制定特种作业人员、煤矿特种作业人员的考核标准,并建立相应的考试题库;

(2)考核发证机关或其委托的单位应当按照应急管理部、煤矿安监局统一制定的考核标准进行考核;

(3)考核发证机关或其委托的单位收到特种作业操作资格考试的人员申请后,应当在60日内组织考试;

(4)特种作业操作资格考试包括安全技术理论考试和实际操作考试两部分。考试不及格的,允许补考1次。经补考仍不及格的,重新参加相应的安全技术培训;

(5)考核发证机关或其委托承担特种作业操作资格考试的单位,应当在考试结束后10个工作日内公布考试成绩;

(6)特种作业操作证有效期为6年,在全国范围内有效。特种作业操作证由应急管理部统一式样、标准及编号;

(7)特种作业操作证遗失的,应当向原考核发证机关提出书面申请,经原考核发证机关审查同意后,予以补发。特种作业操作证所记载的信息发生变化或者损毁的,应当向原考核发证机关提出书面申请,经原考核发证机关审查确认后,予以更换或者更新。

### (六)特种作业操作证复审

特种作业操作证每3年复审1次。特种作业人员在特种作业操作证有效期内,连续从事本工种 10 年以上，严格遵守有关安全生产法律法规的，经原考核发证机关或者从业所在地考核发证机关同意，特种作业操作证的复审时间可以延长至每 6 年 1 次。

特种作业操作证需要复审的，应当在期满前 60 日内，由申请人或者申请人的用人单位向原考核发证机关或者从业所在地考核发证机关提出申请，并提交下列材料：

(1)社区或者县级以上医疗机构出具的健康证明；

(2)从事特种作业的情况；

(3)安全培训考试合格记录。

特种作业操作证申请复审或者延期复审前，特种作业人员应当参加必要的安全培训并考试合格。安全培训时间不少于 8 个学时，主要培训法律、法规、标准、事故案例和有关新工艺、新技术、新装备等知识。

申请复审的，考核发证机关应当在收到申请之日起 20 个工作日内完成复审工作。复审合格的，由考核发证机关签章、登记，予以确认；不合格的，说明理由。

申请延期复审的，经复审合格后，由考核发证机关重新颁发特种作业操作证。

特种作业人员有下列情形之一的，复审或者延期复审不予通过：

(1)健康体检不合格的；

(2)违章操作造成严重后果或者有 2 次以上违章行为，并经查证确实的；

(3)有安全生产违法行为，并给予行政处罚的；

(4)拒绝、阻碍应急管理部、煤矿安监局监督检查的；

(5)未按规定参加安全培训，或者考试不合格的；

(6)具有撤销和注销特种作业操作证的情形。

有下列情形之一的，考核发证机关应当撤销特种作业操作证：

(1)超过特种作业操作证有效期未延期复审的；

(2)特种作业人员的身体条件已不适合继续从事特种作业的；

(3)对发生生产安全事故负有责任的；

(4)特种作业操作证记载虚假信息的；

(5)以欺骗、贿赂等不正当手段取得特种作业操作证的。

离开特种作业岗位 6 个月以上的特种作业人员，应当重新进行实际操作考试，经确认合格后方可上岗作业。

### (七)罚则

生产经营单位未建立健全特种作业人员档案的，给予警告，并处 1 万元以下的罚款。

生产经营单位使用未取得特种作业操作证的特种作业人员上岗作业的，责令限期改正；可以处 5 万元以下的罚款；逾期未改正的，责令停产停业整顿，并处 5 万元以上 10 万元以下的罚款，对直接负责的主管人员和其他直接责任人员处 1 万元以上 2 万元以下的罚款。

生产经营单位非法印制、伪造、倒卖特种作业操作证，或者使用非法印制、伪造、倒卖的特种作业操作证的，给予警告，并处 1 万元以上 3 万元以下的罚款；构成犯罪的，依法追究刑事责任。特种作业人员伪造、涂改特种作业操作证或者使用伪造的特种作业操作证的，给予警告，并处 1 000 元以上 5 000 元以下的罚款。特种作业人员转借、转让、冒用特种作业操作证的，给予警告，并处 2 000 元以上 1 万元以下的罚款。

## 三、《安全生产培训管理办法》的主要规定

### （一）安全培训机构需满足的条件

安全培训的机构应当具备从事安全培训工作所需要的条件。从事危险物品的生产、经营、储存单位以及矿山、金属冶炼单位的主要负责人和安全生产管理人员，特种作业人员以及注册安全工程师等相关人员培训的安全培训机构，应当将教师、教学和实习实训设施等情况书面报告所在地应急管理部门、煤矿安全培训监管机构。

### （二）安全培训大纲

（1）安全培训应当按照规定的安全培训大纲进行；

（2）安全监管监察人员，危险物品的生产、经营、储存单位与非煤矿山、金属冶炼单位的主要负责人和安全生产管理人员、特种作业人员以及从事安全生产工作的相关人员的安全培训大纲，由国家应急管理部组织制定；

（3）煤矿企业的主要负责人和安全生产管理人员、特种作业人员的培训大纲由国家煤矿安监局组织制定；

（4）除危险物品的生产、经营、储存单位和矿山、金属冶炼单位以外其他生产经营单位的主要负责人、安全生产管理人员及其他从业人员的安全培训大纲，由省级应急管理部门、省级煤矿安全培训监管机构组织制定。

### （三）安全培训

（1）应急管理部负责省级以上应急管理部门的安全生产监管人员、各级矿山安全监察机构的煤矿安全监察人员的培训工作；

（2）省级应急管理部门负责市级、县级应急管理部门的安全生产监管人员的培训工作；

（3）生产经营单位的从业人员的安全培训，由生产经营单位负责；

（4）危险化学品登记机构的登记人员和承担安全评价、咨询、检测、检验的人员及注册安全工程师、安全生产应急救援人员的安全培训，按照有关法律、法规、规章的规定进行；

（5）对从业人员的安全培训，具备安全培训条件的生产经营单位应当以自主培训为主，也可以委托具备安全培训条件的机构进行安全培训；

（6）中央企业的分公司、子公司及其所属单位和其他生产经营单位，发生造成人员死亡的生产安全事故的，其主要负责人和安全生产管理人员应当重新参加安全培训；

（7）特种作业人员对造成人员死亡的生产安全事故负有直接责任的，应当按照《特种作业人员安全技术培训考核管理规定》重新参加安全培训；

（8）国家鼓励生产经营单位实行师傅带徒弟制度。矿山新招的井下作业人员和危险物品生产经营单位新招的危险工艺操作岗位人员，除按照规定进行安全培训外，还应当在有经验的职工带领下实习满 2 个月后，方可独立上岗作业；

（9）生产经营单位应当建立安全培训管理制度，保障从业人员安全培训所需经费，对从业人员进行与其所从事岗位相应的安全教育培训；从业人员调整工作岗位或者采用新工艺、新技术、新设备、新材料的，应当对其进行专门的安全教育和培训。未经安全教育和培训合格的从业人员，不得上岗作业；

（10）生产经营单位使用被派遣劳动者的，应当将被派遣劳动者纳入本单位从业人员统一管理，对被派遣劳动者进行岗位安全操作规程和安全操作技能的教育和培训。劳务派遣单位应当对被派遣劳动者进行必要的安全生产教育和培训；

(11)安全培训机构应当建立安全培训工作制度和人员培训档案。安全培训相关情况,应当如实记录并建档备查。

### (四)安全培训的考核

(1)安全监管监察人员、从事安全生产工作的相关人员、依照有关法律法规应当接受安全生产知识和管理能力考核的生产经营单位主要负责人和安全生产管理人员、特种作业人员的安全培训的考核,应当坚持教考分离、统一标准、统一题库、分级负责的原则,分步推行有远程视频监控的计算机考试;

(2)安全监管监察人员,危险物品的生产、经营、储存单位及非煤矿山、金属冶炼单位主要负责人、安全生产管理人员和特种作业人员,以及从事安全生产工作的相关人员的考核标准,由应急管理部统一制定;

(3)煤矿企业的主要负责人、安全生产管理人员和特种作业人员的考核标准,由国家矿山安监局制定;

(4)除危险物品的生产、经营、储存单位和矿山、金属冶炼单位以外其他生产经营单位主要负责人、安全生产管理人员及其他从业人员的考核标准,由省级应急管理部门制定;

(5)应急管理部负责省级以上应急管理部门的安全生产监管人员、各级矿山安全监察机构的煤矿安全监察人员的考核;负责中央企业的总公司、总厂或者集团公司的主要负责人和安全生产管理人员的考核;

(6)省级应急管理部门负责市级、县级应急管理部门的安全生产监管人员的考核;负责省属生产经营单位和中央企业分公司、子公司及其所属单位的主要负责人和安全生产管理人员的考核;负责特种作业人员的考核;

(7)市级应急管理部门负责本行政区域内除中央企业、省属生产经营单位以外的其他生产经营单位的主要负责人和安全生产管理人员的考核;

(8)省级煤矿安全培训监管机构负责所辖区域内煤矿企业的主要负责人、安全生产管理人员和特种作业人员的考核;

(9)除主要负责人、安全生产管理人员、特种作业人员以外的生产经营单位的其他从业人员的考核,由生产经营单位按照省级应急管理部门公布的考核标准,自行组织考核;

(10)应急管理部门、煤矿安全培训监管机构和生产经营单位应当制定安全培训的考核制度,建立考核管理档案备查。

**典型例题**

**【单选题】**某中央企业总部位于北京市朝阳区,王某是该企业设在石家庄市的河北公司主要负责人,按规定参加安全生产培训。根据《安全生产培训管理办法》,安全生产培训结束后,负责对王某进行考核的部门是(　　)。

A. 河北省应急管理部门　　B. 北京市应急管理部门

C. 北京市朝阳区应急管理部门　　D. 河北省石家庄市应急管理部门

A。**【解析】**《安全生产培训管理办法》第二十条规定,国家应急管理部负责省级以上应急管理部门的安全生产监管人员、各级矿山安全监察机构的煤矿安全监察人员的考核;负责中央企业的总公司、总厂或者集团公司的主要负责人和安全生产管理人员的考核。省级应急管理部门负责市级、县级应急管理部门的安全生产监管人员的考核;负责省属生产经营单位和中央企业分公司、子公司及其所属单位的主要负责人和安全生产管理人员的考核;负责特种作业人员的考核。

### (五)安全培训的发证

(1)接受安全培训人员经考核合格的,由考核部门在考核结束后10个工作日内颁发相应的证书。

(2)安全生产监管人员经考核合格后,颁发安全生产监管执法证;煤矿安全监察人员经考核合格后,颁发煤矿安全监察执法证;危险物品的生产、经营、储存单位和矿山、金属冶炼单位主要负责人、安全生产管理人员经考核合格后,颁发安全合格证;特种作业人员经考核合格后,颁发《中华人民共和国特种作业操作证》(以下简称特种作业操作证);危险化学品登记机构的登记人员经考核合格后,颁发上岗证;其他人员经培训合格后,颁发培训合格证。

(3)安全生产监管执法证、煤矿安全监察执法证、安全合格证、特种作业操作证和上岗证的式样,由应急管理部统一规定。培训合格证的式样,由负责培训考核的部门规定。

(4)安全生产监管执法证、煤矿安全监察执法证、安全合格证的有效期为3年。有效期届满需要延期的,应当于有效期届满30日前向原发证部门申请办理延期手续。

(5)特种作业操作证和省级应急管理部门、省级煤矿安全培训监管机构颁发的主要负责人、安全生产管理人员的安全合格证,在全国范围内有效。

### (六)监督管理

应急管理部门和煤矿安全培训监管机构应当对安全培训机构开展安全培训活动的情况进行监督检查,检查内容包括:

(1)具备从事安全培训工作所需要的条件的情况;

(2)建立培训管理制度和教师配备的情况;

(3)执行培训大纲、建立培训档案和培训保障的情况;

(4)培训收费的情况;

(5)法律法规规定的其他内容。

### (七)法律责任

应急管理部门、煤矿安全监察机构、煤矿安全培训监管机构的工作人员在安全培训监督管理工作中滥用职权、玩忽职守、徇私舞弊的,依照有关规定给予处分;构成犯罪的,依法追究刑事责任。

安全培训机构有下列情形之一的,责令限期改正,处1万元以下的罚款;逾期未改正的,给予警告,处1万元以上3万元以下的罚款:

(1)不具备安全培训条件的;

(2)未按照统一的培训大纲组织教学培训的;

(3)未建立培训档案或者培训档案管理不规范的。

安全培训机构采取不正当竞争手段,故意贬低、诋毁其他安全培训机构的,依照前款规定处罚。

生产经营单位主要负责人、安全生产管理人员、特种作业人员以欺骗、贿赂等不正当手段取得安全合格证或者特种作业操作证的,除撤销其相关证书外,处3 000元以下的罚款,并自撤销其相关证书之日起3年内不得再次申请该证书。

生产经营单位有下列情形之一的,责令改正,处3万元以下的罚款:

(1)从业人员安全培训的时间少于《生产经营单位安全培训规定》或者有关标准规定的;

(2)矿山新招的井下作业人员和危险物品生产经营单位新招的危险工艺操作岗位人

员，未经实习期满独立上岗作业的；

(3)相关人员未按照规定重新参加安全培训的。

生产经营单位存在违反有关法律、法规中安全生产教育培训的其他行为的，依照相关法律、法规的规定予以处罚。

## 第三节　安全生产事故应急处理及隐患排查的相关规定

### 一、《生产安全事故应急条例》的相关内容

#### (一)政府机关及生产经营单位的职责

《生产安全事故应急条例》规定，国务院统一领导全国的生产安全事故应急工作，县级以上地方人民政府统一领导本行政区域内的生产安全事故应急工作。生产安全事故应急工作涉及两个以上行政区域的，由有关行政区域共同的上一级人民政府负责，或者由各有关行政区域的上一级人民政府共同负责。县级以上人民政府应急管理部门和其他对有关行业、领域的安全生产工作实施监督管理的部门(以下统称负有安全生产监督管理职责的部门)在各自职责范围内，做好有关行业、领域的生产安全事故应急工作。

县级以上人民政府应急管理部门指导、协调本级人民政府其他负有安全生产监督管理职责的部门和下级人民政府的生产安全事故应急工作。

乡、镇人民政府以及街道办事处等地方人民政府派出机关应当协助上级人民政府有关部门依法履行生产安全事故应急工作职责。

生产经营单位应当加强生产安全事故应急工作，建立、健全生产安全事故应急工作责任制，其主要负责人对本单位的生产安全事故应急工作全面负责。

**典型例题**

【单选题】根据《生产安全事故应急条例》，下列关于生产安全事故应急工作的说法中，正确的是(　　)。

A. 国务院应急管理部门统一领导全国的生产安全事故应急工作

B. 生产安全事故应急工作涉及两个行政区域的，可由共同的上一级人民政府负责

C. 根据生产安全事故的类型确定统一领导生产安全事故应急工作的部门

D. 生产安全事故应急工作涉及两个行政区域的，可由这两个行政区域人民政府负责

B。【解析】《生产安全事故应急条例》第三条规定，国务院统一领导全国的生产安全事故应急工作，县级以上地方人民政府统一领导本行政区域内的生产安全事故应急工作。生产安全事故应急工作涉及两个以上行政区域的，由有关行政区域共同的上一级人民政府负责，或者由各有关行政区域的上一级人民政府共同负责。

#### (二)应急准备

县级以上人民政府及其负有安全生产监督管理职责的部门和乡、镇人民政府以及街道办事处等地方人民政府派出机关，应当针对可能发生的生产安全事故的特点和危害，进行风险辨识和评估，制定相应的生产安全事故应急救援预案，并依法向社会公布。

生产经营单位应当针对本单位可能发生的生产安全事故的特点和危害，进行风险辨

识和评估，制定相应的生产安全事故应急救援预案，并向本单位从业人员公布。

生产安全事故应急救援预案应当符合有关法律、法规、规章和标准的规定，具有科学性、针对性和可操作性，明确规定应急组织体系、职责分工以及应急救援程序和措施。

有下列情形之一的，生产安全事故应急救援预案制定单位应当及时修订相关预案：

(1)制定预案所依据的法律、法规、规章、标准发生重大变化；

(2)应急指挥机构及其职责发生调整；

(3)安全生产面临的风险发生重大变化；

(4)重要应急资源发生重大变化；

(5)在预案演练或者应急救援中发现需要修订预案的重大问题；

(6)其他应当修订的情形。

县级以上人民政府负有安全生产监督管理职责的部门应当将其制定的生产安全事故应急救援预案报送本级人民政府备案；易燃易爆物品、危险化学品等危险物品的生产、经营、储存、运输单位，矿山、金属冶炼、城市轨道交通运营、建筑施工单位，以及宾馆、商场、娱乐场所、旅游景区等人员密集场所经营单位，应当将其制定的生产安全事故应急救援预案按照国家有关规定报送县级以上人民政府负有安全生产监督管理职责的部门备案，并依法向社会公布。

县级以上地方人民政府以及县级以上人民政府负有安全生产监督管理职责的部门，乡、镇人民政府以及街道办事处等地方人民政府派出机关，应当至少每两年组织一次生产安全事故应急救援预案演练。

易燃易爆物品、危险化学品等危险物品的生产、经营、储存、运输单位，矿山、金属冶炼、城市轨道交通运营、建筑施工单位，以及宾馆、商场、娱乐场所、旅游景区等人员密集场所经营单位，应当至少每半年组织一次生产安全事故应急救援预案演练，并将演练情况报送所在地县级以上地方人民政府负有安全生产监督管理职责的部门。

县级以上地方人民政府负有安全生产监督管理职责的部门应当对本行政区域内前款规定的重点生产经营单位的生产安全事故应急救援预案演练进行抽查；发现演练不符合要求的，应当责令限期改正。

县级以上人民政府应当加强对生产安全事故应急救援队伍建设的统一规划、组织和指导。

县级以上人民政府负有安全生产监督管理职责的部门根据生产安全事故应急工作的实际需要，在重点行业、领域单独建立或者依托有条件的生产经营单位、社会组织共同建立应急救援队伍。

国家鼓励和支持生产经营单位和其他社会力量建立提供社会化应急救援服务的应急救援队伍。

易燃易爆物品、危险化学品等危险物品的生产、经营、储存、运输单位，矿山、金属冶炼、城市轨道交通运营、建筑施工单位，以及宾馆、商场、娱乐场所、旅游景区等人员密集场所经营单位，应当建立应急救援队伍；其中，小型企业或者微型企业等规模较小的生产经营单位，可以不建立应急救援队伍，但应当指定兼职的应急救援人员，并且可以与邻近的应急救援队伍签订应急救援协议。

工业园区、开发区等产业聚集区域内的生产经营单位，可以联合建立应急救援队伍。

应急救援队伍的应急救援人员应当具备必要的专业知识、技能、身体素质和心理素质。

应急救援队伍建立单位或者兼职应急救援人员所在单位应当按照国家有关规定对应急救援人员进行培训;应急救援人员经培训合格后,方可参加应急救援工作。

应急救援队伍应当配备必要的应急救援装备和物资,并定期组织训练。

生产经营单位应当及时将本单位应急救援队伍建立情况按照国家有关规定报送县级以上人民政府负有安全生产监督管理职责的部门,并依法向社会公布。

县级以上人民政府负有安全生产监督管理职责的部门应当定期将本行业、本领域的应急救援队伍建立情况报送本级人民政府,并依法向社会公布。

县级以上地方人民政府应当根据本行政区域内可能发生的生产安全事故的特点和危害,储备必要的应急救援装备和物资,并及时更新和补充。

易燃易爆物品、危险化学品等危险物品的生产、经营、储存、运输单位,矿山、金属冶炼、城市轨道交通运营、建筑施工单位,以及宾馆、商场、娱乐场所、旅游景区等人员密集场所经营单位,应当根据本单位可能发生的生产安全事故的特点和危害,配备必要的灭火、排水、通风以及危险物品稀释、掩埋、收集等应急救援器材、设备和物资,并进行经常性维护、保养,保证正常运转。

下列单位应当建立应急值班制度,配备应急值班人员:

(1)县级以上人民政府及其负有安全生产监督管理职责的部门;

(2)危险物品的生产、经营、储存、运输单位以及矿山、金属冶炼、城市轨道交通运营、建筑施工单位;

(3)应急救援队伍。

规模较大、危险性较高的易燃易爆物品、危险化学品等危险物品的生产、经营、储存、运输单位应当成立应急处置技术组,实行 24 小时应急值班。

生产经营单位应当对从业人员进行应急教育和培训,保证从业人员具备必要的应急知识,掌握风险防范技能和事故应急措施。

国务院负有安全生产监督管理职责的部门应当按照国家有关规定建立生产安全事故应急救援信息系统,并采取有效措施,实现数据互联互通、信息共享。

生产经营单位可以通过生产安全事故应急救援信息系统办理生产安全事故应急救援预案备案手续,报送应急救援预案演练情况和应急救援队伍建设情况;但依法需要保密的除外。

### (三)应急救援

发生生产安全事故后,生产经营单位应当立即启动生产安全事故应急救援预案,采取下列一项或者多项应急救援措施,并按照国家有关规定报告事故情况:

(1)迅速控制危险源,组织抢救遇险人员;

(2)根据事故危害程度,组织现场人员撤离或者采取可能的应急措施后撤离;

(3)及时通知可能受到事故影响的单位和人员;

(4)采取必要措施,防止事故危害扩大和次生、衍生灾害发生;

(5)根据需要请求邻近的应急救援队伍参加救援,并向参加救援的应急救援队伍提供相关技术资料、信息和处置方法;

（6）维护事故现场秩序，保护事故现场和相关证据；

（7）法律、法规规定的其他应急救援措施。

有关地方人民政府及其部门接到生产安全事故报告后，应当按照国家有关规定上报事故情况，启动相应的生产安全事故应急救援预案，并按照应急救援预案的规定采取下列一项或者多项应急救援措施：

（1）组织抢救遇险人员，救治受伤人员，研判事故发展趋势以及可能造成的危害；

（2）通知可能受到事故影响的单位和人员，隔离事故现场，划定警戒区域，疏散受到威胁的人员，实施交通管制；

（3）采取必要措施，防止事故危害扩大和次生、衍生灾害发生，避免或者减少事故对环境造成的危害；

（4）依法发布调用和征用应急资源的决定；

（5）依法向应急救援队伍下达救援命令；

（6）维护事故现场秩序，组织安抚遇险人员和遇险遇难人员亲属；

（7）依法发布有关事故情况和应急救援工作的信息；

（8）法律、法规规定的其他应急救援措施。

有关地方人民政府不能有效控制生产安全事故的，应当及时向上级人民政府报告。上级人民政府应当及时采取措施，统一指挥应急救援。

应急救援队伍接到有关人民政府及其部门的救援命令或者签有应急救援协议的生产经营单位的救援请求后，应当立即参加生产安全事故应急救援。

应急救援队伍根据救援命令参加生产安全事故应急救援所耗费用，由事故责任单位承担；事故责任单位无力承担的，由有关人民政府协调解决。

发生生产安全事故后，有关人民政府认为有必要的，可以设立由本级人民政府及其有关部门负责人、应急救援专家、应急救援队伍负责人、事故发生单位负责人等人员组成的应急救援现场指挥部，并指定现场指挥部总指挥。

现场指挥部实行总指挥负责制，按照本级人民政府的授权组织制定并实施生产安全事故现场应急救援方案，协调、指挥有关单位和个人参加现场应急救援。

参加生产安全事故现场应急救援的单位和个人应当服从现场指挥部的统一指挥。

在生产安全事故应急救援过程中，发现可能直接危及应急救援人员生命安全的紧急情况时，现场指挥部或者统一指挥应急救援的人民政府应当立即采取相应措施消除隐患，降低或者化解风险，必要时可以暂时撤离应急救援人员。

生产安全事故发生地人民政府应当为应急救援人员提供必需的后勤保障，并组织通信、交通运输、医疗卫生、气象、水文、地质、电力、供水等单位协助应急救援。

现场指挥部或者统一指挥生产安全事故应急救援的人民政府及其有关部门应当完整、准确地记录应急救援的重要事项，妥善保存相关原始资料和证据。

生产安全事故的威胁和危害得到控制或者消除后，有关人民政府应当决定停止执行依照本条例和有关法律、法规采取的全部或者部分应急救援措施。

有关人民政府及其部门根据生产安全事故应急救援需要依法调用和征用的财产，在使用完毕或者应急救援结束后，应当及时归还。财产被调用、征用或者调用、征用后毁损、灭失的，有关人民政府及其部门应当按照国家有关规定给予补偿。

按照国家有关规定成立的生产安全事故调查组应当对应急救援工作进行评估，并在事故调查报告中作出评估结论。

县级以上地方人民政府应当按照国家有关规定，对在生产安全事故应急救援中伤亡的人员及时给予救治和抚恤；符合烈士评定条件的，按照国家有关规定评定为烈士。

### （四）法律责任

地方各级人民政府和街道办事处等地方人民政府派出机关以及县级以上人民政府有关部门违反本条例规定的，由其上级行政机关责令改正；情节严重的，对直接负责的主管人员和其他直接责任人员依法给予处分。

生产经营单位未制定生产安全事故应急救援预案、未定期组织应急救援预案演练、未对从业人员进行应急教育和培训，生产经营单位的主要负责人在本单位发生生产安全事故时不立即组织抢救的，由县级以上人民政府负有安全生产监督管理职责的部门依照《安全生产法》有关规定追究法律责任。

生产经营单位未对应急救援器材、设备和物资进行经常性维护、保养，导致发生严重生产安全事故或者生产安全事故危害扩大，或者在本单位发生生产安全事故后未立即采取相应的应急救援措施，造成严重后果的，由县级以上人民政府负有安全生产监督管理职责的部门依照《突发事件应对法》有关规定追究法律责任。

生产经营单位未将生产安全事故应急救援预案报送备案、未建立应急值班制度或者配备应急值班人员的，由县级以上人民政府负有安全生产监督管理职责的部门责令限期改正；逾期未改正的，处3万元以上5万元以下的罚款，对直接负责的主管人员和其他直接责任人员处1万元以上2万元以下的罚款。

违反《生产安全事故应急条例》的规定，构成违反治安管理行为的，由公安机关依法给予处罚；构成犯罪的，依法追究刑事责任。

储存、使用易燃易爆物品、危险化学品等危险物品的科研机构、学校、医院等单位的安全事故应急工作，参照《生产安全事故应急条例》有关规定执行。

## 二、《安全生产事故隐患排查治理暂行规定》的相关内容

### （一）安全生产事故隐患的定义和分级

安全生产事故隐患（以下简称事故隐患）的定义：生产经营单位违反安全生产法律、法规、规章、标准、规程和安全生产管理制度的规定，或者因其他因素在生产经营活动中存在可能导致事故发生的物的危险状态、人的不安全行为和管理上的缺陷。

事故隐患分为两个等级：事故隐患分为一般事故隐患和重大事故隐患。

（1）一般事故隐患，是指危害和整改难度较小，发现后能够立即整改排除的隐患；

（2）重大事故隐患，是指危害和整改难度较大，应当全部或者局部停产停业，并经过一定时间整改治理方能排除的隐患，或者因外部因素影响致使生产经营单位自身难以排除的隐患。

### （二）生产经营单位的职责

生产经营单位的主要职责有：

（1）生产经营单位应当依照法律、法规、规章、标准和规程的要求从事生产经营活动。严禁非法从事生产经营活动；

(2)生产经营单位是事故隐患排查、治理和防控的责任主体。生产经营单位应当建立健全事故隐患排查治理和建档监控等制度,逐级建立并落实从主要负责人到每个从业人员的隐患排查治理和监控责任制;

(3)要保证事故隐患排查治理所需的资金,建立资金使用专项制度;

(4)生产经营单位应当定期组织安全生产管理人员、工程技术人员和其他相关人员排查本单位的事故隐患。对排查出的事故隐患,应当按照事故隐患的等级进行登记,建立事故隐患信息档案,并按照职责分工实施监控治理;

(5)要建立事故隐患报告和举报奖励制度。生产经营单位如果能做到这一点的话,就能够及早地发现和排除事故隐患,把事故隐患早早地消灭在萌芽状态;

(6)生产经营单位发包、出租生产经营项目、场所、设备时,要与承包、承租单位签订安全生产管理协议,并在协议中明确各方对事故隐患排查、治理和防控的管理职责。同时对承包、承租单位的事故隐患排查治理负有统一协调和监督管理的职责;

(7)要配合检查,不得拒绝;

(8)生产经营单位应当每季、每年对本单位事故隐患排查治理情况进行统计分析,并分别于下一季度15日前和下一年1月31日前向县应急管理部和有关部门报送书面统计分析表。统计分析表应当由生产经营单位主要负责人签字。

对于重大事故隐患,生产经营单位除了要按照上面的要求报送外,应当及时向县安监局和有关部门报告。重大事故隐患报告内容应当包括:①隐患的现状及其产生原因;②隐患的危害程度和整改难易程度分析;③隐患的治理方案;

(9)对于一般事故隐患,由生产经营单位(车间、分厂、区队等)负责人或者有关人员立即组织整改。

对于重大事故隐患,由生产经营单位主要负责人组织制定并实施事故隐患治理方案。重大事故隐患治理方案应当包括以下内容:①治理的目标和任务;②采取的方法和措施;③经费和物资的落实;④负责治理的机构和人员;⑤治理的时限和要求;⑥安全措施和应急预案;

(10)生产经营单位在整改事故隐患的过程中,应当采取相应的安全防范措施,防止事故发生。如果事故隐患排除前或者排除过程中无法保证安全的,应当从危险区域内撤出作业人员,并疏散可能危及的其他人员,设置警戒标志,暂时停产停业或者停止使用;对暂时难以停产或者停止使用的相关生产储存装置、设施、设备,应当加强维护和保养,防止事故发生;

(11)加强对自然灾害的预防。在接到有关自然灾害预报时,应当及时向下属单位发出预警通知;发生自然灾害可能危及生产经营单位和人员安全的情况时,应当采取撤离人员、停止作业、加强监测等安全措施,并及时向当地人民政府及其有关部门报告;

(12)地方人民政府或者安全监管监察部门及有关部门挂牌督办并责令全部或者局部停产停业治理的重大事故隐患,治理工作结束后,有条件的生产经营单位应当组织本单位的技术人员和专家对重大事故隐患的治理情况进行评估;其他生产经营单位应当委托具备相应资质的安全评价机构对重大事故隐患的治理情况进行评估。

### (三)安全监督管理

(1)安全监管监察部门应当指导、同时要监督生产经营单位按照有关法律、法规、规章、标准和规程的要求，建立健全事故隐患排查治理等各项制度；

(2)安全监管监察部门应当建立事故隐患排查治理监督检查的制度，定期组织对生产经营单位事故隐患排查治理情况开展监督检查；应当加强对重点单位的事故隐患排查治理情况的监督检查。对检查过程中发现的重大事故隐患，应当下达整改指令书，并建立信息管理台账。必要时，报告同级人民政府并对重大事故隐患实行挂牌督办。

安全监管监察部门应当配合有关部门做好对生产经营单位事故隐患排查治理情况开展的监督检查，依法查处事故隐患排查治理的非法和违法行为及其责任者。

安全监管监察部门发现属于其他有关部门职责范围内的重大事故隐患的，应该及时将有关资料移送有管辖权的有关部门，并记录备查；

(3)已经取得安全生产许可证的生产经营单位，在其被挂牌督办的重大事故隐患治理结束前，安全监管监察部门应当加强监督检查。必要时，可以提请原许可证颁发机关依法暂扣其安全生产许可证；

(4)安全监管监察部门应当会同有关部门把重大事故隐患整改纳入重点行业领域的安全专项整治中加以治理，落实相应责任；

(5)对挂牌督办并采取全部或者局部停产停业治理的重大事故隐患，安全监管监察部门收到生产经营单位恢复生产的申请报告后，应当在 10 日内进行现场审查。审查合格的，对事故隐患进行核销，同意恢复生产经营；审查不合格的，依法责令改正或者下达停产整改指令。对整改无望或者生产经营单位拒不执行整改指令的，依法实施行政处罚；不具备安全生产条件的，依法提请县级以上人民政府按照国务院规定的权限予以关闭；

(6)安全监管监察部门应当每季将本行政区域重大事故隐患的排查治理情况和统计分析表逐级报至省级安全监管监察部门备案。

省级安全监管监察部门应当每半年将本行政区域重大事故隐患的排查治理情况和统计分析表报国家应急管理部备案。

**典型例题**

**【单选题】**应急管理部门发现某企业高炉煤气上升管存在重大事故隐患，责令停止生产，并对隐患治理实行挂牌督办。该企业治理后向该部门提出恢复生产的书面申请。根据《安全生产事故隐患排查治理暂行规定》，下列关于该部门对重大事故隐患治理监督检查的说法中，正确的是(　　)。

A. 经审查不合格的，对企业主要负责人罚款 10 万元

B. 经审查发现该企业整改无望的，注销其安全生产许可证

C. 收到申请报告后，在 10 日内进行现场审查

D. 对拒不执行整改指令的，提请政府予以关闭

C。**【解析】**《安全生产事故隐患排查治理暂行规定》第二十三条规定，对挂牌督办并采取全部或者局部停产停业治理的重大事故隐患，安全监管监察部门收到生产经营单位恢复生产的申请报告后，应当在 10 日内进行现场审查。审查合格的，对事故隐患进行核销，同意恢复生产经营；审查不合格的，依法责令改正或者下达停产整改指令。对整改无望或者生产经营单位拒不执行整改指令的，依法实施行政处罚；不具备安全生产条件的，依法提请县级以上人民政府按照国务院规定的权限予以关闭。

### (四)罚则

生产经营单位及其主要负责人未履行事故隐患排查治理职责,导致发生生产安全事故的,依法给予行政处罚。

生产经营单位违反本规定,有以下行为之一的,由安全监管监察部门给予警告,并处3万元以下的罚款:①未建立安全生产事故隐患排查治理等各项制度的;②未按规定上报事故隐患排查治理统计分析表的;③未制定事故隐患治理方案的;④重大事故隐患不报或者未及时报告的;⑤未对事故隐患进行排查治理擅自生产经营的;⑥整改不合格或者未经安全监管监察部门审查同意擅自恢复生产经营的。

生产经营单位事故隐患排查治理过程中违反有关安全生产法律、法规、规章、标准和规程规定的,依法给予行政处罚。

## 三、《生产安全事故应急预案管理办法》的主要内容

### (一)应急预案的类型

生产经营单位应急预案分为综合应急预案、专项应急预案和现场处置方案。综合应急预案,是指生产经营单位为应对各种生产安全事故而制定的综合性工作方案,是本单位应对生产安全事故的总体工作程序、措施和应急预案体系的总纲。专项应急预案,是指生产经营单位为应对某一种或者多种类型生产安全事故,或者针对重要生产设施、重大危险源、重大活动防止生产安全事故而制定的专项性工作方案。现场处置方案,是指生产经营单位根据不同生产安全事故类型,针对具体场所、装置或者设施所制定的应急处置措施。

### (二)应急预案的编制

应急预案的编制应当遵循以人为本、依法依规、符合实际、注重实效的原则,以应急处置为核心,明确应急职责、规范应急程序、细化保障措施。

应急预案的编制应当符合以下基本要求:①有关法律、法规、规章和标准的规定;②本地区、本部门、本单位的安全生产实际情况;③本地区、本部门、本单位的危险性分析情况;④应急组织和人员的职责分工明确,并有具体的落实措施;⑤有明确、具体的应急程序和处置措施,并与其应急能力相适应;⑥有明确的应急保障措施,满足本地区、本部门、本单位的应急工作需要;⑦应急预案基本要素齐全、完整,应急预案附件提供的信息准确;⑧应急预案内容与相关应急预案相互衔接。

编制应急预案应当成立编制工作小组,由本单位有关负责人任组长,吸收与应急预案有关的职能部门和单位的人员,以及有现场处置经验的人员参加。

编制应急预案前,编制单位应当进行事故风险评估和应急资源调查。事故风险辨识、评估,是指针对不同事故种类及特点,识别存在的危险危害因素,分析事故可能产生的直接后果以及次生、衍生后果,评估各种后果的危害程度和影响范围,提出防范和控制事故风险措施的过程。应急资源调查,是指全面调查本地区、本单位第一时间可以调用的应急资源状况和合作区域内可以请求援助的应急资源状况,并结合事故风险辨识评估结论制定应急措施的过程。

地方各级人民政府应急管理部门和其他负有安全生产监督管理职责的部门应当根据法律、法规、规章和同级人民政府以及上一级人民政府应急管理部门和其他负有安全生产

监督管理职责的部门的应急预案,结合工作实际,组织编制相应的部门应急预案。

部门应急预案应当根据本地区、本部门的实际情况,明确信息报告、响应分级、指挥权移交、警戒疏散等内容。

生产经营单位应当根据有关法律、法规、规章和相关标准,结合本单位组织管理体系、生产规模和可能发生的事故特点,与相关预案保持衔接,确立本单位的应急预案体系,编制相应的应急预案,并体现自救互救和先期处置等特点。

生产经营单位风险种类多、可能发生多种类型事故的,应当组织编制综合应急预案。综合应急预案应当规定应急组织机构及其职责、应急预案体系、事故风险描述、预警及信息报告、应急响应、保障措施、应急预案管理等内容。对于某一种或者多种类型的事故风险,生产经营单位可以编制相应的专项应急预案,或将专项应急预案并入综合应急预案。专项应急预案应当规定应急指挥机构与职责、处置程序和措施等内容。

对于危险性较大的场所、装置或者设施,生产经营单位应当编制现场处置方案。现场处置方案应当规定应急工作职责、应急处置措施和注意事项等内容。事故风险单一、危险性小的生产经营单位,可以只编制现场处置方案。

生产经营单位应当在编制应急预案的基础上,针对工作场所、岗位的特点,编制简明、实用、有效的应急处置卡。应急处置卡应当规定重点岗位、人员的应急处置程序和措施,以及相关联络人员和联系方式,便于从业人员携带。

### (三)应急预案的评审与公布

#### 1. 应急预案的评审

地方各级应急管理部门应当组织有关专家对本部门编制的部门应急预案进行审定;必要时,可以召开听证会,听取社会有关方面的意见。

矿山、金属冶炼企业和易燃易爆物品、危险化学品的生产、经营(带储存设施的,下同)、储存、运输企业,以及使用危险化学品达到国家规定数量的化工企业、烟花爆竹生产、批发经营企业和中型规模以上的其他生产经营单位,应当对本单位编制的应急预案进行评审,并形成书面评审纪要。前款规定以外的其他生产经营单位可以根据自身需要,对本单位编制的应急预案进行论证。

参加应急预案评审的人员应当包括有关安全生产及应急管理方面的专家。评审人员与所评审应急预案的生产经营单位有利害关系的,应当回避。应急预案的评审或者论证应当注重基本要素的完整性、组织体系的合理性、应急处置程序和措施的针对性、应急保障措施的可行性、应急预案的衔接性等内容。

#### 2. 应急预案的公布

生产经营单位的应急预案经评审或者论证后,由本单位主要负责人签署,向本单位从业人员公布,并及时发放到本单位有关部门、岗位和相关应急救援队伍。事故风险可能影响周边其他单位、人员的,生产经营单位应当将有关事故风险的性质、影响范围和应急防范措施告知周边的其他单位和人员。地方各级人民政府应急管理部门的应急预案,应当报同级人民政府备案,同时抄送上一级人民政府应急管理部门,并依法向社会公布。地方各级人民政府其他负有安全生产监督管理职责的部门的应急预案,应当抄送同级人民政府应急管理部门。

### （四）应急预案的备案

易燃易爆物品、危险化学品等危险物品的生产、经营、储存、运输单位，矿山、金属冶炼、城市轨道交通运营、建筑施工单位，以及宾馆、商场、娱乐场所、旅游景区等人员密集场所经营单位，应当在应急预案公布之日起 20 个工作日内，按照分级属地原则，向县级以上人民政府应急管理部门和其他负有安全生产监督管理职责的部门进行备案，并依法向社会公布。

上述所列单位属于中央企业的，其总部（上市公司）的应急预案，报国务院主管的负有安全生产监督管理职责的部门备案，并抄送应急管理部；其所属单位的应急预案报所在地的省、自治区、直辖市或者设区的市级人民政府主管的负有安全生产监督管理职责的部门备案，并抄送同级人民政府应急管理部门。

上述所列单位不属于中央企业的，其中非煤矿山、金属冶炼和危险化学品生产、经营、储存、运输企业，以及使用危险化学品达到国家规定数量的化工企业、烟花爆竹生产、批发经营企业的应急预案，按照隶属关系报所在地县级以上地方人民政府应急管理部门备案；本款前述单位以外的其他生产经营单位应急预案的备案，由省、自治区、直辖市人民政府负有安全生产监督管理职责的部门确定。

油气输送管道运营单位的应急预案，除按照上述规定备案外，还应当抄送所经行政区域的县级人民政府应急管理部门。

海洋石油开采企业的应急预案，除按照上述规定备案外，还应当抄送所经行政区域的县级人民政府应急管理部门和海洋石油安全监管机构。

煤矿企业的应急预案除按照上述规定备案外，还应当抄送所在地的矿山安全监察机构。

生产经营单位申报应急预案备案，应当提交下列材料：

（1）应急预案备案申报表；

（2）矿山、金属冶炼企业和易燃易爆物品、危险化学品的生产、经营（带储存设施的）、储存、运输企业，以及使用危险化学品达到国家规定数量的化工企业、烟花爆竹生产、批发经营企业和中型规模以上的其他生产经营单位，应当提供应急预案评审意见；

（3）应急预案电子文档；

（4）风险评估结果和应急资源调查清单。

受理备案登记的负有安全生产监督管理职责的部门应当在 5 个工作日内对应急预案材料进行核对，材料齐全的，应当予以备案并出具应急预案备案登记表；材料不齐全的，不予备案并一次性告知需要补齐的材料。逾期不予备案又不说明理由的，视为已经备案。

对于实行安全生产许可的生产经营单位，已经进行应急预案备案的，在申请安全生产许可证时，可以不提供相应的应急预案，仅提供应急预案备案登记表。

### （五）应急预案的实施

各级应急管理部门应当将本部门应急预案的培训纳入安全生产培训工作计划，并组织实施本行政区域内重点生产经营单位的应急预案培训工作。

生产经营单位应当组织开展本单位的应急预案、应急知识、自救互救和避险逃生技能的培训活动，使有关人员了解应急预案内容，熟悉应急职责、应急处置程序和措施。

应急培训的时间、地点、内容、师资、参加人员和考核结果等情况应当如实记入本单位的安全生产教育和培训档案。

各级人民政府应急管理部门应当至少每两年组织一次应急预案演练，提高本部门、本地区生产安全事故应急处置能力。

生产经营单位应当制定本单位的应急预案演练计划，根据本单位的事故风险特点，每年至少组织一次综合应急预案演练或者专项应急预案演练，每半年至少组织一次现场处置方案演练。

易燃易爆物品、危险化学品等危险物品的生产、经营、储存、运输单位，矿山、金属冶炼、城市轨道交通运营、建筑施工单位，以及宾馆、商场、娱乐场所、旅游景区等人员密集场所经营单位，应当至少每半年组织一次生产安全事故应急预案演练，并将演练情况报送所在地县级以上地方人民政府负有安全生产监督管理职责的部门。

县级以上地方人民政府负有安全生产监督管理职责的部门应当对本行政区域内前款规定的重点生产经营单位的生产安全事故应急救援预案演练进行抽查；发现演练不符合要求的，应当责令限期改正。

有下列情形之一的，应急预案应当及时修订并归档：

(1)依据的法律、法规、规章、标准及上位预案中的有关规定发生重大变化的；

(2)应急指挥机构及其职责发生调整的；

(3)安全生产面临的风险发生重大变化的；

(4)重要应急资源发生重大变化的；

(5)在应急演练和事故应急救援中发现需要修订预案的重大问题的；

(6)编制单位认为应当修订的其他情况。

### (六)法律责任

生产经营单位有下列情形之一的，责令限期改正，可以处 5 万元以下罚款；逾期未改正的，责令停产停业整顿，并处 5 万元以上 10 万元以下罚款，对直接负责的主管人员和其他直接责任人员处 1 万元以上 2 万元以下的罚款：

(1)未按照规定编制应急预案的；

(2)未按照规定定期组织应急预案演练的。

生产经营单位有下列情形之一的，由县级以上人民政府应急管理部门责令限期改正，可以处1 万元以上 3 万元以下罚款：

(1)在应急预案编制前未按照规定开展风险辨识、评估和应急资源调查的；

(2)未按照规定开展应急预案评审的；

(3)事故风险可能影响周边单位、人员的，未将事故风险的性质、影响范围和应急防范措施告知周边单位和人员的；

(4)未按照规定开展应急预案评估的；

(5)未按照规定进行应急预案修订的；

(6)未落实应急预案规定的应急物资及装备的。

生产经营单位未按照规定进行应急预案备案的，由县级以上人民政府应急管理等部门依照职责责令限期改正；逾期未改正的，处3 万元以上 5 万元以下的罚款，对直接负责的主管人员和其他直接责任人员处 1 万元以上 2 万元以下的罚款。

## 四、《生产安全事故信息报告和处置办法》的相关规定

### (一)事故信息报告和处置的一般要求

(1)应当报告和处置的生产安全事故信息(以下简称事故信息),是指已经发生的生产安全事故和较大涉险事故的信息。

(2)生产经营单位报告生产安全事故信息和应急管理部门、矿山安全监察机构对生产安全事故信息的报告和处置工作。

(3)事故信息的报告应当及时、准确和完整,信息的处置应当遵循快速高效、协同配合、分级负责的原则。应急管理部门负责各类生产经营单位的事故信息报告和处置工作。矿山安全监察机构负责煤矿的事故信息报告和处置工作。

(4)应急管理部门、矿山安全监察机构应当建立事故信息报告和处置制度,设立事故信息调度机构,实行24小时不间断调度值班,并向社会公布值班电话,受理事故信息报告和举报。

### (二)事故信息的报告

生产经营单位发生生产安全事故或者较大涉险事故,其单位负责人接到事故信息报告后应当于1小时内报告事故发生地县级应急管理部门、矿山安全监察分局。

发生较大以上生产安全事故的,事故发生单位在依照上述规定报告的同时,应当在1小时内报告省级应急管理部门、省级矿山安全监察机构。

发生重大、特别重大生产安全事故的,事故发生单位在依照上述规定报告的同时,可以立即报告国家应急管理部。

应急管理部门、矿山安全监察机构接到事故发生单位的事故信息报告后,应当按照下列规定上报事故情况,同时书面通知同级公安机关、劳动保障部门、工会、人民检察院和有关部门:①一般事故和较大涉险事故逐级上报至设区的市级应急管理部门、省级矿山安全监察机构;②较大事故逐级上报至省级应急管理部门、省级矿山安全监察机构;③重大事故、特别重大事故逐级上报至国家应急管理部。

上述规定的逐级上报,每一级上报时间不得超过2小时。应急管理部门依照前款规定上报事故情况时,应当同时报告本级人民政府。

发生较大生产安全事故或者社会影响重大的事故的,县级、市级应急管理部门或者矿山安全监察分局接到事故报告后,在依照规定逐级上报的同时,应当在1小时内先用电话快报省级应急管理部门、省级矿山安全监察机构,随后补报文字报告;乡镇安监站(办)可以根据事故情况越级直接报告省级应急管理部门、省级矿山安全监察机构。

发生重大、特别重大生产安全事故或者社会影响恶劣的事故的,县级、市级应急管理部门或者矿山安全监察分局接到事故报告后,在依照规定逐级上报的同时,应当在1小时内先用电话快报省级应急管理部门、省级矿山安全监察机构,随后补报文字报告;必要时,可以直接用电话报告国家应急管理部。

省级应急管理部门、省级矿山安全监察机构接到事故报告后,应当在1小时内先用电话快报国家应急管理部,随后补报文字报告。

国家应急管理部接到事故报告后,应当在1小时内先用电话快报国务院总值班室,随后补报文字报告。

**典型例题**

【单选题】根据《生产安全事故信息报告和处置办法》，下列事故中，属于较大涉险事故的是(　　)。

A. 非煤矿山企业的矿井坍塌，导致1人被困井下、1人下落不明

B. 纺织加工企业仓库突然发生火灾，紧急疏散员工及周边居民300人

C. 设备安装公司的装卸平台倒塌，所幸8名现场工作人员都有惊无险

D. 化工企业的运输车辆发生故障，泄漏的化学品流入农田造成严重污染

D。【解析】《生产安全事故信息报告和处置办法》第二十六条规定，本办法所称的较大涉险事故是指：(1)涉险10人以上的事故。(2)造成3人以上被困或者下落不明的事故。(3)紧急疏散人员500人以上的事故。(4)因生产安全事故对环境造成严重污染(人员密集场所、生活水源、农田、河流、水库、湖泊等)的事故。(5)危及重要场所和设施安全(电站、重要水利设施、危化品库、油气站和车站、码头、港口、机场及其他人员密集场所等)的事故。(6)其他较大涉险事故。

### (三)事故报告的具体内容

(1)事故发生单位的名称、地址、性质、产能等基本情况；

(2)事故发生的时间、地点以及事故现场情况；

(3)事故的简要经过(包括应急救援情况)；

(4)事故已经造成或者可能造成的伤亡人数(包括下落不明、涉险的人数)和初步估计的直接经济损失；

(5)已经采取的措施；

(6)其他应当报告的情况。

使用电话快报，应当包括下列内容：

(1)事故发生单位的名称、地址、性质；

(2)事故发生的时间、地点；

(3)事故已经造成或者可能造成的伤亡人数(包括下落不明、涉险的人数)。

事故信息报告后出现新情况的，负责事故报告的单位应当及时续报。较大涉险事故、一般事故、较大事故每日至少续报1次；重大事故、特别重大事故每日至少续报2次。

自事故发生之日起30日内(道路交通、火灾事故自发生之日起7日内)，事故造成的伤亡人数发生变化的，应于当日续报。

### (四)事故信息的处置

应急管理部门、矿山安全监察机构应当建立事故信息处置责任制，做好事故信息的核实、跟踪、分析、统计工作。

应急管理部门、矿山安全监察机构接到生产安全事故报告后，应当按照下列规定派员立即赶赴事故现场：

(1)发生一般事故的，县级应急管理部门、矿山安全监察分局负责人立即赶赴事故现场；

(2)发生较大事故的，设区的市级应急管理部门、省级矿山安全监察局负责人应当立即赶赴事故现场；

(3)发生重大事故的，省级安全监督管理部门、省级矿山安全监察局负责人立即赶赴事故现场；

（4）发生特别重大事故的，国家应急管理部负责人立即赶赴事故现场。

上级应急管理部门、矿山安全监察机构认为必要的，可以派员赶赴事故现场。

应急管理部门、矿山安全监察机构应当依照有关规定定期向社会公布事故信息。任何单位和个人不得擅自发布事故信息。

## 五、《生产安全事故报告和调查处理条例》的主要内容

### （一）生产安全事故等级划分

事故等级划分直接关系到事故报告的级别、事故调查权限以及事故责任的追究，是一项重要的基础性工作。明确生产安全事故的分级，区分不同的事故级别规定相应的报告和调查处理要求，是顺利开展事故报告和调查处理工作的前提，也是规范事故报告和调查处理的必然要求。

《生产安全事故报告和调查处理条例》第三条规定，根据生产安全事故（以下简称事故）造成的人员伤亡或者直接经济损失，事故一般分为以下等级：

（1）特别重大事故，是指造成 30 人以上死亡，或者 100 人以上重伤（包括急性工业中毒，下同），或者 1 亿元以上直接经济损失的事故；

（2）重大事故，是指造成 10 人以上 30 人以下死亡，或者 50 人以上 100 人以下重伤，或者 5 000 万元以上 1 亿元以下直接经济损失的事故；

（3）较大事故，是指造成 3 人以上 10 人以下死亡，或者 10 人以上 50 人以下重伤，或者 1 000 万元以上 5 000 万元以下直接经济损失的事故；

（4）一般事故，是指造成 3 人以下死亡，或者 10 人以下重伤，或者 1 000 万元以下直接经济损失的事故。

以上所称的“以上”包括本数，所称的“以下”不包括本数。

### （二）事故报告

1. 事故发生单位的报告

事故发生后，事故现场有关人员应当立即向本单位负责人报告；单位负责人接到报告后，应当于 1 小时内向事故发生地县级以上人民政府应急管理部门和负有安全生产监督管理职责的有关部门报告。

情况紧急时，事故现场有关人员可以直接向事故发生地县级以上人民政府应急管理部门和负有安全生产监督管理职责的有关部门报告。

2. 政府机关的报告

应急管理部门和负有安全生产监督管理职责的有关部门接到事故报告后，应当依照下列规定上报事故情况，并通知公安机关、劳动保障行政部门、工会和人民检察院：

（1）特别重大事故、重大事故逐级上报至国务院应急管理部门和负有安全生产监督管理职责的有关部门；

（2）较大事故逐级上报至省、自治区、直辖市人民政府应急管理部门和负有安全生产监督管理职责的有关部门；

（3）一般事故上报至设区的市级人民政府应急管理部门和负有安全生产监督管理职责的有关部门。

应急管理部门和负有安全生产监督管理职责的有关部门依照前款规定上报事故情况，应当同时报告本级人民政府。国务院应急管理部门和负有安全生产监督管理职责的有关部门以及省级人民政府接到发生特别重大事故、重大事故的报告后，应当立即报告国务院。必要时，应急管理部门和负有安全生产监督管理职责的有关部门可以越级上报事故情况。

应急管理部门和负有安全生产监督管理职责的有关部门逐级上报事故情况，每级上报的时间不得超过2小时。

3. 报告事故的内容

报告事故应当包括下列内容：

(1)事故发生单位概况；

(2)事故发生的时间、地点以及事故现场情况；

(3)事故的简要经过；

(4)事故造成的伤亡人数和经济损失；

(5)已经采取的措施；

(6)其他应当报告的情况。

4. 补报的情形

事故报告后出现新情况的，应当及时补报。自事故发生之日起30日内，事故造成的伤亡人数发生变化的，应当及时补报。道路交通事故、火灾事故自发生之日起7日内，事故造成的伤亡人数发生变化的，应当及时补报。

5. 接到事故报告后的处理

事故发生单位负责人接到事故报告后，应当立即启动事故相应应急预案，或者采取有效措施，组织抢救，防止事故扩大，减少人员伤亡和财产损失。

事故发生地有关地方人民政府、应急管理部门和负有安全生产监督管理职责的有关部门接到事故报告后，其负责人应当立即赶赴事故现场，组织事故救援。

事故发生后，有关单位和人员应当妥善保护事故现场以及相关证据，任何单位和个人不得破坏事故现场、毁灭相关证据。

因抢救人员、防止事故扩大以及疏通交通等原因，需要移动事故现场物件的，应当做出标志，绘制现场简图并做出书面记录，妥善保存现场重要痕迹、物证。

事故发生地公安机关根据事故的情况，对涉嫌犯罪的，应当依法立案侦查，采取强制措施和侦查措施。犯罪嫌疑人逃匿的，公安机关应当迅速追捕归案。

### (三)事故的调查

1. 事故调查主体的概述

县级以上人民政府应当依照本条例的规定，严格履行职责，及时、准确地完成事故调查处理工作。事故发生地有关地方人民政府应当支持、配合上级人民政府或者有关部门的事故调查处理工作，并提供必要的便利条件。参加事故调查处理的部门和单位应当互相配合，提高事故调查处理工作的效率。

2. 事故调查的权限

(1)特别重大事故由国务院或者国务院授权有关部门组织事故调查组进行调查；

(2)重大事故、较大事故、一般事故分别由事故发生地省级人民政府、设区的市级人民政府、县级人民政府负责调查。省级人民政府、设区的市级人民政府、县级人民政府可以直接组织事故调查组进行调查，也可以授权或者委托有关部门组织事故调查组进行调查；

(3)未造成人员伤亡的一般事故,县级人民政府也可以委托事故发生单位组织事故调查组进行调查;

(4)上级人民政府认为必要时,可以调查由下级人民政府负责调查的事故;

(5)自事故发生之日起30日内(道路交通事故、火灾事故自发生之日起7日内),因事故伤亡人数变化导致事故等级发生变化,依照本条例规定应当由上级人民政府负责调查的,上级人民政府可以另行组织事故调查组进行调查;

(6)特别重大事故以下等级事故,事故发生地与事故发生单位不在同一个县级以上行政区域的,由事故发生地人民政府负责调查,事故发生单位所在地人民政府应当派人参加。

**典型例题**

【单选题】某建筑施工企业的注册地在甲县,该企业在乙县施工过程中发生脚手架坍塌事故,造成1人死亡、1人重伤,直接经济损失1 350万元。甲县和乙县相邻,都隶属于丙省丁市。根据《生产安全事故报告和调查处理条例》,负责调查该事故的单位是(　　)。

A. 甲县人民政府　　B. 丁市人民政府

C. 丙省人民政府　　D. 乙县人民政府

B。【解析】《生产安全事故报告和调查处理条例》第十九条规定,特别重大事故由国务院或者国务院授权有关部门组织事故调查组进行调查。重大事故、较大事故、一般事故分别由事故发生地省级人民政府、设区的市级人民政府、县级人民政府负责调查。省级人民政府、设区的市级人民政府、县级人民政府可以直接组织事故调查组进行调查,也可以授权或者委托有关部门组织事故调查组进行调查。未造成人员伤亡的一般事故,县级人民政府也可以委托事故发生单位组织事故调查组进行调查。本题脚手架坍塌事故造成1人死亡、1人重伤,直接经济损失1 350万元,属于较大事故,由事故发生地设区的市级人民政府直接组织事故调查组进行调查。故选项B正确。

3. 事故调查组的组成

事故调查组的组成要精简、效能,这是缩短事故处理时限,降低事故调查处理成本,尽最大可能提高工作效率的前提。

根据事故的具体情况,事故调查组由有关人民政府、应急管理部门、负有安全生产监督管理职责的有关部门、监察机关、公安机关以及工会派人组成,并应当邀请人民检察院派人参加。事故调查组可以聘请有关专家参与调查。

事故调查组成员应当具有事故调查所需要的知识和专长,并与所调查的事故没有直接利害关系。事故调查组组长由负责事故调查的人民政府指定。事故调查组组长主持事故调查组的工作。

4. 事故调查组的职责

(1)查明事故发生的经过、原因、人员伤亡情况及直接经济损失;

(2)认定事故性质和事故责任;

(3)提出对事故责任者的处理建议;

(4)总结事故教训,提出防范和整改措施;

(5)提交事故调查报告。

5. 事故调查组的权利

事故调查组有权向有关单位和个人了解与事故有关的情况，并要求其提供相关文件、资料，有关单位和个人不得拒绝。

事故发生单位的负责人和有关人员在事故调查期间不得擅离职守，并应当随时接受事故调查组的询问，如实提供有关情况。

事故调查中发现涉嫌犯罪的，事故调查组应当及时将有关材料或者其复印件移交司法机关处理。

6. 事故调查组成员应遵守的规定

事故调查组成员在事故调查工作中应当诚信公正、恪尽职守，遵守事故调查组的纪律，保守事故调查的秘密。

未经事故调查组组长允许，事故调查组成员不得擅自发布有关事故的信息。

7. 事故调查报告

事故调查组应当自事故发生之日起 60 日内提交事故调查报告；特殊情况下，经负责事故调查的人民政府批准，提交事故调查报告的期限可以适当延长，但延长的期限最长不超过 60 日。

事故调查报告应当包括下列内容：

(1)事故发生单位概况；

(2)事故发生经过和事故救援情况；

(3)事故造成的人员伤亡和直接经济损失；

(4)事故发生的原因和事故性质；

(5)事故责任的认定以及对事故责任者的处理建议；

(6)事故防范和整改措施。

事故调查报告应当附具有关证据材料。事故调查组成员应当在事故调查报告上签名。

事故调查报告报送负责事故调查的人民政府后，事故调查工作即告结束。事故调查的有关资料应当归档保存。

## (四)事故处理

重大事故、较大事故、一般事故，负责事故调查的人民政府应当自收到事故调查报告之日起 15 日内做出批复；特别重大事故，30 日内做出批复，特殊情况下，批复时间可以适当延长，但延长的时间最长不超过 30 日。有关机关应当按照人民政府的批复，依照法律、行政法规规定的权限和程序，对事故发生单位和有关人员进行行政处罚，对负有事故责任的国家工作人员进行处分。

事故发生单位应当按照负责事故调查的人民政府的批复，对本单位负有事故责任的人员进行处理。负有事故责任的人员涉嫌犯罪的，依法追究刑事责任。

事故处理的情况由负责事故调查的人民政府或者其授权的有关部门、机构向社会公布，依法应当保密的除外。

## (五)法律责任

1. 事故发生单位及有关人员的法律责任

事故发生单位主要负责人有下列行为之一的，处上 1 年年收入 40% 至 80% 的罚款；属于国家工作人员的，并依法给予处分；构成犯罪的，依法追究刑事责任：

(1)不立即组织事故抢救的；

(2)迟报或者漏报事故的；

(3)在事故调查处理期间擅离职守的。

事故发生单位及其有关人员有下列行为之一的,对事故发生单位处 100 万元以上 500 万元以下的罚款;对主要负责人、直接负责的主管人员和其他直接责任人员处上 1 年年收入 60% 至 100% 的罚款;属于国家工作人员的,并依法给予处分;构成违反治安管理行为的,由公安机关依法给予治安管理处罚;构成犯罪的,依法追究刑事责任:

(1)谎报或者瞒报事故的;

(2)伪造或者故意破坏事故现场的;

(3)转移、隐匿资金、财产,或者销毁有关证据、资料的;

(4)拒绝接受调查或者拒绝提供有关情况和资料的;

(5)在事故调查中作伪证或者指使他人作伪证的;

(6)事故发生后逃匿的。

事故发生单位对事故发生负有责任的,依照下列规定处以罚款:

(1)发生一般事故的,处 10 万元以上 20 万元以下的罚款;

(2)发生较大事故的,处 20 万元以上 50 万元以下的罚款;

(3)发生重大事故的,处 50 万元以上 200 万元以下的罚款;

(4)发生特别重大事故的,处 200 万元以上 500 万元以下的罚款。

事故发生单位主要负责人未依法履行安全生产管理职责,导致事故发生的,依照下列规定处以罚款;属于国家工作人员的,并依法给予处分;构成犯罪的,依法追究刑事责任:

(1)发生一般事故的,处上 1 年年收入 30% 的罚款;

(2)发生较大事故的,处上 1 年年收入 40% 的罚款;

(3)发生重大事故的,处上 1 年年收入 60% 的罚款;

(4)发生特别重大事故的,处上 1 年年收入 80% 的罚款。

**提示**

不同法律法规关于罚款标准的规定有所不同,此处罚款标准是《生产安全事故报告和调查处理条例》的相关规定,注意不要与《安全生产法》关于罚款标准的相关规定混淆。《安全生产法》关于罚款标准的相关规定在本图书第三章第六节中有详细介绍。

2. 政府及有关监管部门的法律责任

有关地方人民政府、应急管理部门和负有安全生产监督管理职责的有关部门有下列行为之一的,对直接负责的主管人员和其他直接责任人员依法给予处分;构成犯罪的,依法追究刑事责任:

(1)不立即组织事故抢救的;

(2)迟报、漏报、谎报或者瞒报事故的;

(3)阻碍、干涉事故调查工作的;

(4)在事故调查中作伪证或者指使他人作伪证的。

有关地方人民政府或者有关部门故意拖延或者拒绝落实经批复的对事故责任人的处理意见的,由监察机关对有关责任人员依法给予处分。

3. 参与事故调查人员的法律责任

参与事故调查的人员在事故调查中有下列行为之一的,依法给予处分;构成犯罪的,依法追究刑事责任:

(1)对事故调查工作不负责任,致使事故调查工作有重大疏漏的;

（2）包庇、袒护负有事故责任的人员或者借机打击报复的。

以上规定的罚款的行政处罚，由应急管理部门决定。法律、行政法规对行政处罚的种类、幅度和决定机关另有规定的，依照其规定。

## 六、有关行业重大生产安全事故隐患判定标准

### （一）《煤矿重大事故隐患判定标准》的相关内容

煤矿重大事故隐患包括以下 15 个方面：

（1）超能力、超强度或者超定员组织生产；

（2）瓦斯超限作业；

（3）煤与瓦斯突出矿井，未依照规定实施防突出措施；

（4）高瓦斯矿井未建立瓦斯抽采系统和监控系统，或者不能正常运行；

（5）通风系统不完善、不可靠；

（6）有严重水患，未采取有效措施；

（7）超层越界开采；

（8）有冲击地压危险，未采取有效措施；

（9）自然发火严重，未采取有效措施；

（10）使用明令禁止使用或者淘汰的设备、工艺；

（11）煤矿没有双回路供电系统；

（12）新建煤矿边建设边生产，煤矿改扩建期间，在改扩建的区域生产，或者在其他区域的生产超出安全设计规定的范围和规模；

（13）煤矿实行整体承包生产经营后，未重新取得或者及时变更安全生产许可证而从事生产，或者承包方再次转包，以及将井下采掘工作面和井巷维修作业进行劳务承包；

（14）煤矿改制期间，未明确安全生产责任人和安全管理机构，或者在完成改制后，未重新取得或者变更采矿许可证、安全生产许可证和营业执照；

（15）其他重大事故隐患。

“有严重水患，未采取有效措施”重大事故隐患，是指有下列情形之一的：

（1）未查明矿井水文地质条件和井田范围内采空区、废弃老窑积水等情况而组织生产建设的；

（2）水文地质类型复杂、极复杂的矿井未设置专门的防治水机构、未配备专门的探放水作业队伍，或者未配齐专用探放水设备的；

（3）在需要探放水的区域进行采掘作业未按照国家规定进行探放水的；

（4）未按照国家规定留设或者擅自开采（破坏）各种防隔水煤（岩）柱的；

（5）有突（透、溃）水征兆未撤出井下所有受水患威胁地点人员的；

（6）受地表水倒灌威胁的矿井在强降雨天气或其来水上游发生洪水期间未实施停产撤人的；

（7）建设矿井进入三期工程前，未按照设计建成永久排水系统，或者生产矿井延深到设计水平时，未建成防、排水系统而违规开拓掘进的；

（8）矿井主要排水系统水泵排水能力、管路和水仓容量不符合《煤矿安全规程》规定的；

（9）开采地表水体、老空水淹区域或者强含水层下急倾斜煤层，未按照国家规定消除水患威胁的。

## (二)《金属非金属矿山重大生产安全事故隐患判定标准(试行)》的相关内容

1. 金属非金属地下矿山重大生产安全事故隐患

依据有关法律法规、部门规章和国家标准,以下情形应当判定为重大事故隐患:

(1)安全出口不符合国家标准、行业标准或设计要求;

(2)使用国家明令禁止使用的设备、材料和工艺;

(3)相邻矿山的井巷相互贯通;

(4)没有及时填绘图,现状图与实际严重不符;

(5)露天转地下开采,地表与井下形成贯通,未按照设计要求采取相应措施;

(6)地表水系穿过矿区,未按照设计要求采取防治水措施;

(7)排水系统与设计要求不符,导致排水能力降低;

(8)井口标高在当地历史最高洪水位1米以下,未采取相应防护措施;

(9)水文地质类型为中等及复杂的矿井没有设立专门防治水机构、配备探放水作业队伍或配齐专用探放水设备;

(10)水文地质类型复杂的矿山关键巷道防水门设置与设计要求不符;

(11)有自燃发火危险的矿山,未按照国家标准、行业标准或设计采取防火措施;

(12)在突水威胁区域或可疑区域进行采掘作业,未进行探放水;

(13)受地表水倒灌威胁的矿井在强降雨天气或其来水上游发生洪水期间,不实施停产撤人;

(14)相邻矿山开采错动线重叠,未按照设计要求采取相应措施;

(15)开采错动线以内存在居民村庄,或存在重要设备设施时未按照设计要求采取相应措施;

(16)擅自开采各种保安矿柱或其形式及参数劣于设计值;

(17)未按照设计要求对生产形成的采空区进行处理;

(18)具有严重地压条件,未采取预防地压灾害措施;

(19)巷道或者采场顶板未按照设计要求采取支护措施;

(20)矿井未按照设计要求建立机械通风系统,或风速、风量、风质不符合国家标准或行业标准的要求;

(21)未配齐具有矿用产品安全标志的便携式气体检测报警仪和自救器;

(22)提升系统的防坠器、阻车器等安全保护装置或信号闭锁措施失效;未定期试验或检测检验;

(23)一级负荷没有采用双回路或双电源供电,或单一电源不能满足全部一级负荷需要;

(24)地面向井下供电的变压器或井下使用的普通变压器采用中性接地。

2. 金属非金属露天矿山重大生产安全事故隐患

依据有关法律法规、部门规章和国家标准,以下情形应当判定为重大事故隐患:

(1)地下转露天开采,未探明采空区或未对采空区实施专项安全技术措施;

(2)使用国家明令禁止使用的设备、材料和工艺;

(3)未采用自上而下、分台阶或分层的方式进行开采;

(4)工作帮坡角大于设计工作帮坡角,或台阶(分层)高度超过设计高度;

(5)擅自开采或破坏设计规定保留的矿柱、岩柱和挂帮矿体;

(6)未按国家标准或行业标准对采场边坡、排土场稳定性进行评估;

(7)高度200米及以上的边坡或排土场未进行在线监测；

(8)边坡存在滑移现象；

(9)上山道路坡度大于设计坡度10%以上；

(10)封闭圈深度30米及以上的凹陷露天矿山，未按照设计要求建设防洪、排洪设施；

(11)雷雨天气实施爆破作业；

(12)危险级排土场。

3. 尾矿库重大生产安全事故隐患

依据有关法律法规、部门规章和国家标准，以下情形应当判定为重大事故隐患：

(1)库区和尾矿坝上存在未按批准的设计方案进行开采、挖掘、爆破等活动；

(2)坝体出现贯穿性横向裂缝，且出现较大范围管涌、流土变形，坝体出现深层滑动迹象；

(3)坝外坡坡比陡于设计坡比；

(4)坝体超过设计坝高，或超设计库容储存尾矿；

(5)尾矿堆积坝上升速率大于设计堆积上升速率；

(6)未按法规、国家标准或行业标准对坝体稳定性进行评估；

(7)浸润线埋深小于控制浸润线埋深；

(8)安全超高和干滩长度小于设计规定；

(9)排洪系统构筑物严重堵塞或坍塌，导致排水能力急剧下降；

(10)设计以外的尾矿、废料或者废水进库；

(11)多种矿石性质不同的尾砂混合排放时，未按设计要求进行排放；

(12)冬季未按照设计要求采用冰下放矿作业。

## (三)《化工和危险化学品生产经营单位重大生产安全事故隐患判定标准(试行)》的相关内容

依据有关法律法规、部门规章和国家标准，以下情形应当判定为重大事故隐患：

(1)危险化学品生产、经营单位主要负责人和安全生产管理人员未依法经考核合格；

(2)特种作业人员未持证上岗；

(3)涉及"两重点一重大"的生产装置、储存设施外部安全防护距离不符合国家标准要求；

(4)涉及重点监管危险化工工艺的装置未实现自动化控制，系统未实现紧急停车功能，装备的自动化控制系统、紧急停车系统未投入使用；

(5)构成一级、二级重大危险源的危险化学品罐区未实现紧急切断功能；涉及毒性气体、液化气体、剧毒液体的一级、二级重大危险源的危险化学品罐区未配备独立的安全仪表系统；

(6)全压力式液化烃储罐未按国家标准设置注水措施；

(7)液化烃、液氨、液氯等易燃易爆、有毒有害液化气体的充装未使用万向管道充装系统；

(8)光气、氯气等剧毒气体及硫化氢气体管道穿越除厂区(包括化工园区、工业园区)外的公共区域；

(9)地区架空电力线路穿越生产区且不符合国家标准要求；

(10)在役化工装置未经正规设计且未进行安全设计诊断；

(11)使用淘汰落后安全技术工艺、设备目录列出的工艺、设备；

(12)涉及可燃和有毒有害气体泄漏的场所未按国家标准设置检测报警装置，爆炸危险场所未按国家标准安装使用防爆电气设备；

(13)控制室或机柜间面向具有火灾、爆炸危险性装置一侧不满足国家标准关于防火防爆的要求；

(14)化工生产装置未按国家标准要求设置双重电源供电，自动化控制系统未设置不间断电源；

(15)安全阀、爆破片等安全附件未正常投用；

(16)未建立与岗位相匹配的全员安全生产责任制或者未制定实施生产安全事故隐患排查治理制度；

(17)未制定操作规程和工艺控制指标；

(18)未按照国家标准制定动火、进入受限空间等特殊作业管理制度，或者制度未有效执行；

(19)新开发的危险化学品生产工艺未经小试、中试、工业化试验直接进行工业化生产；国内首次使用的化工工艺未经过省级人民政府有关部门组织的安全可靠性论证；新建装置未制定试生产方案投料开车；精细化工企业未按规范性文件要求开展反应安全风险评估；

(20)未按国家标准分区分类储存危险化学品，超量、超品种储存危险化学品，相互禁配物质混放混存。

### (四)《烟花爆竹生产经营单位重大生产安全事故隐患判定标准(试行)》的相关内容

依据有关法律法规、部门规章和国家标准，以下情形应当判定为重大事故隐患：

(1)主要负责人、安全生产管理人员未依法经考核合格；

(2)特种作业人员未持证上岗，作业人员带药检维修设备设施；

(3)职工自行携带工器具、机器设备进厂进行涉药作业；

(4)工(库)房实际作业人员数量超过核定人数；

(5)工(库)房实际滞留、存储药量超过核定药量；

(6)工(库)房内、外部安全距离不足，防护屏障缺失或者不符合要求；

(7)防静电、防火、防雷设备设施缺失或者失效；

(8)擅自改变工(库)房用途或者违规私搭乱建；

(9)工厂围墙缺失或者分区设置不符合国家标准；

(10)将氧化剂、还原剂同库储存、违规预混或者在同一工房内粉碎、称量；

(11)在用涉药机械设备未经安全性论证或者擅自更改、改变用途；

(12)中转库、药物总库和成品总库的存储能力与设计产能不匹配；

(13)未建立与岗位相匹配的全员安全生产责任制或者未制定实施生产安全事故隐患排查治理制度；

(14)出租、出借、转让、买卖、冒用或者伪造许可证；

(15)生产经营的产品种类、危险等级超许可范围或者生产使用违禁药物；

(16)分包转包生产线、工房、库房组织生产经营；

(17)一证多厂或者多股东各自独立组织生产经营；

(18)许可证过期、整顿改造、恶劣天气等停产停业期间组织生产经营；

(19)烟花爆竹仓库存放其他爆炸物等危险物品或者生产经营违禁超标产品；

(20)零售点与居民居住场所设置在同一建筑物内或者在零售场所使用明火。

## (五)《工贸行业重大生产安全事故隐患判定标准》的相关内容

工贸行业重大事故隐患分为专项类重大事故隐患和行业类重大事故隐患,专项类重大事故隐患适用于所有相关的工贸行业,行业类重大事故隐患仅适用于对应的行业。

专项类重大事故隐患包括:

1. 存在粉尘爆炸危险的行业领域

(1)粉尘爆炸危险场所设置在非框架结构的多层建构筑物内,或与居民区、员工宿舍、会议室等人员密集场所安全距离不足;

(2)可燃性粉尘与可燃气体等易加剧爆炸危险的介质共用一套除尘系统,不同防火分区的除尘系统互联互通;

(3)干式除尘系统未规范采用泄爆、隔爆、惰化、抑爆等任一种控爆措施;

(4)除尘系统采用正压吹送粉尘,且未采取可靠的防范点燃源的措施;

(5)除尘系统采用粉尘沉降室除尘,或者采用干式巷道式构筑物作为除尘风道;

(6)铝镁等金属粉尘及木质粉尘的干式除尘系统未规范设置锁气卸灰装置;

(7)粉尘爆炸危险场所的20区未使用防爆电气设备设施;

(8)在粉碎、研磨、造粒等易于产生机械点火源的工艺设备前,未按规范设置去除铁、石等异物的装置;

(9)木制品加工企业,与砂光机连接的风管未规范设置火花探测报警装置;

(10)未制定粉尘清扫制度,作业现场积尘未及时规范清理。

2. 使用液氨制冷的行业领域

(1)包装间、分割间、产品整理间等人员较多生产场所的空调系统采用氨直接蒸发制冷系统;

(2)快速冻结装置未设置在单独的作业间内,且作业间内作业人员数量超过9人。

3. 有限空间作业相关的行业领域

(1)未对有限空间作业场所进行辨识,并设置明显安全警示标志;

(2)未落实作业审批制度,擅自进入有限空间作业。

行业类重大事故隐患包括:

1. 冶金行业

(1)会议室、活动室、休息室、更衣室等场所设置在铁水、钢水与液渣吊运影响的范围内;

(2)吊运铁水、钢水与液渣起重机不符合冶金起重机的相关要求;炼钢厂在吊运重罐铁水、钢水或液渣时,未使用固定式龙门钩的铸造起重机,龙门钩横梁、耳轴销和吊钩、钢丝绳及其端头固定零件,未进行定期检查,发现问题未及时整改;

(3)盛装铁水、钢水与液渣的罐(包、盆)等容器耳轴未按国家标准规定要求定期进行探伤检测;

(4)冶炼、熔炼、精炼生产区域的安全坑内及熔体泄漏、喷溅影响范围内存在积水,放置有易燃易爆物品。金属铸造、连铸、浇铸流程未设置铁水罐、钢水罐、溢流槽、中间溢流罐等高温熔融金属紧急排放和应急储存设施;

(5)炉、窑、槽、罐类设备本体及附属设施未定期检查,出现严重焊缝开裂、腐蚀、破损、衬砖损坏、壳体发红及明显弯曲变形等未报修或报废,仍继续使用;

(6)氧枪等水冷元件未配置出水温度与进出水流量差检测、报警装置及温度监测,未与炉体倾动、氧气开闭等联锁;

(7)煤气柜建设在居民稠密区,未远离大型建筑、仓库、通信和交通枢纽等重要设施;附属设备设施未按防火防爆要求配置防爆型设备;柜顶未设置防雷装置;

(8)煤气区域的值班室、操作室等人员较集中的地方,未设置固定式一氧化碳监测报警装置;

(9)高炉、转炉、加热炉、煤气柜、除尘器等设施的煤气管道未设置可靠隔离装置和吹扫设施;

(10)煤气分配主管上支管引接处,未设置可靠的切断装置;车间内各类燃气管线,在车间入口未设置总管切断阀;

(11)金属冶炼企业主要负责人和安全生产管理人员未依法经考核合格。

2. 有色行业

(1)吊运铜水等熔融有色金属及渣的起重机不符合冶金起重机的相关要求;横梁、耳轴销和吊钩、钢丝绳及其端头固定零件,未进行定期检查,发现问题未及时处理;

(2)会议室、活动室、休息室、更衣室等场所设置在铜水等熔融有色金属及渣的吊运影响范围内;

(3)盛装铜水等熔融有色金属及渣的罐(包、盆)等容器耳轴未定期进行检测;

(4)铜水等高温熔融有色金属冶炼、精炼、铸造生产区域的安全坑内及熔体泄漏、喷溅影响范围内存在非生产性积水;熔体容易喷溅到的区域,放置有易燃易爆物品;

(5)铜水等熔融有色金属铸造、浇铸流程未设置紧急排放和应急储存设施;

(6)高温工作的熔融有色金属冶炼炉窑、铸造机、加热炉及水冷元件未设置应急冷却水源等冷却应急处置措施;

(7)冶炼炉窑的水冷元件未配置温度、进出水流量差检测及报警装置;未设置防止冷却水大量进入炉内的安全设施(如:快速切断阀等);

(8)炉、窑、槽、罐类设备本体及附属设施未定期检查,出现严重焊缝开裂、腐蚀、破损、衬砖损坏、壳体发红及明显弯曲变形等未报修或报废,仍继续使用;

(9)使用煤气(天然气)的烧嘴等燃烧装置,未设置防突然熄火或点火失败的快速切断阀,以切断煤气(天然气);

(10)金属冶炼企业主要负责人和安全生产管理人员未依法经考核合格。

3. 建材行业

(1)水泥工厂煤磨袋式收尘器(或煤粉仓)未设置温度和一氧化碳监测,或未设置气体灭火装置;

(2)水泥工厂筒型储存库人工清库作业外包给不具备高空作业工程专业承包资质的承包方且作业前未进行风险分析;

(3)燃气窑炉未设置燃气低压警报器和快速切断阀,或易燃易爆气体聚集区域未设置监测报警装置;

(4)纤维制品三相电弧炉、电熔制品电炉,水冷构件泄漏;

(5)进入筒型储库、磨机、破碎机、笔冷机、各种焙烧窑等有限空间作业时,未采取有效的防止电气设备意外启动、热气涌入等隔离防护措施;

(6)玻璃窑炉、玻璃锡槽,水冷、风冷保护系统存在漏水、漏气,未设置监测报警装置。

4. 机械行业

(1)会议室、活动室、休息室、更衣室等场所设置在熔炼炉、熔融金属吊运和浇注影响范围内;

(2)吊运熔融金属的起重机不符合冶金铸造起重机技术条件,或驱动装置中未设置两套制动器。吊运浇注包的龙门钩横梁、耳轴销和吊钩等零件,未进行定期探伤检查;

(3)铸造熔炼炉炉底、炉坑及浇注坑等作业坑存在潮湿、积水状况,或存放易燃易爆物品;

(4)铸造熔炼炉冷却水系统未配置温度、进出水流量检测报警装置,没有设置防止冷却水进入炉内的安全设施;

(5)天然气(煤气)加热炉燃烧器操作部位未设置可燃气体泄漏报警装置,或燃烧系统未设置防突然熄火或点火失败的安全装置;

(6)使用易燃易爆稀释剂(如天拿水)清洗设备设施,未采取有效措施及时清除集聚在地沟、地坑等有限空间内的可燃气体;

(7)涂装调漆间和喷漆室未规范设置可燃气体报警装置和防爆电气设备设施。

5. 轻工行业

(1)食品制造企业涉及烘制、油炸等设施设备,未采取防过热自动报警切断装置和隔热防护措施;

(2)白酒储存、勾兑场所未规范设置乙醇浓度检测报警装置;

(3)纸浆制造、造纸企业使用水蒸气或明火直接加热钢瓶汽化液氯;

(4)日用玻璃、陶瓷制造企业燃气窑炉未设燃气低压警报器和快速切断阀,或易燃易爆气体聚集区域未设置监测报警装置;

(5)日用玻璃制造企业炉、窑类设备本体及附属设施出现开裂、腐蚀、破损、衬砖损坏、壳体发红及明显弯曲变形;

(6)喷涂车间、调漆间未规范设置通风装置和防爆电气设备设施。

6. 纺织行业

(1)纱、线、织物加工的烧毛、开幅、烘干等热定型工艺的汽化室、燃气贮罐、储油罐、热媒炉等未与生产加工、人员密集场所明确分开或单独设置;

(2)保险粉、双氧水、亚氯酸钠、雕白粉(吊白块)等危险品与禁忌物料混合贮存的;保险粉露天堆放,或储存场所未采取防水、防潮等措施。

7. 烟草行业

(1)熏蒸杀虫作业前,未确认无关人员全部撤离仓库,且作业人员未配置防毒面具;

(2)使用液态二氧化碳制造膨胀烟丝的生产线和场所,未设置二氧化碳浓度报警仪、燃气浓度报警仪、紧急联动排风装置。

8. 商贸行业

在房式仓、筒仓及简易仓囤进行粮食进出仓作业时,未按照作业标准步骤或未采取有效防护措施作业。

附注:为准确判定、及时整改工贸行业重大生产安全事故隐患,有效防范遏制重特大生产安全事故,应急管理部组织对《工贸行业重大生产安全事故隐患判定标准(2017 版)》(安监总管四〔2017〕129 号)进行了修订完善,并向社会公开征求意见。本次公开征求意见已于 2021 年 4 月 5 日截止,请考生多加关注。

# 第四节　建设工程安全管理相关规定

## 一、《建设工程安全生产管理条例》的主要内容

### (一)建设单位的安全责任

建设单位应当向施工单位提供施工现场及毗邻区域内供水、排水、供电、供气、供热、通信、广播电视等地下管线资料,气象和水文观测资料,相邻建筑物和构筑物、地下工程的有关资料,并保证资料的真实、准确、完整。建设单位因建设工程需要,向有关部门或者单位查询前款规定的资料时,有关部门或者单位应当及时提供。

建设单位不得对勘察、设计、施工、工程监理等单位提出不符合建设工程安全生产法律、法规和强制性标准规定的要求,不得压缩合同约定的工期。

建设单位在编制工程概算时,应当确定建设工程安全作业环境及安全施工措施所需费用。建设单位不得明示或者暗示施工单位购买、租赁、使用不符合安全施工要求的安全防护用具、机械设备、施工机具及配件、消防设施和器材。

建设单位在申请领取施工许可证时,应当提供建设工程有关安全施工措施的资料。依法批准开工报告的建设工程,建设单位应当自开工报告批准之日起 15 日内,将保证安全施工的措施报送建设工程所在地的县级以上地方人民政府建设行政主管部门或者其他有关部门备案。

建设单位应当将拆除工程发包给具有相应资质等级的施工单位。建设单位应当在拆除工程施工 15 日前,将下列资料报送建设工程所在地的县级以上地方人民政府建设行政主管部门或者其他有关部门备案:①施工单位资质等级证明;②拟拆除建筑物、构筑物及可能危及毗邻建筑的说明;③拆除施工组织方案;④堆放、清除废弃物的措施。实施爆破作业的,应当遵守国家有关民用爆炸物品管理的规定。

建设单位有下列行为之一的,责令限期改正,处 20 万元以上 50 万元以下的罚款;造成重大安全事故,构成犯罪的,对直接责任人员,依照刑法有关规定追究刑事责任;造成损失的,依法承担赔偿责任:①对勘察、设计、施工、工程监理等单位提出不符合安全生产法律、法规和强制性标准规定的要求的;②要求施工单位压缩合同约定的工期的;③将拆除工程发包给不具有相应资质等级的施工单位的。

### (二)勘察、设计、工程监理及其他有关单位的安全责任

勘察单位应当按照法律、法规和工程建设强制性标准进行勘察,提供的勘察文件应当真实、准确,满足建设工程安全生产的需要。勘察单位在勘察作业时,应当严格执行操作规程,采取措施保证各类管线、设施和周边建筑物、构筑物的安全。

设计单位应当按照法律、法规和工程建设强制性标准进行设计,防止因设计不合理导致生产安全事故的发生。设计单位应当考虑施工安全操作和防护的需要,对涉及施工安全的重点部位和环节在设计文件中注明,并对防范生产安全事故提出指导意见。采用新结构、新材料、新工艺的建设工程和特殊结构的建设工程,设计单位应当在设计中提出保障施工作业人员安全和预防生产安全事故的措施建议。设计单位和注册建筑师等注册执业人员应当对其设计负责。

工程监理单位应当审查施工组织设计中的安全技术措施或者专项施工方案是否符合工程建设强制性标准。工程监理单位在实施监理过程中,发现存在安全事故隐患的,应当要求施工单位整改;情况严重的,应当要求施工单位暂时停止施工,并及时报告建设单位。施工单位拒不整改或者不停止施工的,工程监理单位应当及时向有关主管部门报告。工程监理单位和监理工程师应当按照法律、法规和工程建设强制性标准实施监理,并对建设工程安全生产承担监理责任。

在施工现场安装、拆卸施工起重机械和整体提升脚手架、模板等自升式架设设施,必须由具有相应资质的单位承担。安装、拆卸施工起重机械和整体提升脚手架、模板等自升式架设设施,应当编制拆装方案、制定安全施工措施,并由专业技术人员现场监督。施工起重机械和整体提升脚手架、模板等自升式架设设施安装完毕后,安装单位应当自检,出具自检合格证明,并向施工单位进行安全使用说明,办理验收手续并签字。

### (三)施工单位的安全责任

1. 资质管理

施工单位从事建设工程的新建、扩建、改建和拆除等活动,应当具备国家规定的注册资本、专业技术人员、技术装备和安全生产等条件,依法取得相应等级的资质证书,并在其资质等级许可的范围内承揽工程。

2. 安全施工措施费用管理

施工单位对列入建设工程概算的安全作业环境及安全施工措施所需费用,应当用于施工安全防护用具及设施的采购和更新、安全施工措施的落实、安全生产条件的改善,不得挪作他用。

3. 专项施工方案和设计交底

施工单位应当在施工组织设计中编制安全技术措施和施工现场临时用电方案,对下列达到一定规模的危险性较大的分部分项工程编制专项施工方案,并附具安全验算结果,经施工单位技术负责人、总监理工程师签字后实施,由专职安全生产管理人员进行现场监督:①基坑支护与降水工程;②土方开挖工程;③模板工程;④起重吊装工程;⑤脚手架工程;⑥拆除、爆破工程;⑦国务院建设行政主管部门或者其他有关部门规定的其他危险性较大的工程。上述工程中涉及深基坑、地下暗挖工程、高大模板工程的专项施工方案,施工单位还应当组织专家进行论证、审查。

建设工程施工前,施工单位负责项目管理的技术人员应当对有关安全施工的技术要求向施工作业班组、作业人员作出详细说明,并由双方签字确认。

4. 现场安全管理措施

施工单位应当在施工现场入口处、施工起重机械、临时用电设施、脚手架、出入通道口、楼梯口、电梯井口、孔洞口、桥梁口、隧道口、基坑边沿、爆破物及有害危险气体和液体存放处等危险部位,设置明显的安全警示标志。安全警示标志必须符合国家标准。施工单位应当将施工现场的办公、生活区与作业区分开设置,并保持安全距离;办公、生活区的选址应当符合安全性要求。职工的膳食、饮水、休息场所等应当符合卫生标准。施工单位不得在尚未竣工的建筑物内设置员工集体宿舍。施工现场临时搭建的建筑物应当符合安全使用要求。施工现场使用的装配式活动房屋应当具有产品合格证。

施工单位对因建设工程施工可能造成损害的毗邻建筑物、构筑物和地下管线等,应当采取专项防护措施。在城市市区内的建设工程，施工单位应当对施工现场实行封闭围挡。

施工单位应当在施工现场建立消防安全责任制度，确定消防安全责任人，制定用火、用电、使用易燃易爆材料等各项消防安全管理制度和操作规程，设置消防通道、消防水源，配备消防设施和灭火器材，并在施工现场入口处设置明显标志。

此外，《"十四五"国家安全生产规划》规定，在城市建设中防范遏制重特大事故的内容包括：改革建筑施工安全生产许可证制度，完善隧道工程事故预防机制，严格落实工程质量安全手册制度。完善建筑施工安全监管信息系统，健全建筑施工安全信用体系。深化公路、铁路、水利、电力、民航等建设工程的专项整治。强化施工现场安全管理和安全生产费用提取使用监管，推动施工现场安全管理标准化规范化。督促企业对临边、洞口、攀登、悬空和交叉作业部位等区域实施重点防护，加强劳动防护用品管理，严防高处坠落事故。推动智慧工地建设，实施建设施工全生命周期管理。规范建设工程用工管理及分包单位准入规定，培育高素质施工作业人员，稳定施工劳务用工队伍。严格依法查处转包、违法分包、挂靠、租借资质、超越资质承揽工程等行为，加大对重大工程、重点地区、高风险时段的监督检查力度。把老旧燃气管道更新改造纳入城市更新行动，推动燃气安全综合治理。强化旅游景区高风险项目安全监管，开展客运索道、观光车、大型游乐设施设备安全整治。加强农村住房建设和危房改造施工安全管理，强化农村住房安全监管。

5. 安全防护用具和设备管理

施工单位应当向作业人员提供安全防护用具和安全防护服装，并书面告知危险岗位的操作规程和违章操作的危害。作业人员有权对施工现场的作业条件、作业程序和作业方式中存在的安全问题提出批评、检举和控告，有权拒绝违章指挥和强令冒险作业。在施工中发生危及人身安全的紧急情况时，作业人员有权立即停止作业或者在采取必要的应急措施后撤离危险区域。作业人员应当遵守安全施工的强制性标准、规章制度和操作规程，正确使用安全防护用具、机械设备等。

施工单位采购、租赁的安全防护用具、机械设备、施工机具及配件，应当具有生产（制造）许可证、产品合格证，并在进入施工现场前进行查验。施工现场的安全防护用具、机械设备、施工机具及配件必须由专人管理，定期进行检查、维修和保养，建立相应的资料档案，并按照国家有关规定及时报废。

施工单位在使用施工起重机械和整体提升脚手架、模板等自升式架设设施前，应当组织有关单位进行验收，也可以委托具有相应资质的检验检测机构进行验收；使用承租的机械设备和施工机具及配件的，由施工总承包单位、分包单位、出租单位和安装单位共同进行验收。验收合格的方可使用。

6. 安全管理机构和人员配备

施工单位应当设立安全生产管理机构，配备专职安全生产管理人员。专职安全生产管理人员负责对安全生产进行现场监督检查。发现安全事故隐患，应当及时向项目负责人和安全生产管理机构报告；对违章指挥、违章操作的，应当立即制止。

施工单位主要负责人依法对本单位的安全生产工作全面负责。施工单位应当建立健全安全生产责任制度和安全生产教育培训制度，制定安全生产规章制度和操作规程，保证本单位安全生产条件所需资金的投入，对所承担的建设工程进行定期和专项安全检查，并做好安全检查记录。

施工单位的项目负责人应当由取得相应执业资格的人员担任，对建设工程项目的安全施工负责，落实安全生产责任制度、安全生产规章制度和操作规程，确保安全生产费用的有效使用，并根据工程的特点组织制定安全施工措施，消除安全事故隐患，及时、如实报告生产安全事故。

7. 安全生产教育培训

施工单位的主要负责人、项目负责人、专职安全生产管理人员应当经建设行政主管部门或者其他有关部门考核合格后方可任职。施工单位应当对管理人员和作业人员每年至少进行1次安全生产教育培训，其教育培训情况记入个人工作档案。安全生产教育培训考核不合格的人员，不得上岗。作业人员进入新的岗位或者新的施工现场前，应当接受安全生产教育培训。未经教育培训或者教育培训考核不合格的人员，不得上岗作业。施工单位在采用新技术、新工艺、新设备、新材料时，应当对作业人员进行相应的安全生产教育培训。

垂直运输机械作业人员、安装拆卸工、爆破作业人员、起重信号工、登高架设作业人员等特种作业人员，必须按照国家有关规定经过专门的安全作业培训，并取得特种作业操作资格证书后，方可上岗作业。

8. 施工单位违法行为应承担的法律责任

施工单位有下列行为之一的，责令限期改正；逾期未改正的，责令停业整顿，依照《安全生产法》的有关规定处以罚款；造成重大安全事故，构成犯罪的，对直接责任人员，依照刑法有关规定追究刑事责任：①未设立安全生产管理机构、配备专职安全生产管理人员或者分部分项工程施工时无专职安全生产管理人员现场监督的；②施工单位的主要负责人、项目负责人、专职安全生产管理人员、作业人员或者特种作业人员，未经安全教育培训或者经考核不合格即从事相关工作的；③未在施工现场的危险部位设置明显的安全警示标志，或者未按照国家有关规定在施工现场设置消防通道、消防水源、配备消防设施和灭火器材的；④未向作业人员提供安全防护用具和安全防护服装的；⑤未按照规定在施工起重机械和整体提升脚手架、模板等自升式架设设施验收合格后登记的；⑥使用国家明令淘汰、禁止使用的危及施工安全的工艺、设备、材料的。

施工单位有下列行为之一的，责令限期改正；逾期未改正的，责令停业整顿，并处5万元以上10万元以下的罚款；造成重大安全事故，构成犯罪的，对直接责任人员，依照刑法有关规定追究刑事责任：①施工前未对有关安全施工的技术要求作出详细说明的；②未根据不同施工阶段和周围环境及季节、气候的变化，在施工现场采取相应的安全施工措施，或者在城市市区内的建设工程的施工现场未实行封闭围挡的；③在尚未竣工的建筑物内设置员工集体宿舍的；④施工现场临时搭建的建筑物不符合安全使用要求的；⑤未对因建设工程施工可能造成损害的毗邻建筑物、构筑物和地下管线等采取专项防护措施的。施工单位有后两项行为，造成损失的，依法承担赔偿责任。

施工单位有下列行为之一的，责令限期改正；逾期未改正的，责令停业整顿，并处10万元以上30万元以下的罚款；情节严重的，降低资质等级，直至吊销资质证书；造成重大安全事故，构成犯罪的，对直接责任人员，依照刑法有关规定追究刑事责任；造成损失的，依法承担赔偿责任：①安全防护用具、机械设备、施工机具及配件在进入施工现场前未经查验或者查验不合格即投入使用的；②使用未经验收或者验收不合格的施工起重机械和整体提升脚手架、模板等自升式架设设施的；③委托不具有相应资质的单位承担施工现场安装、拆卸施工起重机械和整体提升脚手架、模板等自升式架设设施的；④在施工组织设计中未编制安全技术措施、施工现场临时用电方案或者专项施工方案的。

## 典型例题

【单选题】某建设工程由甲公司作为施工总承包单位，乙、丙、丁公司为分包单位。根据《建设工程安全生产管理条例》，下列关于事故应急救援和调查处理的说法，正确的是（　　）。

A. 甲、乙、丙、丁公司应分别制定生产安全事故应急救援预案，各自建立应急救援组织或者配备应急救援人员，配备救援器材、设备，并定期各自组织演练

B. 该建设工程发生生产安全事故，应由甲公司组织乙、丙、丁公司共同向应急管理部门、建设行政主管部门或者其他有关部门报告

C. 该建设工程发生生产安全事故，应当由乙、丙、丁公司各自向应急管理部门、建设行政主管部门或者其他有关部门报告

D. 甲公司应当统一组织编制建设工程生产安全事故应急救援预案，甲公司和乙、丙、丁公司按照应急救援预案，各自建立应急救援组织或者配备应急救援人员，配备救援器材、设备，并定期组织演练

D。【解析】实行施工总承包的，由总承包单位统一组织编制建设工程生产安全事故应急救援预案，工程总承包单位和分包单位按照应急救援预案，各自建立应急救援组织或者配备应急救援人员，配备救援器材、设备，并定期组织演练。故选项 A 错误，选项 D 正确。施工单位发生生产安全事故，应当按照国家有关伤亡事故报告和调查处理的规定，及时、如实地向负责安全生产监督管理的部门、建设行政主管部门或者其他有关部门报告；特种设备发生事故的，还应当同时向特种设备安全监督管理部门报告。接到报告的部门应当按照国家有关规定，如实上报。实行施工总承包的建设工程，由总承包单位负责上报事故。故选项 B，C 错误。

【单选题】根据《建设工程安全生产管理条例》，下列关于实行施工总承包的建设工程安全责任的说法中，正确的是（　　）。

A. 总承包单位和分包单位依据承包合同的规定，对施工现场的安全生产各自独立承担相应责任

B. 总承包单位依法将建设工程分包给其他单位的，分包合同中应当明确各自的安全生产方面的权利、义务

C. 建设单位、总承包单位和分包单位对分包工程的安全生产承担连带责任

D. 分包单位不服从管理导致生产安全事故的，由分包单位承担全部责任

B。【解析】《建设工程安全生产管理条例》第二十四条规定，建设工程实行施工总承包的，由总承包单位对施工现场的安全生产负总责。总承包单位应当自行完成建设工程主体结构的施工。总承包单位依法将建设工程分包给其他单位的，分包合同中应当明确各自的安全生产方面的权利、义务。总承包单位和分包单位对分包工程的安全生产承担连带责任。分包单位应当服从总承包单位的安全生产管理，分包单位不服从管理导致生产安全事故的，由分包单位承担主要责任。

## 二、《危险性较大的分部分项工程安全管理规定》的相关内容

《危险性较大的分部分项工程安全管理规定》适用于房屋建筑和市政基础设施工程中危险性较大的分部分项工程安全管理。危险性较大的分部分项工程(以下简称“危大工程”),是指房屋建筑和市政基础设施工程在施工过程中,容易导致人员群死群伤或者造成重大经济损失的分部分项工程。

### (一)前期保障

勘察单位应当根据工程实际及工程周边环境资料,在勘察文件中说明地质条件可能造成的工程风险。

设计单位应当在设计文件中注明涉及危大工程的重点部位和环节,提出保障工程周边环境安全和工程施工安全的意见,必要时进行专项设计。

建设单位应当依法提供真实、准确、完整的工程地质、水文地质和工程周边环境等资料。建设单位应当组织勘察、设计等单位在施工招标文件中列出危大工程清单,要求施工单位在投标时补充完善危大工程清单并明确相应的安全管理措施。建设单位应当按照施工合同约定及时支付危大工程施工技术措施费以及相应的安全防护文明施工措施费,保障危大工程施工安全。建设单位在申请办理安全监督手续时,应当提交危大工程清单及其安全管理措施等资料。

### (二)专项施工方案的相关规定

1. 专项施工方案的编制

施工单位应当在危大工程施工前组织工程技术人员编制专项施工方案。实行施工总承包的,专项施工方案应当由施工总承包单位组织编制。危大工程实行分包的,专项施工方案可以由相关专业分包单位组织编制。

对于超过一定规模的危大工程,施工单位应当组织召开专家论证会对专项施工方案进行论证。实行施工总承包的,由施工总承包单位组织召开专家论证会。专家论证前专项施工方案应当通过施工单位审核和总监理工程师审查。专家论证会后,应当形成论证报告,对专项施工方案提出通过、修改后通过或者不通过的一致意见。专家对论证报告负责并签字确认。专项施工方案经论证不通过的,施工单位修改后应当按照规定的要求重新组织专家论证。

2. 专项施工方案的审核

专项施工方案应当由施工单位技术负责人审核签字、加盖单位公章,并由总监理工程师审查签字、加盖执业印章后方可实施。危大工程实行分包并由分包单位编制专项施工方案的,专项施工方案应当由总承包单位技术负责人及分包单位技术负责人共同审核签字并加盖单位公章。对于超过一定规模的危大工程,专项施工方案经论证需修改后通过的,施工单位应当根据论证报告修改完善后,重新履行上述程序。

### (三)现场安全管理的相关规定

1. 施工单位须履行的职责

施工单位应当在施工现场显著位置公告危大工程名称、施工时间和具体责任人员,并在危险区域设置安全警示标志。施工单位应当对危大工程施工作业人员进行登记,项目负责人应当在施工现场履职。施工单位应当按照规定对危大工程进行施工监测和安全巡视,发现危及人身安全的紧急情况,应当立即组织作业人员撤离危险区域。

专项施工方案实施前，编制人员或者项目技术负责人应当向施工现场管理人员进行方案交底。施工现场管理人员应当向作业人员进行安全技术交底，并由双方和项目专职安全生产管理人员共同签字确认。施工单位应当严格按照专项施工方案组织施工，不得擅自修改专项施工方案。因规划调整、设计变更等原因确需调整的，修改后的专项施工方案应当按照规定重新审核和论证。涉及资金或者工期调整的，建设单位应当按照约定予以调整。项目专职安全生产管理人员应当对专项施工方案实施情况进行现场监督，对未按照专项施工方案施工的，应当要求立即整改，并及时报告项目负责人，项目负责人应当及时组织限期整改。

2. 监理单位须履行的职责

监理单位应当结合危大工程专项施工方案编制监理实施细则，并对危大工程施工实施专项巡视检查。监理单位发现施工单位未按照专项施工方案施工的，应当要求其进行整改；情节严重的，应当要求其暂停施工，并及时报告建设单位。施工单位拒不整改或者不停止施工的，监理单位应当及时报告建设单位和工程所在地住房城乡建设主管部门。

3. 监测单位须履行的职责

对于按照规定需要进行第三方监测的危大工程，建设单位应当委托具有相应勘察资质的单位进行监测。监测单位应当编制监测方案。监测方案由监测单位技术负责人审核签字并加盖单位公章，报送监理单位后方可实施。监测单位应当按照监测方案开展监测，及时向建设单位报送监测成果，并对监测成果负责；发现异常时，及时向建设、设计、施工、监理单位报告，建设单位应当立即组织相关单位采取处置措施。

4. 需验收的危大工程验收规定

对于按照规定需要验收的危大工程，施工单位、监理单位应当组织相关人员进行验收。验收合格的，经施工单位项目技术负责人及总监理工程师签字确认后，方可进入下一道工序。危大工程验收合格后，施工单位应当在施工现场明显位置设置验收标识牌，公示验收时间及责任人员。

5. 险情或事故处理方式

危大工程发生险情或者事故时，施工单位应当立即采取应急处置措施，并报告工程所在地住房城乡建设主管部门。建设、勘察、设计、监理等单位应当配合施工单位开展应急抢险工作。危大工程应急抢险结束后，建设单位应当组织勘察、设计、施工、监理等单位制定工程恢复方案，并对应急抢险工作进行后评估。

## 三、《建设工程消防设计审查验收管理暂行规定》的主要内容

### （一）适用范围

特殊建设工程的消防设计审查、消防验收，以及其他建设工程的消防验收备案（以下简称备案）、抽查，适用本规定。

本规定所称特殊建设工程，是指本规定第十四条所列的建设工程。

本规定所称其他建设工程，是指特殊建设工程以外的其他按照国家工程建设消防技术标准需要进行消防设计的建设工程。

住宅室内装饰装修、村民自建住宅、救灾和非人员密集场所的临时性建筑的建设活动，不适用本规定。

### (二)特殊建设工程的审验范围

具有下列情形之一的建设工程是特殊建设工程:

(1)总建筑面积大于2万平方米的体育场馆、会堂,公共展览馆、博物馆的展示厅;

(2)总建筑面积大于1.5万平方米的民用机场航站楼、客运车站候车室、客运码头候船厅;

(3)总建筑面积大于1万平方米的宾馆、饭店、商场、市场;

(4)总建筑面积大于2 500平方米的影剧院,公共图书馆的阅览室,营业性室内健身、休闲场馆,医院的门诊楼,大学的教学楼、图书馆、食堂,劳动密集型企业的生产加工车间,寺庙、教堂;

(5)总建筑面积大于1 000平方米的托儿所、幼儿园的儿童用房,儿童游乐厅等室内儿童活动场所,养老院、福利院,医院、疗养院的病房楼,中小学校的教学楼、图书馆、食堂,学校的集体宿舍,劳动密集型企业的员工集体宿舍;

(6)总建筑面积大于500平方米的歌舞厅、录像厅、放映厅、卡拉OK厅、夜总会、游艺厅、桑拿浴室、网吧、酒吧,具有娱乐功能的餐馆、茶馆、咖啡厅;

(7)国家工程建设消防技术标准规定的一类高层住宅建筑;

(8)城市轨道交通、隧道工程,大型发电、变配电工程;

(9)生产、储存、装卸易燃易爆危险物品的工厂、仓库和专用车站、码头,易燃易爆气体和液体的充装站、供应站、调压站;

(10)国家机关办公楼、电力调度楼、电信楼、邮政楼、防灾指挥调度楼、广播电视楼、档案楼;

(11)设有本条第(1)项至第(6)项所列情形的建设工程;

(12)本条第(10)项、第(11)项规定以外的单体建筑面积大于4万平方米或者建筑高度超过50米的公共建筑。

### (三)特殊建设工程的消防设计审查

建设单位申请消防设计审查,应当提交下列材料:

(1)消防设计审查申请表;

(2)消防设计文件;

(3)依法需要办理建设工程规划许可的,应当提交建设工程规划许可文件;

(4)依法需要批准的临时性建筑,应当提交批准文件。

特殊建设工程具有下列情形之一的,建设单位除提交上述所列材料外,还应当同时提交特殊消防设计技术资料:

(1)国家工程建设消防技术标准没有规定,必须采用国际标准或者境外工程建设消防技术标准的;

(2)消防设计文件拟采用的新技术、新工艺、新材料不符合国家工程建设消防技术标准规定的。

前款所称特殊消防设计技术资料,应当包括特殊消防设计文件,设计采用的国际标准、境外工程建设消防技术标准的中文文本,以及有关的应用实例、产品说明等资料。

消防设计审查验收主管部门收到建设单位提交的消防设计审查申请后,对申请材料齐全的,应当出具受理凭证;申请材料不齐全的,应当一次性告知需要补正的全部内容。

对具有需提交特殊消防设计技术资料情形之一的建设工程，消防设计审查验收主管部门应当自受理消防设计审查申请之日起5个工作日内，将申请材料报送省、自治区、直辖市人民政府住房和城乡建设主管部门组织专家评审。

### （四）特殊建设工程的消防验收

建设单位申请消防验收，应当提交下列材料：

（1）消防验收申请表；

（2）工程竣工验收报告；

（3）涉及消防的建设工程竣工图纸。

消防设计审查验收主管部门收到建设单位提交的消防验收申请后，对申请材料齐全的，应当出具受理凭证；申请材料不齐全的，应当一次性告知需要补正的全部内容。

消防设计审查验收主管部门应当自受理消防验收申请之日起15日内出具消防验收意见。对符合下列条件的，应当出具消防验收合格意见：

（1）申请材料齐全、符合法定形式；

（2）工程竣工验收报告内容完备；

（3）涉及消防的建设工程竣工图纸与经审查合格的消防设计文件相符；

（4）现场评定结论合格。

对不符合前款规定条件的，消防设计审查验收主管部门应当出具消防验收不合格意见，并说明理由。

实行规划、土地、消防、人防、档案等事项联合验收的建设工程，消防验收意见由地方人民政府指定的部门统一出具。

### （五）其他建设工程的消防设计、备案与抽查

其他建设工程竣工验收合格之日起5个工作日内，建设单位应当报消防设计审查验收主管部门备案。

建设单位办理备案，应当提交下列材料：

（1）消防验收备案表；

（2）工程竣工验收报告；

（3）涉及消防的建设工程竣工图纸。

有关建设单位竣工验收消防查验的规定，适用于其他建设工程。

消防设计审查验收主管部门收到建设单位备案材料后，对备案材料齐全的，应当出具备案凭证；备案材料不齐全的，应当一次性告知需要补正的全部内容。

消防设计审查验收主管部门应当对备案的其他建设工程进行抽查。抽查工作推行“双随机、一公开”制度，随机抽取检查对象，随机选派检查人员。抽取比例由省、自治区、直辖市人民政府住房和城乡建设主管部门，结合辖区内消防设计、施工质量情况确定，并向社会公示。

消防设计审查验收主管部门应当自其他建设工程被确定为检查对象之日起15个工作日内，按照建设工程消防验收有关规定完成检查，制作检查记录。检查结果应当通知建设单位，并向社会公示。

建设单位收到检查不合格整改通知后，应当停止使用建设工程，并组织整改，整改完成后，向消防设计审查验收主管部门申请复查。

消防设计审查验收主管部门应当自收到书面申请之日起 7 个工作日内进行复查，并出具复查意见。复查合格后方可使用建设工程。

### （六）法律责任

违反本规定的行为，依照《建筑法》《消防法》《建设工程质量管理条例》等法律法规给予处罚；构成犯罪的，依法追究刑事责任。

建设、设计、施工、工程监理、技术服务等单位及其从业人员违反有关建设工程法律法规和国家工程建设消防技术标准，除依法给予处罚或者追究刑事责任外，还应当依法承担相应的民事责任。

**典型例题**

【单选题】根据《建设工程消防设计审查验收管理暂行规定》，下列关于建设工程消防设计审查验收管理的说法，正确的是（　　）。

A. 建设单位依法对建设工程消防设计、施工质量负主体责任

B. 国家实行建设工程消防设计审查制度

C. 建设工程消防设计审查抽查比例由设区的市级人民政府住房和城乡建设主管部门确定

D. 实行施工图设计文件联合审查的，建设工程消防设计的技术审查应并入联合审查

D。【解析】建设单位依法对建设工程消防设计、施工质量负首要责任。设计、施工、工程监理、技术服务等单位依法对建设工程消防设计、施工质量负主体责任。建设、设计、施工、工程监理、技术服务等单位的从业人员依法对建设工程消防设计、施工质量承担相应的个人责任。故选项 A 错误。对特殊建设工程实行消防设计审查制度。故选项 B 错误。消防设计审查验收主管部门应当对备案的其他建设工程进行抽查。抽查工作推行"双随机、一公开"制度，随机抽取检查对象，随机选派检查人员。抽取比例由省、自治区、直辖市人民政府住房和城乡建设主管部门，结合辖区内消防设计、施工质量情况确定，并向社会公示。故选项 C 错误。

## 四、《建设项目安全设施"三同时"监督管理办法》的主要内容

### （一）建设项目安全预评价

下列建设项目在进行可行性研究时，生产经营单位应当按照国家规定，进行安全预评价：

（1）非煤矿矿山建设项目；

（2）生产、储存危险化学品（包括使用长输管道输送危险化学品，下同）的建设项目；

（3）生产、储存烟花爆竹的建设项目；

（4）金属冶炼建设项目；

（5）使用危险化学品从事生产并且使用量达到规定数量的化工建设项目（属于危险化学品生产的除外，以下简称化工建设项目）；

（6）法律、行政法规和国务院规定的其他建设项目。

上述第（1）项、第（2）项、第（3）项和第（4）项规定以外的建设项目安全设施设计，由生产经营单位组织审查，形成书面报告备查。

生产经营单位应当委托具有相应资质的安全评价机构，对其建设项目进行安全预评价，并编制安全预评价报告。建设项目安全预评价报告应当符合国家标准或者行业标准的规定。

## (二)建设项目安全设施设计审查

生产经营单位在建设项目初步设计时，应当委托有相应资质的初步设计单位对建设项目安全设施同时进行设计，编制安全设施设计。

建设项目安全设施设计应当包括下列内容：

(1)设计依据；

(2)建设项目概述；

(3)建设项目潜在的危险、有害因素和危险、有害程度及周边环境安全分析；

(4)建筑及场地布置；

(5)重大危险源分析及检测监控；

(6)安全设施设计采取的防范措施；

(7)安全生产管理机构设置或者安全生产管理人员配备要求；

(8)从业人员教育培训要求；

(9)工艺、技术和设备、设施的先进性和可靠性分析；

(10)安全设施专项投资概算；

(11)安全预评价报告中的安全对策及建议采纳情况；

(12)预期效果以及存在的问题与建议；

(13)可能出现的事故预防及应急救援措施；

(14)法律、法规、规章、标准规定需要说明的其他事项。

建设项目安全设施设计审查时，生产经营单位应当向应急管理部门提出审查申请，并提交下列文件资料：

(1)建设项目审批、核准或者备案的文件；

(2)建设项目安全设施设计审查申请；

(3)设计单位的设计资质证明文件；

(4)建设项目安全设施设计；

(5)建设项目安全预评价报告及相关文件资料；

(6)法律、行政法规、规章规定的其他文件资料。

应急管理部门收到申请后，对属于本部门职责范围内的，应当及时进行审查，并在收到申请后 5 个工作日内作出受理或者不予受理的决定，书面告知申请人；对不属于本部门职责范围内的，应当将有关文件资料转送有审查权的应急管理部门，并书面告知申请人。

对已经受理的建设项目安全设施设计审查申请，应急管理部门应当自受理之日起 20 个工作日内作出是否批准的决定，并书面告知申请人。20 个工作日内不能作出决定的，经本部门负责人批准，可以延长 10 个工作日，并应当将延长期限的理由书面告知申请人。

建设项目安全设施设计有下列情形之一的，不予批准，并不得开工建设：

(1)无建设项目审批、核准或者备案文件的；

(2)未委托具有相应资质的设计单位进行设计的；

(3)安全预评价报告由未取得相应资质的安全评价机构编制的；

(4)设计内容不符合有关安全生产的法律、法规、规章和国家标准或者行业标准、技术规范的规定的；

(5)未采纳安全预评价报告中的安全对策和建议，且未作充分论证说明的；

(6)不符合法律、行政法规规定的其他条件的。

建设项目安全设施设计审查未予批准的，生产经营单位经过整改后可以向原审查部门申请再审。

### (三)建设项目安全设施施工

(1)建设项目安全设施的施工应当由取得相应资质的施工单位进行，并与建设项目主体工程同时施工；

(2)施工单位应当在施工组织设计中编制安全技术措施和施工现场临时用电方案，同时对危险性较大的分部分项工程依法编制专项施工方案，并附具安全验算结果，经施工单位技术负责人、总监理工程师签字后实施；

(3)施工单位应当严格按照安全设施设计和相关施工技术标准、规范施工，并对安全设施的工程质量负责；

(4)施工单位发现安全设施设计文件有错漏的，应当及时向生产经营单位、设计单位提出。生产经营单位、设计单位应当及时处理；

(5)施工单位发现安全设施存在重大事故隐患时，应当立即停止施工并报告生产经营单位进行整改。整改合格后，方可恢复施工；

(6)工程监理单位应当审查施工组织设计中的安全技术措施或者专项施工方案是否符合工程建设强制性标准。工程监理单位在实施监理过程中，发现存在事故隐患的，应当要求施工单位整改；情况严重的，应当要求施工单位暂时停止施工，并及时报告生产经营单位。施工单位拒不整改或者不停止施工的，工程监理单位应当及时向有关主管部门报告；

(7)工程监理单位、监理人员应当按照法律、法规和工程建设强制性标准实施监理，并对安全设施工程的工程质量承担监理责任；

(8)建设项目安全设施建成后，生产经营单位应当对安全设施进行检查，对发现的问题及时整改；

(9)建设项目竣工后，根据规定建设项目需要试运行(包括生产、使用，下同)的，应当在正式投入生产或者使用前进行试运行。试运行时间应当不少于 30 日，最长不得超过 180 日，国家有关部门有规定或者特殊要求的行业除外；

(10)生产、储存危险化学品的建设项目和化工建设项目，应当在建设项目试运行前将试运行方案报负责建设项目安全许可的应急管理部门备案；

(11)建设项目安全设施竣工或者试运行完成后，生产经营单位应当委托具有相应资质的安全评价机构对安全设施进行验收评价，并编制建设项目安全验收评价报告。建设项目安全验收评价报告应当符合国家标准或者行业标准的规定。

### (四)建设项目竣工验收

建设项目竣工投入生产或者使用前，生产经营单位应当组织对安全设施进行竣工验收，并形成书面报告备查。安全设施竣工验收合格后，方可投入生产和使用。

应急管理部门应当按照下列方式之一对建设项目的竣工验收活动和验收结果的监督核查：

(1)对安全设施竣工验收报告按照不少于总数10%的比例进行随机抽查;

(2)在实施有关安全许可时,对建设项目安全设施竣工验收报告进行审查。

抽查和审查以书面方式为主。对竣工验收报告的实质内容存在疑问,需要到现场核查的,应急管理部门应当指派2名以上工作人员对有关内容进行现场核查。工作人员应当提出现场核查意见,并如实记录在案。

建设项目的安全设施有下列情形之一的,建设单位不得通过竣工验收,并不得投入生产或者使用:

(1)未选择具有相应资质的施工单位施工的;

(2)未按照建设项目安全设施设计文件施工或者施工质量未达到建设项目安全设施设计文件要求的;

(3)建设项目安全设施的施工不符合国家有关施工技术标准的;

(4)未选择具有相应资质的安全评价机构进行安全验收评价或者安全验收评价不合格的;

(5)安全设施和安全生产条件不符合有关安全生产法律、法规、规章和国家标准或者行业标准、技术规范规定的;

(6)发现建设项目试运行期间存在事故隐患未整改的;

(7)未依法设置安全生产管理机构或者配备安全生产管理人员的;

(8)从业人员未经过安全生产教育和培训或者不具备相应资格的;

(9)不符合法律、行政法规规定的其他条件的。

生产经营单位应当按照档案管理的规定,建立建设项目安全设施"三同时"文件资料档案,并妥善保存。

### (五)法律责任

生产经营单位对规定的建设项目有以下情形之一的,责令停止建设或者停产停业整顿,限期改正;逾期未改正的,处50万元以上100万元以下的罚款,对其直接负责的主管人员和其他直接责任人员处2万元以上5万元以下的罚款;构成犯罪的,依照刑法有关规定追究刑事责任:①未按照规定对建设项目进行安全评价的;②没有安全设施设计或者安全设施设计未按照规定报经应急管理部门审查同意,擅自开工的;③施工单位未按照批准的安全设施设计施工的;④投入生产或者使用前,安全设施未经验收合格的。

已经批准的建设项目安全设施设计发生重大变更,生产经营单位未报原批准部门审查同意擅自开工建设的,责令限期改正,可以并处1万元以上3万元以下的罚款。

建设项目有下列情形之一的,对有关生产经营单位责令限期改正,可以并处5 000元以上3万元以下的罚款:①没有安全设施设计的;②安全设施设计未组织审查,并形成书面审查报告的;③施工单位未按照安全设施设计施工的;④投入生产或者使用前,安全设施未经竣工验收合格,并形成书面报告的。

## 五、《建筑施工企业安全生产许可证管理规定》的主要内容

### (一)建筑施工企业取得安全生产许可证的安全生产条件

建筑施工企业取得安全生产许可证,应当具备下列安全生产条件:

(1)建立、健全安全生产责任制,制定完备的安全生产规章制度和操作规程;

(2)保证本单位安全生产条件所需资金的投入;

(3)设置安全生产管理机构,按照国家有关规定配备专职安全生产管理人员;

(4)主要负责人、项目负责人、专职安全生产管理人员经建设主管部门或者其他有关部门考核合格;

(5)特种作业人员经有关业务主管部门考核合格,取得特种作业操作资格证书;

(6)管理人员和作业人员每年至少进行1次安全生产教育培训并考核合格;

(7)依法参加工伤保险,依法为施工现场从事危险作业的人员办理意外伤害保险,为从业人员交纳保险费;

(8)施工现场的办公、生活区及作业场所和安全防护用具、机械设备、施工机具及配件符合有关安全生产法律、法规、标准和规程的要求;

(9)有职业危害防治措施,并为作业人员配备符合国家标准或者行业标准的安全防护用具和安全防护服装;

(10)有对危险性较大的分部分项工程及施工现场易发生重大事故的部位、环节的预防、监控措施和应急预案;

(11)有生产安全事故应急救援预案、应急救援组织或者应急救援人员,配备必要的应急救援器材、设备;

(12)法律、法规规定的其他条件。

### (二)安全生产许可证的申请与颁发

1. 安全生产许可证的申请

建筑施工企业从事建筑施工活动前,应当依照本规定向企业注册所在地省、自治区、直辖市人民政府住房城乡建设主管部门申请领取安全生产许可证。

建筑施工企业申请安全生产许可证时,应当向住房城乡建设主管部门提供下列材料:

(1)建筑施工企业安全生产许可证申请表;

(2)企业法人营业执照;

(3)建筑施工企业取得安全生产许可证应具备的条件的相关文件、材料。

建筑施工企业申请安全生产许可证,应当对申请材料实质内容的真实性负责,不得隐瞒有关情况或者提供虚假材料。

2. 主管部门的审查规定

住房城乡建设主管部门应当自受理建筑施工企业的申请之日起45日内审查完毕;经审查符合安全生产条件的,颁发安全生产许可证;不符合安全生产条件的,不予颁发安全生产许可证,书面通知企业并说明理由。企业自接到通知之日起应当进行整改,整改合格后方可再次提出申请。

### (三)监督管理

县级以上人民政府住房城乡建设主管部门应当加强对建筑施工企业安全生产许可证的监督管理。住房城乡建设主管部门在审核发放施工许可证时,应当对已经确定的建筑施工企业是否有安全生产许可证进行审查,对没有取得安全生产许可证的,不得颁发施工许可证。

跨省从事建筑施工活动的建筑施工企业有违反本规定行为的,由工程所在地的省级人民政府住房城乡建设主管部门将建筑施工企业在本地区的违法事实、处理结果和处理建议抄告原安全生产许可证颁发管理机关。

建筑施工企业取得安全生产许可证后，不得降低安全生产条件，并应当加强日常安全生产管理，接受住房城乡建设主管部门的监督检查。安全生产许可证颁发管理机关发现企业不再具备安全生产条件的，应当暂扣或者吊销安全生产许可证。

安全生产许可证颁发管理机关或者其上级行政机关发现有下列情形之一的，可以撤销已经颁发的安全生产许可证：

(1)安全生产许可证颁发管理机关工作人员滥用职权、玩忽职守颁发安全生产许可证的；

(2)超越法定职权颁发安全生产许可证的；

(3)违反法定程序颁发安全生产许可证的；

(4)对不具备安全生产条件的建筑施工企业颁发安全生产许可证的；

(5)依法可以撤销已经颁发的安全生产许可证的其他情形。

安全生产许可证颁发管理机关应当建立、健全安全生产许可证档案管理制度，定期向社会公布企业取得安全生产许可证的情况，每年向同级应急管理部门通报建筑施工企业安全生产许可证颁发和管理情况。

建筑施工企业不得转让、冒用安全生产许可证或者使用伪造的安全生产许可证。

### (四)法律责任

取得安全生产许可证的建筑施工企业，发生重大安全事故的，暂扣安全生产许可证并限期整改。

建筑施工企业不再具备安全生产条件的，暂扣安全生产许可证并限期整改；情节严重的，吊销安全生产许可证。

建筑施工企业未取得安全生产许可证擅自从事建筑施工活动的，责令其在建项目停止施工，没收违法所得，并处10万元以上50万元以下的罚款；造成重大安全事故或者其他严重后果，构成犯罪的，依法追究刑事责任。

安全生产许可证有效期满未办理延期手续，继续从事建筑施工活动的，责令其在建项目停止施工，限期补办延期手续，没收违法所得，并处5万元以上10万元以下的罚款；逾期仍不办理延期手续，继续从事建筑施工活动的，依照建筑施工企业未取得安全生产许可证擅自从事建筑施工活动的处罚规定处罚。

建筑施工企业转让安全生产许可证的，没收违法所得，处10万元以上50万元以下的罚款，并吊销安全生产许可证；构成犯罪的，依法追究刑事责任；接受转让的，依照建筑施工企业未取得安全生产许可证擅自从事建筑施工活动的处罚规定处罚。

建筑施工企业隐瞒有关情况或者提供虚假材料申请安全生产许可证的，不予受理或者不予颁发安全生产许可证，并给予警告，1年内不得申请安全生产许可证。

建筑施工企业以欺骗、贿赂等不正当手段取得安全生产许可证的，撤销安全生产许可证，3年内不得再次申请安全生产许可证；构成犯罪的，依法追究刑事责任。

上述规定的暂扣、吊销安全生产许可证的行政处罚，由安全生产许可证的颁发管理机关决定；其他行政处罚，由县级以上地方人民政府住房城乡建设主管部门决定。

## 六、《建筑起重机械安全监督管理规定》的主要内容

### (一)建筑起重机械安全监督管理部门

国务院建设主管部门对全国建筑起重机械的租赁、安装、拆卸、使用实施监督管理。

县级以上地方人民政府建设主管部门对本行政区域内的建筑起重机械的租赁、安装、拆卸、使用实施监督管理。

### （二）出租单位出租建筑起重机械的要求

出租单位出租的建筑起重机械和使用单位购置、租赁、使用的建筑起重机械应当具有特种设备制造许可证、产品合格证、制造监督检验证明。

出租单位在建筑起重机械首次出租前，自购建筑起重机械的使用单位在建筑起重机械首次安装前，应当持建筑起重机械特种设备制造许可证、产品合格证和制造监督检验证明到本单位工商注册所在地县级以上地方人民政府建设主管部门办理备案。

出租单位应当在签订的建筑起重机械租赁合同中，明确租赁双方的安全责任，并出具建筑起重机械特种设备制造许可证、产品合格证、制造监督检验证明、备案证明和自检合格证明，提交安装使用说明书。

有下列情形之一的建筑起重机械，不得出租、使用：

(1)属国家明令淘汰或者禁止使用的；

(2)超过安全技术标准或者制造厂家规定的使用年限的；

(3)经检验达不到安全技术标准规定的；

(4)没有完整安全技术档案的；

(5)没有齐全有效的安全保护装置的。

建筑起重机械有上述第(1)(2)(3)项情形之一的，出租单位或者自购建筑起重机械的使用单位应当予以报废，并向原备案机关办理注销手续。

### （三）建筑起重机械安全技术档案

出租单位、自购建筑起重机械的使用单位，应当建立建筑起重机械安全技术档案。

建筑起重机械安全技术档案应当包括以下资料：

(1)购销合同、制造许可证、产品合格证、制造监督检验证明、安装使用说明书、备案证明等原始资料；

(2)定期检验报告、定期自行检查记录、定期维护保养记录、维修和技术改造记录、运行故障和生产安全事故记录、累计运转记录等运行资料；

(3)历次安装验收资料。

出租单位、自购建筑起重机械的使用单位，有下列行为之一的，由县级以上地方人民政府建设主管部门责令限期改正，予以警告，并处以5 000元以上1万元以下罚款：

(1)未按照规定办理备案的；

(2)未按照规定办理注销手续的；

(3)未按照规定建立建筑起重机械安全技术档案的。

### （四）安装单位的安全职责

1. 安装单位的从业条件和责任划分

从事建筑起重机械安装、拆卸活动的单位(以下简称安装单位)应当依法取得建设主管部门颁发的相应资质和建筑施工企业安全生产许可证，并在其资质许可范围内承揽建筑起重机械安装、拆卸工程。

建筑起重机械使用单位和安装单位应当在签订的建筑起重机械安装、拆卸合同中明确双方的安全生产责任。实行施工总承包的，施工总承包单位应当与安装单位签订建筑起重机械安装、拆卸工程安全协议书。

2. 安装单位的职责

安装单位应当履行下列安全职责：

(1)按照安全技术标准及建筑起重机械性能要求，编制建筑起重机械安装、拆卸工程专项施工方案，并由本单位技术负责人签字；

(2)按照安全技术标准及安装使用说明书等检查建筑起重机械及现场施工条件；

(3)组织安全施工技术交底并签字确认；

(4)制定建筑起重机械安装、拆卸工程生产安全事故应急救援预案；

(5)将建筑起重机械安装、拆卸工程专项施工方案，安装、拆卸人员名单，安装、拆卸时间等材料报施工总承包单位和监理单位审核后，告知工程所在地县级以上地方人民政府建设主管部门。

建筑起重机械安装完毕后，安装单位应当按照安全技术标准及安装使用说明书的有关要求对建筑起重机械进行自检、调试和试运转。自检合格的，应当出具自检合格证明，并向使用单位进行安全使用说明。

3. 建立建筑起重机械安装、拆卸工程档案

安装单位应当建立建筑起重机械安装、拆卸工程档案。建筑起重机械安装、拆卸工程档案应当包括以下资料：

(1)安装、拆卸合同及安全协议书；

(2)安装、拆卸工程专项施工方案；

(3)安全施工技术交底的有关资料；

(4)安装工程验收资料；

(5)安装、拆卸工程生产安全事故应急救援预案。

### (五)使用单位的安全职责

建筑起重机械安装完毕后，使用单位应当组织出租、安装、监理等有关单位进行验收，或者委托具有相应资质的检验检测机构进行验收。建筑起重机械经验收合格后方可投入使用，未经验收或者验收不合格的不得使用。实行施工总承包的，由施工总承包单位组织验收。

建筑起重机械在验收前应当经有相应资质的检验检测机构监督检验合格。

使用单位应当自建筑起重机械安装验收合格之日起30日内，将建筑起重机械安装验收资料、建筑起重机械安全管理制度、特种作业人员名单等，向工程所在地县级以上地方人民政府建设主管部门办理建筑起重机械使用登记。登记标志置于或者附着于该设备的显著位置。

使用单位应当履行下列安全职责：

(1)根据不同施工阶段、周围环境以及季节、气候的变化，对建筑起重机械采取相应的安全防护措施；

(2)制定建筑起重机械生产安全事故应急救援预案；

(3)在建筑起重机械活动范围内设置明显的安全警示标志，对集中作业区做好安全防护；

(4)设置相应的设备管理机构或者配备专职的设备管理人员；

(5)指定专职设备管理人员、专职安全生产管理人员进行现场监督检查；

(6)建筑起重机械出现故障或者发生异常情况的,立即停止使用,消除故障和事故隐患后,方可重新投入使用。

### (六)施工总承包单位的安全职责

施工总承包单位应当履行下列安全职责:

(1)向安装单位提供拟安装设备位置的基础施工资料,确保建筑起重机械进场安装、拆卸所需的施工条件;

(2)审核建筑起重机械的特种设备制造许可证、产品合格证、制造监督检验证明、备案证明等文件;

(3)审核安装单位、使用单位的资质证书、安全生产许可证和特种作业人员的特种作业操作资格证书;

(4)审核安装单位制定的建筑起重机械安装、拆卸工程专项施工方案和生产安全事故应急救援预案;

(5)审核使用单位制定的建筑起重机械生产安全事故应急救援预案;

(6)指定专职安全生产管理人员监督检查建筑起重机械安装、拆卸、使用情况;

(7)施工现场有多台塔式起重机作业时,应当组织制定并实施防止塔式起重机相互碰撞的安全措施。

### (七)监理单位的安全职责

监理单位应当履行下列安全职责:

(1)审核建筑起重机械特种设备制造许可证、产品合格证、制造监督检验证明、备案证明等文件;

(2)审核建筑起重机械安装单位、使用单位的资质证书、安全生产许可证和特种作业人员的特种作业操作资格证书;

(3)审核建筑起重机械安装、拆卸工程专项施工方案;

(4)监督安装单位执行建筑起重机械安装、拆卸工程专项施工方案情况;

(5)监督检查建筑起重机械的使用情况;

(6)发现存在生产安全事故隐患的,应当要求安装单位、使用单位限期整改,对安装单位、使用单位拒不整改的,及时向建设单位报告。

### (八)安全措施与防护

依法发包给两个及两个以上施工单位的工程,不同施工单位在同一施工现场使用多台塔式起重机作业时,建设单位应当协调组织制定防止塔式起重机相互碰撞的安全措施。

安装单位、使用单位拒不整改生产安全事故隐患的,建设单位接到监理单位报告后,应当责令安装单位、使用单位立即停工整改。

建筑起重机械特种作业人员应当遵守建筑起重机械安全操作规程和安全管理制度,在作业中有权拒绝违章指挥和强令冒险作业,有权在发生危及人身安全的紧急情况时立即停止作业或者采取必要的应急措施后撤离危险区域。

建筑起重机械安装拆卸工、起重信号工、起重司机、司索工等特种作业人员应当经建设主管部门考核合格,并取得特种作业操作资格证书后,方可上岗作业。省、自治区、直辖市人民政府建设主管部门负责组织实施建筑施工企业特种作业人员的考核。特种作业人员的特种作业操作资格证书由国务院建设主管部门规定统一的样式。

### （九）建设主管部门安全监督检查职责

建设主管部门履行安全监督检查职责时，有权采取下列措施：

（1）要求被检查的单位提供有关建筑起重机械的文件和资料；

（2）进入被检查单位和被检查单位的施工现场进行检查；

（3）对检查中发现的建筑起重机械生产安全事故隐患，责令立即排除；重大生产安全事故隐患排除前或者排除过程中无法保证安全的，责令从危险区域撤出作业人员或者暂时停止施工。

负责办理备案或者登记的建设主管部门应当建立本行政区域内的建筑起重机械档案，按照有关规定对建筑起重机械进行统一编号，并定期向社会公布建筑起重机械的安全状况。

## 七、《建筑施工企业主要负责人、项目负责人和专职安全生产管理人员安全生产管理规定》的主要内容

### （一）立法目的及适用范围

《建筑施工企业主要负责人、项目负责人和专职安全生产管理人员安全生产管理规定》规定，为了加强房屋建筑和市政基础设施工程施工安全监督管理，提高建筑施工企业主要负责人、项目负责人和专职安全生产管理人员（以下合称“安管人员”）的安全生产管理能力，根据《安全生产法》《建设工程安全生产管理条例》等法律法规，制定本规定。在中华人民共和国境内从事房屋建筑和市政基础设施工程施工活动的建筑施工企业的“安管人员”，参加安全生产考核，履行安全生产责任，以及对其实施安全生产监督管理，应当符合本规定。

### （二）“安管人员”的考核发证

“安管人员”应当通过其受聘企业，向企业工商注册地的省、自治区、直辖市人民政府住房城乡建设主管部门（以下简称考核机关）申请安全生产考核，并取得安全生产考核合格证书。安全生产考核不得收费。

申请参加安全生产考核的“安管人员”，应当具备相应文化程度、专业技术职称和一定安全生产工作经历，与企业确立劳动关系，并经企业年度安全生产教育培训合格。

对安全生产考核合格的，考核机关应当在 20 个工作日内核发安全生产考核合格证书，并予以公告；对不合格的，应当通过“安管人员”所在企业通知本人并说明理由。

安全生产考核合格证书有效期为 3 年，证书在全国范围内有效。证书式样由国务院住房城乡建设主管部门统一规定。

安全生产考核合格证书有效期届满需要延续的，“安管人员”应当在有效期届满前 3 个月内，由本人通过受聘企业向原考核机关申请证书延续。准予证书延续的，证书有效期延续 3 年。对证书有效期内未因生产安全事故或者违反本规定受到行政处罚，信用档案中无不良行为记录，且已按规定参加企业和县级以上人民政府住房城乡建设主管部门组织的安全生产教育培训的，考核机关应当在受理延续申请之日起 20 个工作日内，准予证书延续。

“安管人员”变更受聘企业的，应当与原聘用企业解除劳动关系，并通过新聘用企业到考核机关申请办理证书变更手续。考核机关应当在受理变更申请之日起 5 个工作日内办理完毕。

“安管人员”遗失安全生产考核合格证书的，应当在公共媒体上声明作废，通过其受聘企业向原考核机关申请补办。考核机关应当在受理申请之日起 5 个工作日内办理完毕。

“安管人员”不得涂改、倒卖、出租、出借或者以其他形式非法转让安全生产考核合格证书。

### (三)安全责任

1. 主要负责人的安全责任

主要负责人对本企业安全生产工作全面负责,应当建立健全企业安全生产管理体系,设置安全生产管理机构,配备专职安全生产管理人员,保证安全生产投入,督促检查本企业安全生产工作,及时消除安全事故隐患,落实安全生产责任。

主要负责人应当与项目负责人签订安全生产责任书,确定项目安全生产考核目标、奖惩措施,以及企业为项目提供的安全管理和技术保障措施。工程项目实行总承包的,总承包企业应当与分包企业签订安全生产协议,明确双方安全生产责任。

主要负责人应当按规定检查企业所承担的工程项目,考核项目负责人安全生产管理能力。发现项目负责人履职不到位的,应当责令其改正;必要时,调整项目负责人。检查情况应当记入企业和项目安全管理档案。

2. 项目负责人的安全责任

项目负责人对本项目安全生产管理全面负责,应当建立项目安全生产管理体系,明确项目管理人员安全职责,落实安全生产管理制度,确保项目安全生产费用有效使用。

项目负责人应当按规定实施项目安全生产管理,监控危险性较大分部分项工程,及时排查处理施工现场安全事故隐患,隐患排查处理情况应当记入项目安全管理档案;发生事故时,应当按规定及时报告并开展现场救援。工程项目实行总承包的,总承包企业项目负责人应当定期考核分包企业安全生产管理情况。

3. 专职安全生产管理人员的安全责任

企业安全生产管理机构专职安全生产管理人员应当检查在建项目安全生产管理情况,重点检查项目负责人、项目专职安全生产管理人员履责情况,处理在建项目违规违章行为,并记入企业安全管理档案。

项目专职安全生产管理人员应当每天在施工现场开展安全检查,现场监督危险性较大的分部分项工程安全专项施工方案实施。对检查中发现的安全事故隐患,应当立即处理;不能处理的,应当及时报告项目负责人和企业安全生产管理机构。项目负责人应当及时处理。检查及处理情况应当记入项目安全管理档案。

4. 建筑施工企业相应的教育培训和人员管理责任

建筑施工企业应当建立安全生产教育培训制度,制定年度培训计划,每年对“安管人员”进行培训和考核,考核不合格的,不得上岗。培训情况应当记入企业安全生产教育培训档案。

建筑施工企业安全生产管理机构和工程项目应当按规定配备相应数量和相关专业的专职安全生产管理人员。危险性较大的分部分项工程施工时,应当安排专职安全生产管理人员现场监督。

### (四)监督管理

县级以上人民政府住房城乡建设主管部门应当依照有关法律法规和本规定,对“安管人员”持证上岗、教育培训和履行职责等情况进行监督检查。

县级以上人民政府住房城乡建设主管部门在实施监督检查时,应当有 2 名以上监督检查人员参加,不得妨碍企业正常的生产经营活动,不得索取或者收受企业的财物,不得谋取其他利益。有关企业和个人对依法进行的监督检查应当协助与配合,不得拒绝或者阻挠。

县级以上人民政府住房城乡建设主管部门依法进行监督检查时,发现“安管人员”有违反本规定行为的,应当依法查处并将违法事实、处理结果或者处理建议告知考核机关。

考核机关应当建立本行政区域内“安管人员”的信用档案。违法违规行为、被投诉举报处理、行政处罚等情况应当作为不良行为记入信用档案,并按规定向社会公开。“安管人员”及其受聘企业应当按规定向考核机关提供相关信息。

### (五)法律责任

“安管人员”隐瞒有关情况或者提供虚假材料申请安全生产考核的,考核机关不予考核,并给予警告;“安管人员”1 年内不得再次申请考核。“安管人员”以欺骗、贿赂等不正当手段取得安全生产考核合格证书的,由原考核机关撤销安全生产考核合格证书;“安管人员”3 年内不得再次申请考核。

“安管人员”涂改、倒卖、出租、出借或者以其他形式非法转让安全生产考核合格证书的,由县级以上地方人民政府住房城乡建设主管部门给予警告,并处 1 000 元以上5 000元以下的罚款。

建筑施工企业未按规定开展“安管人员”安全生产教育培训考核,或者未按规定如实将考核情况记入安全生产教育培训档案的,由县级以上地方人民政府住房城乡建设主管部门责令限期改正,并处 2 万元以下的罚款。

建筑施工企业有下列行为之一的,由县级以上人民政府住房城乡建设主管部门责令限期改正;逾期未改正的,责令停业整顿,并处 2 万元以下的罚款;导致不具备《安全生产许可证条例》规定的安全生产条件的,应当依法暂扣或者吊销安全生产许可证:

(1)未按规定设立安全生产管理机构的;

(2)未按规定配备专职安全生产管理人员的;

(3)危险性较大的分部分项工程施工时未安排专职安全生产管理人员现场监督的;

(4)“安管人员”未取得安全生产考核合格证书的。

“安管人员”未按规定办理证书变更的,由县级以上地方人民政府住房城乡建设主管部门责令限期改正,并处 1 000 元以上 5 000 元以下的罚款。

主要负责人、项目负责人未按规定履行安全生产管理职责的,由县级以上人民政府住房城乡建设主管部门责令限期改正;逾期未改正的,责令建筑施工企业停业整顿;造成生产安全事故或者其他严重后果的,按照《生产安全事故报告和调查处理条例》的有关规定,依法暂扣或者吊销安全生产考核合格证书;构成犯罪的,依法追究刑事责任。主要负责人、项目负责人有前款违法行为,尚不够刑事处罚的,处 2 万元以上 20 万元以下的罚款或者按照管理权限给予撤职处分;自刑罚执行完毕或者受处分之日起,5 年内不得担任建筑施工企业的主要负责人、项目负责人。

专职安全生产管理人员未按规定履行安全生产管理职责的,由县级以上地方人民政府住房城乡建设主管部门责令限期改正,并处 1 000 元以上 5 000 元以下的罚款;造成生产安全事故或者其他严重后果的,按照《生产安全事故报告和调查处理条例》的有关规定,依法暂扣或者吊销安全生产考核合格证书;构成犯罪的,依法追究刑事责任。

# 第五节 煤矿企业安全生产的相关规定

## 一、《煤矿安全监察条例》的主要规定

### (一)矿山安全监察机构及其职责

矿山安全监察机构,是指国家矿山安全监察机构和在省、自治区、直辖市设立的矿山安全监察机构(以下简称地区矿山安全监察机构)及其在大中型矿区设立的矿山安全监察办事处。地区矿山安全监察机构及其矿山安全监察办事处负责对划定区域内的煤矿实施安全监察;矿山安全监察办事处在国家矿山安全监察机构规定的权限范围内,可以对违法行为实施行政处罚。

矿山安全监察机构设煤矿安全监察员。煤矿安全监察员应当公道、正派,熟悉煤矿安全法律、法规和规章,具有相应的专业知识和相关的工作经验,并经考试录用。煤矿安全监察员的具体管理办法由国家矿山安全监察机构商国务院有关部门制定。地区矿山安全监察机构、矿山安全监察办事处应当对煤矿实施经常性安全检查;对事故多发地区的煤矿,应当实施重点安全检查。国家矿山安全监察机构根据煤矿安全工作的实际情况,组织对全国煤矿的全面安全检查或者重点安全抽查。

地区矿山安全监察机构、矿山安全监察办事处应当对每个煤矿建立煤矿安全监察档案。煤矿安全监察人员对每次安全检查的内容、发现的问题及其处理情况,应当作详细记录,并由参加检查的煤矿安全监察人员签名后归档。

地区矿山安全监察机构、矿山安全监察办事处应当每 15 日分别向国家矿山安全监察机构、地区矿山安全监察机构报告 1 次煤矿安全监察情况;有重大煤矿安全问题的,应当及时采取措施并随时报告。国家矿山安全监察机构应当定期公布煤矿安全监察情况。

**典型例题**

【单选题】国家对煤矿安全实行监察制度。根据《煤矿安全监察条例》,下列关于矿山安全监察体制及机构职责的说法中,正确的是(　　)。

A. 我国矿山安全监察实行国家、省、市、县四级监察体制

B. 地区矿山安全监察机构在省级矿山安全监察机构规定的权限范围内,可以对违法行为实施行政处罚

C. 地区矿山安全监察机构应当每 15 日向国家矿山安全监察机构报告一次煤矿安全监察情况

D. 煤矿发生伤亡事故的,由煤矿所在地人民政府负责组织调查处理

C。【解析】《煤矿安全监察条例》第十三条规定,地区矿山安全监察机构、矿山安全监察办事处应当每 15 日分别向国家矿山安全监察机构、地区矿山安全监察机构报告 1 次煤矿安全监察情况;有重大煤矿安全问题的,应当及时采取措施并随时报告。国家矿山安全监察机构应当定期公布煤矿安全监察情况。故选项 C 正确。

### (二)煤矿安全监察和煤矿事故调查处理

1. 对执行法律法规、安全标准、规程和技术规范的监察

矿山安全监察机构对煤矿执行煤炭法、矿山安全法和其他有关煤矿安全的法律、法规

以及国家安全标准、行业安全标准、煤矿安全规程和行业技术规范的情况实施监察。

矿山安全监察机构发现煤矿矿井通风、防火、防水、防瓦斯、防毒、防尘等安全设施和条件不符合国家安全标准、行业安全标准、煤矿安全规程和行业技术规范要求的，应当责令立即停止作业或者责令限期达到要求。矿山安全监察机构发现煤矿进行独眼井开采的，应当责令关闭。矿山安全监察机构发现煤矿矿井使用的设备、器材、仪器、仪表、防护用品不符合国家安全标准或者行业安全标准的，应当责令立即停止使用。

2. 煤矿建设工程设计安全监察

煤矿建设工程设计必须符合煤矿安全规程和行业技术规范的要求。煤矿建设工程安全设施设计必须经矿山安全监察机构审查同意；未经审查同意的，不得施工。矿山安全监察机构审查煤矿建设工程安全设施设计，应当自收到申请审查的设计资料之日起 30 日内审查完毕，签署同意或者不同意的意见，并书面答复。

煤矿建设工程安全设施设计未经矿山安全监察机构审查同意，擅自施工的，由矿山安全监察机构责令停止施工；拒不执行的，由矿山安全监察机构移送地质矿产主管部门依法吊销采矿许可证。煤矿建设工程安全设施和条件未经验收或者验收不合格，擅自投入生产的，由矿山安全监察机构责令停止生产，处 5 万元以上 10 万元以下的罚款；拒不停止生产的，由矿山安全监察机构移送地质矿产主管部门依法吊销采矿许可证。

3. 煤矿安全设施和条件验收监察

煤矿建设工程竣工后或者投产前，应当经矿山安全监察机构对其安全设施和条件进行验收；未经验收或者验收不合格的，不得投入生产。矿山安全监察机构对煤矿建设工程安全设施和条件进行验收，应当自收到申请验收文件之日起 30 日内验收完毕，签署合格或者不合格的意见，并书面答复。

矿山安全监察机构应当监督煤矿制定事故预防和应急计划，并检查煤矿制定的发现和消除事故隐患的措施及其落实情况。

4. 作业现场检查和复查

矿山安全监察机构发现煤矿作业场所有下列情形之一的，应当责令立即停止作业，限期改正；有关煤矿或其作业场所经复查合格的，方可恢复作业：

(1)未使用专用防爆电器设备的；

(2)未使用专用放炮器的；

(3)未使用人员专用升降容器的；

(4)使用明火明电照明的。

煤矿安全监察人员发现煤矿作业场所的瓦斯、粉尘或者其他有毒有害气体的浓度超过国家安全标准或者行业安全标准的，煤矿擅自开采保安煤柱的，或者采用危及相邻煤矿生产安全的决水、爆破、贯通巷道等危险方法进行采矿作业的，应当责令立即停止作业，并将有关情况报告矿山安全监察机构。

5. 对安全技术措施费的提取和使用的监察

矿山安全监察机构对煤矿安全技术措施专项费用的提取和使用情况进行监督，对未依法提取或者使用的，应当责令限期改正。

6. 对煤矿安全管理制度、组织机构、人员配备、劳动防护等的监察

矿山安全监察机构发现煤矿有下列情形之一的，应当责令限期改正：

(1)未依法建立安全生产责任制的;

(2)未设置安全生产机构或者配备安全生产人员的;

(3)矿长不具备安全专业知识的;

(4)特种作业人员未取得资格证书上岗作业的;

(5)分配职工上岗作业前,未进行安全教育、培训的;

(6)未向职工发放保障安全生产所需的劳动防护用品的。

煤矿安全监察人员发现煤矿矿长或者其他主管人员违章指挥工人或者强令工人违章、冒险作业,或者发现工人违章作业的,应当立即纠正或者责令立即停止作业。

7.煤矿监察的执法程序

矿山安全监察机构及其煤矿安全监察人员履行安全监察职责,应当出示安全监察证件。发出安全监察指令,应当采用书面通知形式;紧急情况下需要采取紧急处置措施,来不及书面通知的,应当随后补充书面通知。

8.煤矿发生事故的处理

煤矿发生伤亡事故的,由矿山安全监察机构负责组织调查处理。矿山安全监察机构组织调查处理事故,应当依照国家规定的事故调查程序和处理办法进行。

煤矿发生事故,有下列情形之一的,由矿山安全监察机构给予警告,可以并处3万元以上15万元以下的罚款;情节严重的,由矿山安全监察机构责令停产整顿;对直接负责的主管人员和其他直接责任人员,依法给予降级直至开除的纪律处分;构成犯罪的,依法追究刑事责任:

(1)不按照规定及时、如实报告煤矿事故的;

(2)伪造、故意破坏煤矿事故现场的;

(3)阻碍、干涉煤矿事故调查工作,拒绝接受调查取证、提供有关情况和资料的。

依照规定被吊销采矿许可证的,由市场监督管理部门依法相应吊销营业执照。

## 二、《国务院关于预防煤矿生产安全事故的特别规定》的相关内容

### (一)预防煤矿生产安全事故的基本规定

煤矿企业是预防煤矿生产安全事故的责任主体。煤矿企业负责人(包括一些煤矿企业的实际控制人,下同)对预防煤矿生产安全事故负主要责任。国务院有关部门和地方各级人民政府应当建立并落实预防煤矿生产安全事故的责任制,监督检查煤矿企业预防煤矿生产安全事故的情况,及时解决煤矿生产安全事故预防工作中的重大问题。

煤矿未依法取得采矿许可证、安全生产许可证、营业执照和矿长未依法取得矿长资格证、矿长安全资格证的,煤矿不得从事生产。擅自从事生产的,属非法煤矿。

煤矿企业负责人和生产经营管理人员应当按照国家规定轮流带班下井,并建立下井登记档案。县级以上地方人民政府负责煤矿安全生产监督管理的部门或者矿山安全监察机构发现煤矿企业在生产过程中,1周内其负责人或者生产经营管理人员没有按照国家规定带班下井,或者下井登记档案虚假的,责令改正,并对该煤矿企业处3万元以上15万元以下的罚款。

煤矿企业应当免费为每位职工发放煤矿职工安全手册。煤矿职工安全手册应当载明职工的权利、义务,煤矿重大安全生产隐患的情形和应急保护措施、方法以及安全生产隐

患和违法行为的举报电话、受理部门。煤矿企业没有为每位职工发放符合要求的职工安全手册的，由县级以上地方人民政府负责煤矿安全生产监督管理的部门或者矿山安全监察机构责令限期改正；逾期未改正的，处5万元以下的罚款。

### （二）煤矿重大安全生产隐患和行为的判断与处理

煤矿的通风、防瓦斯、防水、防火、防煤尘、防冒顶等安全设备、设施和条件应当符合国家标准、行业标准，并有防范生产安全事故发生的措施和完善的应急处理预案。煤矿有《煤矿重大事故隐患判定标准》规定的重大事故隐患的，应当立即停止生产，排除隐患。

煤矿企业应当建立健全安全生产隐患排查、治理和报告制度。煤矿企业应当对以上所列情形定期组织排查，并将排查情况每季度向县级以上地方人民政府负责煤矿安全生产监督管理的部门、矿山安全监察机构写出书面报告。报告应当经煤矿企业负责人签字。

煤矿企业未按上述规定排查和报告的，由县级以上地方人民政府负责煤矿安全生产监督管理的部门或者矿山安全监察机构责令限期改正；逾期未改正的，责令停产整顿，并对煤矿企业负责人处3万元以上15万元以下的罚款。

煤矿有上述所列15项情形之一，仍然进行生产的，由县级以上地方人民政府负责煤矿安全生产监督管理的部门或者矿山安全监察机构责令停产整顿，提出整顿的内容、时间等具体要求，处50万元以上200万元以下的罚款；对煤矿企业负责人处3万元以上15万元以下的罚款。

煤矿存在瓦斯突出、自然发火、冲击地压、水害威胁等重大安全生产隐患，该煤矿在现有技术条件下难以有效防治的，县级以上地方人民政府负责煤矿安全生产监督管理的部门、矿山安全监察机构应当责令其立即停止生产，并提请有关地方人民政府组织专家进行论证。专家论证应当客观、公正、科学。有关地方人民政府应当根据论证结论，作出是否关闭煤矿的决定，并组织实施。

### （三）煤矿停产整顿的规定

对被责令停产整顿的煤矿，颁发证照的部门应当暂扣采矿许可证、安全生产许可证、营业执照和矿长资格证、矿长安全资格证。

被责令停产整顿的煤矿应当制定整改方案，落实整改措施和安全技术规定；整改结束后要求恢复生产的，应当由县级以上地方人民政府负责煤矿安全生产监督管理的部门自收到恢复生产申请之日起60日内组织验收完毕；验收合格的，经组织验收的地方人民政府负责煤矿安全生产监督管理的部门的主要负责人签字，并经有关矿山安全监察机构审核同意，报请有关地方人民政府主要负责人签字批准，颁发证照的部门发还证照，煤矿方可恢复生产；验收不合格的，由有关地方人民政府予以关闭。

被责令停产整顿的煤矿擅自从事生产的，县级以上地方人民政府负责煤矿安全生产监督管理的部门、矿山安全监察机构应当提请有关地方人民政府予以关闭，没收违法所得，并处违法所得1倍以上5倍以下的罚款；构成犯罪的，依法追究刑事责任。

对被责令停产整顿的煤矿，在停产整顿期间，由有关地方人民政府采取有效措施进行监督检查。因监督检查不力，煤矿在停产整顿期间继续生产的，对直接责任人，根据情节轻重，给予降级、撤职或者开除的行政处分；对有关负责人，根据情节轻重，给予记大过、降级、撤职或者开除的行政处分；构成犯罪的，依法追究刑事责任。

县级以上地方人民政府负责煤矿安全生产监督管理的部门、矿山安全监察机构对被责令停产整顿或者关闭的煤矿,应当自煤矿被责令停产整顿或者关闭之日起 3 日内在当地主要媒体公告。被责令停产整顿的煤矿经验收合格恢复生产的,县级以上地方人民政府负责煤矿安全生产监督管理的部门、矿山安全监察机构应当自煤矿验收合格恢复生产之日起 3 日内在同一媒体公告。

### (四)关闭煤矿的规定

负责颁发采矿许可证、安全生产许可证、营业执照、矿长资格证、矿长安全资格证的部门,一经发现煤矿无证照或者证照不全从事生产的,应当责令该煤矿立即停止生产,没收违法所得和开采出的煤炭以及采掘设备,并处违法所得 1 倍以上 5 倍以下的罚款;构成犯罪的,依法追究刑事责任;同时于 2 日内提请当地县级以上地方人民政府予以关闭,并可以向上一级地方人民政府报告。关闭的煤矿擅自恢复生产的,也依照本规定予以处罚;构成犯罪的,依法追究刑事责任。

县级以上地方人民政府负责煤矿安全生产监督管理的部门、矿山安全监察机构在监督检查中,1 个月内 3 次或者 3 次以上发现煤矿企业未依照国家有关规定对井下作业人员进行安全生产教育和培训或者特种作业人员无证上岗的,应当提请有关地方人民政府对该煤矿予以关闭。

对 3 个月内 2 次或者 2 次以上发现有重大安全生产隐患,仍然进行生产的煤矿,县级以上地方人民政府负责煤矿安全生产监督管理的部门、矿山安全监察机构应当提请有关地方人民政府关闭该煤矿,并由颁发证照的部门立即吊销矿长资格证和矿长安全资格证,该煤矿的法定代表人和矿长 5 年内不得再担任任何煤矿的法定代表人或者矿长。

对提请关闭的煤矿,县级以上地方人民政府负责煤矿安全生产监督管理的部门或者矿山安全监察机构应当责令立即停止生产;有关地方人民政府应当在 7 日内作出关闭或者不予关闭的决定,并由其主要负责人签字存档。对决定关闭的,有关地方人民政府应当立即组织实施。决定关闭的煤矿,仍有开采价值的,经依法批准可以进行拍卖。

关闭煤矿应当达到下列要求:①吊销相关证照;②停止供应并处理火工用品;③停止供电,拆除矿井生产设备、供电、通信线路;④封闭、填实矿井井筒,平整井口场地,恢复地貌;⑤妥善遣散从业人员。

关闭煤矿未达到前款规定要求的,对组织实施关闭的地方人民政府及其有关部门的负责人和直接责任人给予记过、记大过、降级、撤职或者开除的行政处分;构成犯罪的,依法追究刑事责任。

### (五)《"十四五"国家安全生产规划》关于防范遏制煤矿重特大事故的相关内容

除以上规定外,根据 2022 年发布《"十四五"国家安全生产规划》,煤矿企业防范遏制重特大事故的内容包括:实施冲击地压、煤与瓦斯突出和水害等煤矿重大灾害超前精准治理,推进实施煤矿重大灾害治理示范工程。严格落实煤矿"一优三减"措施。全面推进智能化煤矿建设。持续推进冲击地压、煤与瓦斯突出、水文地质类型极复杂等灾害严重且在现有技术条件下难以有效防治的煤矿淘汰退出。规范小煤矿技改扩能,科学确定生产能力,合理划定开采范围,推进机械化开采。加强整合技改扩能煤矿安全监管,严厉打击煤矿非法生产。推进煤炭清洁利用和重点地区减量替代,优化煤制油气战略基地、长输管道规划布局和管控方案。

## 三、《煤矿企业安全生产许可证实施办法》的相关内容

### （一）煤矿企业安全生产的基本条件

煤矿企业取得安全生产许可证，应当具备下列安全生产条件：

（1）建立、健全主要负责人、分管负责人、安全生产管理人员、职能部门、岗位安全生产责任制；制定安全目标管理、安全奖惩、安全技术审批、事故隐患排查治理、安全检查、安全办公会议、地质灾害普查、井下劳动组织定员、矿领导带班下井、井工煤矿入井检身与出入井人员清点等安全生产规章制度和各工种操作规程；

（2）安全投入满足安全生产要求，并按照有关规定足额提取和使用安全生产费用；

（3）设置安全生产管理机构，配备专职安全生产管理人员；煤与瓦斯突出矿井、水文地质类型复杂矿井还应设置专门的防治煤与瓦斯突出管理机构和防治水管理机构；

（4）主要负责人和安全生产管理人员的安全生产知识和管理能力经考核合格；

（5）参加工伤保险，为从业人员缴纳工伤保险费；

（6）制定重大危险源检测、评估和监控措施；

（7）制定应急救援预案，并按照规定设立矿山救护队，配备救护装备；不具备单独设立矿山救护队条件的煤矿企业，所属煤矿应当设立兼职救护队，并与邻近的救护队签订救护协议；

（8）制订特种作业人员培训计划、从业人员培训计划、职业危害防治计划；

（9）法律、行政法规规定的其他条件。

### （二）煤矿企业安全生产的特殊条件

煤矿除符合上述规定的条件外，还必须符合下列条件：

（1）特种作业人员经有关业务主管部门考核合格，取得特种作业操作资格证书；

（2）从业人员进行安全生产教育培训，并经考试合格；

（3）制定职业危害防治措施、综合防尘措施，建立粉尘检测制度，为从业人员配备符合国家标准或者行业标准的劳动防护用品；

（4）依法进行安全评价；

（5）制订矿井灾害预防和处理计划；

（6）依法取得采矿许可证，并在有效期内。

### （三）井工煤矿安全生产的条件

除符合煤矿企业安全生产的基本条件和特殊条件外，其安全设施、设备、工艺还必须符合下列条件：

（1）矿井至少有 2 个能行人的通达地面的安全出口，各个出口之间的距离不得小于 30 米；井下每一个水平到上一个水平和各个采（盘）区至少有两个便于行人的安全出口，并与通达地面的安全出口相连接；采煤工作面有两个畅通的安全出口，一个通到进风巷道，另一个通到回风巷道。在用巷道净断面满足行人、运输、通风和安全设施及设备安装、检修、施工的需要；

（2）按规定进行瓦斯等级、煤层自燃倾向性和煤尘爆炸危险性鉴定；

（3）矿井有完善的独立通风系统。矿井、采区和采掘工作面的供风能力满足安全生产要求，矿井使用安装在地面的矿用主要通风机进行通风，并有同等能力的备用主要通风机，主要通风机按规定进行性能检测；生产水平和采区实行分区通风；高瓦斯和煤与瓦斯

突出矿井、开采容易自燃煤层的矿井、煤层群联合布置矿井的每个采区设置专用回风巷,掘进工作面使用专用局部通风机进行通风,矿井有反风设施;

(4)矿井有安全监控系统,传感器的设置、报警和断电符合规定,有瓦斯检查制度和矿长、技术负责人瓦斯日报审查签字制度,配备足够的专职瓦斯检查员和瓦斯检测仪器;按规定建立瓦斯抽采系统,开采煤与瓦斯突出危险煤层的有预测预报、防治措施、效果检验和安全防护的综合防突措施;

(5)有防尘供水系统,有地面和井下排水系统;有水害威胁的矿井还应有专用探放水设备;

(6)制定井上、井下防火措施;有地面消防水池和井下消防管路系统,井上、井下有消防材料库;开采容易自燃和自燃煤层的矿井还应有防灭火专项设计和综合预防煤层自然发火的措施;

(7)矿井有两回路电源线路;严禁井下配电变压器中性点直接接地;井下电气设备的选型符合防爆要求,有短路、过负荷、接地、漏电等保护,掘进工作面的局部通风机按规定采用专用变压器、专用电缆、专用开关,实现风电、瓦斯电闭锁;

(8)运送人员的装置应当符合有关规定。使用检测合格的钢丝绳;带式输送机采用非金属聚合物制造的输送带的阻燃性能和抗静电性能符合规定,设置安全保护装置;

(9)有通信联络系统,按规定建立人员位置监测系统;

(10)按矿井瓦斯等级选用相应的煤矿许用炸药和电雷管,爆破工作由专职爆破工担任;

(11)不得使用国家有关危及生产安全淘汰目录规定的设备及生产工艺;使用的矿用产品应有安全标志;

(12)配备足够数量的自救器,自救器的选用型号应与矿井灾害类型相适应,按规定建立安全避险系统;

(13)有反映实际情况的图纸:矿井地质图和水文地质图,井上下对照图,巷道布置图,采掘工程平面图,通风系统图,井下运输系统图,安全监控系统布置图和断电控制图,人员位置监测系统图,压风、排水、防尘、防火注浆、抽采瓦斯等管路系统图,井下通信系统图,井上、下配电系统图和井下电气设备布置图,井下避灾路线图。采掘工作面有符合实际情况的作业规程。

### (四)露天煤矿安全生产的条件

除符合煤矿企业安全生产的基本条件和特殊条件外,其安全设施、设备、工艺还必须符合下列条件:

(1)按规定设置栅栏、安全挡墙、警示标志;

(2)露天采场最终边坡的台阶坡面角和边坡角符合最终边坡设计要求;

(3)配电线路、电动机、变压器的保护符合安全要求;

(4)爆炸物品的领用、保管和使用符合规定;

(5)有边坡工程、地质勘探工程、岩土物理力学试验和稳定性分析,有边坡监测措施;

(6)有防排水设施和措施;

(7)地面和采场内的防灭火措施符合规定;开采有自然发火倾向的煤层或者开采范围内存在火区时,制定专门防灭火措施;

(8)有反映实际情况的图纸:地形地质图,工程地质平面图、断面图、综合水文地质图,采剥、排土工程平面图和运输系统图,供配电系统图,通信系统图,防排水系统图,边坡监测系统平面图,井工采空区与露天矿平面对照图。

### (五)申领安全生产许可证的文件资料

煤矿企业符合规定的条件后,可向安全生产许可证颁发管理机关申请领取安全生产许可证。申请领取安全生产许可证应当提供下列文件、资料:

(1)煤矿企业提供的文件、资料:①安全生产许可证申请书;②主要负责人安全生产责任制(复制件),各分管负责人、安全生产管理人员以及职能部门负责人安全生产责任制目录清单;③安全生产规章制度目录清单;④设置安全生产管理机构、配备专职安全生产管理人员的文件(复制件);⑤主要负责人、安全生产管理人员安全生产知识和管理能力考核合格的证明材料;⑥特种作业人员培训计划,从业人员安全生产教育培训计划;⑦为从业人员缴纳工伤保险费的有关证明材料;⑧重大危险源检测、评估和监控措施;⑨事故应急救援预案,设立矿山救护队的文件或者与专业救护队签订的救护协议。

(2)煤矿提供的文件、资料和图纸:①安全生产许可证申请书;②采矿许可证(复制件);③主要负责人安全生产责任制(复制件),各分管负责人、安全生产管理人员以及职能部门负责人安全生产责任制目录清单;④安全生产规章制度和操作规程目录清单;⑤设置安全生产管理机构和配备专职安全生产管理人员的文件(复制件);⑥矿长、安全生产管理人员安全生产知识和管理能力考核合格的证明材料;⑦特种作业人员操作资格证书的证明材料;⑧从业人员安全生产教育培训计划和考试合格的证明材料;⑨为从业人员缴纳工伤保险费的有关证明材料;⑩具备资质的中介机构出具的安全评价报告;⑪矿井瓦斯等级鉴定文件;高瓦斯、煤与瓦斯突出矿井瓦斯参数测定报告,煤层自燃倾向性和煤尘爆炸危险性鉴定报告;⑫矿井灾害预防和处理计划;⑬井工煤矿采掘工程平面图,通风系统图;⑭露天煤矿采剥工程平面图,边坡监测系统平面图;⑮事故应急救援预案,设立矿山救护队的文件或者与专业矿山救护队签订的救护协议;⑯井工煤矿主要通风机、主提升机、空压机、主排水泵的检测检验合格报告。

### (六)安全生产许可证的颁发

安全生产许可证颁发管理机关应当对有关人员提出的审查意见进行讨论,并在受理申请之日起 45 个工作日内作出颁发或者不予颁发安全生产许可证的决定。

对决定颁发的,安全生产许可证颁发管理机关应当自决定之日起 10 个工作日内送达或者通知申请人领取安全生产许可证;对不予颁发的,应当在 10 个工作日内书面通知申请人并说明理由。

经审查符合规定的,安全生产许可证颁发管理机关应当分别向煤矿企业及其所属煤矿颁发安全生产许可证。

### (七)安全生产许可证的监督管理

安全生产许可证颁发管理机关发现有下列情形之一的,应当撤销已经颁发的安全生产许可证:

(1)超越职权颁发安全生产许可证的;

(2)违反规定的程序颁发安全生产许可证的;

(3)不具备规定的安全生产条件颁发安全生产许可证的;

(4)以欺骗、贿赂等不正当手段取得安全生产许可证的。

取得安全生产许可证的煤矿企业有下列情形之一的,安全生产许可证颁发管理机关应当注销其安全生产许可证:

(1)终止煤炭生产活动的;

(2)安全生产许可证被依法撤销的;

(3)安全生产许可证被依法吊销的;

(4)安全生产许可证有效期满未申请办理延期手续的。

安全生产许可证颁发管理机关应当每年向社会公布一次煤矿企业取得安全生产许可证的情况。

安全生产许可证颁发管理机关应当将煤矿企业安全生产许可证颁发管理情况通报煤矿企业所在地市级以上人民政府及其指定的负责矿山安全监管工作的部门。

安全生产许可证颁发管理机关应当建立、健全安全生产许可证档案管理制度。

省级安全生产许可证颁发管理机关应当于每年1月15日前将所负责行政区域内上年度煤矿企业安全生产许可证颁发和管理情况报应急管理部国家矿山安全监察局,同时通报本级应急管理部门。

### (八)罚则

安全生产许可证颁发管理机关工作人员有下列行为之一的,给予降级或者撤职的处分;构成犯罪的,依法追究刑事责任:

(1)向不符合规定的安全生产条件的煤矿企业颁发安全生产许可证的;

(2)发现煤矿企业未依法取得安全生产许可证擅自从事生产活动不依法处理的;

(3)发现取得安全生产许可证的煤矿企业不再具备规定的安全生产条件不依法处理的;

(4)接到对违反规定行为的举报后,不依法处理的;

(5)在安全生产许可证颁发、管理和监督检查工作中,索取或者接受煤矿企业的财物,或者谋取其他利益的。

承担安全评价、检测、检验工作的机构,出具虚假安全评价、检测、检验报告或者证明的,没收违法所得;违法所得在10万元以上的,并处违法所得2倍以上5倍以下的罚款,没有违法所得或者违法所得不足10万元的,单处或者并处10万元以上20万元以下的罚款,对其直接负责的主管人员和其他直接责任人员处2万元以上5万元以下的罚款;给他人造成损害的,与煤矿企业承担连带赔偿责任;构成犯罪的,依照刑法有关规定追究刑事责任。对有上述违法行为的机构,依法吊销其相应资质。

安全生产许可证颁发管理机关应当加强对取得安全生产许可证的煤矿企业的监督检查,发现其不再具备规定的安全生产条件的,应当责令限期整改,依法暂扣安全生产许可证;经整改仍不具备规定的安全生产条件的,依法吊销安全生产许可证。

取得安全生产许可证的煤矿企业,倒卖、出租、出借或者以其他形式非法转让安全生产许可证的,没收违法所得,处10万元以上50万元以下的罚款,吊销其安全生产许可证;构成犯罪的,依法追究刑事责任。

发现煤矿企业有下列行为之一的,责令停止生产,没收违法所得,并处10万元以上50万元以下的罚款;构成犯罪的,依法追究刑事责任:

(1)未取得安全生产许可证,擅自进行生产的;

(2)接受转让的安全生产许可证的；

(3)冒用安全生产许可证的；

(4)使用伪造安全生产许可证的。

在安全生产许可证有效期满未申请办理延期手续，继续进行生产的，责令停止生产，限期补办延期手续，没收违法所得，并处5万元以上10万元以下的罚款；逾期仍不申请办理延期手续，依照相关规定处理。

在安全生产许可证有效期内，主要负责人、隶属关系、经济类型、煤矿企业名称发生变化，未按规定申请办理变更手续的，责令限期补办变更手续，并处1万元以上3万元以下罚款。

改建、扩建工程已经验收合格，未按规定申请办理变更手续擅自投入生产的，责令停止生产，限期补办变更手续，并处1万元以上3万元以下罚款；逾期仍不办理变更手续，继续进行生产的，依照规定处罚。

## 四、《煤矿建设项目安全设施监察规定》的相关内容

### (一)煤矿建设项目的安全评价

煤矿建设项目的安全评价包括安全预评价和安全验收评价。煤矿建设项目在可行性研究阶段，应当进行安全预评价；在投入生产或者使用前，应当进行安全验收评价。

煤矿建设项目的安全评价应由具有国家规定资质的安全中介机构承担。承担煤矿建设项目安全评价的安全中介机构对其作出的安全评价结果负责。

承担煤矿建设项目安全评价的安全中介机构，应当按照规定的标准和程序进行评价，提出评价报告，并在提出评价报告30日内按规定报煤矿安全监察机构备案。

煤矿建设项目安全预评价报告应当包括以下内容：①主要危险、有害因素和危害程度以及对公共安全影响的定性、定量评价；②预防和控制的可能性评价；③建设项目可能造成职业危害的评价；④安全对策措施、安全设施设计原则；⑤预评价结论；⑥其他需要说明的事项。

煤矿建设项目安全验收评价报告应当包括以下内容：①安全设施符合法律、法规、标准和规程规定以及设计文件的评价；②安全设施在生产或使用中的有效性评价；③职业危害防治措施的有效性评价；④建设项目的整体安全性评价；⑤存在的安全问题和解决问题的建议；⑥验收评价结论；⑦有关试运转期间的技术资料、现场检测、检验数据和统计分析资料；⑧其他需要说明的事项。

### (二)煤矿建设项目设计审查

煤矿建设项目的安全设施设计应经矿山安全监察机构审查同意；未经审查同意的，不得施工。

煤矿建设项目的安全设施设计，应由具有相应资质的设计单位承担。设计单位对安全设施设计负责。

煤矿建设项目的安全设施设计应当包括煤矿水、火、瓦斯、煤尘、顶板等主要灾害的防治措施，所确定的设施、设备、器材等应当符合国家标准和行业标准。

申请煤矿建设项目的安全设施设计审查，应当提交下列资料：

(1)安全设施设计审查申请报告及申请表；

(2)立项和可行性研究报告批准文件;

(3)安全预评价报告书;

(4)初步设计及安全专篇;

(5)其他需要说明的材料。

矿山安全监察机构接到审查申请后,应当对上报资料进行审查。有下列情形之一的,为设计审查不合格:

(1)安全设施设计未由具备相应资质的设计单位承担的;

(2)煤矿水、火、瓦斯、煤尘、顶板等主要灾害防治措施不符合规定的;

(3)安全设施设计不符合工程建设强制性标准、煤矿安全规程和行业技术规范的;

(4)所确定的设施、设备、器材不符合国家标准和行业标准的;

(5)不符合国家矿山安全监察局规定的其他条件的。

矿山安全监察机构审查煤矿建设项目的安全设施设计,应当自收到审查申请起30日内审查完毕。经审查同意的,应当以文件形式批复;不同意的,应当提出审查意见,并以书面形式答复。

煤矿企业对已批准的煤矿建设项目安全设施设计需作重大变更的,应经原审查机构审查同意。

### (三)煤矿建设项目的施工和联合试运转

煤矿建设项目的安全设施应由具有相应资质的施工单位承担。施工单位应当按照批准的安全设施设计施工,并对安全设施的工程质量负责。

施工单位在施工期间,发现煤矿建设项目的安全设施设计不合理或者存在重大事故隐患时,应当立即停止施工,并报告煤矿企业。煤矿企业需对安全设施设计作重大变更的,应当按规定重新审查。

矿山安全监察机构对煤矿建设工程安全设施的施工情况进行监察。

煤矿建设项目在竣工完成后,应当在正式投入生产或使用前进行联合试运转。联合试运转的时间应不少于1个月,但最长不得超过6个月。

煤矿建设项目联合试运转,应经有关主管部门批准,并按照规定报矿山安全监察机构备案。

煤矿建设项目联合试运转期间,煤矿企业应当制定可靠的安全措施,做好现场检测、检验,收集有关数据,并编制联合试运转报告。

煤矿建设项目联合试运转正常后,应当进行安全验收评价。

### (四)煤矿建设项目的竣工验收

煤矿建设项目的安全设施和安全条件应当经矿山安全监察机构验收;未经验收合格的,不得投入生产和使用。

煤矿建设项目经安全验收评价达到验收条件的,煤矿企业应当按照规定向矿山安全监察机构提出书面申请。申请验收煤矿建设项目的安全设施和安全条件,应当提交下列资料:

(1)验收申请报告及申请表;

(2)初步设计、安全专篇及设计修改的有关文件、资料;

(3)安全设施工程质量认证书复印件;

(4)施工期间安全事故及其他重大工程质量事故的有关资料;

(5)安全管理机构、矿长及特种作业人员安全资格的有关资料;

(6)联合试运转报告;

(7)安全验收评价报告书;

(8)其他需说明的事项。

矿山安全监察机构接到验收申请后,应当对上报资料进行审查并组织现场验收。有下列情形之一的,为验收不合格:

(1)安全设施和安全条件不符合设计要求,或未通过工程质量认证的;

(2)安全设施和安全条件不能满足正常生产和使用的;

(3)未按规定建立安全生产管理机构和配备安全生产管理人员的;

(4)矿长和特种作业人员不具备相应资格的;

(5)不符合国家矿山安全监察局规定的其他条件的。

## 五、《煤矿安全规程》的相关内容

### (一)煤矿企业安全生产的一般要求

煤矿企业是指在依法批准的矿区范围内从事煤炭资源开采活动的企业,包括集团公司、上市公司、总公司、矿务局、煤矿。

为保障煤矿安全生产和从业人员的人身安全与健康,防止煤矿事故与职业病危害,根据《煤炭法》《矿山安全法》《安全生产法》《职业病防治法》《煤矿安全监察条例》和《安全生产许可证条例》等,制定《煤矿安全规程》。其中,《煤矿安全规程》关于煤矿企业安全生产要求如下:

从事煤炭生产与煤矿建设的企业必须遵守国家有关安全生产的法律、法规、规章、规程、标准和技术规范。

煤炭生产实行安全生产许可证制度。未取得安全生产许可证的,不得从事煤炭生产活动。

煤矿企业必须加强安全生产管理,建立健全各级负责人、各部门、各岗位安全生产与职业病危害防治责任制。煤矿企业必须建立健全安全生产与职业病危害防治目标管理、投入、奖惩、技术措施审批、培训、办公会议制度,安全检查制度,安全风险分级管控工作制度,事故隐患排查、治理、报告制度,事故报告与责任追究制度等。煤矿企业必须制定重要设备材料的查验制度,做好检查验收和记录,防爆、阻燃抗静电、保护等安全性能不合格的不得入井使用。煤矿企业必须建立各种设备、设施检查维修制度,定期进行检查维修,并做好记录。煤矿必须制定本单位的作业规程和操作规程。

煤矿企业必须设置专门机构负责煤矿安全生产与职业病危害防治管理工作,配备满足工作需要的人员及装备。

煤矿建设项目的安全设施和职业病危害防护设施,必须与主体工程同时设计、同时施工、同时投入使用。

对作业场所和工作岗位存在的危险有害因素及防范措施、事故应急措施、职业病危害及其后果、职业病危害防护措施等,煤矿企业应当履行告知义务,从业人员有权了解并提出建议。

煤矿企业必须对从业人员进行安全教育和培训。培训不合格的,不得上岗作业。主要负责人和安全生产管理人员必须具备煤矿安全生产知识和管理能力,并经考核合格。特种作业人员必须按国家有关规定培训合格,取得资格证书,方可上岗作业。矿长必须具备安全专业知识,具有组织、领导安全生产和处理煤矿事故的能力。

煤矿使用的纳入安全标志管理的产品,必须取得煤矿矿用产品安全标志。未取得煤矿矿用产品安全标志的,不得使用。试验涉及安全生产的新技术、新工艺必须经过论证并制定安全措施;新设备、新材料必须经过安全性能检验,取得产品工业性试验安全标志。积极推广自动化、智能化开采,减少井下作业人数。严禁使用国家明令禁止使用或者淘汰的危及生产安全和可能产生职业病危害的技术、工艺、材料和设备。

煤矿必须编制年度灾害预防和处理计划,并根据具体情况及时修改,灾害预防和处理计划由矿长负责组织实施。

入井(场)人员必须戴安全帽等个体防护用品,穿带有反光标识的工作服。入井(场)前严禁饮酒。煤矿必须建立入井检身制度和出入井人员清点制度;必须掌握井下人员数量、位置等实时信息。入井人员必须随身携带自救器、标识卡和矿灯,严禁携带烟草和点火物品,严禁穿化纤衣服。

井工煤矿必须制定停工停产期间的安全技术措施,保证矿井供电、通风、排水和安全监控系统正常运行,落实24小时值班制度。复工复产前必须进行全面安全检查。

煤矿闭坑前,煤矿企业必须编制闭坑报告,并报省级煤炭行业管理部门批准. 矿井闭坑报告必须有完善的各种地质资料,在相应图件上标注采空区、煤柱、井筒、巷道、火区、地面沉陷区等,情况不清的应当予以说明。

### (二)煤矿企业应急救援的相关要求

煤矿企业必须建立应急救援组织,健全规章制度,编制应急预案,储备应急救援物资、装备并定期检查补充。煤矿必须建立矿井安全避险系统,对井下人员进行安全避险和应急救援培训,每年至少组织1次应急演练。

国家实行资质管理的,煤矿企业应当委托具有国家规定资质的机构为其提供鉴定、检测、检验等服务,鉴定、检测、检验机构对其做出的结果负责。

当系统显示井下某一区域瓦斯超限并有可能波及其他区域时,矿井有关人员应当按瓦斯事故应急救援预案切断瓦斯可能波及区域的电源。

煤矿企业应当落实应急管理主体责任,建立健全事故预警、应急值守、信息报告、现场处置、应急投入、救援装备和物资储备、安全避险设施管理和使用等规章制度,主要负责人是应急管理和事故救援工作的第一责任人。

煤矿企业必须编制应急救援预案并组织评审,由本单位主要负责人批准后实施;应急救援预案应当与所在地县级以上地方人民政府组织制定的生产安全事故应急救援预案相衔接。

应急救援预案的主要内容发生变化,或者在事故处置和应急演练中发现存在重大问题时,及时修订完善。

煤矿企业必须建立应急演练制度。应急演练计划、方案、记录和总结评估报告等资料保存期限不少于2年。

矿井必须根据险情或者事故情况下矿工避险的实际需要,建立井下紧急撤离和避险设施,并与监测监控、人员位置监测、通信联络等系统结合,构成井下安全避险系统。

安全避险系统应当随采掘工作面的变化及时调整和完善，每年由矿总工程师组织开展有效性评估。

所有煤矿必须有矿山救护队为其服务。井工煤矿企业应当设立矿山救护队，不具备设立矿山救护队条件的煤矿企业，所属煤矿应当设立兼职救护队，并与就近的救护队签订救护协议；否则，不得生产。

矿山救护队到达服务煤矿的时间应当不超过30分钟。任何人不得调动矿山救护队、救援装备和救护车辆从事与应急救援无关的工作，不得挪用紧急避险设施内的设备和物品。

井工煤矿应当向矿山救护队提供采掘工程平面图、矿井通风系统图、井上下对照图、井下避灾路线图、灾害预防和处理计划，以及应急救援预案；露天煤矿应当向矿山救护队提供采剥、排土工程平面图和运输系统图、防排水系统图及排水设备布置图、井工老空区与露天矿平面对照图，以及应急救援预案。提供的上述图纸和资料应当真实、准确，且至少每季度为救护队更新1次。

煤矿作业人员必须熟悉应急救援预案和避灾路线，具有自救互救和安全避险知识。井下作业人员必须熟练掌握自救器和紧急避险设施的使用方法。

班组长应当具备兼职救护队员的知识和能力，能够在发生险情后第一时间组织作业人员自救互救和安全避险。

外来人员必须经过安全和应急基本知识培训，掌握自救器使用方法，并签字确认后方可入井。

煤矿发生险情或者事故后，现场人员应当进行自救、互救，并报矿调度室；煤矿应当立即按照应急救援预案启动应急响应，组织涉险人员撤离险区，通知应急指挥人员、矿山救护队和医疗救护人员等到现场救援，并上报事故信息。

矿山救护队在接到事故报告电话、值班人员发出警报后，必须在1分钟内出动救援。

发生事故的煤矿必须全力做好事故应急救援及相关工作，并报请当地政府和主管部门在通信、交通运输、医疗、电力、现场秩序维护等方面提供保障。

## 六、《煤矿安全培训规定》的相关内容

### （一）煤矿企业从业人员的相关规定

《煤矿安全培训规定》中所称煤矿企业从业人员，是指煤矿企业主要负责人、安全生产管理人员、特种作业人员和其他从业人员。煤矿企业主要负责人，是指煤矿企业的董事长、总经理，矿务局局长，煤矿矿长等人员。煤矿企业安全生产管理人员，是指煤矿企业分管安全、采煤、掘进、通风、机电、运输、地测、防治水、调度等工作的副董事长、副总经理、副局长、副矿长，总工程师、副总工程师和技术负责人，安全生产管理机构负责人及其管理人员，采煤、掘进、通风、机电、运输、地测、防治水、调度等职能部门（含煤矿井、区、科、队）负责人。煤矿其他从业人员，是指除煤矿主要负责人、安全生产管理人员和特种作业人员以外，从事生产经营活动的其他从业人员，包括煤矿其他负责人、其他管理人员、技术人员和各岗位的工人、使用的被派遣劳动者和临时聘用人员。

煤矿矿长、副矿长、总工程师、副总工程师应当具备煤矿相关专业大专及以上学历，具有3年以上煤矿相关工作经历。煤矿安全生产管理机构负责人应当具备煤矿相关专业中专及以上学历，具有2年以上煤矿安全生产相关工作经历。

### （二）安全培训的组织与管理

应急管理部国家矿山安全监察局负责指导和监督管理全国煤矿企业从业人员安全培训工作。省、自治区、直辖市人民政府负责煤矿安全培训的主管部门（以下简称省级煤矿安全培训主管部门）负责指导和监督管理本行政区域内煤矿企业从业人员安全培训工作。省级及以下矿山安全监察机构对辖区内煤矿企业从业人员安全培训工作依法实施监察。

煤矿企业是安全培训的责任主体，应当依法对从业人员进行安全生产教育和培训，提高从业人员的安全生产意识和能力。煤矿企业主要负责人对本企业从业人员安全培训工作全面负责。

煤矿企业应当建立完善安全培训管理制度，制定年度安全培训计划，明确负责安全培训工作的机构，配备专职或者兼职安全培训管理人员，按照国家规定的比例提取教育培训经费。其中，用于安全培训的资金不得低于教育培训经费总额的40%。

对从业人员的安全技术培训，具备《安全培训机构基本条件》规定的安全培训条件的煤矿企业应当以自主培训为主，也可以委托具备安全培训条件的机构进行安全培训。不具备安全培训条件的煤矿企业应当委托具备安全培训条件的机构进行安全培训。从事煤矿安全培训的机构，应当将教师、教学和实习与实训设施等情况书面报告所在地省级煤矿安全培训主管部门。

煤矿企业应当建立健全从业人员安全培训档案，实行一人一档。煤矿企业从业人员安全培训档案的内容包括：

（1）学员登记表，包括学员的文化程度、职务、职称、工作经历、技能等级晋升等情况；

（2）身份证复印件、学历证书复印件；

（3）历次接受安全培训、考核的情况；

（4）安全生产违规违章行为记录，以及被追究责任，受到处分、处理的情况；

（5）其他有关情况。

煤矿企业从业人员安全培训档案应当按照《企业文件材料归档范围和档案保管期限规定》（国家档案局令第10号）保存。

煤矿企业除建立从业人员安全培训档案外，还应当建立企业安全培训档案，实行一期一档。煤矿企业安全培训档案的内容包括：

（1）培训计划；

（2）培训时间、地点；

（3）培训课时及授课教师；

（4）课程讲义；

（5）学员名册、考勤、考核情况；

（6）综合考评报告等；

（7）其他有关情况。

对煤矿企业主要负责人和安全生产管理人员的煤矿企业安全培训档案应当保存3年以上，对特种作业人员的煤矿企业安全培训档案应当保存6年以上，其他从业人员的煤矿企业安全培训档案应当保存3年以上。

### （三）主要负责人和安全生产管理人员的考核

煤矿企业应当每年组织主要负责人和安全生产管理人员进行新法律法规、新标准、新规程、新技术、新工艺、新设备和新材料等方面的安全培训。

应急管理部国家矿山安全监察局组织制定煤矿企业主要负责人和安全生产管理人员安全生产知识和管理能力考核的标准，建立国家级考试题库。

省级煤矿安全培训主管部门应当根据前款规定的考核标准，建立省级考试题库，并报国家煤矿安全监察局备案。

应急管理部国家矿山安全监察局负责中央管理的煤矿企业总部（含所属在京一级子公司）主要负责人和安全生产管理人员考核工作。省级煤矿安全培训主管部门负责本行政区域内前款以外的煤矿企业主要负责人和安全生产管理人员考核工作。应急管理部国家矿山安全监察局和省级煤矿安全培训主管部门（以下统称考核部门）应当定期组织考核，并提前公布考核时间。

煤矿企业主要负责人考试应当包括下列内容：

（1）国家安全生产方针、政策和有关安全生产的法律、法规、规章及标准；

（2）安全生产管理、安全生产技术和职业健康基本知识；

（3）重大危险源管理、重大事故防范、应急管理和事故调查处理的有关规定；

（4）国内外先进的安全生产管理经验；

（5）典型事故和应急救援案例分析；

（6）其他需要考试的内容。

煤矿企业安全生产管理人员考试应当包括下列内容：

（1）国家安全生产方针、政策和有关安全生产的法律、法规、规章及标准；

（2）安全生产管理、安全生产技术、职业健康等知识；

（3）伤亡事故报告、统计及职业危害的调查处理方法；

（4）应急管理的内容及其要求；

（5）国内外先进的安全生产管理经验；

（6）典型事故和应急救援案例分析；

（7）其他需要考试的内容。

煤矿企业主要负责人和安全生产管理人员应当自任职之日起6个月内通过考核部门组织的安全生产知识和管理能力考核，并持续保持相应水平和能力。煤矿企业主要负责人和安全生产管理人员应当自任职之日起30日内，按照相关规定向考核部门提出考核申请，并提交其任职文件、学历、工作经历等相关材料。考核部门接到煤矿企业主要负责人和安全生产管理人员申请及其材料后，经审核符合条件的，应当及时组织相应的考试；发现申请人不符合相关规定的，不得对申请人进行安全生产知识和管理能力考试，并书面告知申请人及其所在煤矿企业或其任免机关调整其工作岗位。

煤矿企业主要负责人和安全生产管理人员的考试应当在规定的考点采用计算机方式进行。

煤矿企业主要负责人和安全生产管理人员考试合格后，考核部门应当在公布考试成绩之日起10个工作日内颁发安全生产知识和管理能力考核合格证明（以下简称考核合格证明）。考核合格证明在全国范围内有效。煤矿企业主要负责人和安全生产管理人员考试不合格的，可以补考1次；经补考仍不合格的，1年内不得再次申请考核。考核部门应当告知其所在煤矿企业或其任免机关调整其工作岗位。

考核部门对煤矿企业主要负责人和安全生产管理人员的安全生产知识和管理能力每3年考核1次。

### （四）特种作业人员的安全培训和考核发证

煤矿特种作业人员及其工种由应急管理部国家矿山安全监察局确定，并适时调整；其他任何单位或者个人不得擅自变更其范围。

煤矿特种作业人员应当具备初中及以上文化程度（自2018年6月1日起新上岗的煤矿特种作业人员应当具备高中及以上文化程度），具有煤矿相关工作经历，或者职业高中、技工学校及中专以上相关专业学历。

应急管理部国家矿山安全监察局组织制定煤矿特种作业人员培训大纲和考核标准，建立统一的考试题库。

省级煤矿安全培训主管部门负责本行政区域内煤矿特种作业人员的考核、发证工作，也可以委托设区的市级人民政府煤矿安全培训主管部门实施煤矿特种作业人员的考核、发证工作。

省级煤矿安全培训主管部门及其委托的设区的市级人民政府煤矿安全培训主管部门以下统称考核发证部门。

煤矿特种作业人员必须经专门的安全技术培训和考核合格，由省级煤矿安全培训主管部门颁发特种作业操作证后，方可上岗作业。

煤矿特种作业人员在参加资格考试前应当按照规定的培训大纲进行安全生产知识和实际操作能力的专门培训。其中，初次培训的时间不得少于90学时。

已经取得职业高中、技工学校及中专以上学历的毕业生从事与其所学专业相应的特种作业，持学历证明经考核发证部门审核属实的，免予初次培训，直接参加资格考试。

参加煤矿特种作业操作资格考试的人员，应当填写考试申请表，由本人或其所在煤矿企业持身份证复印件、学历证书复印件或者培训机构出具的培训合格证明向其工作地或者户籍所在地考核发证部门提出申请。考核发证部门收到申请及其有关材料后，应当在60日内组织考试。对不符合考试条件的，应当书面告知申请人或其所在煤矿企业。

煤矿特种作业操作资格考试包括安全生产知识考试和实际操作能力考试。安全生产知识考试合格后，进行实际操作能力考试。考核发证部门应当在考试结束后10个工作日内公布考试成绩。申请人考试合格的，考核发证部门应当自考试合格之日起20个工作日内完成发证工作。申请人考试不合格的，可以补考1次；经补考仍不合格的，重新参加相应的安全技术培训。

特种作业操作证有效期6年，全国范围内有效。特种作业操作证由国家安全生产监督管理总局统一式样、标准和编号。

特种作业操作证有效期届满需要延期换证的，持证人应当在有效期届满60日前参加不少于24学时的专门培训，持培训合格证明由本人或其所在企业向当地考核发证部门或者原考核发证部门提出考试申请。经安全生产知识和实际操作能力考试合格的，考核发证部门应当在20个工作日内予以换发新的特种作业操作证。

离开特种作业岗位6个月以上、但特种作业操作证仍在有效期内的特种作业人员，需要重新从事原特种作业的，应当重新进行实际操作能力考试，经考试合格后方可上岗作业。

特种作业操作证遗失或者损毁的，应当及时向原考核发证部门提出书面申请，由原考核发证部门补发。特种作业操作证所记载的信息发生变化的，应当向原考核发证部门提出书面申请，经原考核发证部门审查确认后，予以更新。

### （五）其他从业人员的安全培训和考核

煤矿其他从业人员应当具备初中及以上文化程度。

煤矿企业应当对其他从业人员进行安全培训，保证其具备必要的安全生产知识、技能和事故应急处理能力，知悉自身在安全生产方面的权利和义务。

省级煤矿安全培训主管部门负责制定煤矿企业其他从业人员安全培训大纲和考核标准。

煤矿企业或者具备安全培训条件的机构应当按照培训大纲对其他从业人员进行安全培训。其中，对从事采煤、掘进、机电、运输、通风、防治水等工作的班组长的安全培训，应当由其所在煤矿的上一级煤矿企业组织实施；没有上一级煤矿企业的，由本单位组织实施。

煤矿企业其他从业人员的初次安全培训时间不得少于72学时，每年再培训的时间不得少于20学时。煤矿企业或者具备安全培训条件的机构对其他从业人员安全培训合格后，应当颁发安全培训合格证明；未经培训并取得培训合格证明的，不得上岗作业。

煤矿企业新上岗的井下作业人员安全培训合格后，应当在有经验的工人师傅带领下，实习满4个月，并取得工人师傅签名的实习合格证明后，方可独立工作。工人师傅一般应当具备中级工以上技能等级、3年以上相应工作经历和没有发生过违章指挥、违章作业、违反劳动纪律等条件。

企业井下作业人员调整工作岗位或者离开本岗位一年以上重新上岗前，以及煤矿企业采用新工艺、新技术、新材料或者使用新设备的，应当对其进行相应的安全培训，经培训合格后，方可上岗作业。

### （六）监督管理

省级煤矿安全培训主管部门应当将煤矿企业主要负责人、安全生产管理人员考核合格证明、特种作业人员特种作业操作证的发放、注销等情况在本部门网站上公布，接受社会监督。

煤矿安全培训主管部门和矿山安全监察机构应当对煤矿企业安全培训的下列情况进行监督检查，发现违法行为的，依法给予行政处罚：

（1）建立安全培训管理制度，制定年度培训计划，明确负责安全培训管理工作的机构，配备专职或者兼职安全培训管理人员的情况；

（2）按照本规定投入和使用安全培训资金的情况；

（3）实行自主培训的煤矿企业的安全培训条件；

（4）煤矿企业及其从业人员安全培训档案的情况；

（5）主要负责人、安全生产管理人员考核的情况；

（6）特种作业人员持证上岗的情况；

（7）应用新工艺、新技术、新材料、新设备以及离岗、转岗时对从业人员安全培训的情况；

（8）其他从业人员安全培训的情况。

考核部门应当建立煤矿企业安全培训随机抽查制度，制定现场抽考办法，加强对煤矿安全培训的监督检查。考核部门对煤矿企业主要负责人和安全生产管理人员现场抽考不合格的,应当责令其重新参加安全生产知识和管理能力考核;经考核仍不合格的,考核部门应当书面告知其所在煤矿企业或其任免机关调整其工作岗位。

省级及以下矿山安全监察机构应当按照年度监察执法计划,采用现场抽考等多种方式对煤矿企业安全培训情况实施严格监察;对监察中发现的突出问题和共性问题,应当向本级人民政府煤矿安全培训主管部门或者下级人民政府提出有关安全培训工作的监察建议函。

省级煤矿安全培训主管部门发现下列情形之一的,应当撤销特种作业操作证:

(1)特种作业人员对发生生产安全事故负有直接责任的;

(2)特种作业操作证记载信息虚假的。

特种作业人员违反上述规定被撤销特种作业操作证的,3 年内不得再次申请特种作业操作证。

煤矿企业从业人员在劳动合同期满变更工作单位或者依法解除劳动合同的,原工作单位不得以任何理由扣押其考核合格证明或者特种作业操作证。

省级煤矿安全培训主管部门应当将煤矿企业主要负责人、安全生产管理人员和特种作业人员的考核情况,及时抄送省级矿山安全监察局。矿山安全监察机构应当将煤矿企业主要负责人、安全生产管理人员和特种作业人员的行政处罚决定及时抄送同级煤矿安全培训主管部门。

煤矿安全培训主管部门应当建立煤矿安全培训举报制度,公布举报电话、电子信箱,依法受理并调查处理有关举报,并将查处结果书面反馈给实名举报人。

### (七)法律责任

煤矿安全培训主管部门的工作人员在煤矿安全考核工作中滥用职权、玩忽职守、徇私舞弊的,依照有关规定给予处分;构成犯罪的,依法追究刑事责任。

煤矿企业有下列行为之一的,由煤矿安全培训主管部门或者矿山安全监察机构责令其限期改正,可以处 5 万元以下的罚款;逾期未改正的,责令停产停业整顿,并处 5 万元以上 10 万元以下的罚款,对其直接负责的主管人员和其他直接责任人员处 1 万元以上 2 万元以下的罚款:

(1)主要负责人和安全生产管理人员未按照规定经考核合格的;

(2)未按照规定对从业人员进行安全生产培训的;

(3)未如实记录安全生产培训情况的;

(4)特种作业人员未经专门的安全培训并取得相应资格,上岗作业的。

煤矿安全培训主管部门或者矿山安全监察机构发现煤矿企业有下列行为之一的,责令其限期改正,可以处 1 万元以上 3 万元以下的罚款:

(1)未建立安全培训管理制度或者未制定年度安全培训计划的;

(2)未明确负责安全培训工作的机构,或者未配备专兼职安全培训管理人员的;

(3)用于安全培训的资金不符合本规定的;

(4)未按照统一的培训大纲组织培训的;

(5)不具备安全培训条件进行自主培训,或者委托不具备安全培训条件机构进行培训的。

具备安全培训条件的机构未按照规定的培训大纲进行安全培训,或者未经安全培训并考试合格颁发有关培训合格证明的,依照前款规定给予行政处罚。

# 第六节 非煤矿矿山企业安全生产管理相关规定

## 一、《非煤矿矿山企业安全生产许可证实施办法》的相关内容

### (一)非煤矿矿山企业安全生产许可证的管理

1. 取得安全生产许可证的条件

非煤矿矿山企业取得安全生产许可证,应当具备下列安全生产条件:

(1)建立健全主要负责人、分管负责人、安全生产管理人员、职能部门、岗位安全生产责任制;制定安全检查制度、职业危害预防制度、安全教育培训制度、生产安全事故管理制度、重大危险源监控和重大隐患整改制度、设备安全管理制度、安全生产档案管理制度、安全生产奖惩制度等规章制度;制定作业安全规程和各工种操作规程;

(2)安全投入符合安全生产要求,依照国家有关规定足额提取安全生产费用;

(3)设置安全生产管理机构,或者配备专职安全生产管理人员;

(4)主要负责人和安全生产管理人员经应急管理部门考核合格,取得安全资格证书;

(5)特种作业人员经有关业务主管部门考核合格,取得特种作业操作资格证书;

(6)其他从业人员依照规定接受安全生产教育和培训,并经考试合格;

(7)依法参加工伤保险,为从业人员缴纳保险费;

(8)制定防治职业危害的具体措施,并为从业人员配备符合国家标准或者行业标准的劳动防护用品;

(9)新建、改建、扩建工程项目依法进行安全评价,其安全设施经验收合格;

(10)危险性较大的设备、设施按照国家有关规定进行定期检测检验;

(11)制定事故应急救援预案,建立事故应急救援组织,配备必要的应急救援器材、设备;生产规模较小可以不建立事故应急救援组织的,应当指定兼职的应急救援人员,并与邻近的矿山救护队或者其他应急救援组织签订救护协议;

(12)符合有关国家标准、行业标准规定的其他条件。

取得安全生产许可证的非煤矿矿山企业不再具备上述规定的安全生产条件之一的,应当暂扣或者吊销其安全生产许可证。

2. 非煤矿矿山企业安全生产许可证的核发机关

应急管理部指导、监督全国非煤矿矿山企业安全生产许可证的颁发管理工作,负责海洋石油天然气企业安全生产许可证的颁发和管理。省、自治区、直辖市人民政府应急管理部门(以下简称省级安全生产许可证颁发管理机关)负责本行政区域内除上述规定以外的非煤矿矿山企业安全生产许可证的颁发和管理。省级安全生产许可证颁发管理机关可以委托设区的市级应急管理部门实施非煤矿矿山企业安全生产许可证的颁发管理工作;但中央管理企业所属非煤矿矿山的安全生产许可证颁发管理工作不得委托实施。

3. 申请安全生产许可证的流程

海洋石油天然气企业申请领取安全生产许可证,向应急管理部提出申请。上述规定以外的其他非煤矿矿山企业申请领取安全生产许可证,向企业所在地省级安全生产许可证颁发管理机关或其委托的设区的市级应急管理部门提出申请。

非煤矿矿山企业应当对其向安全生产许可证颁发管理机关提交的文件、资料实质内

容的真实性负责。从事安全评价、检测检验的中介机构应当对其出具的安全评价报告、检测检验结果负责。

4. 非煤矿矿山企业申请领取安全生产许可证的资料

非煤矿矿山企业申请领取安全生产许可证，应当提交下列文件、资料：

(1)安全生产许可证申请书；

(2)工商营业执照复印件；

(3)采矿许可证复印件；

(4)各种安全生产责任制复印件；

(5)安全生产规章制度和操作规程目录清单；

(6)设置安全生产管理机构或者配备专职安全生产管理人员的文件复印件；

(7)主要负责人和安全生产管理人员安全资格证书复印件；

(8)特种作业人员操作资格证书复印件；

(9)足额提取安全生产费用的证明材料；

(10)为从业人员缴纳工伤保险费的证明材料；因特殊情况不能办理工伤保险的，可以出具办理安全生产责任保险的证明材料；

(11)涉及人身安全、危险性较大的海洋石油开采特种设备和矿山井下特种设备由具备相应资质的检测检验机构出具合格的检测检验报告，并取得安全使用证或者安全标志；

(12)事故应急救援预案，设立事故应急救援组织的文件或者与矿山救护队、其他应急救援组织签订的救护协议；

(13)矿山建设项目安全设施验收合格的书面报告。

非煤矿矿山企业总部申请领取安全生产许可证，不需要提交上述第(3)(8)(9)(10)(11)(12)(13)项规定的文件、资料。

特殊企业的申请资料规定：

金属非金属矿山企业从事爆破作业的，除应当依照上述的规定提交相应文件、资料外，还应当提交《爆破作业单位许可证》。

尾矿库申请领取安全生产许可证，不需要提交上述第(3)项规定的文件、资料。

地质勘探单位申请领取安全生产许可证，不需要提交第(3)(9)(13)项规定的文件、资料，但应当提交地质勘查资质证书复印件；从事爆破作业的，还应当提交《爆破作业单位许可证》。

采掘施工企业申请领取安全生产许可证，不需要提交第(3)(9)(13)项规定的文件、资料，但应当提交矿山工程施工相关资质证书复印件；从事爆破作业的，还应当提交《爆破作业单位许可证》。

石油天然气勘探单位申请领取安全生产许可证，不需要提交上述第(3)(13)项规定的文件、资料；石油天然气管道储运单位申请领取安全生产许可证不需要提交第(3)项规定的文件、资料。

### (二)非煤矿矿山企业安全生产许可证受理、审核和颁发

1. 受理、审核和颁发的流程

安全生产许可证颁发管理机关应当依照本实施办法规定的法定条件组织，对非煤矿矿山企业提交的申请材料进行审查，并在受理申请之日起45日内作出颁发或者不予颁发安全

生产许可证的决定。安全生产许可证颁发管理机关认为有必要到现场对非煤矿矿山企业提交的申请材料进行复核的,应当到现场进行复核。复核时间不计算在本款规定的期限内。

对决定颁发的,安全生产许可证颁发管理机关应当自决定之日起 10 个工作日内送达或者通知申请人领取安全生产许可证;对决定不予颁发的,应当在 10 个工作日内书面通知申请人并说明理由。

2. 资料提交异常的处理

安全生产许可证颁发管理机关对非煤矿矿山企业提交的申请书及文件、资料,应当依照下列规定分别处理:

(1)申请事项不属于本机关职权范围的,应当即时作出不予受理的决定,并告知申请人向有关机关申请;

(2)申请材料存在可以当场更正的错误的,应当允许或者要求申请人当场更正,并即时出具受理的书面凭证;

(3)申请材料不齐全或者不符合要求的,应当当场或者在 5 个工作日内一次性书面告知申请人需要补正的全部内容,逾期不告知的,自收到申请材料之日起即为受理;

(4)申请材料齐全、符合要求或者依照要求全部补正的,自收到申请材料或者全部补正材料之日起为受理。

3. 颁发非煤矿矿山企业安全生产许可证的规定

安全生产许可证颁发管理机关应当依照下列规定颁发非煤矿矿山企业安全生产许可证:

(1)对金属非金属矿山企业,向企业及其所属各独立生产系统分别颁发安全生产许可证;对于只有一个独立生产系统的企业,只向企业颁发安全生产许可证。

(2)对中央管理的陆上石油天然气企业,向企业总部直接管理的分公司、子公司以及下一级与油气勘探、开发生产、储运直接相关的生产作业单位分别颁发安全生产许可证;对设有分公司、子公司的地方石油天然气企业,向企业总部及其分公司、子公司颁发安全生产许可证;对其他陆上石油天然气企业,向具有法人资格的企业颁发安全生产许可证。

(3)对海洋石油天然气企业,向企业及其直接管理的分公司、子公司以及下一级与油气开发生产直接相关的生产作业单位、独立生产系统分别颁发安全生产许可证;对其他海洋石油天然气企业,向具有法人资格的企业颁发安全生产许可证。

(4)对地质勘探单位,向最下级具有企事业法人资格的单位颁发安全生产许可证。对采掘施工企业,向企业颁发安全生产许可证。

(5)对尾矿库单独颁发安全生产许可证。

### (三)安全生产许可证延期和变更

1. 申请延期的程序

安全生产许可证的有效期为 3 年。安全生产许可证有效期满后需要延期的,非煤矿矿山企业应当在安全生产许可证有效期届满前 3 个月向原安全生产许可证颁发管理机关申请办理延期手续,并提交下列文件、资料:

(1)延期申请书;

(2)安全生产许可证正本和副本;

(3)上述规定的相应文件、资料。

金属非金属矿山独立生产系统和尾矿库，以及石油天然气独立生产系统和作业单位还应当提交由具备相应资质的中介服务机构出具的合格的安全现状评价报告。

金属非金属矿山独立生产系统和尾矿库在提出延期申请之前6个月内经考评合格达到安全标准化等级的，可以不提交安全现状评价报告，但需要提交安全标准化等级的证明材料。

安全生产许可证颁发管理机关应当依照规定，对非煤矿矿山企业提交的材料进行审查，并作出是否准予延期的决定。决定准予延期的，应当收回原安全生产许可证，换发新的安全生产许可证；决定不准予延期的，应当书面告知申请人并说明理由。

2. 可以直接办理延期手续的情形

非煤矿矿山企业符合下列条件的，当安全生产许可证有效期届满申请延期时，经原安全生产许可证颁发管理机关同意，不再审查，直接办理延期手续：

(1)严格遵守有关安全生产的法律法规的；

(2)取得安全生产许可证后，加强日常安全生产管理，未降低安全生产条件，并达到安全标准化等级二级以上的；

(3)接受安全生产许可证颁发管理机关及所在地人民政府应急管理部门的监督检查的；

(4)未发生死亡事故的。

3. 申请变更的情形

非煤矿矿山企业在安全生产许可证有效期内有下列情形之一的，应当自工商营业执照变更之日起30个工作日内向原安全生产许可证颁发管理机关申请变更安全生产许可证：

(1)变更单位名称的；

(2)变更主要负责人的；

(3)变更单位地址的；

(4)变更经济类型的；

(5)变更许可范围的。

4. 申请变更应提交的材料

非煤矿矿山企业申请变更安全生产许可证时，应当提交下列文件、资料：

(1)变更申请书；

(2)安全生产许可证正本和副本；

(3)变更后的工商营业执照、采矿许可证复印件及变更说明材料。

变更主要负责人的，还应当提交变更后的主要负责人的安全资格证书复印件。

对已经受理的变更申请，安全生产许可证颁发管理机关对申请人提交的文件、资料审查无误后，应当在10个工作日内办理变更手续。

### (四)安全生产许可证的监督管理

1. 非煤矿山企业的自我监督

非煤矿矿山企业取得安全生产许可证后，应当加强日常安全生产管理，不得降低安全生产条件，并接受所在地县级以上应急管理部门的监督检查。

地质勘探单位、采掘施工单位在登记注册的省、自治区、直辖市以外从事作业的，应当向作业所在地县级以上应急管理部门书面报告。

非煤矿矿山企业不得转让、冒用、买卖、出租、出借或者使用伪造的安全生产许可证。

非煤矿矿山企业发现在安全生产许可证有效期内采矿许可证到期失效的，应当在采矿许可证到期前15日内向原安全生产许可证颁发管理机关报告，并交回安全生产许可证正本和副本。

采矿许可证被暂扣、撤销、吊销和注销的，非煤矿矿山企业应当在暂扣、撤销、吊销和注销后5日内向原安全生产许可证颁发管理机关报告，并交回安全生产许可证正本和副本。

2. 安全生产许可证颁发管理机关对证件管理的一般规定

安全生产许可证颁发管理机关应当坚持公开、公平、公正的原则，严格依照本实施办法的规定审查、颁发安全生产许可证。安全生产许可证颁发管理机关工作人员在安全生产许可证颁发、管理和监督检查工作中，不得索取或者接受非煤矿矿山企业的财物，不得谋取其他利益。

安全生产许可证颁发管理机关每6个月向社会公布取得安全生产许可证的非煤矿矿山企业名单。安全生产许可证颁发管理机关应当将非煤矿矿山企业安全生产许可证颁发管理情况通报非煤矿矿山企业所在地县级以上地方人民政府及其应急管理部门。

安全生产许可证颁发管理机关应当加强对非煤矿矿山企业安全生产许可证的监督管理，建立、健全非煤矿矿山企业安全生产许可证信息管理制度。省级安全生产许可证颁发管理机关应当在安全生产许可证颁发之日起1个月内将颁发和管理情况录入到全国统一的非煤矿矿山企业安全生产许可证管理系统。

3. 撤销已经颁发的安全生产许可证的情形

安全生产许可证颁发管理机关发现有下列情形之一的，应当撤销已经颁发的安全生产许可证：

(1)超越职权颁发安全生产许可证的；

(2)违反本实施办法规定的程序颁发安全生产许可证的；

(3)不具备本实施办法规定的安全生产条件颁发安全生产许可证的；

(4)以欺骗、贿赂等不正当手段取得安全生产许可证的。

4. 注销安全生产许可证的情形

取得安全生产许可证的非煤矿矿山企业有下列情形之一的，安全生产许可证颁发管理机关应当注销其安全生产许可证：

(1)终止生产活动的；

(2)安全生产许可证被依法撤销的；

(3)安全生产许可证被依法吊销的。

5. 申请安全生产许可证违法情形的处理

非煤矿矿山企业隐瞒有关情况或者提供虚假材料申请安全生产许可证的，安全生产许可证颁发管理机关不予受理，该企业在1年内不得再次申请安全生产许可证。

非煤矿矿山企业以欺骗、贿赂等不正当手段取得安全生产许可证后被依法予以撤销的，该企业3年内不得再次申请安全生产许可证。

6. 相关应急管理部门的监督管理

县级以上地方人民政府应急管理部门负责本行政区域内取得安全生产许可证的非煤矿矿山企业的日常监督检查，并将监督检查中发现的问题及时报告安全生产许可证颁发管理机关。中央管理的非煤矿矿山企业由设区的市级以上地方人民政府应急管理部门负责日常监督检查。

国家应急管理部负责取得安全生产许可证的中央管理的非煤矿矿山企业总部和海洋石油天然气企业的日常监督检查。

### (五)非煤矿矿山企业安全生产许可证相关违法行为的法律责任

取得安全生产许可证的非煤矿矿山企业有下列行为之一的，吊销其安全生产许可证：

(1)倒卖、出租、出借或者以其他形式非法转让安全生产许可证的；

(2)暂扣安全生产许可证后未按期整改或者整改后仍不具备安全生产条件的。

非煤矿矿山企业有下列行为之一的，责令停止生产，没收违法所得，并处10万元以上50万元以下的罚款：

(1)未取得安全生产许可证，擅自进行生产的；

(2)接受转让的安全生产许可证的；

(3)冒用安全生产许可证的；

(4)使用伪造的安全生产许可证的。

非煤矿矿山企业在安全生产许可证有效期内出现采矿许可证有效期届满和采矿许可证被暂扣、撤销、吊销、注销的情况，未依照规定向安全生产许可证颁发管理机关报告并交回安全生产许可证的，处1万元以上3万元以下罚款。

非煤矿矿山企业在安全生产许可证有效期内，出现需要变更安全生产许可证的情形，未按规定申请、办理变更手续的，责令限期办理变更手续，并处1万元以上3万元以下罚款。

地质勘探单位、采掘施工单位在登记注册地以外进行跨省作业，未按照规定书面报告的，责令限期办理书面报告手续，并处1万元以上3万元以下的罚款。

非煤矿矿山企业在安全生产许可证有效期满未办理延期手续，继续进行生产的，责令停止生产，限期补办延期手续，没收违法所得，并处5万元以上10万元以下的罚款；逾期仍不办理延期手续，继续进行生产的，依照规定处罚。

非煤矿矿山企业转让安全生产许可证的，没收违法所得，并处10万元以上50万元以下的罚款。

本实施办法规定的行政处罚，由安全生产许可证颁发管理机关决定。安全生产许可证颁发管理机关可以委托县级以上应急管理部门实施行政处罚。但撤销、吊销安全生产许可证和撤销有关资格的行政处罚除外。

## 二、《非煤矿山外包工程安全管理暂行办法》的相关内容

### (一)适用范围

在依法批准的矿区范围内，以外包工程的方式从事金属非金属矿山的勘探、建设、生产、闭坑等工程施工作业活动，以及石油天然气的勘探、开发、储运等工程与技术服务活动的安全管理和监督，适用本办法。从事非煤矿山各类房屋建筑及其附属设施的建造和安装，以及露天采矿场矿区范围以外地面交通建设的外包工程的安全管理和监督，不适用本办法。

## (二)发包单位的安全生产职责

1. 安全生产管理机构的设立和人员配备

发包单位应当依法设置安全生产管理机构或者配备专职安全生产管理人员,对外包工程的安全生产实施管理和监督。发包单位不得擅自压缩外包工程合同约定的工期,不得违章指挥或者强令承包单位及其从业人员冒险作业。

承包单位的项目部承担施工作业的,发包单位除审查承包单位的安全生产许可证和相应资质外,还应当审查项目部的安全生产管理机构、规章制度和操作规程、工程技术人员、主要设备设施、安全教育培训和负责人、安全生产管理人员、特种作业人员持证上岗等情况。

2. 承发包单位应具备的资质条件

发包单位应当依法取得非煤矿山安全生产许可证。发包单位应当审查承包单位的非煤矿山安全生产许可证和相应资质,不得将外包工程发包给不具备安全生产许可证和相应资质的承包单位。承担施工作业的项目部不符合规定的安全生产条件的,发包单位不得向该承包单位发包工程。

3. 签订安全生产管理协议

发包单位应当与承包单位签订安全生产管理协议,明确各自的安全生产管理职责。安全生产管理协议应当包括下列内容:

(1)安全投入保障;

(2)安全设施和施工条件;

(3)隐患排查与治理;

(4)安全教育与培训;

(5)事故应急救援;

(6)安全检查与考评;

(7)违约责任。

安全生产管理协议的文本格式由应急管理部另行制定。

4. 安全投入应满足的要求

发包单位是外包工程安全投入的责任主体,应当按照国家有关规定和合同约定及时、足额向承包单位提供保障施工作业安全所需的资金,明确安全投入项目和金额,并监督承包单位落实到位。对合同约定以外发生的隐患排查治理和地下矿山通风、支护、防治水等所需的费用,发包单位应当提供合同价款以外的资金,保障安全生产需要。

5. 总发包单位、分项发包单位的管理

石油天然气总发包单位、分项发包单位以及金属非金属矿山总发包单位,应当每半年对其承包单位的施工资质、安全生产管理机构、规章制度和操作规程、施工现场安全管理和履行规定的信息报告义务等情况进行 1 次检查;发现承包单位存在安全生产问题的,应当督促其立即整改。

金属非金属矿山分项发包单位,应当将承包单位及其项目部纳入本单位的安全管理体系,实行统一管理,重点加强对地下矿山领导带班下井、地下矿山从业人员出入井统计、特种作业人员、民用爆炸物品、隐患排查与治理、职业病防护等管理,并对外包工程的作业现场实施全过程监督检查。

金属非金属矿山总发包单位对地下矿山一个生产系统进行分项发包的,承包单位原则上不得超过3家,避免相互影响生产、作业安全。此处规定的发包单位在地下矿山正常生产期间,不得将主通风、主提升、供排水、供配电、主供风系统及其设备设施的运行管理进行分项发包。

6. 发包单位与承包单位管理职责的划分

发包单位应当向承包单位进行外包工程的技术交底,按照合同约定向承包单位提供与外包工程安全生产相关的勘察、设计、风险评价、检测检验和应急救援等资料,并保证资料的真实性、完整性和有效性。

发包单位应当建立健全外包工程安全生产考核机制,对承包单位每年至少进行1次安全生产考核。

7. 应急救援与事故处理

发包单位应当按照国家有关规定建立应急救援组织,编制本单位事故应急预案,并定期组织演练。

外包工程实行总发包的,发包单位应当督促总承包单位统一组织编制外包工程事故应急预案;实行分项发包的,发包单位应当将承包单位编制的外包工程现场应急处置方案纳入本单位应急预案体系,并定期组织演练。

发包单位在接到外包工程事故报告后,应当立即启动相关事故应急预案,或者采取有效措施,组织抢救,防止事故扩大,并依照《生产安全事故报告和调查处理条例》的规定,立即如实地向事故发生地县级以上人民政府应急管理部门和负有安全生产监督管理职责的有关部门报告。外包工程发生事故的,其事故数据纳入发包单位的统计范围。发包单位和承包单位应当根据事故调查报告及其批复承担相应的事故责任。

### (三)承包单位的安全生产职责

1. 承包单位与发包单位安全生产责任划分

承包单位应当依照有关法律、法规、规章和国家标准、行业标准的规定,以及承包合同和安全生产管理协议的约定,组织施工作业,确保安全生产。承包单位有权拒绝发包单位的违章指挥和强令冒险作业。

外包工程实行总承包的,总承包单位对施工现场的安全生产负总责;分项承包单位按照分包合同的约定对总承包单位负责。总承包单位和分项承包单位对分包工程的安全生产承担连带责任。

总承包单位依法将外包工程分包给其他单位的,其外包工程的主体部分应当由总承包单位自行完成。

禁止承包单位转包其承揽的外包工程。禁止分项承包单位将其承揽的外包工程再次分包。

承包单位应当依照法律、法规、规章的规定以及承包合同和安全生产管理协议的约定,及时将发包单位投入的安全资金落实到位,不得挪作他用。

2. 资质管理规定

承包单位应当依法取得非煤矿山安全生产许可证和相应等级的施工资质,并在其资质范围内承包工程。

承包金属非金属矿山建设和闭坑工程的资质等级,应当符合《建筑业企业资质等级标准》的规定。

承包金属非金属矿山生产、作业工程的资质等级，应当符合下列要求：

(1)总承包大型地下矿山工程和深凹露天、高陡边坡及地质条件复杂的大型露天矿山工程的，具备矿山工程施工总承包二级以上(含本级，下同)施工资质；

(2)总承包中型、小型地下矿山工程的，具备矿山工程施工总承包三级以上施工资质；

(3)总承包其他露天矿山工程和分项承包金属非金属矿山工程的，具备矿山工程施工总承包或者相关的专业承包资质，具体规定由省级人民政府应急管理部门制定。

承包尾矿库外包工程的资质，应当符合《尾矿库安全监督管理规定》。

承包金属非金属矿山地质勘探工程的资质等级，应当符合《金属与非金属矿产资源地质勘探安全生产监督管理暂行规定》。

承包石油天然气勘探、开发工程的资质等级，由应急管理部或者国务院有关部门按照各自的管理权限确定。

3. 安全生产检查与监督管理

承包单位应当加强对所属项目部的安全管理，每半年至少进行1次安全生产检查，对项目部人员每年至少进行1次安全生产教育培训与考核。

禁止承包单位以转让、出租、出借资质证书等方式允许他人以本单位的名义承揽工程。

承包单位在登记注册地以外的省、自治区、直辖市从事施工作业的，应当向作业所在地的县级人民政府应急管理部门书面报告外包工程概况和本单位资质等级、主要负责人、安全生产管理人员、特种作业人员、主要安全设施设备等情况，并接受其监督检查。

4. 安全生产管理机构的设立和人员配备

承包单位及其项目部应当根据承揽工程的规模和特点，依法健全安全生产责任体系，完善安全生产管理基本制度，设置安全生产管理机构，配备专职安全生产管理人员和有关工程技术人员。

承包地下矿山工程的项目部应当配备与工程施工作业相适应的专职工程技术人员，其中至少有1名注册安全工程师或者具有5年以上井下工作经验的安全生产管理人员。项目部具备初中以上文化程度的从业人员比例应当不低于50%。

项目部负责人应当取得安全生产管理人员安全资格证。承包地下矿山工程的项目部负责人不得同时兼任其他工程的项目部负责人。

地下矿山工程承包单位及其项目部的主要负责人和领导班子其他成员应当严格依照《金属非金属地下矿山企业领导带班下井及监督检查暂行规定》执行带班下井制度。

承包单位应当接受发包单位组织的安全生产培训与指导，加强对本单位从业人员的安全生产教育和培训，保证从业人员掌握必需的安全生产知识和操作技能。

5. 事故隐患处理

承包单位应当依照有关规定制定施工方案，加强现场作业安全管理，及时发现并消除事故隐患，落实各项规章制度和安全操作规程。

承包单位发现事故隐患后应当立即治理；不能立即治理的应当采取必要的防范措施，并及时书面报告发包单位协商解决，消除事故隐患。

6. 应急预案及定期演练

外包工程实行总承包的，总承包单位应当统一组织编制外包工程应急预案。总承包单位和分项承包单位应当按照国家有关规定和应急预案的要求，分别建立应急救援组织或者指定应急救援人员，配备救援设备设施和器材，并定期组织演练。

外包工程实行分项承包的，分项承包单位应当根据建设工程施工的特点、范围以及施工现场容易发生事故的部位和环节，编制现场应急处置方案，并配合发包单位定期进行演练。

7. 事故报告与抢救

外包工程发生事故后，事故现场有关人员应当立即向承包单位及项目部负责人报告。

承包单位及项目部负责人接到事故报告后，应当立即如实地向发包单位报告，并启动相应的应急预案，采取有效措施，组织抢救，防止事故扩大。

## （四）监督管理

承包单位发生较大以上责任事故或者1年内发生3起以上一般事故的，事故发生地的省级人民政府应急管理部门应当向承包单位登记注册地的省级人民政府应急管理部门通报。发生重大以上事故的，事故发生地省级人民政府应急管理部门应当邀请承包单位的安全生产许可证颁发机关参加事故调查处理工作。

应急管理部门应当加强对外包工程的安全生产监督检查，重点检查下列事项：

（1）发包单位非煤矿山安全生产许可证、安全生产管理协议、安全投入等情况；

（2）承包单位的施工资质、应当依法取得的非煤矿山安全生产许可证、安全投入落实、承包单位及其项目部的安全生产管理机构、技术力量配备、相关人员的安全资格和持证等情况；

（3）违法发包、转包、分项发包等行为。

应急管理部门应当建立外包工程安全生产信息平台，将承包单位取得有关许可、施工资质和承揽工程、发生事故等情况载入承包单位安全生产业绩档案，实施安全生产信誉评定和公告制度。

外包工程发生事故的，事故数据应当纳入事故发生地的统计范围。

## （五）法律责任

发包单位违反规定，违章指挥或者强令承包单位及其从业人员冒险作业的，责令改正，处2万元以上3万元以下的罚款；造成损失的，依法承担赔偿责任。

发包单位与承包单位、总承包单位与分项承包单位未依照规定签订安全生产管理协议的，责令限期改正，可以处5万元以下的罚款，对其直接负责的主管人员和其他直接责任人员可以处以1万元以下罚款；逾期未改正的，责令停产停业整顿。

有关发包单位有下列行为之一的，责令限期改正，给予警告，并处1万元以上3万元以下的罚款：

（1）违反规定，未对承包单位实施安全生产监督检查或者考核的；

（2）违反规定，未将承包单位及其项目部纳入本单位的安全管理体系，实行统一管理的；

（3）违反规定，未向承包单位进行外包工程技术交底，或者未按照合同约定向承包单位提供有关资料的。

承包地下矿山工程的项目部负责人违反规定，同时兼任其他工程的项目部负责人的，责令限期改正，处5 000元以上1万元以下罚款。

承包单位违反规定，将发包单位投入的安全资金挪作他用的，责令限期改正，给予警告，并处1万元以上3万元以下罚款。

承包单位未按照规定排查治理事故隐患的，责令立即消除或者限期消除；承包单位拒不执行的，责令停产停业整顿，并处10万元以上50万元以下的罚款，对其直接负责的主管人员和其他直接责任人员处2万元以上5万元以下的罚款。

## 三、《冶金企业和有色金属企业安全生产规定》的相关内容

### （一）企业的安全生产保障

1. 管理措施

（1）安全生产制度建设

企业应当遵守有关安全生产法律、行政法规、规章和国家标准或者行业标准的规定。

企业应当建立安全风险管控和事故隐患排查治理双重预防机制，落实从主要负责人到每一名从业人员的安全风险管控和事故隐患排查治理责任制。

企业应当按照规定开展安全生产标准化建设工作，推进安全健康管理系统化、岗位操作行为规范化、设备设施本质安全化和作业环境器具定置化，并持续改进。

企业应当建立健全全员安全生产责任制，主要负责人（包括法定代表人和实际控制人，下同）是本企业安全生产的第一责任人，对本企业的安全生产工作全面负责；其他负责人对分管范围内的安全生产工作负责；各职能部门负责人对职责范围内的安全生产工作负责。

（2）企业主要负责人和安全生产管理人员的规定

企业主要负责人应当每年向股东会或者职工代表大会报告本企业安全生产状况，接受股东和从业人员对安全生产工作的监督。

企业存在金属冶炼工艺，从业人员在100人以上的，应当设置安全生产管理机构或者配备不低于从业人员3‰的专职安全生产管理人员，但最低不少于3人；从业人员在100人以下的，应当设置安全生产管理机构或者配备专职安全生产管理人员。

承业主要负责人、安全生产管理人员应当接受安全生产教育和培训，具备与本企业生产经营活动相适应的安全生产知识和管理能力。其中，存在金属冶炼工艺的企业的主要负责人、安全生产管理人员自任职之日起6个月内，必须接受负有冶金有色安全生产监管职责的部门对其进行安全生产知识和管理能力考核，并考核合格。

（3）从业人员的安全生产教育和培训

企业应当按照国家有关规定对从业人员进行安全生产教育和培训，保证从业人员具备必要的安全生产知识，了解有关安全生产法律法规，熟悉本企业规章制度和安全技术操作规程，掌握本岗位安全操作技能，并建立培训档案，记录培训、考核等情况。未经安全生产教育培训合格的从业人员，不得上岗作业。

企业应当对新上岗从业人员进行厂（公司）、车间（职能部门）、班组三级安全生产教育和培训；对调整工作岗位、离岗半年以上重新上岗的从业人员，应当经车间（职能部门）、班组安全生产教育和培训合格后，方可上岗作业。新工艺、新技术、新材料、新设备投入使用前，企业应当对有关操作岗位人员进行专门的安全生产教育和培训。

企业从事煤气生产、储存、输送、使用、维护检修作业的特种作业人员必须依法经专门

的安全技术培训,并经考核合格,取得特种作业操作证后,方可上岗作业。

(4)安全生产设施的配备、验收与审查

企业新建、改建、扩建工程项目(以下统称建设项目)的安全设施和职业病防护设施应当严格执行国家有关安全生产、职业病防治法律、行政法规和国家标准或者行业标准的规定,并与主体工程同时设计、同时施工、同时投入生产和使用。安全设施和职业病防护设施的投资应当纳入建设项目概算。

金属冶炼建设项目在可行性研究阶段,建设单位应当依法进行安全评价。建设项目在初步设计阶段,建设单位应当委托具备国家规定资质的设计单位对其安全设施进行设计,并编制安全设施设计。建设项目竣工投入生产或者使用前,建设单位应当按照有关规定进行安全设施竣工验收。

应急管理部负责实施国务院审批(核准、备案)的金属冶炼建设项目的安全设施设计审查。省、自治区、直辖市人民政府负有冶金有色安全生产监管职责的部门对本行政区域内金属冶炼建设项目实施指导和监督管理,确定并公布本行政区域内有关部门对金属冶炼建设项目安全设施设计审查的管辖权限。

(5)应急预案与救援

企业应当对本企业存在的各类危险因素进行辨识,在有较大危险因素的场所和设施、设备上,按照有关国家标准、行业标准的要求设置安全警示标志,并定期进行检查维护。对于辨识出的重大危险源,企业应当登记建档、监测监控,定期检测、评估,制定应急预案并定期开展应急演练。企业应当将重大危险源及有关安全措施、应急预案报有关地方人民政府负有冶金有色安全生产监管职责的部门备案。

企业应当建立应急救援组织。生产规模较小的,可以不建立应急救援组织,但应当指定兼职的应急救援人员,并且可以与邻近的应急救援队伍签订应急救援协议。企业应当配备必要的应急救援器材、设备和物资,并进行经常性维护、保养,保证正常运转。

(6)职业健康监护

企业应当采取有效措施预防、控制和消除职业病危害,保证工作场所的职业卫生条件符合法律、行政法规和国家标准或者行业标准的规定。企业应当定期对工作场所存在的职业病危害因素进行检测、评价,检测结果应当在本企业醒目位置进行公布。

企业应当按照有关规定加强职业健康监护工作,对接触职业病危害的从业人员,应当在上岗前、在岗期间和离岗时组织职业健康检查,将检查结果书面告知从业人员,并为其建立职业健康监护档案。

(7)企业与承包单位的安全责任划分

企业应当加强对施工、检修等重点工程和生产经营项目、场所的承包单位的安全管理,不得将有关工程、项目、场所发包给不具备安全生产条件或者相应资质的单位。企业和承包单位的承包协议应当明确约定双方的安全生产责任和义务。

企业应当对承包单位的安全生产进行统一协调、管理,对从事检修工程的承包单位检修方案中的安全措施和应急处置措施进行审核,监督承包单位落实。

企业应当对承包检修作业现场进行安全交底,并安排专人负责安全检查和协调。企业应当从合法的劳务公司录用劳务人员,并与劳务公司签订合同,对劳务人员进行统一的安全生产教育和培训。

(8)企业的安全检查

企业的正常生产活动与其他单位的建设施工或者检修活动同时在本企业同一作业区域内进行的，企业应当指定专职安全生产管理人员负责作业现场的安全检查工作，对有关作业活动进行统一协调、管理。

企业应当建立健全设备设施安全管理制度，加强设备设施的检查、维护、保养和检修，确保设备设施安全运行。对重要岗位的电气、机械等设备，企业应当实行操作牌制度。

2. 技术措施

企业不得使用不符合国家标准或者行业标准的技术、工艺和设备；对现有工艺、设备进行更新或者改造的，不得降低其安全技术性能。

企业的建(构)筑物应当按照国家标准或者行业标准规定，采取防火、防爆、防雷、防震、防腐蚀、隔热等防护措施，对承受重荷载、荷载发生变化或者受高温熔融金属喷溅、酸碱腐蚀等危害的建(构)筑物，应当定期对建(构)筑物结构进行安全检查。

企业对起重设备进行改造并增加荷重的，应当同时对承重厂房结构进行荷载核定，并对承重结构采取必要的加固措施，确保承重结构具有足够的承重能力。

企业的操作室、会议室、活动室、休息室、更衣室等场所不得设置在高温熔融金属吊运的影响范围内。进行高温熔融金属吊运时，吊罐(包)与大型槽体、高压设备、高压管路、压力容器的安全距离应当符合有关国家标准或者行业标准的规定，并采取有效的防护措施。

企业在进行高温熔融金属冶炼、保温、运输、吊运过程中，应当采取防止泄漏、喷溅、爆炸伤人的安全措施，其影响区域不得有非生产性积水。

高温熔融金属运输专用路线应当避开煤气、氧气、氢气、天然气、水管等管道及电缆；确需通过的，运输车辆与管道、电缆之间应当保持足够的安全距离，并采取有效的隔热措施。

严禁运输高温熔融金属的车辆在管道或者电缆下方，以及有易燃易爆物质的区域停留。

企业对电炉、电解车间应当采取防雨措施和有效的排水设施，防止雨水进入槽下地坪，确保电炉、电解槽下没有积水。

企业对电炉、铸造熔炼炉、保温炉、倾翻炉、铸机、流液槽、熔盐电解槽等设备，应当设置熔融金属紧急排放和储存的设施，并在设备周围设置拦挡围堰，防止熔融金属外流。

企业应当定期对吊运、盛装熔融金属的吊具、罐体(本体、耳轴)进行安全检查和探伤检测。

生产、储存、使用煤气的企业应当建立煤气防护站(组)，配备必要的煤气防护人员、煤气检测报警装置及防护设施，并且每年至少组织1次煤气事故应急演练。

生产、储存、使用煤气的企业应当严格执行《工业企业煤气安全规程》，在可能发生煤气泄漏、聚集的场所，设置固定式煤气检测报警仪和安全警示标志。进入煤气区域作业的人员，应当携带便携式一氧化碳检测报警仪，配备空气呼吸器，并由企业安排专门人员进行安全管理。煤气柜区域应当设有隔离围栏，安装在线监控设备，并由企业安排专门人员值守。煤气柜区域严禁烟火。

企业对涉及煤气、氧气、氢气等易燃易爆危险化学品生产、输送、使用、储存的设施以及油库、电缆隧道(沟)等重点防火部位,应当按照有关规定采取有效、可靠的防火、防爆和防泄漏措施。企业对具有爆炸危险环境的场所,应当按照《爆炸性气体环境用电气设备》及《爆炸危险环境电力装置设计规范》设置自动检测报警和防灭火装置。

企业对反应槽、罐、池、釜和储液罐、酸洗槽应当采取防腐蚀措施,设置事故池,进行经常性安全检查、维护、保养,并定期检测,保证正常运转。

企业实施浸出、萃取作业时,应当采取防火防爆、防冒槽喷溅和防中毒等安全措施。

企业从事产生酸雾危害的电解作业时,应当采取防止酸雾扩散及槽体、厂房防腐措施。电解车间应当保持厂房通风良好,防止电解产生的氢气聚集。

企业在使用酸、碱的作业场所,应当采取防止人员灼伤的措施,并设置安全喷淋或者洗涤设施。采用剧毒物品的电镀、钝化等作业,企业应当在电镀槽的下方设置事故池,并加强对剧毒物品的安全管理。

企业对生产过程中存在二氧化硫、氯气、砷化氢、氟化氢等有毒有害气体的工作场所,应当采取防止人员中毒的措施。企业对存在铅、镉、铬、砷、汞等重金属蒸气、粉尘的作业场所,应当采取预防重金属中毒的措施。

企业应当建立有限空间、动火、高处作业、能源介质停送等较大危险作业和检修、维修作业审批制度,实施工作票(作业票)和操作票管理,严格履行内部审批手续,并安排专门人员进行现场安全管理,确保作业安全。

企业在生产装置复产前,应当组织安全检查,进行安全条件确认。

### (二)监督管理

负有冶金有色安全生产监管职责的部门应当依法加强对企业安全生产工作的监督检查,明确每个企业的安全生产监督管理主体,发现存在事故隐患的,应当及时处理;发现重大事故隐患的,实施挂牌督办。

负有冶金有色安全生产监管职责的部门应当将企业安全生产标准化建设、安全生产风险管控和隐患排查治理双重预防机制的建立情况纳入安全生产年度监督检查计划,并按照计划检查督促企业开展工作。

负有冶金有色安全生产监管职责的部门应当加强对监督检查人员的冶金和有色金属安全生产专业知识的培训,提高其行政执法能力。

负有冶金有色安全生产监管职责的部门应当为进入有限空间等特定作业场所进行监督检查的人员,配备必需的个体防护用品和监测检查仪器。

负有冶金有色安全生产监管职责的部门应当加强对本行政区域内企业应急预案的备案管理,并将重大事故应急救援纳入地方人民政府应急救援体系。

### (三)法律责任

监督检查人员在对企业进行监督检查时,滥用职权、玩忽职守、徇私舞弊的,依照有关规定给予处分;构成犯罪的,依法追究刑事责任。

企业违反规定且构成生产安全事故隐患的,责令立即消除或者限期消除事故隐患;企业拒不执行的,责令停产停业整顿,并处10万元以上50万元以下的罚款,对其直接负责的主管人员和其他直接责任人员处 2 万元以上 5 万元以下的罚款。

企业违反了其他法律行为，分别依照《安全生产法》《职业病防治法》等规定追究法律责任。

## 第七节　烟花爆竹行业安全生产相关规定

### 一、《烟花爆竹安全管理条例》的相关规定

《烟花爆竹安全管理条例》第三条规定，国家对烟花爆竹的生产、经营、运输和举办焰火晚会以及其他大型焰火燃放活动，实行许可证制度。未经许可，任何单位或者个人不得生产、经营、运输烟花爆竹，不得举办焰火晚会以及其他大型焰火燃放活动。

#### (一)烟花爆竹的生产安全规定

生产烟花爆竹的企业，应当具备以下条件：①符合当地产业结构规划；②基本建设项目经过批准；③选址符合城乡规划，并与周边建筑、设施保持必要的安全距离；④厂房和仓库的设计、结构和材料以及防火、防爆、防雷、防静电等安全设备、设施符合国家有关标准和规范；⑤生产设备、工艺符合安全标准；⑥产品品种、规格、质量符合国家标准；⑦有健全的安全生产责任制；⑧有安全生产管理机构和专职安全生产管理人员；⑨依法进行了安全评价；⑩有事故应急救援预案、应急救援组织和人员，并配备必要的应急救援器材、设备；法律、法规规定的其他条件。

生产烟花爆竹的企业，应当在投入生产前向所在地设区的市人民政府应急管理部门提出安全审查申请，并提交能够证明符合上述规定条件的有关材料。设区的市人民政府应急管理部门应当自收到材料之日起 20 日内提出安全审查初步意见，报省、自治区、直辖市人民政府应急管理部门审查。省、自治区、直辖市人民政府应急管理部门应当自受理申请之日起 45 日内进行安全审查，对符合条件的，核发《烟花爆竹安全生产许可证》；对不符合条件的，应当说明理由。

生产烟花爆竹的企业为扩大生产能力进行基本建设或者技术改造的，应当依照规定申请办理安全生产许可证。生产烟花爆竹的企业，持《烟花爆竹安全生产许可证》到市场监督管理部门办理登记手续后，方可从事烟花爆竹生产活动。生产烟花爆竹的企业，应当对生产作业人员进行安全生产知识教育，对从事药物混合、造粒、筛选、装药、筑药、压药、切引、搬运等危险工序的作业人员进行专业技术培训。从事危险工序的作业人员经设区的市人民政府应急管理部门考核合格，方可上岗作业。生产烟花爆竹使用的原料，应当符合国家标准的规定。生产烟花爆竹使用的原料，国家标准有用量限制的，不得超过规定的用量。不得使用国家标准规定禁止使用或者禁忌配伍的物质生产烟花爆竹。

生产烟花爆竹的企业，应当按照国家标准的规定，在烟花爆竹产品上标注燃放说明，并在烟花爆竹包装物上印制易燃易爆危险物品警示标志。

生产烟花爆竹的企业，应当对黑火药、烟火药、引火线的保管采取必要的安全技术措施，建立购买、领用、销售登记制度，防止黑火药、烟火药、引火线丢失。黑火药、烟火药、引火线丢失的，企业应当立即向当地应急管理部门和公安部门报告。

**典型例题**

【单选题】烟花爆竹的生产、经营、运输、储存等单位应当遵守烟花爆竹安全管理的规定。根据《烟花爆竹安全管理条例》,下列关于烟花爆竹安全管理的说法,正确的是(　　)。

A. 中华全国工商业联合会应当加强对会员单位经营烟花爆竹活动的管理

B. 国家对烟花爆竹的生产、经营、运输实行安全生产许可证制度

C. 烟花爆竹生产、经营、运输企业和焰火晚会以及其他大型焰火燃放活动主办单位的主要负责人对本单位的烟花爆竹安全工作负责

D. 应急管理部门应当组织查处非法生产、经营、储存、运输、邮寄烟花爆竹以及非法燃放烟花爆竹的行为

C。【解析】中华全国供销合作总社应当加强对本系统企业烟花爆竹经营活动的管理。故选项 A 错误。国家对烟花爆竹的生产、经营、运输和举办焰火晚会以及其他大型焰火燃放活动,实行许可证制度。故选项 B 错误。公安部门、应急管理部门、质量监督检验部门、工商行政管理部门应当按照职责分工,组织查处非法生产、经营、储存、运输、邮寄烟花爆竹以及非法燃放烟花爆竹的行为。故选项 D 错误。

### (二)烟花爆竹的经营安全规定

烟花爆竹的经营分为批发和零售。

1. 烟花爆竹的经营布点规定

从事烟花爆竹批发的企业和零售经营者的经营布点,应当经应急管理部门审批。禁止在城市市区布设烟花爆竹批发场所;城市市区的烟花爆竹零售网点,应当按照严格控制的原则合理布设。

2. 烟花爆竹经营企业应当具备的条件

从事烟花爆竹批发的企业,应当具备以下条件:①具有企业法人条件;②经营场所与周边建筑、设施保持必要的安全距离;③有符合国家标准的经营场所和储存仓库;④有保管员、仓库守护员;⑤依法进行了安全评价;⑥有事故应急救援预案、应急救援组织和人员,并配备必要的应急救援器材、设备;⑦法律、法规规定的其他条件。

烟花爆竹零售经营者,应当具备以下条件:①主要负责人经过安全知识教育;②实行专店或者专柜销售,设专人负责安全管理;③经营场所配备必要的消防器材,张贴明显的安全警示标志;④法律、法规规定的其他条件。

3. 烟花爆竹经营企业许可证制度

申请从事烟花爆竹批发的企业,应当向所在地设区的市人民政府应急管理部门提出申请,并提供能够证明符合规定条件的有关材料。受理申请的应急管理部门应当自受理申请之日起 30 日内对提交的有关材料和经营场所进行审查,对符合条件的,核发《烟花爆竹经营(批发)许可证》;对不符合条件的,应当说明理由。

申请从事烟花爆竹零售的经营者,应当向所在地县级人民政府应急管理部门提出申请,并提供能够证明符合规定条件的有关材料。受理申请的应急管理部门应当自受理申请之日起 20 日内对提交的有关材料和经营场所进行审查,对符合条件的,核发《烟花爆竹经营(零售)许可证》;对不符合条件的,应当说明理由。《烟花爆竹经营(零售)许可证》应当载明经营

负责人、经营场所地址、经营期限、烟花爆竹种类和限制存放量。

4. 经营烟花爆竹的其他规定

从事烟花爆竹批发的企业，应当向生产烟花爆竹的企业采购烟花爆竹，向从事烟花爆竹零售的经营者供应烟花爆竹。从事烟花爆竹零售的经营者，应当向从事烟花爆竹批发的企业采购烟花爆竹。从事烟花爆竹批发的企业、零售经营者不得采购和销售非法生产、经营的烟花爆竹。从事烟花爆竹批发的企业，不得向从事烟花爆竹零售的经营者供应按照国家标准规定应由专业燃放人员燃放的烟花爆竹。从事烟花爆竹零售的经营者，不得销售按照国家标准规定应由专业燃放人员燃放的烟花爆竹。

生产、经营黑火药、烟火药、引火线的企业，不得向未取得烟花爆竹安全生产许可的任何单位或者个人销售黑火药、烟火药和引火线。

### （三）烟花爆竹的运输安全规定

经由道路运输烟花爆竹的，应当经公安部门许可。

经由铁路、水路、航空运输烟花爆竹的，依照铁路、水路、航空运输安全管理的有关法律、法规、规章的规定执行。

经由道路运输烟花爆竹的，托运人应当向运达地县级人民政府公安部门提出申请，并提交以下有关材料：①承运人从事危险货物运输的资质证明；②驾驶员、押运员从事危险货物运输的资格证明；③危险货物运输车辆的道路运输证明；④托运人从事烟花爆竹生产、经营的资质证明；⑤烟花爆竹的购销合同及运输烟花爆竹的种类、规格、数量；⑥烟花爆竹的产品质量和包装合格证明；⑦运输车辆牌号、运输时间、起始地点、行驶路线、经停地点。

受理申请的公安部门应当自受理申请之日起 3 日内对提交的有关材料进行审查，对符合条件的，核发《烟花爆竹道路运输许可证》；对不符合条件的，应当说明理由。

《烟花爆竹道路运输许可证》应当载明托运人、承运人、一次性运输有效期限、起始地点、行驶路线、经停地点、烟花爆竹的种类、规格和数量。

经由道路运输烟花爆竹的，除应当遵守《道路交通安全法》外，还应当遵守下列规定：①随车携带《烟花爆竹道路运输许可证》；②不得违反运输许可事项；③运输车辆悬挂或者安装符合国家标准的易燃易爆危险物品警示标志；④烟花爆竹的装载符合国家有关标准和规范；⑤装载烟花爆竹的车厢不得载人；⑤运输车辆限速行驶，途中经停必须有专人看守；⑦出现危险情况立即采取必要的措施，并报告当地公安部门。

### （四）烟花爆竹的燃放安全规定

1. 禁止燃放烟花爆竹的地点

（1）文物保护单位；

（2）车站、码头、飞机场等交通枢纽以及铁路线路安全保护区内；

（3）易燃易爆物品生产、储存单位；

（4）输变电设施安全保护区内；

（5）医疗机构、幼儿园、中小学校、敬老院；

（6）山林、草原等重点防火区；

（7）县级以上地方人民政府规定的禁止燃放烟花爆竹的其他地点。

2. 对焰火晚会以及其他大型焰火燃放活动的规定

举办焰火晚会以及其他大型焰火燃放活动，应当按照举办的时间、地点、环境、活动性质、规模以及燃放烟花爆竹的种类、规格和数量,确定危险等级,实行分级管理。分级管理的具体办法,由国务院公安部门规定。

申请举办焰火晚会以及其他大型焰火燃放活动,主办单位应当按照分级管理的规定,向有关人民政府公安部门提出申请,并提交下列有关材料:①举办焰火晚会以及其他大型焰火燃放活动的时间、地点、环境、活动性质、规模;②燃放烟花爆竹的种类、规格、数量;③燃放作业方案;④燃放作业单位、作业人员符合行业标准规定条件的证明。

受理申请的公安部门应当自受理申请之日起 20 日内对提交的有关材料进行审查,对符合条件的,核发《焰火燃放许可证》;对不符合条件的,应当说明理由。

焰火晚会以及其他大型焰火燃放活动燃放作业单位和作业人员,应当按照焰火燃放安全规程和经许可的燃放作业方案进行燃放作业。

此外,《"十四五"国家安全生产规划》规定,烟花爆竹行业防范遏制重特大事故的内容包括:推进全国烟花爆竹转型升级集中区建设,打造安全可控的现代化烟花爆竹产业,引导烟花爆竹生产企业向主产地区转移或有序退出。强化烟花爆竹机械质量监督检验和涉药机械常态化安全论证,加强对烟花爆竹新型安全材料的研发与推广应用。加强直接涉药生产工序的机械化改造,确保烟花爆竹生产重要涉药工序人机分离、人药分离。完善全国烟花爆竹生产经营企业安全监管信息系统,强化烟花爆竹重点地区安全监管,推进烟花爆竹安全监管信息协同共享。

### (五)法律责任

对未经许可生产、经营烟花爆竹制品,或者向未取得烟花爆竹安全生产许可的单位或者个人销售黑火药、烟火药、引火线的,由应急管理部门责令停止非法生产、经营活动,处 2 万元以上 10 万元以下的罚款,并没收非法生产、经营的物品及违法所得。

对未经许可经由道路运输烟花爆竹的,由公安部门责令停止非法运输活动,处 1 万元以上 5 万元以下的罚款,并没收非法运输的物品及违法所得。

生产烟花爆竹的企业有以下行为之一的,由应急管理部门责令限期改正,处 1 万元以上 5 万元以下的罚款;逾期不改正的,责令停产停业整顿,情节严重的,吊销安全生产许可证:①未按照安全生产许可证核定的产品种类进行生产的;②生产工序或者生产作业不符合有关国家标准、行业标准的;③雇佣未经设区的市人民政府应急管理部门考核合格的人员从事危险工序作业的;④生产烟花爆竹使用的原料不符合国家标准规定的,或者使用的原料超过国家标准规定的用量限制的;⑤使用按照国家标准规定禁止使用或者禁忌配伍的物质生产烟花爆竹的;⑥未按照国家标准的规定在烟花爆竹产品上标注燃放说明,或者未在烟花爆竹的包装物上印制易燃易爆危险物品警示标志的。

从事烟花爆竹批发的企业向从事烟花爆竹零售的经营者供应非法生产、经营的烟花爆竹,或者供应按照国家标准规定应由专业燃放人员燃放的烟花爆竹的,由应急管理部门责令停止违法行为,处 2 万元以上 10 万元以下的罚款,并没收非法经营的物品及违法所得;情节严重的,吊销烟花爆竹经营许可证。

从事烟花爆竹零售的经营者销售非法生产、经营的烟花爆竹,或者销售按照国家标准规定应由专业燃放人员燃放的烟花爆竹的,由应急管理部门责令停止违法行为,处 1 000 元以上 5 000 元以下的罚款,并没收非法经营的物品及违法所得;情节严重的,吊销烟花爆竹经营许可证。

生产、经营、使用黑火药、烟火药、引火线的企业，丢失黑火药、烟火药、引火线未及时向当地应急管理部门和公安部门报告的，由公安部门对企业主要负责人处5 000 元以上2 万元以下的罚款，对丢失的物品予以追缴。

经由道路运输烟花爆竹，有下列行为之一的，由公安部门责令改正，处 200 元以上2 000元以下的罚款：①违反运输许可事项的；②未随车携带《烟花爆竹道路运输许可证》的；③运输车辆没有悬挂或者安装符合国家标准的易燃易爆危险物品警示标志的；④烟花爆竹的装载不符合国家有关标准和规范的；⑤装载烟花爆竹的车厢载人的；⑥超过危险物品运输车辆规定时速行驶的；⑦运输车辆途中经停没有专人看守的；⑧运达目的地后，未按规定时间将《烟花爆竹道路运输许可证》交回发证机关核销的。

对未经许可举办焰火晚会以及其他大型焰火燃放活动，或者焰火晚会以及其他大型焰火燃放活动燃放作业单位和作业人员违反焰火燃放安全规程、燃放作业方案进行燃放作业的，由公安部门责令停止燃放，对责任单位处 1 万元以上 5 万元以下的罚款。

在禁止燃放烟花爆竹的时间、地点燃放烟花爆竹，或者以危害公共安全和人身、财产安全的方式燃放烟花爆竹的，由公安部门责令停止燃放，处 100 元以上 500 元以下的罚款；构成违反治安管理行为的，依法给予治安管理处罚。

## 二、《烟花爆竹生产企业安全生产许可证实施办法》的相关内容

### （一）安全生产许可证的申请

#### 1. 安全生产许可证的申请和审核程序

新建企业申请安全生产许可证，应当在建设项目竣工验收通过之日起 20 个工作日内向所在地初审机关提出安全审查申请。

初审机关收到企业提交的安全审查申请后，应当对企业的设立是否符合国家产业政策和当地产业结构规划、企业的选址是否符合城乡规划以及有关申请文件、资料是否符合要求进行初步审查，并自收到申请之日起 20 个工作日内提出初步审查意见（以下简称初审意见），连同申请文件、资料一并报省、自治区、直辖市人民政府应急管理部门（以下简称发证机关）。初审机关在审查过程中，可以就企业的有关情况征求企业所在地县级人民政府的意见。

发证机关收到初审机关报送的申请文件、资料和初审意见后，应当按照下列情况分别作出处理：

（1）申请文件、资料不齐全或者不符合要求的，当场告知或者在 5 个工作日内出具补正通知书，一次告知企业需要补正的全部内容；逾期不告知的，自收到申请材料之日起即为受理；

（2）申请文件、资料齐全，符合要求或者按照发证机关要求提交全部补正材料的，自收到申请文件、资料或者全部补正材料之日起即为受理。

发证机关应当将受理或者不予受理决定书面告知申请企业和初审机关。

#### 2. 企业申请安全生产许可证应提交的文件、资料

企业申请安全生产许可证，应当向所在地设区的市级人民政府应急管理部门（以下统称初审机关）提出安全审查申请，提交下列文件、资料，并对其真实性负责：

（1）安全生产许可证申请书（一式三份）；

（2）工商营业执照或者企业名称工商预先核准文件（复制件）；

（3）建设项目安全设施设计审查和竣工验收的证明材料；

(4)安全生产管理机构及安全生产管理人员配备情况的书面文件;

(5)各种安全生产责任制文件(复制件);

(6)安全生产规章制度和岗位安全操作规程目录清单;

(7)企业主要负责人、分管安全生产负责人、专职安全生产管理人员名单和安全资格证(复制件);

(8)特种作业人员的特种作业操作证(复制件)和其他从业人员安全生产教育培训合格的证明材料;

(9)为从业人员缴纳工伤保险费的证明材料;

(10)安全生产费用提取和使用情况的证明材料;

(11)具备资质的中介机构出具的安全评价报告。

3. 现场核查

发证机关受理申请后,应当结合初审意见,组织有关人员对申请文件、资料进行审查。需要到现场核查的,应当指派2名以上工作人员进行现场核查;对从事黑火药、引火线、礼花弹生产的企业,应当指派2名以上工作人员进行现场核查。

发证机关应当自受理之日起45个工作日内作出颁发或者不予颁发安全生产许可证的决定。

对决定颁发的,发证机关应当自决定之日起10个工作日内送达或者通知企业领取安全生产许可证;对不予颁发的,应当在10个工作日内书面通知企业并说明理由。

现场核查所需时间不计算在本条规定的期限内。

### (二)安全生产许可证的变更

企业在安全生产许可证有效期内有下列情形之一的,应当按照规定申请变更安全生产许可证:

(1)改建、扩建烟花爆竹生产(含储存)设施的;

(2)变更产品类别、级别范围的;

(3)变更企业主要负责人的;

(4)变更企业名称的。

企业有改建、扩建烟花爆竹生产(含储存)设施的情形申请变更的,应当自建设项目通过竣工验收之日起20个工作日内向所在地初审机关提出安全审查申请,并提交安全生产许可证变更申请书(一式三份)和建设项目安全设施设计审查和竣工验收的证明材料。

企业有变更产品类别、级别范围的情形申请变更的,应当向所在地初审机关提出安全审查申请,并提交安全生产许可证变更申请书(一式三份)和专项安全评价报告(减少生产产品品种的除外)。

企业有变更企业主要负责人的情形申请变更的,应当向所在地发证机关提交安全生产许可证变更申请书(一式三份)和主要负责人安全资格证(复制件)。

企业有变更企业名称的情形申请变更的,应当自取得变更后的工商营业执照或者企业名称工商预先核准文件之日起10个工作日内,向所在地发证机关提交安全生产许可证变更申请书(一式三份)和工商营业执照或者企业名称工商预先核准文件(复制件)。

### (三)安全生产许可证的延期

安全生产许可证有效期为3年。安全生产许可证有效期满需要延期的,企业应当于有效期届满前3个月向原发证机关申请办理延期手续。企业提出延期申请的，应当向发证机关提交下列文件、资料：

(1)安全生产许可证延期申请书(一式三份)；

(2)上文企业申请安全生产许可证应提交的文件、资料中第(4)项至第(11)项规定的文件、资料；

(3)达到安全生产标准化三级的证明材料。

企业在安全生产许可证有效期内符合下列条件，在许可证有效期届满时，经原发证机关同意，不再审查，直接办理延期手续：

(1)严格遵守有关安全生产法律、法规和本办法；

(2)取得安全生产许可证后，加强日常安全生产管理，不断提升安全生产条件，达到安全生产标准化二级以上；

(3)接受发证机关及所在地人民政府应急管理部门的监督检查；

(4)未发生生产安全死亡事故。

对决定批准延期、变更安全生产许可证的，发证机关应当收回原证，换发新证。

### (四)监督管理

安全生产许可证发证机关和初审机关应当坚持公开、公平、公正的原则，严格依照有关行政许可的法律法规和本办法，审查、颁发安全生产许可证。发证机关和初审机关工作人员在安全生产许可证审查、颁发、管理工作中，不得索取或者接受企业的财物，不得谋取其他不正当利益。

发证机关及所在地人民政府应急管理部门应当加强对烟花爆竹生产企业的监督检查，督促其依照法律、法规、规章和国家标准、行业标准的规定进行生产。

发证机关发现企业以欺骗、贿赂等不正当手段取得安全生产许可证的，应当撤销已颁发的安全生产许可证。

取得安全生产许可证的企业有下列情形之一的，发证机关应当注销其安全生产许可证：

(1)安全生产许可证有效期满未被批准延期的；

(2)终止烟花爆竹生产活动的；

(3)安全生产许可证被依法撤销的；

(4)安全生产许可证被依法吊销的。

发证机关注销安全生产许可证后，应当在当地主要媒体或者本机关政府网站上及时公告被注销安全生产许可证的企业名单，并通报同级人民政府有关部门和企业所在地县级人民政府。

发证机关应当建立健全安全生产许可证档案管理制度，并应用信息化手段管理安全生产许可证档案。

发证机关应当每6个月向社会公布一次取得安全生产许可证的企业情况，并于每年1月15日前将本行政区域内上一年度安全生产许可证的颁发和管理情况报国家应急管理部。

企业取得安全生产许可证后，不得出租、转让安全生产许可证，不得将企业、生产线或者工(库)房转包、分包给不具备安全生产条件或者相应资质的其他任何单位或者个人，不得多股东各自独立进行烟花爆竹生产活动。企业不得从其他企业购买烟花爆竹半成品加工后销售或者购买其他企业烟花爆竹成品加贴本企业标签后销售，不得向其他企业销售烟花爆竹半成品。从事礼花弹生产的企业不得将礼花弹销售给未经公安机关批准的燃放活动。

任何单位或者个人对违反《安全生产许可证条例》《烟花爆竹安全管理条例》和本办法规定的行为，有权向应急管理部门或者监察机关等有关部门举报。

### （五）法律责任

1. 发证机关、初审机关及其工作人员的法律责任

发证机关、初审机关及其工作人员有下列行为之一的，给予降级或者撤职的行政处分；构成犯罪的，依法追究刑事责任：

（1）向不符合本办法规定的安全生产条件的企业颁发安全生产许可证的；

（2）发现企业未依法取得安全生产许可证擅自从事烟花爆竹生产活动，不依法处理的；

（3）发现取得安全生产许可证的企业不再具备本办法规定的安全生产条件，不依法处理的；

（4）接到违反本办法规定行为的举报后，不及时处理的；

（5）在安全生产许可证颁发、管理和监督检查工作中，索取或者接受企业财物、帮助企业弄虚作假或者谋取其他不正当利益的。

2. 企业违法行为的法律责任

企业有下列行为之一的，责令停止违法活动或者限期改正，并处 1 万元以上 3 万元以下的罚款：

（1）变更企业主要负责人或者名称，未办理安全生产许可证变更手续的；

（2）从其他企业购买烟花爆竹半成品加工后销售，或者购买其他企业烟花爆竹成品加贴本企业标签后销售，或者向其他企业销售烟花爆竹半成品的。

企业有下列行为之一的，依法暂扣其安全生产许可证：

（1）多股东各自独立进行烟花爆竹生产活动的；

（2）从事礼花弹生产的企业将礼花弹销售给未经公安机关批准的燃放活动的；

（3）改建、扩建烟花爆竹生产（含储存）设施未办理安全生产许可证变更手续的；

（4）发生较大以上生产安全责任事故的；

（5）不再具备本办法规定的安全生产条件的。

企业上述前三项行为之一的，并处 1 万元以上 3 万元以下的罚款。

企业有下列行为之一的，依法吊销其安全生产许可证：

（1）出租、转让安全生产许可证的；

（2）被暂扣安全生产许可证，经停产整顿后仍不具备本办法规定的安全生产条件的。

企业有前款第一项行为的，没收违法所得，并处 10 万元以上 50 万元以下的罚款。

企业有下列行为之一的，责令停止生产，没收违法所得，并处 10 万元以上 50 万元以下的罚款：

（1）未取得安全生产许可证擅自进行烟花爆竹生产的；

（2）变更产品类别或者级别范围未办理安全生产许可证变更手续的。

企业取得安全生产许可证后，将企业、生产线或者工（库）房转包、分包给不具备安全生产条件或者相应资质的其他单位或者个人，依照《安全生产法》的有关规定给予处罚。

本办法规定的行政处罚，由应急管理部门决定，暂扣、吊销安全生产许可证的行政处罚由发证机关决定。

## 三、《烟花爆竹生产经营安全规定》的相关内容

### （一）适用范围

适用范围为烟花爆竹生产企业（以下简称生产企业）、烟花爆竹批发企业（以下简称批发企业）和烟花爆竹零售经营者（以下简称零售经营者）的安全生产及其监督管理。

### （二）安全生产保障

1. 生产经营条件建设

（1）生产经营单位应当具备有关法律、行政法规和国家标准或者行业标准规定的安全生产条件，并依法取得相应行政许可；

（2）生产企业、批发企业应当不断完善安全生产基础设施，持续保障和提升安全生产条件。生产企业、批发企业的防雷设施应当经具有相应资质的机构设计、施工，确保符合相关国家标准或者行业标准的规定；防范静电危害的措施应当符合相关国家标准或者行业标准的规定。生产企业、批发企业在工艺技术条件发生变化和扩大生产储存规模投入生产前，应当对企业的总体布局、工艺流程、危险性工（库）房、安全防护屏障、防火防雷防静电等基础设施进行安全评价；

（3）生产企业、批发企业应当保证下列事项所需安全生产资金投入：①安全设备设施维修维护；②工（库）房按国家标准、行业标准规定的条件改造；③重点部位和库房监控；④安全风险管控与隐患排查治理；⑤风险评估与安全评价；⑥安全生产教育培训；⑦劳动防护用品配备；⑧应急救援器材和物资配备；⑨应急救援训练及演练；⑩投保安全生产责任保险等其他需要投入资金的安全生产事项；

（4）生产企业、批发企业的生产区、总仓库区、工（库）房及其他有较大危险因素的生产经营场所和有关设施设备上，应当设置明显的安全警示标志；所有工（库）房应当按照国家标准或者行业标准的规定设置准确、清晰、醒目的定员、定量、定级标识。零售经营场所应当设置清晰、醒目的易燃易爆以及周边严禁烟火、严禁燃放烟花爆竹的安全标志。

2. 安全生产的相关规定

（1）生产企业、批发企业应当建立健全全员安全生产责任制，建立健全安全生产工作责任体系，制定并落实符合法律、行政法规和国家标准或者行业标准的安全生产规章制度和操作规程；

（2）生产经营单位应当对本单位从业人员进行烟花爆竹安全知识、岗位操作技能等培训，未经安全生产教育和培训的从业人员，不得上岗作业。危险工序作业等特种作业人员应当依法取得相应资格，方可上岗作业。生产经营单位的主要负责人和安全生产管理人员应当由应急管理部门对其进行安全生产知识和管理能力考核合格。考核不得收费；

（3）生产企业可以依法申请设立批发企业和零售经营场所。批发企业可以依法申请设立零售经营场所。生产经营单位应当严格按照安全生产许可或者经营许可批准的范围，组织开展生产经营活动。禁止在许可证载明的场所外从事烟花爆竹生产、经营、储存活动，禁止许可证过期继续从事生产经营活动。禁止销售超标、违禁烟花爆竹产品或者非法烟花爆竹产品；

（4）生产企业不得向其他企业销售烟花爆竹含药半成品，不得从其他企业购买烟花爆竹含药半成品加工后销售，不得购买其他企业烟花爆竹成品加贴本企业标签后销售；

(5)批发企业不得向零售经营者或者个人销售专业燃放类烟花爆竹产品；

(6)零售经营者不得在居民居住场所同一建筑物内经营、储存烟花爆竹；

(7)生产企业、批发企业应当在权责明晰的组织架构下统一组织开展生产经营活动。禁止分包、转包工(库)房、生产线、生产设备设施或者出租、出借、转让许可证；

(8)生产企业、批发企业应当依法建立安全风险分级管控和事故隐患排查治理双重预防机制,采取技术、管理等措施,管控安全风险,及时消除事故隐患,建立安全风险分级管控和事故隐患排查治理档案,如实记录安全风险分级管控和事故隐患排查治理情况,并向本企业从业人员通报；

(9)生产企业、批发企业必须建立值班制度和现场巡查制度,全面掌握当日各岗位人员数量及药物分布等安全生产情况,确保不超员超量,并及时处置异常情况。生产企业、批发企业的危险品生产区、总仓库区,应当确保24小时有人值班,并保持监控设施有效、通信畅通；

(10)生产企业、批发企业应当建立从业人员、外来人员、车辆进出厂(库)区登记制度,对进出厂(库)区的从业人员、外来人员、车辆如实登记记录,随时掌握厂(库)区人员和车辆的情况。禁止无关人员和车辆进入厂(库)区。禁止未安装阻火装置等不符合国家标准或者行业标准规定安全条件的机动车辆进入生产区和仓库区；

(11)生产企业和经营黑火药、引火线的批发企业应当要求供货单位提供并查验购进的黑火药、引火线及化工原材料的质检报告或者产品合格证,确保其安全性能符合国家标准或者行业标准的规定;对总仓库和中转库的黑火药、引火线、烟火药及裸药效果件,应当建立并实施由专人管理、登记、分发的安全管理制度；

(12)生产企业、批发企业应当加强日常安全检查,采取安全监控、巡查检查等措施,及时发现、纠正违反安全操作规程和规章制度的行为。禁止工(库)房超员、超量作业,禁止擅自改变工(库)房设计用途,禁止作业人员随意串岗、换岗、离岗；

(13)生产企业、批发企业应当按照设计用途、危险等级、核定药量使用药物总库和成品总库,并按规定堆码,分类分级存放,保持仓库内通道畅通,准确记录药物和产品数量；

(14)禁止在仓库内进行拆箱、包装作业。禁止将性质不相容的物质混存。禁止将高危险等级物品储存在危险等级低的仓库。禁止在烟花爆竹仓库储存不属于烟花爆竹的其他危险物品；

(15)生产企业的中转库数量、核定存药量、药物储存时间,应当符合国家标准或者行业标准规定,确保药物、半成品、成品合理中转,保障生产流程顺畅。禁止在中转库内超量或者超时储存药物、半成品、成品；

(16)生产企业、批发企业应当定期检查工(库)房、安全设施、电气线路、机械设备等的运行状况和作业环境,及时维护保养;对有药物粉尘的工房,应当按照操作规程及时清理冲洗；

(17)对工(库)房、安全设施、电气线路、机械设备等进行检测、检修、维修、改造作业前,生产企业、批发企业应当制定安全作业方案,停止相关生产经营活动,转移烟花爆竹成品、半成品和原材料,清除残存药物和粉尘,切断被检测、检修、维修、改造的电气线路和机械设备电源,严格控制检修、维修作业人员数量,撤离无关的人员。

3. 购销管理与登记

(1)生产企业、批发企业在烟花爆竹购销活动中,应当依法签订规范的烟花爆竹买卖合同,建立烟花爆竹买卖合同和流向管理制度,使用全国统一的烟花爆竹流向管理信息系统，如实登记烟花爆竹流向；

（2）生产企业应当在专业燃放类产品包装（包括运输包装和销售包装）及个人燃放类产品运输包装上张贴流向登记标签，并在产品入库和销售出库时登记录入；

（3）批发企业购进烟花爆竹时，应当查验流向登记标签，并在产品入库和销售出库时登记录入。

4. 产品运输及配送

（1）生产企业、批发企业所生产、销售烟花爆竹的质量、包装、标志应当符合国家标准或者行业标准的规定；

（2）在生产企业、批发企业内部及生产区、库区之间运输烟花爆竹成品、半成品及原材料时，应当使用符合国家标准或者行业标准规定安全条件的车辆、工具。企业内部运输应当严格按照规定路线、速度行驶；

（3）生产企业、批发企业装卸烟花爆竹成品、半成品及原材料时，应当严格遵守作业规程。禁止碰撞、拖拉、抛摔、翻滚、摩擦、挤压等不安全行为；

（4）生产企业、批发企业应当及时妥善处置生产经营过程中产生的各类危险性废弃物。不得留存过期的烟花爆竹成品、半成品、原材料及各类危险性废弃物；

（5）批发企业应当向零售经营者及零售经营场所提供烟花爆竹配送服务。配送烟花爆竹抵达零售经营场所装卸作业时，应当轻拿轻放、妥善码放，禁止碰撞、拖拉、抛摔、翻滚、摩擦、挤压等不安全行为；

（6）零售经营者应当向批发企业采购烟花爆竹并接受批发企业配送服务，不得到企业仓库自行提取烟花爆竹。

### （三）监督管理

（1）地方各级应急管理部门应当加强对本行政区域内生产经营单位的监督检查，明确每个生产经营单位的安全生产监督管理主体，制定并落实年度监督检查计划，对生产经营单位的安全生产违法行为，依法实施行政处罚；

（2）应急管理部门可以根据需要，委托专业技术服务机构对生产经营单位的安全设施等进行检验检测，并承担检验检测费用，不得向企业收取。专业技术服务机构对其作出的检验检测结果负责。委托检验检测结果可以作为行政执法的依据。

生产经营单位不得拒绝、阻挠应急管理部门委托的专业技术服务机构开展检验检测工作；

（3）应急管理部门应当为进入企业现场的监督检查人员配备必要的执法装备、检测检验设备及个人防护用品，确保执法检查人员人身安全；

（4）应急管理部门监督检查中发现生产经营单位存在不属于本部门职责范围的违法行为的，应当及时移送有关部门处理。

### （四）法律责任

（1）生产企业、批发企业有下列行为之一的，责令限期改正；逾期未改正的，处1万元以上3万元以下的罚款：①工（库）房没有设置准确、清晰、醒目的定员、定量、定级标识的；②未向零售经营者或者零售经营场所提供烟花爆竹配送服务的；

（2）生产企业、批发企业有下列行为之一的，责令限期改正，可以处5万元以下的罚款；逾期未改正的，处5万元以上20万元以下的罚款，对其直接负责的主管人员和其他直接责任人员处1万元以上2万元以下的罚款；情节严重的，责令停产停业整顿：①防范静电危害的措施不符合相关国家标准或者行业标准规定的；②使用新安全设备，未进行安全性论证的；③在生产区、工(库)房等有药区域对安全设备进行检测、改造作业时，未将工(库)房内的药物、有药半成品、成品搬走并清理作业现场的；

(3)生产企业、批发企业有下列行为之一的，责令限期改正，可以处10万元以下的罚款；逾期未改正的，责令停产停业整顿，并处10万元以上20万元以下的罚款，对其直接负责的主管人员和其他直接责任人员处2万元以上5万元以下的罚款：①未建立从业人员、外来人员、车辆出入厂(库)区登记制度的；②未指定专人管理、登记、分发黑火药、引火线、烟火药及库存和中转效果件的安全管理制度的；③未建立烟花爆竹买卖合同管理制度的；④未按规定建立烟花爆竹流向管理制度的；

(4)零售经营者有下列行为之一的，责令其限期改正，可以处1 000元以上5 000元以下的罚款；逾期未改正的，处5 000元以上1万元以下的罚款：①超越许可证载明限量储存烟花爆竹的；②到批发企业仓库自行提取烟花爆竹的；

(5)生产经营单位有下列行为之一的，责令改正；拒不改正的，处1万元以上3万元以下的罚款，对其直接负责的主管人员和其他直接责任人员处5 000元以上1万元以下的罚款：①对工(库)房、安全设施、电气线路、机械设备等进行检测、检修、维修、改造作业前，未制定安全作业方案，或者未切断被检修、维修的电气线路和机械设备电源的；②拒绝、阻挠受应急管理部门委托的专业技术服务机构开展检验、检测的；

(6)生产经营单位未采取措施消除下列事故隐患的，责令立即消除或者限期消除；生产经营单位拒不执行的，责令停产停业整顿，并处10万元以上50万元以下的罚款，对其直接负责的主管人员和其他直接责任人员处2万元以上5万元以下的罚款：①工(库)房超过核定人员、药量或者擅自改变设计用途使用工(库)房的；②仓库内堆码、分类分级储存等违反国家标准或者行业标准规定的；③在仓库内进行拆箱、包装作业，将性质不相容的物质混存的；④在中转库、中转间内，超量、超时储存药物、半成品、成品的；⑤留存过期及废弃的烟花爆竹成品、半成品、原材料等危险废弃物的；⑥企业内部及生产区、库区之间运输烟花爆竹成品、半成品及原材料的车辆、工具不符合国家标准或者行业标准规定安全条件的；⑦允许未安装阻火装置等不具备国家标准或者行业标准规定安全条件的机动车辆进入生产区和仓库区的；⑧其他事故隐患；

(7)违反本规定，构成《安全生产法》及其他法律、行政法规规定的其他违法行为的，依照《安全生产法》等法律、行政法规的规定处理。涉嫌犯罪的，依法移送司法机关追究刑事责任。

## 第八节　危险化学品管理的相关规定

### 一、《危险化学品安全管理条例》的相关规定

#### (一)危险化学品生产、储运安全

1. 行政监督管理

负有危险化学品安全监督管理职责的部门依法进行监督检查，可以采取下列措施：①进入危险化学品作业场所实施现场检查，向有关单位和人员了解情况，查阅、复制有关文件、资料；②发现危险化学品事故隐患，责令立即消除或者限期消除；③对不符合法律、行政法规、规章规定或者国家标准、行业标准要求的设施、设备、装置、器材、运输工具，责

令立即停止使用;④经本部门主要负责人批准,查封违法生产、储存、使用、经营危险化学品的场所,扣押违法生产、储存、使用、经营、运输的危险化学品以及用于违法生产、使用、运输危险化学品的原材料、设备、运输工具;⑤发现影响危险化学品安全的违法行为,当场予以纠正或者责令限期改正。

国家对危险化学品的生产、储存实行统筹规划、合理布局。国务院工信部门以及国务院其他有关部门依据各自职责,负责危险化学品生产、储存的行业规划和布局。地方人民政府组织编制城乡规划,应当根据本地区的实际情况,按照确保安全的原则,规划适当区域专门用于危险化学品的生产、储存。

新建、改建、扩建生产、储存危险化学品的建设项目(以下简称建设项目),应当由应急管理部门进行安全条件审查。建设单位应当对建设项目进行安全条件论证,委托具备国家规定的资质条件的机构对建设项目进行安全评价,并将安全条件论证和安全评价的情况报告报建设项目所在地设区的市级以上人民政府应急管理部门;应急管理部门应当自收到报告之日起 45 日内作出审查决定,并书面通知建设单位。具体办法由国务院应急管理部门制定。新建、改建、扩建储存、装卸危险化学品的港口建设项目,由港口部门按照国务院交通部门的规定进行安全条件审查。

2. 危险化学品生产前工作

生产、储存危险化学品的单位,应当对其铺设的危险化学品管道设置明显标志,并对危险化学品管道定期检查、检测。进行可能危及危险化学品管道安全的施工作业,施工单位应当在开工的 7 日前书面通知管道所属单位,并与管道所属单位共同制定应急预案,采取相应的安全防护措施。管道所属单位应当指派专门人员到现场进行管道安全保护指导。

危险化学品生产企业进行生产前,应当取得危险化学品安全生产许可证。生产列入国家实行生产许可证制度的工业产品目录的危险化学品的企业,应当取得工业产品生产许可证。负责颁发危险化学品安全生产许可证、工业产品生产许可证的部门,应当将其颁发许可证的情况及时向同级工信部门、生态环境保护部门和公安机关通报。

3. 危险化学品包装要求及安全技术说明

危险化学品生产企业应当提供与其生产的危险化学品相符的化学品安全技术说明书,并在危险化学品包装(包括外包装件)上粘贴或者拴挂与包装内危险化学品相符的化学品安全标签。化学品安全技术说明书和化学品安全标签所载明的内容应当符合国家标准的要求。危险化学品生产企业发现其生产的危险化学品有新的危险特性的,应当立即公告,并及时修订其化学品安全技术说明书和化学品安全标签。

危险化学品的包装应当符合法律、行政法规、规章的规定以及国家标准、行业标准的要求。对重复使用的危险化学品包装物、容器,使用单位在重复使用前应当进行检查;发现存在安全隐患的,应当维修或者更换。使用单位应当对检查情况作出记录,记录的保存期限不得少于 2 年。

4. 储存场所设施的规定

危险化学品生产装置或者储存数量构成重大危险源的危险化学品储存设施(运输工具加油站、加气站除外),与下列场所、设施、区域的距离应当符合国家有关规定:①居住区以及商业中心、公园等人员密集场所;②学校、医院、影剧院、体育场(馆)等公共设施;③饮用水源、水厂以及水源保护区;④车站、码头(依法经许可从事危险化学品装卸作业的除外)、机场以及通信干线、通信枢纽、铁路线路、道路交通干线、水路交通干线、地铁风亭以及地铁站出入口;⑤基本农田保护区、基本草原、畜禽遗传资源保护区、畜禽规模化养殖场(养殖小区)、渔业水域以及种子、种畜禽、水产苗种生产基地;⑥河流、湖泊、风景名胜区、自然保护区;⑦军事禁区、军事管理区;⑧法律、行政法规规定的其他场所、设施、区域。已建的危险化学品生产装置或者储存数量构成重大危险源的危险化学品储存设施不符合前款规定的,由所在地设区的市级人民政府应急管理部门会同有关部门监督其所属单位在规定期限内进行整改;需要转产、停产、搬迁、关闭的,由本级人民政府决定并组织实施。

储存数量构成重大危险源的危险化学品储存设施的选址,应当避开地震活动断层和容易发生洪灾、地质灾害的区域。上述所称重大危险源,是指生产、储存、使用或者搬运危险化学品,且危险化学品的数量等于或者超过临界量的单元(包括场所和设施)。

5. 生产作业场所的要求

生产、储存危险化学品的单位,应当根据其生产、储存的危险化学品的种类和危险特性,在作业场所设置相应的监测、监控、通风、防晒、调温、防火、灭火、防爆、泄压、防毒、中和、防潮、防雷、防静电、防腐、防泄漏以及防护围堤或者隔离操作等安全设施、设备,并按照国家标准、行业标准或者国家有关规定对安全设施、设备进行经常性维护、保养,保证安全设施、设备的正常使用。生产、储存危险化学品的单位,应当在其作业场所和安全设施、设备上设置明显的安全警示标志。

生产、储存危险化学品的单位,应当在其作业场所设置通信、报警装置,并保证处于适用状态。生产、储存危险化学品的企业,应当委托具备国家规定的资质条件的机构,对本企业的安全生产条件每3年进行1次安全评价,提出安全评价报告。安全评价报告的内容应当包括对安全生产条件存在的问题进行整改的方案。

6. 危险化学品安全评价及备案

生产、储存危险化学品的企业,应当将安全评价报告以及整改方案的落实情况报所在地县级安监部门备案。在港区内储存危险化学品的企业,应当将安全评价报告以及整改方案的落实情况报港口部门备案。储存危险化学品的单位应当建立危险化学品出入库核查、登记制度。对剧毒化学品以及储存数量构成重大危险源的其他危险化学品,储存单位应当将其储存数量、储存地点以及管理人员的情况,报所在地县级应急管理部门(在港区内储存的,报港口部门)和公安机关备案。

7. 危险化学品储存管理

危险化学品应当储存在专用仓库、专用场地或者专用储存室(以下统称专用仓库)内,并由专人负责管理;剧毒化学品以及储存数量构成重大危险源的其他危险化学品,应当在专用仓库内单独存放,并实行双人收发、双人保管制度。危险化学品的储存方式、方法以及储存数量应当符合国家标准或者国家有关规定。危险化学品专用仓库应当符合国家标准、行业标准的要求,并设置明显的标志。储存剧毒化学品、易制爆危险化学品的专用仓库,应当按照国家有关规定设置相应的技术防范设施。储存危险化学品的单位应当对其危险化学品专用仓库的安全设施、设备定期进行检测、检验。生产、储存危险化学品的单位转产、停产、停业或者解散的,应当采取有效措施,及时、妥善处置其危险化学品生产装置、储存设施以及库存的危险化学品,不得丢弃危险化学品;处置方案应当报所在地县级人民政府应急管理部门、工业和信息化主管部门、生态环境主管部门和公安机关备案。应急管理部门应当会同生态环境主管部门和公安机关对处置情况进行监督检查,发现未依照规定处置的,应当责令其立即处置。

**典型例题**

【多选题】某化工企业拟投资设立一条易制爆危险化学品的生产线。根据《危险化学品安全管理条例》,下列关于该企业易制爆危险化学品生产、储存安全的说法中,正确的有(  )。

A. 易制爆危险化学品管道应设置明显标志,并定期检查、检测

B. 发现易制爆危险化学品丢失的,应当立即向当地应急管理部门报告

C. 应当设置治安保卫机构或配备专职治安保卫人员

D. 易制爆危险化学品专用仓库应当设置相应的技术防范设施

E. 应当如实记录易制爆危险化学品的数量和流向

ADE。【解析】生产、储存危险化学品的单位,应当对其铺设的危险化学品管道设置明显标志,并对危险化学品管道定期检查、检测。故选项A正确。生产、储存剧毒化学品或者国务院公安部门规定的可用于制造爆炸物品的危险化学品(以下简称易制爆危险化学品)的单位,应当如实记录其生产、储存的剧毒化学品、易制爆危险化学品的数量、流向,并采取必要的安全防范措施,防止剧毒化学品、易制爆危险化学品丢失或者被盗。发现剧毒化学品、易制爆危险化学品丢失或者被盗的,应当立即向当地公安机关报告。生产、储存剧毒化学品、易制爆危险化学品的单位,应当设置治安保卫机构,配备专职治安保卫人员。故选项B,C错误,选项E正确。危险化学品专用仓库应当符合国家标准、行业标准的要求,并设置明显的标志。储存剧毒化学品、易制爆危险化学品的专用仓库,应当按照国家有关规定设置相应的技术防范设施。故选项D正确。

### (二)危险化学品使用安全

使用危险化学品的单位,其使用条件(包括工艺)应当符合法律、行政法规的规定和国家标准、行业标准的要求,并根据所使用的危险化学品的种类、危险特性以及使用量和使用方式,建立、健全使用危险化学品的安全管理规章制度和安全操作规程,保证危险化学品的安全使用。申请危险化学品安全使用许可证的化工企业,除应上述的规定外,还应当具备下列条件:①有与所使用的危险化学品相适应的专业技术人员;②有安全管理机构和专职安全管理人员;③有符合国家规定的危险化学品事故应急预案和必要的应急救援器材、设备;④依法进行了安全评价。

使用危险化学品从事生产并且使用量达到规定数量的化工企业,应当依照规定取得危险化学品安全使用许可证。申请危险化学品安全使用许可证的化工企业,应当向所在地设区的市级人民政府应急管理部门提出申请,并提交其符合规定的证明材料。设区的市级人民政府应急管理部门应当依法进行审查,自收到证明材料之日起45日内作出批准或者不予批准的决定。予以批准的,颁发危险化学品安全使用许可证;不予批准的,书面通知申请人并说明理由。应急管理部门应当将其颁发危险化学品安全使用许可证的情况及时向同级生态环境部门和公安机关通报。

## （三）危险化学品经营安全

1. 危险化学品经营企业应具备的条件

国家对危险化学品经营（包括仓储经营）实行许可制度。未经许可，任何单位和个人不得经营危险化学品。依法设立的危险化学品生产企业在其厂区范围内销售本企业生产的危险化学品，不需要取得危险化学品经营许可。依照《港口法》的规定取得港口经营许可证的港口经营人，在港区内从事危险化学品仓储经营，不需要取得危险化学品经营许可。

从事危险化学品经营的企业应当具备下列条件：①有符合国家标准、行业标准的经营场所，储存危险化学品的，还应当有符合国家标准、行业标准的储存设施；②从业人员经过专业技术培训并经考核合格；③有健全的安全管理规章制度；④有专职安全管理人员；⑤有符合国家规定的危险化学品事故应急预案和必要的应急救援器材、设备；⑥法律、法规规定的其他条件。

2. 危险化学品经营许可证申领规定

从事剧毒化学品、易制爆危险化学品经营的企业，应当向所在地设区的市级人民政府应急管理部门提出申请，从事其他危险化学品经营的企业，应当向所在地县级应急管理部门提出申请（有储存设施的，应当向所在地设区的市级人民政府应急管理部门提出申请）。申请人应当提交其符合规定条件的证明材料。设区的市级人民政府应急管理部门或者县级应急管理部门应当依法进行审查，并对申请人的经营场所、储存设施进行现场核查，自收到证明材料之日起30日内作出批准或者不予批准的决定。予以批准的，颁发危险化学品经营许可证；不予批准的，书面通知申请人并说明理由。设区的市级人民政府应急管理部门和县级应急管理部门应当将其颁发危险化学品经营许可证的情况及时向同级生态环境部门和公安机关通报。申请人持危险化学品经营许可证向市场监督管理部门办理登记手续后，方可从事危险化学品经营活动。法律、行政法规或者国务院规定经营危险化学品还需要经其他有关部门许可的，申请人向市场监督管理部门办理登记手续时还应当持相应的许可证件。

危险化学品经营企业不得向未经许可从事危险化学品生产、经营活动的企业采购危险化学品，不得经营没有化学品安全技术说明书或者化学品安全标签的危险化学品。

依法取得危险化学品安全生产许可证、危险化学品安全使用许可证、危险化学品经营许可证的企业，凭相应的许可证件购买剧毒化学品、易制爆危险化学品。民用爆炸物品生产企业凭民用爆炸物品生产许可证购买易制爆危险化学品。

3. 危险化学品购买规定及购买许可证的申请

上述规定以外的单位购买剧毒化学品的，应当向所在地县级公安机关申请取得剧毒化学品购买许可证；购买易制爆危险化学品的，应当持本单位出具的合法用途说明。个人不得购买剧毒化学品（属于剧毒化学品的农药除外）和易制爆危险化学品。

申请取得剧毒化学品购买许可证，申请人应当向所在地县级公安机关提交下列材料：①营业执照或者法人证书（登记证书）的复印件；②拟购买的剧毒化学品品种、数量的说明；③购买剧毒化学品用途的说明；④经办人的身份证明。县级公安机关应当自收到前款规定的材料之日起3日内，作出批准或者不予批准的决定。予以批准的，颁发剧毒化学品购买许可证；不予批准的，书面通知申请人并说明理由。剧毒化学品购买许可证管理办法由国务院公安部门制定。

## （四）危险化学品运输安全

### 1. 危险化学品运输管理要求

从事危险化学品道路运输、水路运输的，应当分别依照有关道路运输、水路运输的法律、行政法规的规定，取得危险货物道路运输许可、危险货物水路运输许可，并向市场监督管理部门办理登记手续。危险化学品道路运输企业、水路运输企业应当配备专职安全管理人员。

危险化学品道路运输企业、水路运输企业的驾驶人员、船员、装卸管理人员、押运人员、申报人员、集装箱装箱现场检查员应当经交通部门考核合格，取得从业资格。具体办法由国务院交通部门制定。危险化学品的装卸作业应当遵守安全作业标准、规程和制度，并在装卸管理人员的现场指挥或者监控下进行。水路运输危险化学品的集装箱装箱作业应当在集装箱装箱现场检查员的指挥或者监控下进行，并符合积载、隔离的规范和要求；装箱作业完毕后，集装箱装箱现场检查员应当签署装箱证明书。

运输危险化学品，应当根据危险化学品的危险特性采取相应的安全防护措施，并配备必要的防护用品和应急救援器材。用于运输危险化学品的槽罐以及其他容器应当封口严密，能够防止危险化学品在运输过程中因温度、湿度或者压力的变化发生渗漏、洒漏；槽罐以及其他容器的溢流和泄压装置应当设置准确、起闭灵活。运输危险化学品的驾驶人员、船员、装卸管理人员、押运人员、申报人员、集装箱装箱现场检查员，应当了解所运输的危险化学品的危险特性及其包装物、容器的使用要求和出现危险情况时的应急处置方法。

### 2. 危险化学品道路运输规定

通过道路运输危险化学品的，托运人应当委托依法取得危险货物道路运输许可的企业承运。通过道路运输危险化学品的，应当按照运输车辆的核定载质量装载危险化学品，不得超载。危险化学品运输车辆应当符合国家标准要求的安全技术条件，并按照国家有关规定定期进行安全技术检验。危险化学品运输车辆应当悬挂或者喷涂符合国家标准要求的警示标志。

通过道路运输危险化学品的，应当配备押运人员，并保证所运输的危险化学品处于押运人员的监控之下。运输危险化学品途中因住宿或者发生影响正常运输的情况，需要较长时间停车的，驾驶人员、押运人员应当采取相应的安全防范措施；运输剧毒化学品或者易制爆危险化学品的，还应当向当地公安机关报告。未经公安机关批准，运输危险化学品的车辆不得进入危险化学品运输车辆限制通行的区域。危险化学品运输车辆限制通行的区域由县级公安机关划定，并设置明显的标志。通过道路运输剧毒化学品的，托运人应当向运输始发地或者目的地县级人民政府公安机关申请剧毒化学品道路运输通行证。剧毒化学品、易制爆危险化学品在道路运输途中丢失、被盗、被抢或者出现流散、泄漏等情况的，驾驶人员、押运人员应当立即采取相应的警示措施和安全措施，并向当地公安机关报告。公安机关接到报告后，应当根据实际情况立即向应急管理部门、市场监督管理部门、卫生健康部门通报。有关部门应当采取必要的应急处置措施。

### 3. 危险化学品水路运输规定

通过水路运输危险化学品的，应当遵守法律、行政法规以及国务院交通部门关于危险货物水路运输安全的规定。海事机构应当根据危险化学品的种类和危险特性，确定船舶运输危险化学品的相关安全运输条件。拟交付船舶运输的化学品的相关安全运输条件不明确的，货物所有人或者代理人应当委托相关技术机构进行评估，明确相关安全运输条件并经海事机构确认后，方可交付船舶运输。禁止通过内河封闭水域运输剧毒化学品以及国家规定禁止通过内河运输的其他危险化学品。上述规定以外的内河水域，禁止运输国家规定禁止通过内河运输的剧毒化学品以及其他危险化学品。禁止通过内河运输的剧毒化学品以及其他危险化学品的范围，由国务院交通部门会同国务院生态环境部门、工信部门、应急管理部门，根据危险化学品的危险特性、危险化学品对人体和水环境的危害程度以及消除危害后果的难易程度等因素规定并公布。船舶载运危险化学品进出内河港口，应当将危险化学品的名称、危险特性、包装以及进出港时间等事项，事先报告海事机构。海事机构接到报告后，应当在国务院交通部门规定的时间内作出是否同意的决定，通知报告人，同时通报港口部门。定船舶、定航线、定货种的船舶可以定期报告。在内河港口内进行危险化学品的装卸、过驳作业，应当将危险化学品的名称、危险特性、包装和作业的时间、地点等事项报告港口部门。港口部门接到报告后，应当在国务院交通部门规定的时间内作出是否同意的决定，通知报告人，同时通报海事机构。

载运危险化学品的船舶在内河航行，通过过船建筑物的，应当提前向交通部门申报，并接受交通运输主管部门的管理。

载运危险化学品的船舶在内河航行、装卸或者停泊，应当悬挂专用的警示标志，按照规定显示专用信号。载运危险化学品的船舶在内河航行，按照国务院交通部门的规定需要引航的，应当申请引航。载运危险化学品的船舶在内河航行，应当遵守法律、行政法规和国家其他有关饮用水水源保护的规定。内河航道发展规划应当与依法经批准的饮用水水源保护区划定方案相协调。

4. 危险化学品托运规定

托运危险化学品的，托运人应当向承运人说明所托运的危险化学品的种类、数量、危险特性以及发生危险情况的应急处置措施，并按照国家有关规定对所托运的危险化学品妥善包装，在外包装上设置相应的标志。运输危险化学品需要添加抑制剂或者稳定剂的，托运人应当添加，并将有关情况告知承运人。托运人不得在托运的普通货物中夹带危险化学品，不得将危险化学品匿报或者谎报为普通货物托运。任何单位和个人不得交寄危险化学品或者在邮件、快件内夹带危险化学品，不得将危险化学品匿报或者谎报为普通物品交寄。邮政企业、快递企业不得收寄危险化学品。

《"十四五"国家安全生产规划》规定，危险化学品行业防范遏制重特大事故的内容包括：严密防范已淘汰的落后产能异地落户、办厂进园。健全城区危险化学品生产企业关停并转、退城入园等支持政策措施。全面排查和管控危险化学品生产储存企业外部安全防护距离。强化高危化学品和高危工艺风险管控，升级重大危险源风险监测预警系统。实施"工业互联网 + 危化安全生产"工程，建设一批本质安全型化工园区和大型油气储存基地，推动危险化学品安全数字化智能化转型。深化精细化工企业反应、大型油气储存场所安全风险评估。严格落实危险化学品登记鉴定制度。强化托运、承运、装卸、车辆运行等危险化学品运输全链条安全生产监管，统筹推进危险化学品运输车辆专用停车场建设。加强使用危险化学品从事生产的企业及医院、学校、科研机构等单位的危险化学品使用安全管理。完善油气输送管道、储运设施安全风险监测预警系统，强化海洋石油安全生产监管。完善油气输送管道地理信息系统，强化油气输送管道高后果区管控。推动实施全球化学品统一分类和标签制度。加快建设统一的危险化学品产供储销全链条监管与服务平台，实现来源可循、去向可溯、状态可控。力争实现化工事故总量、较大及以上事故总量比“十三五”期间下降15%以上。

### （五）危险化学品登记与事故应急救援

1. 危险化学登记

国家实行危险化学品登记制度，为危险化学品安全管理以及危险化学品事故预防和应急救援提供技术、信息支持。危险化学品生产企业、进口企业，应当向国务院应急管理部门负责危险化学品登记的机构办理危险化学品登记。危险化学品登记包括下列内容：①分类和标签信息；②物理、化学性质；③主要用途；④危险特性；⑤储存、使用、运输的安全要求；⑥出现危险情况的应急处置措施。对同一企业生产、进口的同一品种的危险化学品，不进行重复登记。危险化学品生产企业、进口企业发现其生产、进口的危险化学品有新的危险特性的，应当及时向危险化学品登记机构办理登记内容变更手续。危险化学品登记的具体办法由国务院应急管理部门制定。

危险化学品登记机构应当定期向工信、生态环境、公安、卫生健康、交通、铁路、市场监督管理等部门提供危险化学品登记的有关信息和资料。县级以上地方人民政府应急管理部门应当会同工信、生态环境、公安、卫生健康、交通、铁路、市场监督管理等部门，根据本地区实际情况，制定危险化学品事故应急预案，报本级人民政府批准。危险化学品单位应当制定本单位危险化学品事故应急预案，配备应急救援人员和必要的应急救援器材、设备，并定期组织应急救援演练。危险化学品单位应当将其危险化学品事故应急预案报所在地设区的市级人民政府应急管理部门备案。

2. 事故应急救援

发生危险化学品事故，事故单位主要负责人应当立即按照本单位危险化学品应急预案组织救援，并向当地应急管理部门和生态环境、公安、卫生健康部门报告；道路运输、水路运输过程中发生危险化学品事故的，驾驶人员、船员或者押运人员还应当向事故发生地交通部门报告。发生危险化学品事故，有关地方人民政府应当立即组织应急管理、生态环境、公安、卫生健康、交通等有关部门，按照本地区危险化学品事故应急预案组织实施救援，不得拖延、推诿。

有关地方人民政府及其有关部门应当按照下列规定，采取必要的应急处置措施，减少事故损失，防止事故蔓延、扩大：①立即组织营救和救治受害人员，疏散、撤离或者采取其他措施保护危害区域内的其他人员；②迅速控制危害源，测定危险化学品的性质、事故的危害区域及危害程度；③针对事故对人体、动植物、土壤、水源、大气造成的现实危害和可能产生的危害，迅速采取封闭、隔离、洗消等措施；④对危险化学品事故造成的环境污染和生态破坏状况进行监测、评估，并采取相应的环境污染治理和生态修复措施。

### （六）法律责任

生产、经营、使用国家禁止生产、经营、使用的危险化学品的，由应急管理部门责令停止生产、经营、使用活动，处20万元以上50万元以下的罚款，有违法所得的，没收违法所得；构成犯罪的，依法追究刑事责任。

## 典型例题

【单选题】负有危险化学品安全监管职责的部门，在监督检查某化工公司时，发现该化工公司未按规定在作业场所设置通信、报警装置。根据《危险化学品安全管理条例》，下列关于负有安全监管职责的部门所采取的执法措施中，正确的是（　　）。

A. 责令改正，处4万元的罚款　　B. 查封生产危险化学品的场所

C. 暂扣安全生产许可证　　D. 提请政府予以关闭

A。【解析】《危险化学品安全管理条例》第七十八条规定，有下列情形之一的，由应急管理部门责令改正，可以处5万元以下的罚款；拒不改正的，处5万元以上10万元以下的罚款；情节严重的，责令停产停业整顿：(1)生产、储存危险化学品的单位未对其铺设的危险化学品管道设置明显的标志，或者未对危险化学品管道定期检查、检测的。(2)进行可能危及危险化学品管道安全的施工作业，施工单位未按照规定书面通知管道所属单位，或者未与管道所属单位共同制定应急预案、采取相应的安全防护措施，或者管道所属单位未指派专门人员到现场进行管道安全保护指导的。(3)危险化学品生产企业未提供化学品安全技术说明书，或者未在包装（包括外包装件）上粘贴、拴挂化学品安全标签的。(4)危险化学品生产企业提供的化学品安全技术说明书与其生产的危险化学品不相符，或者在包装（包括外包装件）粘贴、拴挂的化学品安全标签与包装内危险化学品不相符，或者化学品安全技术说明书、化学品安全标签所载明的内容不符合国家标准要求的。(5)危险化学品生产企业发现其生产的危险化学品有新的危险特性不立即公告，或者不及时修订其化学品安全技术说明书和化学品安全标签的。(6)危险化学品经营企业经营没有化学品安全技术说明书和化学品安全标签的危险化学品的。(7)危险化学品包装物、容器的材质以及包装的型式、规格、方法和单件质量（重量）与所包装的危险化学品的性质和用途不相适应的。(8)生产、储存危险化学品的单位未在作业场所和安全设施、设备上设置明显的安全警示标志，或者未在作业场所设置通信、报警装置的。(9)危险化学品专用仓库未设专人负责管理，或者对储存的剧毒化学品以及储存数量构成重大危险源的其他危险化学品未实行双人收发、双人保管制度的。(10)储存危险化学品的单位未建立危险化学品出入库核查、登记制度的。(11)危险化学品专用仓库未设置明显标志的。(12)危险化学品生产企业、进口企业不办理危险化学品登记，或者发现其生产、进口的危险化学品有新的危险特性不办理危险化学品登记内容变更手续的。

【单选题】我国非常重视危险物品安全管理工作。根据《危险化学品安全管理条例》，下列危险物品中，适用该条例的是（　　）。

A. 矿山爆破用炸药　　B. 进口农药

C. 实验室放射源　　D. 烟花爆竹

B。【解析】《危险化学品安全管理条例》第三条规定，本条例所称危险化学品，是指具有毒害、腐蚀、爆炸、燃烧、助燃等性质，对人体、设施、环境具有危害的剧毒化学品和其他化学品。第九十七条规定，民用爆炸物品、烟花爆竹、放射性物品、核能物质，以及用于国防科研生产的危险化学品的安全管理，不适用本条例。

## 二、《危险化学品生产企业安全生产许可证实施办法》的相关内容

### （一）申请安全生产许可证的条件

1. 企业选址布局与规划设计

企业选址布局、规划设计以及与重要场所、设施、区域的距离应当符合下列要求：

（1）国家产业政策；当地县级以上（含县级）人民政府的规划和布局；新设立企业建在地方人民政府规划的专门用于危险化学品生产、储存的区域内；

（2）危险化学品生产装置或者储存危险化学品数量构成重大危险源的储存设施，与《危险化学品安全管理条例》规定的八类场所、设施、区域的距离符合有关法律、法规、规章和国家标准或者行业标准的规定；

（3）总体布局符合《化工企业总图运输设计规范》《工业企业总平面设计规范》《建筑设计防火规范》等标准的要求。

石油化工企业除符合规定条件外，还应当符合《石油化工企业设计防火规范》的要求。

2. 企业厂房及设备的要求

企业的厂房、作业场所、储存设施和安全设施、设备、工艺应当符合下列要求：

（1）新建、改建、扩建建设项目经具备国家规定资质的单位设计、制造和施工建设；涉及危险化工工艺、重点监管危险化学品的装置，由具有综合甲级资质或者化工石化专业甲级设计资质的化工石化设计单位设计；

（2）不得采用国家明令淘汰、禁止使用和危及安全生产的工艺、设备；新开发的危险化学品生产工艺必须在小试、中试、工业化试验的基础上逐步放大到工业化生产；国内首次使用的化工工艺，必须经过省级人民政府有关部门组织的安全可靠性论证；

（3）涉及危险化工工艺、重点监管危险化学品的装置装设自动化控制系统；涉及危险化工工艺的大型化工装置装设紧急停车系统；涉及易燃易爆、有毒有害气体化学品的场所装设易燃易爆、有毒有害介质泄漏报警等安全设施；

（4）生产区与非生产区分开设置，并符合国家标准或者行业标准规定的距离；

（5）危险化学品生产装置和储存设施之间及其与建（构）筑物之间的距离符合有关标准规范的规定。

同一厂区内的设备、设施及建（构）筑物的布置必须适用同一标准的规定。

3. 劳动防护要求

企业应当有相应的职业危害防护设施，并为从业人员配备符合国家标准或者行业标准的劳动防护用品。

4. 重大危险源辨识

企业应当依据《危险化学品重大危险源辨识》，对本企业的生产、储存和使用装置、设施或者场所进行重大危险源辨识。对已确定为重大危险源的生产和储存设施，应当执行《危险化学品重大危险源监督管理暂行规定》（2015 年修正）。

5. 建立安全生产责任制

企业应当建立全员安全生产责任制，设置安全生产管理机构，配备专职安全生产管理人员。

6. 建立安全生产规章制度

企业应当根据化工工艺、装置、设施等实际情况，制定完善下列主要安全生产规章制度：

(1)安全生产例会等安全生产会议制度;

(2)安全投入保障制度;

(3)安全生产奖惩制度;

(4)安全培训教育制度;

(5)领导干部轮流现场带班制度;

(6)特种作业人员管理制度;

(7)安全检查和隐患排查治理制度;

(8)重大危险源评估和安全管理制度;

(9)变更管理制度;

(10)应急管理制度;

(11)生产安全事故或者重大事件管理制度;

(12)防火、防爆、防中毒、防泄漏管理制度;

(13)工艺、设备、电气仪表、公用工程安全管理制度;

(14)动火、进入受限空间、吊装、高处、盲板抽堵、动土、断路、设备检维修等作业安全管理制度;

(15)危险化学品安全管理制度;

(16)职业健康相关管理制度;

(17)劳动防护用品使用维护管理制度;

(18)承包商管理制度;

(19)安全管理制度及操作规程定期修订制度。

7. 编制岗位安全操作规程

企业应当根据危险化学品的生产工艺、技术、设备特点和原辅料、产品的危险性编制岗位操作安全规程。

8. 从业人员应具备的资质

(1)企业主要负责人、分管安全负责人和安全生产管理人员必须具备与其从事的生产经营活动相适应的安全生产知识和管理能力,依法参加安全生产培训,并经考核合格,取得安全合格证书;

(2)企业分管安全负责人、分管生产负责人、分管技术负责人应当具有一定的化工专业知识或者相应的专业学历,专职安全生产管理人员应当具备国民教育化工化学类(或安全工程)中等职业教育以上学历或者化工化学类中级以上专业技术职称;

(3)企业应当有危险物品安全类注册安全工程师从事安全生产管理工作;

(4)特种作业人员应当依照《特种作业人员安全技术培训考核管理规定》,经专门的安全技术培训并考核合格,取得特种作业操作证书。

9. 安全生产资金投入

企业应当按照国家规定提取与安全生产有关的费用,并保证安全生产所必需的资金投入。

10. 社会保险

企业应当依法参加工伤保险,为从业人员缴纳保险费。

11. 安全评价报告

企业应当依法委托具备国家规定资质的安全评价机构进行安全评价，并按照安全评价报告的意见对存在的安全生产问题进行整改。

12. 危险品包装及说明

企业应当依法进行危险化学品登记，为用户提供化学品安全技术说明书，并在危险化学品包装（包括外包装件）上粘贴或者拴挂与包装内危险化学品相符的化学品安全标签。

13. 应急管理要求

企业应当符合下列应急管理要求：

（1）按照国家有关规定编制危险化学品事故应急预案并报有关部门备案；

（2）建立应急救援组织，规模较小的企业可以不建立应急救援组织，但应指定兼职的应急救援人员；

（3）配备必要的应急救援器材、设备和物资，并进行经常性维护、保养，保证正常运转。

生产、储存和使用氯气、氨气、光气、硫化氢等吸入性有毒有害气体的企业，除符合本条规定外，还应当配备至少 2 套以上全封闭防化服；构成重大危险源的，还应当设立气体防护站（组）。

### （二）安全生产许可证的申请

新建企业安全生产许可证的申请，应当在危险化学品生产建设项目安全设施竣工验收通过后 10 个工作日内提出。企业申请安全生产许可证时，应当提交下列文件、资料，并对其内容的真实性负责：

（1）申请安全生产许可证的文件及申请书；

（2）安全生产责任制文件，安全生产规章制度、岗位操作安全规程清单；

（3）设置安全生产管理机构，配备专职安全生产管理人员的文件复制件；

（4）主要负责人、分管安全负责人、安全生产管理人员和特种作业人员的安全合格证或者特种作业操作证复制件；

（5）与安全生产有关的费用提取和使用情况报告，新建企业提交有关安全生产费用提取和使用规定的文件；

（6）为从业人员缴纳工伤保险费的证明材料；

（7）危险化学品事故应急救援预案的备案证明文件；

（8）危险化学品登记证复制件；

（9）工商营业执照副本或者工商核准文件复制件；

（10）具备资质的中介机构出具的安全评价报告；

（11）新建企业的竣工验收报告；

（12）应急救援组织或者应急救援人员，以及应急救援器材、设备设施清单。

有危险化学品重大危险源的企业，除提交本条规定的文件、资料外，还应当提供重大危险源及其应急预案的备案证明文件、资料。

### （三）安全生产许可证的颁发

（1）实施机关收到企业申请文件、资料后，应当按照下列情况分别作出处理：①申请事项依法不需要取得安全生产许可证的，即时告知企业不予受理；②申请事项依法不属于本实施机关职责范围的，即时作出不予受理的决定，并告知企业向相应的实施机关申请；

③申请材料存在可以当场更正的错误的，允许企业当场更正，并受理其申请；④申请材料不齐全或者不符合法定形式的，当场告知或者在5个工作日内出具补正告知书，一次告知企业需要补正的全部内容；逾期不告知的，自收到申请材料之日起即为受理；⑤企业申请材料齐全、符合法定形式，或者按照实施机关要求提交全部补正材料的，立即受理其申请。

实施机关受理或者不予受理行政许可申请，应当出具加盖本机关专用印章和注明日期的书面凭证；

(2)安全生产许可证申请受理后，实施机关应当组织对企业提交的申请文件、资料进行审查。对企业提交的文件、资料实质内容存在疑问，需要到现场核查的，应当指派工作人员就有关内容进行现场核查。工作人员应当如实提出现场核查意见；

(3)实施机关应当在受理之日起45个工作日内作出是否准予许可的决定。审查过程中的现场核查所需时间不计算在本条规定的期限内；

(4)实施机关作出准予许可决定的，应当自决定之日起10个工作日内颁发安全生产许可证。实施机关作出不予许可的决定的，应当在10个工作日内书面告知企业并说明理由。

### (四)监督管理

(1)实施机关应当加强对安全生产许可证的监督管理，建立、健全安全生产许可证档案管理制度。有下列情形之一的，实施机关应当撤销已经颁发的安全生产许可证：①超越职权颁发安全生产许可证的；②违反本办法规定的程序颁发安全生产许可证的；③以欺骗、贿赂等不正当手段取得安全生产许可证的；

(2)企业取得安全生产许可证后有下列情形之一的，实施机关应当注销其安全生产许可证：①安全生产许可证有效期届满未被批准延续的；②终止危险化学品生产活动的；③安全生产许可证被依法撤销的；④安全生产许可证被依法吊销的；

(3)安全生产许可证注销后，实施机关应当在当地主要新闻媒体或者本机关网站上发布公告，并通报企业所在地人民政府和县级以上应急管理部门；

(4)省级应急管理部门应当在每年1月15日前，将本行政区域内上年度安全生产许可证的颁发和管理情况报应急管理部；

(5)应急管理部、省级应急管理部门应当定期向社会公布企业取得安全生产许可的情况，接受社会监督。

### (五)法律责任

企业出租、出借或者以其他形式转让安全生产许可证的，没收违法所得，处10万元以上50万元以下的罚款，并吊销安全生产许可证；构成犯罪的，依法追究刑事责任。

企业有下列情形之一的，责令停止生产危险化学品，没收违法所得，并处10万元以上50万元以下的罚款；构成犯罪的，依法追究刑事责任：①未取得安全生产许可证，擅自进行危险化学品生产的；②接受转让的安全生产许可证的；③冒用或者使用伪造的安全生产许可证的。

企业在安全生产许可证有效期届满未办理延期手续，继续进行生产的，责令停止生产，限期补办延期手续，没收违法所得，并处5万元以上10万元以下的罚款；逾期仍不办理延期手续，继续进行生产的，依照本办法规定进行处罚。

企业在安全生产许可证有效期内主要负责人、企业名称、注册地址、隶属关系发生变更或者新增产品、改变工艺技术对企业安全生产产生重大影响，未按照本办法规定的时限提出安全生产许可证变更申请的，责令限期申请，处1万元以上3万元以下的罚款。

企业在安全生产许可证有效期内，其危险化学品建设项目安全设施竣工验收合格后，未按照本办法规定的时限提出安全生产许可证变更申请并且擅自投入运行的，责令停止生产，限期申请，没收违法所得，并处1万元以上3万元以下的罚款。

发现企业隐瞒有关情况或者提供虚假材料申请安全生产许可证的，实施机关不予受理或者不予颁发安全生产许可证，并给予警告，该企业在1年内不得再次申请安全生产许可证。

企业以欺骗、贿赂等不正当手段取得安全生产许可证的，自实施机关撤销其安全生产许可证之日起3年内，该企业不得再次申请安全生产许可证。

## 三、《危险化学品经营许可证管理办法》的相关内容

### （一）适用范围

（1）适用于在中华人民共和国境内从事列入《危险化学品目录》的危险化学品的经营（包括仓储经营）活动；

（2）民用爆炸物品、放射性物品、核能物质和城镇燃气的经营活动则不适用。

### （二）从事危险化学品经营单位的基本条件

从事危险化学品经营的单位（以下统称申请人）应当依法登记注册为企业，并具备下列基本条件：

（1）经营和储存场所、设施、建筑物符合《建筑设计防火规范》《石油化工企业设计防火规范》《汽车加油加气站设计与施工规范》《石油库设计规范》等相关国家标准、行业标准的规定；

（2）企业主要负责人和安全生产管理人员具备与本企业危险化学品经营活动相适应的安全生产知识和管理能力，经专门的安全生产培训和应急管理部门考核合格，取得相应安全资格证书；特种作业人员经专门的安全作业培训，取得特种作业操作证书；其他从业人员依照有关规定经安全生产教育和专业技术培训合格；

（3）有健全的安全生产规章制度和岗位操作规程；

（4）有符合国家规定的危险化学品事故应急预案，并配备必要的应急救援器材、设备；

（5）法律、法规和国家标准或者行业标准规定的其他安全生产条件。

前款规定的安全生产规章制度，是指全员安全生产责任制度、危险化学品购销管理制度、危险化学品安全管理制度（包括防火、防爆、防中毒、防泄漏管理等内容）、安全投入保障制度、安全生产奖惩制度、安全生产教育培训制度、隐患排查治理制度、安全风险管理制度、应急管理制度、事故管理制度、职业卫生管理制度等。

### （三）带有储存设施的危险化学品经营条件

申请人带有储存设施经营危险化学品的，除符合上述规定的条件外，还应当具备下列条件：

（1）新设立的专门从事危险化学品仓储经营的，其储存设施建立在地方人民政府规划的用于危险化学品储存的专门区域内；

（2）储存设施与相关场所、设施、区域的距离符合有关法律、法规、规章和标准的规定；

（3）依照有关规定进行安全评价，安全评价报告符合《危险化学品经营企业安全评价细则》的要求；

（4）专职安全生产管理人员具备国民教育化工化学类或者安全工程类中等职业教育以上学历，或者化工化学类中级以上专业技术职称，或者危险物品安全类注册安全工程师资格；

(5)符合《危险化学品安全管理条例》《危险化学品重大危险源监督管理暂行规定》《常用危险化学品贮存通则》的相关规定。

申请人储存易燃、易爆、有毒、易扩散危险化学品的,除符合规定的条件外,还应当符合《石油化工可燃气体和有毒气体检测报警设计标准》的规定。

### (四)申请经营许可证的资料

申请人申请经营许可证,应当依照规定向所在地市级或者县级发证机关(以下统称发证机关)提出申请,提交下列文件、资料,并对其真实性负责:

(1)申请经营许可证的文件及申请书;

(2)安全生产规章制度和岗位操作规程的目录清单;

(3)企业主要负责人、安全生产管理人员、特种作业人员的相关资格证书(复制件)和其他从业人员培训合格的证明材料;

(4)经营场所产权证明文件或者租赁证明文件(复制件);

(5)市场监督管理部门颁发的企业性质营业执照或者企业名称预先核准文件(复制件);

(6)危险化学品事故应急预案备案登记表(复制件)。

### (五)带有储存设施的危险化学品申请资料

带有储存设施经营危险化学品的,申请人还应当提交下列文件、资料:

(1)储存设施相关证明文件(复制件);租赁储存设施的,需要提交租赁证明文件(复制件);储存设施新建、改建、扩建的,需要提交危险化学品建设项目安全设施竣工验收报告;

(2)重大危险源备案证明材料、专职安全生产管理人员的学历证书、技术职称证书或者危险物品安全类注册安全工程师资格证书(复制件);

(3)安全评价报告。

### (六)发证机关的处理方式

发证机关收到申请人提交的文件、资料后,应当按照下列情况分别作出处理:

(1)申请事项不需要取得经营许可证的,当场告知申请人不予受理;

(2)申请事项不属于本发证机关职责范围的,当场作出不予受理的决定,告知申请人向相应的发证机关申请,并退回申请文件、资料;

(3)申请文件、资料存在可以当场更正的错误的,允许申请人当场更正,并受理其申请;

(4)申请文件、资料不齐全或者不符合要求的,当场告知或者在5个工作日内出具补正告知书,一次告知申请人需要补正的全部内容;逾期不告知的,自收到申请文件、资料之日起即为受理;

(5)申请文件、资料齐全,符合要求,或者申请人按照发证机关要求提交全部补正材料的,立即受理其申请。

发证机关受理或者不予受理经营许可证申请,应当出具加盖本机关印章和注明日期的书面凭证。

### (七)经营许可证的颁发

(1)发证机关受理经营许可证申请后,应当组织对申请人提交的文件、资料进行审查,指派2名以上工作人员对申请人的经营场所、储存设施进行现场核查,并自受理之日起30日内作出是否准予许可的决定。

发证机关现场核查以及申请人整改现场核查发现的有关问题和修改有关申请文件、

资料所需时间，不计算在前款规定的期限内；

(2)发证机关作出准予许可决定的，应当自决定之日起10个工作日内颁发经营许可证；发证机关作出不予许可决定的，应当在10个工作日内书面告知申请人并说明理由，告知书应当加盖本机关印章；

(3)经营许可证分为正本、副本，正本为悬挂式，副本为折页式。正本、副本具有同等法律效力。经营许可证正本、副本应当分别载明下列事项：①企业名称；②企业住所(注册地址、经营场所、储存场所)；③企业法定代表人姓名；④经营方式；⑤许可范围；⑥发证日期和有效期限；⑦证书编号；⑧发证机关；⑨有效期延续情况。

### (八)经营许可证的变更

已经取得经营许可证的企业变更企业名称、主要负责人、注册地址或者危险化学品储存设施及其监控措施的，应当自变更之日起20个工作日内，向规定的发证机关提出书面变更申请，并提交下列文件、资料：

(1)经营许可证变更申请书；

(2)变更后的工商营业执照副本(复制件)；

(3)变更后的主要负责人安全资格证书(复制件)；

(4)变更注册地址的相关证明材料；

(5)变更后的危险化学品储存设施及其监控措施的专项安全评价报告。

发证机关受理变更申请后，应当组织对企业提交的文件、资料进行审查，并自收到申请文件、资料之日起10个工作日内作出是否准予变更的决定。发证机关作出准予变更决定的，应当重新颁发经营许可证，并收回原经营许可证；不予变更的，应当说明理由并书面通知企业。经营许可证变更的，经营许可证有效期的起始日和截止日不变，但应当载明变更日期。

### (九)重新办理经营许可证

已经取得经营许可证的企业，有下列情形之一的，应当按照本办法的规定重新申请办理经营许可证，并提交相关文件、资料：

(1)不带有储存设施的经营企业变更其经营场所的；

(2)带有储存设施的经营企业变更其储存场所的；

(3)仓储经营的企业异地重建的；

(4)经营方式发生变化的；

(5)许可范围发生变化的。

### (十)经营许可证的延期

(1)经营许可证的有效期为3年。有效期满后，企业需要继续从事危险化学品经营活动的，应当在经营许可证有效期满3个月前，向本规定的发证机关提出经营许可证的延期申请，并提交延期申请书及规定的申请文件、资料。企业提出经营许可证延期申请时，可以同时提出变更申请，并向发证机关提交相关文件、资料；

(2)符合下列条件的企业，申请经营许可证延期时，经发证机关同意，可以不提交本办法规定的文件、资料：①严格遵守有关法律、法规和本办法；②取得经营许可证后，加强日常安全生产管理，未降低安全生产条件；③未发生死亡事故或者对社会造成较大影响的生产安全事故。

带有储存设施经营危险化学品的企业，除符合前款规定条件的外，还需要取得并提交危险化学品企业安全生产标准化二级达标证书（复制件）；

（3）发证机关受理延期申请后，应当依照规定，对延期申请进行审查，并在经营许可证有效期满前作出是否准予延期的决定；发证机关逾期未作出决定的，视为准予延期。

发证机关作出准予延期决定的，经营许可证有效期顺延3年。

### （十一）经营许可证的监督管理

（1）发证机关应当坚持公开、公平、公正的原则，严格依照法律、法规、规章、国家标准、行业标准和本办法规定的条件及程序，审批、颁发经营许可证。

发证机关及其工作人员在经营许可证的审批、颁发和监督管理工作中，不得索取或者接受当事人的财物，不得谋取其他利益；

（2）发证机关应当加强对经营许可证的监督管理，建立、健全经营许可证审批、颁发档案管理制度，并定期向社会公布企业取得经营许可证的情况，接受社会监督；

（3）发证机关应当及时向同级公安机关、环境保护部门通报经营许可证的发放情况；

（4）应急管理部门在监督检查中，发现已经取得经营许可证的企业不再具备法律、法规、规章、国家标准、行业标准和本办法规定的安全生产条件，或者存在违反法律、法规、规章和本办法规定的行为的，应当依法作出处理，并及时告知原发证机关；

（5）发证机关发现企业以欺骗、贿赂等不正当手段取得经营许可证的，应当撤销已经颁发的经营许可证；

（6）已经取得经营许可证的企业有下列情形之一的，发证机关应当注销其经营许可证：①经营许可证有效期届满未被批准延期的；②终止危险化学品经营活动的；③经营许可证被依法撤销的；④经营许可证被依法吊销的。

发证机关注销经营许可证后，应当在当地主要新闻媒体或者本机关网站上发布公告，并通报企业所在地人民政府和县级以上应急管理部门；

（7）县级发证机关应当将本行政区域内上一年度经营许可证的审批、颁发和监督管理情况报告市级发证机关。

市级发证机关应当将本行政区域内上一年度经营许可证的审批、颁发和监督管理情况报告省、自治区、直辖市人民政府应急管理部门。

省、自治区、直辖市人民政府应急管理部门应当按照有关统计规定，将本行政区域内上一年度经营许可证的审批、颁发和监督管理情况报告应急管理部。

### （十二）法律责任

伪造、变造或者出租、出借、转让经营许可证，或者使用伪造、变造的经营许可证的，处10万元以上20万元以下的罚款，有违法所得的，没收违法所得；构成违反治安管理行为的，依法给予治安管理处罚；构成犯罪的，依法追究刑事责任。

已经取得经营许可证的企业不再具备法律、法规和本办法规定的安全生产条件的，责令改正；逾期不改正的，责令停产停业整顿；经停产停业整顿仍不具备法律、法规、规章、国家标准和行业标准规定的安全生产条件的，吊销其经营许可证。

应急管理部门的工作人员徇私舞弊、滥用职权、弄虚作假、玩忽职守，未依法履行危险化学品经营许可证审批、颁发和监督管理职责的，依照有关规定给予处分。

承担安全评价的机构和安全评价人员出具虚假评价报告的，依照有关法律、法规、规章的规定给予行政处罚；构成犯罪的，依法追究刑事责任。

## 四、《危险化学品输送管道安全管理规定》的相关内容

### （一）适用范围

适用范围确定为：生产、储存危险化学品的单位在厂区外公共区域埋地、地面和架空的危险化学品输送管道及其附属设施的安全管理。

但不适用于原油、成品油、天然气、煤层气、煤制气长输管道安全保护和城镇燃气管道的安全管理。

### （二）危险化学品管道的规划

（1）危险化学品管道建设应当遵循安全第一、节约用地和经济合理的原则，并按照相关国家标准、行业标准和技术规范进行科学规划；

（2）禁止光气、氯气等剧毒气体化学品管道穿（跨）越公共区域。严格控制氨、硫化氢等其他有毒气体的危险化学品管道穿（跨）越公共区域；

（3）危险化学品管道建设的选线应当避开地震活动断层和容易发生洪灾、地质灾害的区域；确实无法避开的，应当采取可靠的工程处理措施，确保不受地质灾害影响。

危险化学品管道与居民区、学校等公共场所以及建筑物、构筑物、铁路、公路、航道、港口、市政设施、通信设施、军事设施、电力设施的距离，应当符合有关法律、行政法规和国家标准、行业标准的规定。

### （三）危险化学品管道的建设

（1）对新建、改建、扩建的危险化学品管道，建设单位应当依照国家应急管理部有关危险化学品建设项目安全监督管理的规定，依法办理安全条件审查、安全设施设计审查和安全设施竣工验收手续；

（2）对新建、改建、扩建的危险化学品管道，建设单位应当依照有关法律、行政法规的规定，委托具备相应资质的设计单位进行设计；

（3）承担危险化学品管道的施工单位应当具备有关法律、行政法规规定的相应资质。施工单位应当按照有关法律、法规、国家标准、行业标准和技术规范的规定，以及经过批准的安全设施设计进行施工，并对工程质量负责。

参加危险化学品管道焊接、防腐、无损检测作业的人员应当具备相应的操作资格证书；

（4）负责危险化学品管道工程的监理单位应当对管道的总体建设质量进行全过程监督，并对危险化学品管道的总体建设质量负责。管道施工单位应当严格按照有关国家标准、行业标准的规定对管道的焊缝和防腐质量进行检查，并按照设计要求对管道进行压力试验和气密性试验。

对敷设在江、河、湖泊或者其他环境敏感区域的危险化学品管道，应当采取增加管道压力设计等级、增加防护套管等措施，确保危险化学品管道安全；

（5）危险化学品管道试生产（使用）前，管道单位应当对有关保护措施进行安全检查，科学制定安全投入生产（使用）方案，并严格按照方案实施；

（6）危险化学品管道试压半年后一直未投入生产（使用）的，管道单位应当在其投入生产（使用）前重新进行气密性试验；对敷设在江、河或者其他环境敏感区域的危险化学品管道，应当相应缩短重新进行气密性试验的时间间隔。

## （四）危险化学品管道的运行

（1）危险化学品管道应当设置明显标志。发现标志毁损的，管道单位应当及时予以修复或者更新；

（2）管道单位应当建立、健全危险化学品管道巡护制度，配备专人进行日常巡护。巡护人员发现危害危险化学品管道安全生产情形的，应当立即报告单位负责人并及时处理；

（3）管道单位对危险化学品管道存在的事故隐患应当及时排除；对自身排除确有困难的外部事故隐患，应当向当地应急管理部门报告；

（4）管道单位应当按照有关国家标准、行业标准和技术规范对危险化学品管道进行定期检测、维护，确保其处于完好状态；对安全风险较大的区段和场所，应当进行重点监测、监控；对不符合安全标准的危险化学品管道，应当及时更新、改造或者停止使用，并向当地应急管理部门报告。对涉及更新、改造的危险化学品管道，还应当按照规定办理安全条件审查手续；

（5）管道单位发现下列危害危险化学品管道安全运行行为的，应当及时予以制止，无法处置时应当向当地应急管理部门报告：①擅自开启、关闭危险化学品管道阀门；②采用移动、切割、打孔、砸撬、拆卸等手段损坏管道及其附属设施；③移动、毁损、涂改管道标志；④在埋地管道上方和巡查便道上行驶重型车辆；⑤对埋地、地面管道进行占压，在架空管道线路和管桥上行走或者放置重物；⑥利用地面管道、架空管道、管架桥等固定其他设施缆绳悬挂广告牌、搭建构筑物；⑦其他危害危险化学品管道安全运行的行为；

（6）禁止在危险化学品管道附属设施的上方架设电力线路、通信线路；

（7）在危险化学品管道及其附属设施外缘两侧各5米地域范围内，管道单位发现下列危害管道安全运行的行为的，应当及时予以制止，无法处置时应当向当地应急管理部门报告：①种植乔木、灌木、藤类、芦苇、竹子或者其他根系深达管道埋设部位可能损坏管道防腐层的深根植物；②取土、采石、用火、堆放重物、排放腐蚀性物质、使用机械工具进行挖掘施工、工程钻探；③挖塘、修渠、修晒场、修建水产养殖场、建温室、建家畜棚圈、建房以及修建其他建（构）筑物；

（8）在危险化学品管道中心线两侧及危险化学品管道附属设施外缘两侧5米外的周边范围内，管道单位发现下列建（构）筑物与管道线路、管道附属设施的距离不符合国家标准、行业标准要求的，应当及时向当地应急管理部门报告：①居民小区、学校、医院、餐饮娱乐场所、车站、商场等人口密集的建筑物；②加油站、加气站、储油罐、储气罐等易燃易爆物品的生产、经营、存储场所；③变电站、配电站、供水站等公用设施；

（9）在穿越河流的危险化学品管道线路中心线两侧500米地域范围内，管道单位发现有实施抛锚、拖锚、挖沙、采石、水下爆破等作业的，应当及时予以制止，无法处置时应当向当地应急管理部门报告。但在保障危险化学品管道安全的条件下，为防洪和航道通畅而实施的养护疏浚作业除外；

（10）在危险化学品管道专用隧道中心线两侧1 000米地域范围内，管道单位发现有实施采石、采矿、爆破等作业的，应当及时予以制止，无法处置时应当向当地应急管理部门报告；

（11）实施下列可能危及危险化学品管道安全运行的施工作业的，施工单位应当在开工的7日前书面通知管道单位，将施工作业方案报管道单位，并与管道单位共同制定应急预案，采取相应的安全防护措施，管道单位应当指派专人到现场进行管道安全保护指导：①穿（跨）越管道的施工作业；②在管道线路中心线两侧5米至50米和管道附属设施周边100米地域范围内，新建、改建、扩建铁路、公路、河渠，架设电力线路，埋设地下电缆、光缆，设置安全接地体、避雷接地体；③在管道线路中心线两侧200米和管道附属设施周边500米地域范围内，实施爆破、地震法勘探或者工程挖掘、工程钻探、采矿等作业；

（12）施工单位实施本规定的作业，应当符合下列条件：①已经制订符合危险化学品管道安全运行要求的施工作业方案；②已经制定应急预案；③施工作业人员已经接受相应的危险化学品管道保护知识教育和培训；④具有保障安全施工作业的设备、设施；

（13）危险化学品管道的专用设施、用工防护设施、专用隧道等附属设施不得用于其他用途；确需用于其他用途的，应当征得管道单位的同意，并采取相应的安全防护措施；

（14）管道单位应当按照有关规定制定本单位危险化学品管道事故应急预案，配备相应的应急救援人员和设备物资，定期组织应急演练。

发生危险化学品管道生产安全事故，管道单位应当立即启动应急预案及响应程序，采取有效措施进行紧急处置，消除或者减轻事故危害，并按照国家规定立即向事故发生地县级以上应急管理部门报告；

（15）对转产、停产、停止使用的危险化学品管道，管道单位应当采取有效措施及时妥善处置，并将处置方案报县级以上应急管理部门。

### （五）监督管理

（1）省级、设区的市级应急管理部门应当按照应急管理部有关危险化学品建设项目安全监督管理的规定，对新建、改建、扩建管道建设项目办理安全条件审查、安全设施设计审查、试生产（使用）方案备案和安全设施竣工验收手续；

（2）县级以上应急管理部门接到危险化学品管道生产安全事故报告后，应当按照有关规定及时上报事故情况，并根据实际情况采取事故处置措施。

### （六）法律责任

（1）新建、改建、扩建危险化学品管道建设项目未经安全条件审查的，由应急管理部门责令停止建设，限期改正；逾期不改正的，处50万元以上100万元以下的罚款；构成犯罪的，依法追究刑事责任。

危险化学品管道建设单位将管道建设项目发包给不具备相应资质等级的勘察、设计、施工单位或者委托给不具有相应资质等级的工程监理单位的，由应急管理部门移送建设行政主管部门依照《建设工程质量管理条例》的规定予以处罚；

（2）管道单位未对危险化学品管道设置明显的安全警示标志的，由应急管理部门责令限期改正，可以处5万元以下的罚款；逾期未改正的，处5万元以上20万元以下的罚款，对其直接负责的主管人员和其他直接责任人员处1万元以上2万元以下的罚款；情节严重的，责令停产停业整顿；构成犯罪的，依照刑法有关规定追究刑事责任；

（3）有下列情形之一的，由应急管理部门责令改正，可以处5万元以下的罚款；拒不改正的，处5万元以上10万元以下的罚款；情节严重的，责令停产停业整顿。①管道单位未按照本规定对管道进行检测、维护的；②进行可能危及危险化学品管道安全的施工作业，施工单位未按照规定书面通知管道单位，或者未与管道单位共同制定应急预案并采取相应的防护措施，或者管道单位未指派专人到现场进行管道安全保护指导的；

(4)对转产、停产、停止使用的危险化学品管道，管道单位未采取有效措施及时、妥善处置的，由应急管理部门责令改正，处5万元以上10万元以下的罚款；构成犯罪的，依法追究刑事责任。

对转产、停产、停止使用的危险化学品管道，管道单位未按照本规定将处置方案报县级以上应急管理部门的，由应急管理部门责令改正，可以处1万元以下的罚款；拒不改正的，处1万元以上5万元以下的罚款；

(5)违反本规定，采用移动、切割、打孔、砸撬、拆卸等手段实施危害危险化学品管道安全行为，尚不构成犯罪的，由有关主管部门依法给予治安管理处罚。

## 五、《危险化学品安全使用许可证实施办法》的相关内容

### (一)适用范围

《危险化学品安全使用许可证实施办法》(以下简称办法)的适用范围为：列入危险化学品安全使用许可适用行业目录、使用危险化学品从事生产并且达到危险化学品使用量的数量标准的化工企业。危险化学品生产企业、使用危险化学品作为燃料的企业则不适用。

### (二)申请安全使用许可证的条件

1. 企业场地规划与布局

企业与重要场所、设施、区域的距离和总体布局应当符合下列要求，并确保安全：

(1)储存危险化学品数量构成重大危险源的储存设施，与《危险化学品安全管理条例》规定的八类场所、设施、区域的距离符合国家有关法律、法规、规章和国家标准或者行业标准的规定；

(2)总体布局符合《工业企业总平面设计规范》《化工企业总图运输设计规范》《建筑设计防火规范》等相关标准的要求；石油化工企业还应当符合《石油化工企业设计防火规范》的要求；

(3)新建企业符合国家产业政策、当地县级以上(含县级)人民政府的规划和布局。

2. 安全设施及设备工艺

企业的厂房、作业场所、储存设施和安全设施、设备、工艺应当符合下列要求：

(1)新建、改建、扩建使用危险化学品的化工建设项目(以下统称建设项目)由具备国家规定资质的设计单位设计和施工单位建设；其中，涉及应急管理部公布的重点监管危险化工工艺、重点监管危险化学品的装置，由具备石油化工医药行业相应资质的设计单位设计；

(2)不得采用国家明令淘汰、禁止使用和危及安全生产的工艺、设备；新开发的使用危险化学品从事化工生产的工艺(以下简称化工工艺)，在小试、中试、工业化试验的基础上逐步放大到工业化生产；国内首次使用的化工工艺，经过省级人民政府有关部门组织的安全可靠性论证；

(3)涉及应急管理部公布的重点监管危险化工工艺、重点监管危险化学品的装置装设自动化控制系统；涉及应急管理部公布的重点监管危险化工工艺的大型化工装置装设紧急停车系统；涉及易燃易爆、有毒有害气体化学品的作业场所装设易燃易爆、有毒有害介质泄漏报警等安全设施；

(4)新建企业的生产区与非生产区分开设置，并符合国家标准或者行业标准规定的距离；

(5)新建企业的生产装置和储存设施之间及其建(构)筑物之间的距离符合国家标准或者行业标准的规定。

同一厂区内(生产或者储存区域)的设备、设施及建(构)筑物的布置应当适用同一标准的规定。

3. 专职安全生产管理人员的配备

企业应当依法设置安全生产管理机构,按照国家规定配备专职安全生产管理人员。配备的专职安全生产管理人员必须能够满足安全生产的需要。

4. 从业人员的资质

企业主要负责人、分管安全负责人和安全生产管理人员必须具备与其从事生产经营活动相适应的安全知识和管理能力,参加安全资格培训,并经考核合格,取得安全资格证书。特种作业人员应当依照《特种作业人员安全技术培训考核管理规定》,经专门的安全技术培训并考核合格,取得特种作业操作证书。

5. 建立安全生产责任制

企业应当建立全员安全生产责任制,保证每位从业人员的安全生产责任与职务、岗位相匹配。

6. 安全生产规章制度

企业根据化工工艺、装置、设施等实际情况,至少应当制定、完善下列主要安全生产规章制度:

(1)安全生产例会等安全生产会议制度;

(2)安全投入保障制度;

(3)安全生产奖惩制度;

(4)安全培训教育制度;

(5)领导干部轮流现场带班制度;

(6)特种作业人员管理制度;

(7)安全检查和隐患排查治理制度;

(8)重大危险源的评估和安全管理制度;

(9)变更管理制度;

(10)应急管理制度;

(11)生产安全事故或者重大事件管理制度;

(12)防火、防爆、防中毒、防泄漏管理制度;

(13)工艺、设备、电气仪表、公用工程安全管理制度;

(14)动火、进入受限空间、吊装、高处、盲板抽堵、临时用电、动土、断路、设备检维修等作业安全管理制度;

(15)危险化学品安全管理制度;

(16)职业健康相关管理制度;

(17)劳动防护用品使用维护管理制度;

(18)承包商管理制度;

(19)安全管理制度及操作规程定期修订制度。

7. 岗位安全操作规程

企业应当根据工艺、技术、设备特点和原辅料的危险性等情况编制岗位安全操作规程。

8. 安全评价

企业应当依法委托具备国家规定资质条件的安全评价机构进行安全评价，并按照安全评价报告的意见对存在的安全生产问题进行整改。

9. 劳动防护用品

企业应当有相应的职业病危害防护设施，并为从业人员配备符合国家标准或者行业标准的劳动防护用品。

10. 重大危险源辨识

企业应当依据《危险化学品重大危险源辨识》，对本企业的生产、储存和使用装置、设施或者场所进行重大危险源辨识。对于已经确定为重大危险源的，应当按照《危险化学品重大危险源监督管理暂行规定》进行安全管理。

11. 应急管理要求

企业应当符合下列应急管理要求：

(1)按照国家有关规定编制危险化学品事故应急预案，并报送有关部门备案；

(2)建立应急救援组织，明确应急救援人员，配备必要的应急救援器材、设备设施，并按照规定定期进行应急预案演练。

储存和使用氯气、氨气等对皮肤有强烈刺激的吸入性有毒有害气体的企业，除符合本条第一款的规定外，还应当配备至少两套以上全封闭防化服；构成重大危险源的，还应当设立气体防护站(组)。

### (三)安全使用许可证的申请

企业向发证机关申请安全使用许可证时，应当提交下列文件、资料，并对其内容的真实性负责：

(1)申请安全使用许可证的文件及申请书；

(2)新建企业的选址布局符合国家产业政策、当地县级以上人民政府的规划和布局的证明材料(复制件)；

(3)安全生产责任制文件，安全生产规章制度、岗位安全操作规程清单；

(4)设置安全生产管理机构，配备专职安全生产管理人员的文件(复制件)；

(5)主要负责人、分管安全负责人、安全生产管理人员安全资格证和特种作业人员操作证(复制件)；

(6)危险化学品事故应急救援预案的备案证明文件；

(7)由供货单位提供的所使用危险化学品的安全技术说明书和安全标签；

(8)工商营业执照副本或者工商核准文件(复制件)；

(9)安全评价报告及其整改结果的报告；

(10)新建企业的建设项目安全设施竣工验收报告；

(11)应急救援组织、应急救援人员，以及应急救援器材、设备设施清单。

有危险化学品重大危险源的企业，除应当提交本条规定的文件、资料外，还应当提交重大危险源的备案证明文件。新建企业安全使用许可证的申请，应当在建设项目安全设施竣工验收通过之日起10个工作日内提出。

### (四)发证机关收到申请后的处理

发证机关收到企业申请文件、资料后，应当按照下列情况分别作出处理：

(1)申请事项依法不需要取得安全使用许可证的,当场告知企业不予受理;

(2)申请材料存在可以当场更正的错误的,允许企业当场更正;

(3)申请材料不齐全或者不符合法定形式的,当场或者在5个工作日内一次告知企业需要补正的全部内容,并出具补正告知书;逾期不告知的,自收到申请材料之日起即为受理;

(4)企业申请材料齐全、符合法定形式,或者按照发证机关要求提交全部补正申请材料的,立即受理其申请。

发证机关受理或者不予受理行政许可申请,应当出具加盖本机关专用印章和注明日期的书面凭证。

### (五)安全使用许可证的颁发

(1)安全使用许可证申请受理后,发证机关应当组织人员对企业提交的申请文件、资料进行审查。对企业提交的文件、资料内容存在疑问,需要到现场核查的,应当指派工作人员对有关内容进行现场核查。工作人员应当如实提出书面核查意见。

(2)发证机关应当在受理之日起45日内作出是否准予许可的决定。发证机关现场核查和企业整改有关问题所需时间不计算在本条规定的期限内。

(3)发证机关作出准予许可的决定的,应当自决定之日起10个工作日内颁发安全使用许可证。发证机关作出不予许可的决定的,应当在10个工作日内书面告知企业并说明理由。

### (六)监督管理

1.建立档案管理制度

发证机关应当加强对安全使用许可证的监督管理,建立、健全安全使用许可证档案管理制度。

2.撤销安全使用许可证的情形

有下列情形之一的,发证机关应当撤销已经颁发的安全使用许可证:

(1)滥用职权、玩忽职守颁发安全使用许可证的;

(2)超越职权颁发安全使用许可证的;

(3)违反本办法规定的程序颁发安全使用许可证的;

(4)对不具备申请资格或者不符合法定条件的企业颁发安全使用许可证的;

(5)以欺骗、贿赂等不正当手段取得安全使用许可证的。

3.注销安全使用许可证的情形

企业取得安全使用许可证后有下列情形之一的,发证机关应当注销其安全使用许可证:

(1)安全使用许可证有效期届满未被批准延期的;

(2)终止使用危险化学品从事生产的;

(3)继续使用危险化学品从事生产,但使用量降低后未达到危险化学品使用量的数量标准规定的;

(4)安全使用许可证被依法撤销的;

(5)安全使用许可证被依法吊销的。

安全使用许可证注销后,发证机关应当在当地主要新闻媒体或者本机关网站上予以公告,并向省级和企业所在地县级应急管理部门通报。

4. 情况通报

发证机关应当将其颁发安全使用许可证的情况及时向同级生态环境主管部门和公安机关通报。

5. 社会监督

发证机关应当于每年1月10日前，将本行政区域内上年度安全使用许可证的颁发和管理情况报省级应急管理部门，并定期向社会公布企业取得安全使用许可证的情况，接受社会监督。

省级应急管理部门应当于每年1月15日前，将本行政区域内上年度安全使用许可证的颁发和管理情况报国家应急管理部。

### （七）法律责任

（1）发证机关工作人员在对危险化学品使用许可证的颁发管理工作中滥用职权、玩忽职守、徇私舞弊，构成犯罪的，依法追究刑事责任；尚不构成犯罪的，依法给予处分。

（2）企业未取得安全使用许可证，擅自使用危险化学品从事生产，且达到危险化学品使用量的数量标准规定的，责令立即停止违法行为并限期改正，处10万元以上20万元以下的罚款；逾期不改正的，责令停产整顿。

企业在安全使用许可证有效期届满后未办理延期手续，仍然使用危险化学品从事生产，且达到危险化学品使用量的数量标准规定的，依照前款规定给予处罚。

（3）企业伪造、变造或者出租、出借、转让安全使用许可证，或者使用伪造、变造的安全使用许可证的，处10万元以上20万元以下的罚款，有违法所得的，没收违法所得；构成违反治安管理行为的，依法给予治安管理处罚；构成犯罪的，依法追究刑事责任。

（4）企业在安全使用许可证有效期内主要负责人、企业名称、注册地址、隶属关系发生变更，未按照本办法规定的时限提出安全使用许可证变更申请或者将隶属关系变更证明材料报发证机关的，责令限期办理变更手续，处1万元以上3万元以下的罚款。

（5）企业在安全使用许可证有效期内有下列情形之一，未按照本办法的规定提出变更申请，继续从事生产的，责令限期改正，处1万元以上3万元以下的罚款：①增加使用的危险化学品品种，且达到危险化学品使用量的数量标准规定的；②涉及危险化学品安全使用许可范围的新建、改建、扩建建设项目，其安全设施已经竣工验收合格的；③改变工艺技术对企业的安全生产条件产生重大影响的。

（6）发现企业隐瞒有关情况或者提供虚假文件、资料申请安全使用许可证的，发证机关不予受理或者不予颁发安全使用许可证，并给予警告，该企业在1年内不得再次申请安全使用许可证。

企业以欺骗、贿赂等不正当手段取得安全使用许可证的，自发证机关撤销其安全使用许可证之日起3年内，该企业不得再次申请安全使用许可证。

（7）安全评价机构有下列情形之一的，给予警告，并处1万元以下的罚款；情节严重的，暂停资质6个月，并处1万元以上3万元以下的罚款；对相关责任人依法给予处理：①从业人员不到现场开展安全评价活动的；②安全评价报告与实际情况不符，或者安全评价报告存在重大疏漏，但尚未造成重大损失的；③未按照有关法律、法规、规章和国家标准或者行业标准的规定从事安全评价活动的。

（8）承担安全评价的机构出具虚假证明的，没收违法所得；违法所得在10万元以上的，并处违法所得2倍以上5倍以下的罚款；没有违法所得或者违法所得不足10万元的，单处或者并处10万元以上20万元以下的罚款；对其直接负责的主管人员和其他直接责任人员处2万元以上5万元以下的罚款；给他人造成损害的，与企业承担连带赔偿责任；构成犯罪的，依照刑法有关规定追究刑事责任。对有违法行为的机构，依法吊销其相应资质。

(9)本办法规定的行政处罚，由应急管理部门决定；但上述第(3)项规定的行政处罚，由发证机关决定；上述第(7)项和第(8)项规定的行政处罚，依照《安全评价机构管理规定》执行。

## 六、《危险化学品建设项目安全监督管理办法》的相关内容

### (一)适用范围

适用范围为中华人民共和国境内新建、改建、扩建危险化学品生产、储存的建设项目以及伴有危险化学品产生的化工建设项目(包括危险化学品长输管道建设项目，以下统称建设项目)，其安全审查及其监督管理。

危险化学品的勘探、开采及其辅助的储存，原油和天然气勘探、开采的配套输送及储存，城镇燃气的输送及储存等建设项目则不适用。

### (二)建设项目安全条件审查

1. 建设项目安全评价

建设单位应当在建设项目的可行性研究阶段，委托具备相应资质的安全评价机构对建设项目进行安全评价。安全评价机构应当根据有关安全生产法律、法规、规章和国家标准、行业标准，对建设项目进行安全评价，出具建设项目安全评价报告。安全评价报告应当符合《危险化学品建设项目安全评价细则》的要求。

建设项目有下列情形之一的，应当由甲级安全评价机构进行安全评价：

(1)国务院及其投资主管部门审批(核准、备案)的；

(2)生产剧毒化学品的；

(3)跨省、自治区、直辖市的；

(4)法律、法规、规章另有规定的。

2. 安全条件审查的文件资料

建设单位应当在建设项目开始初步设计前，向与本办法规定相应的应急管理部门申请建设项目安全条件审查，提交下列文件、资料，并对其真实性负责：

(1)建设项目安全条件审查申请书及文件；

(2)建设项目安全评价报告；

(3)建设项目批准、核准或者备案文件和规划相关文件(复制件)；

(4)市场监督管理部门颁发的企业营业执照或者企业名称预先核准通知书(复制件)。

3. 安全条件审查现场受理情况

建设单位申请安全条件审查的文件、资料齐全，符合法定形式的，应急管理部门应当当场予以受理，并书面告知建设单位。

建设单位申请安全条件审查的文件、资料不齐全或者不符合法定形式的，应急管理部门应当自收到申请文件、资料之日起5个工作日内一次性书面告知建设单位需要补正的全部内容；逾期不告知的，收到申请文件、资料之日起即为受理。

4. 安全条件审查意见书

对已经受理的建设项目安全条件审查申请,应急管理部门应当指派有关人员或者组织专家对申请文件、资料进行审查,并自受理申请之日起45日内向建设单位出具建设项目安全条件审查意见书。建设项目安全条件审查意见书的有效期为2年。

根据法定条件和程序,需要对申请文件、资料的实质内容进行核实的,应急管理部门应当指派2名以上工作人员对建设项目进行现场核查。

建设单位整改现场核查发现的有关问题和修改申请文件、资料所需时间不计算在本条规定的期限内。

5. 安全条件审查不通过的情形

建设项目有下列情形之一的,安全条件审查不予通过:

(1)安全条件论证报告或者安全评价报告存在重大缺陷、漏项的,包括建设项目主要危险、有害因素辨识和评价不全或者不准确的;

(2)建设项目与周边场所、设施的距离或者拟建场址自然条件不符合有关安全生产法律、法规、规章和国家标准、行业标准的规定的;

(3)主要技术、工艺未确定,或者不符合有关安全生产法律、法规、规章和国家标准、行业标准的规定的;

(4)国内首次使用的化工工艺,未经省级人民政府有关部门组织的安全可靠性论证的;

(5)对安全设施设计提出的对策与建议不符合法律、法规、规章和国家标准、行业标准的规定的;

(6)未委托具备相应资质的安全评价机构进行安全评价的;

(7)隐瞒有关情况或者提供虚假文件、资料的。

建设项目未通过安全条件审查的,建设单位经过整改后可以重新申请建设项目安全条件审查。

6. 需要重新进行安全评价的情形

已经通过安全条件审查的建设项目有下列情形之一的,建设单位应当重新进行安全条件论证和安全评价,并申请审查:

(1)建设项目周边条件发生重大变化的;

(2)变更建设地址的;

(3)主要技术、工艺路线、产品方案或者装置规模发生重大变化的;

(4)建设项目在安全条件审查意见书有效期内未开工建设,期限届满后需要开工建设的。

## (三)建设项目安全设施设计审查

(1)设计单位应当根据有关安全生产的法律、法规、规章和国家标准、行业标准以及建设项目安全条件审查意见书,按照《化工建设项目安全设计管理导则》,对建设项目安全设施进行设计,并编制建设项目安全设施设计专篇。建设项目安全设施设计专篇应当符合《危险化学品建设项目安全设施设计专篇编制导则》的要求;

(2)建设单位应当在建设项目初步设计完成后、详细设计开始前,向出具建设项目安全条件审查意见书的应急管理部门申请建设项目安全设施设计审查,提交下列文件、资料,并对其真实性负责:①建设项目安全设施设计审查申请书及文件;②设计单位的设计资质证明文件(复制件);③建设项目安全设施设计专篇;

(3)建设单位申请安全设施设计审查的文件、资料齐全,符合法定形式的,应急管理部门应当当场予以受理;未经安全条件审查或者审查未通过的,不予受理。受理或者不予受理的情况,应急管理部门应当书面告知建设单位。

安全设施设计审查申请文件、资料不齐全或者不符合要求的,应急管理部门应当自收到申请文件、资料之日起5个工作日内一次性书面告知建设单位需要补正的全部内容;逾期不告知的,收到申请文件、资料之日起即为受理;

(4)对已经受理的建设项目安全设施设计审查申请,应急管理部门应当指派有关人员或者组织专家对申请文件、资料进行审查,并在受理申请之日起20个工作日内作出同意或者不同意建设项目安全设施设计专篇的决定,向建设单位出具建设项目安全设施设计的审查意见书;20个工作日内不能出具审查意见的,经本部门负责人批准,可以延长10个工作日,并应当将延长的期限和理由告知建设单位。

根据法定条件和程序,需要对申请文件、资料的实质内容进行核实的,应急管理部门应当指派2名以上工作人员进行现场核查。

建设单位整改现场核查发现的有关问题和修改申请文件、资料所需时间不计算在本条规定的期限内;

(5)建设项目安全设施设计有下列情形之一的,审查不予通过:①设计单位资质不符合相关规定的;②未按照有关安全生产的法律、法规、规章和国家标准、行业标准的规定进行设计的;③对未采纳的建设项目安全评价报告中的安全对策和建议,未作充分论证说明的;④隐瞒有关情况或者提供虚假文件、资料的。

建设项目安全设施设计审查未通过的,建设单位经过整改后可以重新申请建设项目安全设施设计的审查;

(6)已经审查通过的建设项目安全设施设计有下列情形之一的,建设单位应当向原审查部门申请建设项目安全设施变更设计的审查:①改变安全设施设计且可能降低安全性能的;②在施工期间重新设计的。

### (四)建设项目试生产(使用)

1. 安全设施检验

建设项目安全设施施工完成后,建设单位应当按照有关安全生产法律、法规、规章和国家标准、行业标准的规定,对建设项目安全设施进行检验、检测,保证建设项目安全设施满足危险化学品生产、储存的安全要求,并处于正常适用状态。

2. 试生产(使用)方案内容

建设单位应当组织建设项目的设计、施工、监理等有关单位和专家,研究提出建设项目试生产(使用)中可能出现的安全问题及对策,并按照有关安全生产法律、法规、规章和国家标准、行业标准的规定,制定周密的试生产(使用)方案。试生产(使用)方案应当包括下列有关安全生产的内容:

(1)建设项目设备及管道试压、吹扫、气密、单机试车、仪表调校、联动试车等生产准备的完成情况;

(2)投料试车方案;

(3)试生产(使用)过程中可能出现的安全问题、对策及应急预案;

(4)建设项目周边环境与建设项目安全试生产(使用)相互影响的确认情况;

(5)危险化学品重大危险源监控措施的落实情况；

(6)人力资源配置情况；

(7)试生产(使用)起止日期;建设项目试生产期限应当不少于30日,不超过1年。

3. 试生产(使用)前采取的保障措施

建设单位在采取有效安全生产措施后,方可将建设项目安全设施与生产、储存、使用的主体装置、设施同时进行试生产(使用)。

试生产(使用)前,建设单位应当组织专家对试生产(使用)方案进行审查。

试生产(使用)时,建设单位应当组织专家对试生产(使用)条件进行确认,对试生产(使用)过程进行技术指导。

### (五)建设项目安全设施竣工验收

1. 施工情况报告应包含的内容

建设项目安全设施施工完成后,施工单位应当编制建设项目安全设施施工情况报告。建设项目安全设施施工情况报告应当包括下列内容:

(1)施工单位的基本情况,包括施工单位以往所承担的建设项目施工情况；

(2)施工单位的资质情况(提供相关资质证明材料复印件)；

(3)施工依据和执行的有关法律、法规、规章和国家标准、行业标准；

(4)施工质量控制情况；

(5)施工变更情况,包括建设项目在施工和试生产期间有关安全生产的设施改动情况。

2. 安全验收评价

建设项目试生产期间,建设单位应当按照本办法的规定委托有相应资质的安全评价机构对建设项目及其安全设施试生产(使用)情况进行安全验收评价,且不得委托在可行性研究阶段进行安全评价的同一安全评价机构。

安全评价机构应当根据有关安全生产的法律、法规、规章和国家标准、行业标准进行评价。建设项目安全验收评价报告应当符合《危险化学品建设项目安全评价细则》的要求。

3. 项目安全竣工验收资料

建设项目投入生产和使用前,建设单位应当组织人员进行安全设施竣工验收,作出建设项目安全设施竣工验收是否通过的结论。参加验收人员的专业能力应当涵盖建设项目涉及的所有专业内容。

建设单位应当向参加验收人员提供下列文件、资料,并组织进行现场检查:

(1)建设项目安全设施施工、监理情况报告；

(2)建设项目安全验收评价报告；

(3)试生产(使用)期间是否发生事故、采取的防范措施以及整改情况报告；

(4)建设项目施工、监理单位资质证书(复制件)；

(5)主要负责人、安全生产管理人员、注册安全工程师资格证书(复制件),以及特种作业人员名单；

(6)从业人员安全教育、培训合格的证明材料；

(7)劳动防护用品配备情况说明；

(8)安全生产责任制文件,安全生产规章制度清单、岗位操作安全规程清单;

(9)设置安全生产管理机构和配备专职安全生产管理人员的文件(复制件);

(10)为从业人员缴纳工伤保险费的证明材料(复制件)。

4.项目安全设施竣工验收不通过的情形

建设项目安全设施有下列情形之一的,建设项目安全设施竣工验收不予通过:

(1)未委托具备相应资质的施工单位施工的;

(2)未按照已经通过审查的建设项目安全设施设计施工或者施工质量未达到建设项目安全设施设计文件要求的;

(3)建设项目安全设施的施工不符合国家标准、行业标准的规定的;

(4)建设项目安全设施竣工后未按照本办法的规定进行检验、检测,或者经检验、检测不合格的;

(5)未委托具备相应资质的安全评价机构进行安全验收评价的;

(6)安全设施和安全生产条件不符合或者未达到有关安全生产法律、法规、规章和国家标准、行业标准的规定的;

(7)安全验收评价报告存在重大缺陷、漏项,包括建设项目主要危险、有害因素辨识和评价不正确的;

(8)隐瞒有关情况或者提供虚假文件、资料的。

(9)未按照本办法规定向参加验收人员提供文件、材料,并组织现场检查的。

建设项目安全设施竣工验收未通过的,建设单位经过整改后可以再次向原验收部门申请建设项目安全设施竣工验收。

## (六)监督管理

(1)建设项目在通过安全条件审查之后、安全设施竣工验收之前,建设单位发生变更的,变更后的建设单位应当及时将证明材料和有关情况报送负责建设项目安全审查的应急管理部门;

(2)有下列情形之一的,负责审查的应急管理部门或者其上级应急管理部门可以撤销建设项目的安全审查:①滥用职权、玩忽职守的;②超越法定职权的;③违反法定程序的;④申请人不具备申请资格或者不符合法定条件的;⑤依法可以撤销的其他情形。

建设单位以欺骗、贿赂等不正当手段通过安全审查的,应当予以撤销;

(3)应急管理部门应当建立健全建设项目安全审查档案及其管理制度,并及时将建设项目的安全审查情况通报有关部门;

(4)各级应急管理部门应当按照各自职责,依法对建设项目安全审查情况进行监督检查,对检查中发现的违反本办法的情况,应当依法作出处理,并通报实施安全审查的应急管理部门;

(5)市级应急管理部门应当在每年1月31日前,将本行政区域内上一年度建设项目安全审查的实施情况报告省级应急管理部门。

省级应急管理部门应当在每年2月15日前,将本行政区域内上一年度建设项目安全审查的实施情况报告应急管理部。

## (七)法律责任

(1)应急管理部门工作人员徇私舞弊、滥用职权、玩忽职守,未依法履行危险化学品建

设项目安全审查和监督管理职责的,依法给予处分;

(2)未经安全条件审查或者安全条件审查未通过,新建、改建、扩建生产、储存危险化学品的建设项目的,责令停止建设,限期改正;逾期不改正的,处50万元以上100万元以下的罚款;构成犯罪的,依法追究刑事责任。

建设项目发生变化后,未重新申请安全条件审查,以及审查未通过擅自建设的,依照前款规定处罚;

(3)建设单位有下列行为之一的,依照《安全生产法》有关建设项目安全设施设计审查、竣工验收的法律责任条款给予处罚:①建设项目安全设施设计未经审查或者审查未通过,擅自建设的;②建设项目安全设施设计未经变更设计审查或者变更设计审查未通过,擅自建设的;③建设项目的施工单位未根据批准的安全设施设计施工的;④建设项目安全设施未经竣工验收或者验收不合格,擅自投入生产(使用)的;

(4)建设单位有下列行为之一的,责令改正,可以处1万元以下的罚款;逾期未改正的,处1万元以上3万元以下的罚款:①建设项目安全设施竣工后未进行检验、检测的;②在申请建设项目安全审查时提供虚假文件、资料的;③未组织有关单位和专家研究提出试生产(使用)可能出现的安全问题及对策,或者未制定周密的试生产(使用)方案,进行试生产(使用)的;④未组织有关专家对试生产(使用)方案进行审查、对试生产(使用)条件进行检查确认的;

(5)建设单位隐瞒有关情况或者提供虚假材料申请建设项目安全审查的,不予受理或者审查不予通过,给予警告,并自应急管理部门发现之日起1年内不得再次申请该审查。

建设单位采用欺骗、贿赂等不正当手段取得建设项目安全审查的,自应急管理部门撤销建设项目安全审查之日起3年内不得再次申请该审查;

(6)承担安全评价、检验、检测工作的机构出具虚假报告、证明的,依照《安全生产法》的有关规定给予处罚。

## 七、《危险化学品重大危险源监督管理暂行规定》的相关内容

### (一)适用范围

适用于从事危险化学品生产、储存、使用和经营单位的危险化学品重大危险源的辨识、评估、登记建档、备案、核销及其监督管理。不适用于城镇燃气、用于国防科研生产的危险化学品重大危险源以及港区内危险化学品重大危险源。民用爆炸物品、烟花爆竹重大危险源的安全监管应依据《民用爆炸物品安全管理条例》《烟花爆竹安全管理条例》的有关要求。

### (二)辨识与评估

1. 危险化学品辨识标准

危险化学品单位应当按照《危险化学品重大危险源辨识》标准,对本单位的危险化学品生产、经营、储存和使用装置、设施或者场所进行重大危险源辨识,并记录辨识过程与结果。

2. 重大危险源等级

危险化学品单位应当对重大危险源进行安全评估并确定重大危险源等级。危险化学品单位可以组织本单位的注册安全工程师、技术人员或者聘请有关专家进行安全评估,也可以委托具有相应资质的安全评价机构进行安全评估。

依照法律、行政法规的规定，危险化学品单位需要进行安全评价的，重大危险源安全评估可以与本单位的安全评价一起进行，以安全评价报告代替安全评估报告，也可以单独进行重大危险源安全评估。

重大危险源根据其危险程度，分为一级、二级、三级和四级，一级为最高级别。

3. 重大危险源安全评估

重大危险源有下列情形之一的，应当委托具有相应资质的安全评价机构，按照有关标准的规定采用定量风险评价方法进行安全评估，确定个人和社会风险值。

（1）构成一级或者二级重大危险源，且毒性气体实际存在（在线）量与其在《危险化学品重大危险源辨识》中规定的临界量比值之和大于或等于 1 的；

（2）构成一级重大危险源，且爆炸品或液化易燃气体实际存在（在线）量与其在《危险化学品重大危险源辨识》中规定的临界量比值之和大于或等于 1 的。

4. 重大危险源安全评估报告的内容

重大危险源安全评估报告应当客观公正、数据准确、内容完整、结论明确、措施可行，并包括下列内容：

（1）评估的主要依据；

（2）重大危险源的基本情况；

（3）事故发生的可能性及危害程度；

（4）个人风险和社会风险值（仅适用定量风险评价方法）；

（5）可能受事故影响的周边场所、人员情况；

（6）重大危险源辨识、分级的符合性分析；

（7）安全管理措施、安全技术和监控措施；

（8）事故应急措施；

（9）评估结论与建议。

危险化学品单位以安全评价报告代替安全评估报告的，其安全评价报告中有关重大危险源的内容应当符合本条规定的要求。

5. 需重新进行辨识和安全评估分级的情形

有下列情形之一的，危险化学品单位应当对重大危险源重新进行辨识、安全评估及分级：

（1）重大危险源安全评估已满 3 年的；

（2）构成重大危险源的装置、设施或者场所进行新建、改建、扩建的；

（3）危险化学品种类、数量、生产、使用工艺或者储存方式及重要设备、设施等发生变化，影响重大危险源级别或者风险程度的；

（4）外界生产安全环境因素发生变化，影响重大危险源级别和风险程度的；

（5）发生危险化学品事故造成人员死亡，或者 10 人以上受伤，或者影响到公共安全的；

（6）有关重大危险源辨识和安全评估的国家标准、行业标准发生变化的。

### （三）安全管理

1. 重大危险源安全管理规章制度

危险化学品单位应当建立完善重大危险源安全管理规章制度和安全操作规程，并采取有效措施保证其得到执行。

2. 重大危险源安全监测监控体系

危险化学品单位应当根据构成重大危险源的危险化学品种类、数量、生产、使用工艺（方式）或者相关设备、设施等实际情况，按照下列要求建立健全安全监测监控体系，完善控制措施：

（1）重大危险源配备温度、压力、液位、流量、组分等信息的不间断采集和监测系统以及可燃气体和有毒有害气体泄漏检测报警装置，并具备信息远传、连续记录、事故预警、信息存储等功能；一级或者二级重大危险源，具备紧急停车功能。记录的电子数据的保存时间不少于30天；

（2）重大危险源的化工生产装置装备满足安全生产要求的自动化控制系统；一级或者二级重大危险源，装备紧急停车系统；

（3）对重大危险源中的毒性气体、剧毒液体和易燃气体等重点设施，设置紧急切断装置；毒性气体的设施，设置泄漏物紧急处置装置。涉及毒性气体、液化气体、剧毒液体的一级或者二级重大危险源，配备独立的安全仪表系统（SIS）；

（4）重大危险源中储存剧毒物质的场所或者设施，设置视频监控系统；

（5）安全监测监控系统符合国家标准或者行业标准的规定。

3. 个人和社会风险值标准

通过定量风险评价确定的重大危险源的个人和社会风险值，不得超过本规定列示的个人和社会可容许风险限值标准。

超过个人和社会可容许风险限值标准的，危险化学品单位应当采取相应的降低风险措施。

4. 危险化学品安全维护监管

危险化学品单位应当按照国家有关规定，定期对重大危险源的安全设施和安全监测监控系统进行检测、检验，并进行经常性维护、保养，保证重大危险源的安全设施和安全监测监控系统有效、可靠运行。维护、保养、检测应当做好记录，并由有关人员签字。

5. 重大危险源管理措施

危险化学品单位应当明确重大危险源中关键装置、重点部位的责任人或者责任机构，并对重大危险源的安全生产状况进行定期检查，及时采取措施消除事故隐患。事故隐患难以立即排除的，应当及时制定治理方案，落实整改措施、责任、资金、时限和预案。

6. 安全操作技能和应急措施

危险化学品单位应当对重大危险源的管理和操作岗位人员进行安全操作技能培训，使其了解重大危险源的危险特性，熟悉重大危险源安全管理规章制度和安全操作规程，掌握本岗位的安全操作技能和应急措施。

7. 安全警示标志

危险化学品单位应当在重大危险源所在场所设置明显的安全警示标志，写明紧急情况下的应急处置办法。

8. 事故后果和应急措施

危险化学品单位应当将重大危险源可能发生的事故后果和应急措施等信息，以适当方式告知可能受影响的单位、区域及人员。

9. 重大危险源事故应急预案

危险化学品单位应当依法制定重大危险源事故应急预案，建立应急救援组织或者配备应急救援人员,配备必要的防护装备及应急救援器材、设备、物资,并保障其完好和方便使用;配合地方人民政府应急管理部门制定所在地区涉及本单位的危险化学品事故应急预案。

对存在吸入性有毒、有害气体的重大危险源,危险化学品单位应当配备便携式浓度检测设备、空气呼吸器、化学防护服、堵漏器材等应急器材和设备;涉及剧毒气体的重大危险源,还应当配备两套以上(含本数)气密型化学防护服;涉及易燃易爆气体或者易燃液体蒸气的重大危险源,还应当配备一定数量的便携式可燃气体检测设备。

10. 应急预案演练

危险化学品单位应当制定重大危险源事故应急预案演练计划,并按照下列要求进行事故应急预案演练:

(1)对重大危险源专项应急预案,每年至少进行 1 次;

(2)对重大危险源现场处置方案,每半年至少进行 1 次。

应急预案演练结束后,危险化学品单位应当对应急预案演练效果进行评估,撰写应急预案演练评估报告,分析存在的问题,对应急预案提出修订意见,并及时修订完善。

11. 重大危险源档案资料

危险化学品单位应当对辨识确认的重大危险源及时、逐项进行登记建档。

重大危险源档案应当包括下列文件、资料:

(1)辨识、分级记录;

(2)重大危险源基本特征表;

(3)涉及的所有化学品安全技术说明书;

(4)区域位置图、平面布置图、工艺流程图和主要设备一览表;

(5)重大危险源安全管理规章制度及安全操作规程;

(6)安全监测监控系统、措施说明、检测、检验结果;

(7)重大危险源事故应急预案、评审意见、演练计划和评估报告;

(8)安全评估报告或者安全评价报告;

(9)重大危险源关键装置、重点部位的责任人、责任机构名称;

(10)重大危险源场所安全警示标志的设置情况;

(11)其他文件、资料。

12. 重大危险源备案监督

危险化学品单位在完成重大危险源安全评估报告或者安全评价报告后 15 日内,应当填写重大危险源备案申请表,连同本规定的重大危险源档案材料,报送所在地县级人民政府应急管理部门备案。

县级人民政府应急管理部门应当每季度将辖区内的一级、二级重大危险源备案材料报送至设区的市级人民政府应急管理部门。设区的市级人民政府应急管理部门应当每半年将辖区内的一级重大危险源备案材料报送至省级人民政府应急管理部门。

重大危险源出现本规定所列情形之一的,危险化学品单位应当及时更新档案,并向所在地县级人民政府应急管理部门重新备案。

13. 项目竣工验收前工作

危险化学品单位新建、改建和扩建危险化学品建设项目,应当在建设项目竣工验收前完成重大危险源的辨识、安全评估和分级、登记建档工作，并向所在地县级人民政府应急管理部门备案。

**典型例题**

【多选题】重大危险源具有较大危险性，一旦发生事故后果非常严重。根据《安全生产法》《危险化学品重大危险源监督管理暂行规定》，下列关于生产经营单位重大危险源安全管理的说法中，正确的有(　　)。

A. 应对一级或二级重大危险源装备紧急停车系统

B. 对辨别确认的重大危险源，应当及时报送县应急管理部门逐项登记建档

C. 对重大危险源现场处置方案，应当每年组织一次事故应急演练并记录在档

D. 应当告知有关人员在紧急情况下采取的应急措施

E. 应当将本单位重大危险源及有关安全措施报有关地方人民政府审批

AD。【解析】重大危险源的化工生产装置应装备满足安全生产要求的自动化控制系统；一级或者二级重大危险源，应装备紧急停车系统。《危险化学品重大危险源监督管理暂行规定》第二十一条规定，危险化学品单位应当制定重大危险源事故应急预案演练计划，并按照下列要求进行事故应急预案演练：(1)对重大危险源专项应急预案，每年至少进行一次。(2)对重大危险源现场处置方案，每半年至少进行一次。第二十二条规定，危险化学品单位应当对辨识确认的重大危险源及时、逐项进行登记建档。第二十三条规定，危险化学品单位在完成重大危险源安全评估报告或者安全评价报告后15日内，应当填写重大危险源备案申请表，连同本规定第二十二条规定的重大危险源档案材料(其中第二款第五项规定的文件资料只需提供清单)，报送所在地县级人民政府应急管理部门备案。

### (四)监督检查

1. 重大危险源管理制度

县级人民政府应急管理部门应当建立健全危险化学品重大危险源管理制度，明确责任人员，加强资料归档。

2. 重大危险源信息汇总

县级人民政府应急管理部门应当在每年1月15日前，将辖区内上一年度重大危险源的汇总信息报送至设区的市级人民政府应急管理部门。设区的市级人民政府应急管理部门应当在每年1月31日前，将辖区内上一年度重大危险源的汇总信息报送至省级人民政府应急管理部门。省级人民政府应急管理部门应当在每年2月15日前，将辖区内上一年度重大危险源的汇总信息报送至应急管理部。

3. 核销重大危险源的申请

重大危险源经过安全评价或者安全评估不再构成重大危险源的，危险化学品单位应当向所在地县级人民政府应急管理部门申请核销。

申请核销重大危险源应当提交下列文件、资料：

(1)载明核销理由的申请书；

(2)单位名称、法定代表人、住所、联系人、联系方式；

(3)安全评价报告或者安全评估报告。

4. 核销申请的受理与现场核查

县级人民政府应急管理部门应当自收到申请核销的文件、资料之日起30日内进行审查,符合条件的,予以核销并出具证明文书;不符合条件的,说明理由并书面告知申请单位。必要时,县级人民政府应急管理部门应当聘请有关专家进行现场核查。

5. 核销材料的报送

县级人民政府应急管理部门应当每季度将辖区内一级、二级重大危险源的核销材料报送至设区的市级人民政府应急管理部门。设区的市级人民政府应急管理部门应当每半年将辖区内一级重大危险源的核销材料报送至省级人民政府应急管理部门。

6. 安全生产监督管理工作

县级以上地方各级人民政府应急管理部门应当加强对存在重大危险源的危险化学品单位的监督检查,督促危险化学品单位做好重大危险源的辨识、安全评估及分级、登记建档、备案、监测监控、事故应急预案编制、核销和安全管理工作。

首次对重大危险源的监督检查应当包括下列主要内容:

(1)重大危险源的运行情况、安全管理规章制度及安全操作规程制定和落实情况;

(2)重大危险源的辨识、分级、安全评估、登记建档、备案情况;

(3)重大危险源的监测监控情况;

(4)重大危险源安全设施和安全监测监控系统的检测、检验以及维护保养情况;

(5)重大危险源事故应急预案的编制、评审、备案、修订和演练情况;

(6)有关从业人员的安全培训教育情况;

(7)安全标志设置情况;

(8)应急救援器材、设备、物资配备情况;

(9)预防和控制事故措施的落实情况。

应急管理部门在监督检查中发现重大危险源存在事故隐患的,应当责令立即排除;重大事故隐患排除前或者排除过程中无法保证安全的,应当责令从危险区域内撤出作业人员,责令暂时停产停业或者停止使用;重大事故隐患排除后,经应急管理部门审查同意,方可恢复生产经营和使用。

7. 重大危险源与周边环境应保持的安全距离

县级以上地方各级人民政府应急管理部门应当会同本级人民政府有关部门,加强对工业(化工)园区等重大危险源集中区域的监督检查,确保重大危险源与周边单位、居民区、人员密集场所等重要目标和敏感场所之间保持适当的安全距离。

## (五)法律责任

(1)危险化学品单位有下列行为之一的,由县级以上人民政府应急管理部门责令限期改正,可以处10万元以下的罚款;逾期未改正的,责令停产停业整顿,并处10万元以上20万元以下的罚款,对其直接负责的主管人员和其他直接责任人员处2万元以上5万元以下的罚款;构成犯罪的,依照刑法有关规定追究刑事责任:①未按照本规定要求对重大危险源进行安全评估或者安全评价的;②未按照本规定要求对重大危险源进行登记建档的;③未按照本规定及相关标准要求对重大危险源进行安全监测监控的;④未制定重大危险源事故应急预案的;

(2)危险化学品单位有下列行为之一的,由县级以上人民政府应急管理部门责令限期改正，可以处5万元以下的罚款；逾期未改正的，处5万元以上20万元以下的罚款，对其直接负责的主管人员和其他直接责任人员处1万元以上2万元以下的罚款；情节严重的，责令停产停业整顿；构成犯罪的，依照刑法有关规定追究刑事责任：①未在构成重大危险源的场所设置明显的安全警示标志的；②未对重大危险源中的设备、设施等进行定期检测、检验的；

(3)危险化学品单位有下列情形之一的，由县级以上人民政府应急管理部门给予警告，可以并处5 000元以上3万元以下的罚款：①未按照标准对重大危险源进行辨识的；②未按照本规定明确重大危险源中关键装置、重点部位的责任人或者责任机构的；③未按照本规定建立应急救援组织或者配备应急救援人员，以及配备必要的防护装备及器材、设备、物资，并保障其完好的；④未按照本规定进行重大危险源备案或者核销的；⑤未将重大危险源可能引发的事故后果、应急措施等信息告知可能受影响的单位、区域及人员的；⑥未按照本规定要求开展重大危险源事故应急预案演练的；

(4)危险化学品单位未按照本规定对重大危险源的安全生产状况进行定期检查，采取措施消除事故隐患的，责令立即消除或者限期消除；危险化学品单位拒不执行的，责令停产停业整顿，并处10万元以上20万元以下的罚款，对其直接负责的主管人员和其他直接责任人员处2万元以上5万元以下的罚款；

(5)承担检测、检验、安全评价工作的机构，出具虚假证明的，没收违法所得；违法所得在10万元以上的，并处违法所得2倍以上5倍以下的罚款；没有违法所得或者违法所得不足10万元的，单处或者并处10万元以上20万元以下的罚款；对其直接负责的主管人员和其他直接责任人员处2万元以上5万元以下的罚款；给他人造成损害的，与危险化学品单位承担连带赔偿责任；构成犯罪的，依照刑法有关规定追究刑事责任。

## 第九节　其他有关安全生产的行政法规

### 一、《安全生产许可证条例》的相关规定

#### (一)安全生产许可制度及适用范围

国家对矿山企业、建筑施工企业和危险化学品、烟花爆竹、民用爆炸物品生产企业(以下统称企业)实行安全生产许可制度。企业未取得安全生产许可证的，不得从事生产活动。

安全生产许可制度是一项专门的、统一的制度。这个制度是第一个专门针对安全生产条件而设立的许可制度，同时又是一个统一的制度，适用于矿山企业、建筑施工企业和危险化学品、烟花爆竹、民用爆破器材生产企业等五类企业，和其他只适用于某一类企业的安全生产审批、许可事项不同。

安全生产许可制度是一项带有市场准入性质的制度。企业要进行生产，就必须依法取得安全生产许可证。要取得安全生产许可证，就必须具备相应的安全生产条件。

安全生产许可证的发放范围包括五类企业：矿山企业、建筑施工企业和危险化学品、烟花爆竹、民用爆炸物品生产企业。

#### (二)安全生产许可证颁发和管理

(1)应急管理部负责中央管理的非煤矿矿山企业和危险化学品、烟花爆竹生产企业安全生产许可证的颁发和管理；

(2)省、自治区、直辖市人民政府应急管理部门负责前款规定以外的非煤矿矿山企业和危险化学品、烟花爆竹生产企业安全生产许可证的颁发和管理,并接受应急管理部的指导和监督;

(3)国家煤矿安全监察机构负责中央管理的煤矿企业安全生产许可证的颁发和管理;

(4)在省、自治区、直辖市设立的煤矿安全监察机构负责前款规定以外的其他煤矿企业安全生产许可证的颁发和管理,并接受国家煤矿安全监察机构的指导和监督;

(5)省、自治区、直辖市人民政府建设主管部门负责建筑施工企业安全生产许可证的颁发和管理,并接受国务院建设主管部门的指导和监督;

(6)省、自治区、直辖市人民政府民用爆炸物品行业主管部门负责民用爆炸物品生产企业安全生产许可证的颁发和管理,并接受国务院民用爆炸物品行业主管部门的指导和监督。

### (三)安全生产条件

企业取得安全生产许可证,应当具备下列安全生产条件:

(1)建立、健全安全生产责任制,制定完备的安全生产规章制度和操作规程;

(2)安全投入符合安全生产要求;

(3)设置安全生产管理机构,配备专职安全生产管理人员;

(4)主要负责人和安全生产管理人员经考核合格;

(5)特种作业人员经有关业务主管部门考核合格,取得特种作业操作资格证书;

(6)从业人员经安全生产教育和培训合格;

(7)依法参加工伤保险,为从业人员缴纳保险费;

(8)厂房、作业场所和安全设施、设备、工艺符合有关安全生产法律、法规、标准和规程的要求;

(9)有职业危害防治措施,并为从业人员配备符合国家标准或者行业标准的劳动防护用品;

(10)依法进行安全评价;

(11)有重大危险源检测、评估、监控措施和应急预案;

(12)有生产安全事故应急救援预案、应急救援组织或者应急救援人员,配备必要的应急救援器材、设备;

(13)法律、法规规定的其他条件。

### (四)安全生产许可证申领程序

企业进行生产前,应当依照本条例的规定向安全生产许可证颁发管理机关申请领取安全生产许可证。安全生产许可证颁发管理机关应当自收到申请之日起 45 日内审查完毕,经审查符合本条例规定的安全生产条件的,颁发安全生产许可证;不符合本条例规定的安全生产条件的,不予颁发安全生产许可证,说明理由并书面通知企业。煤矿企业应当以矿(井)为单位申请安全生产许可证。

### (五)安全生产许可证的期限

安全生产许可证的有效期为 3 年。安全生产许可证有效期满需要延期的,企业应当于期满前 3 个月向原安全生产许可证颁发管理机关办理延期手续。

企业在安全生产许可证有效期内,严格遵守有关安全生产的法律法规,未发生死亡事故的,安全生产许可证有效期届满时,经原安全生产许可证颁发管理机关同意,不再审查,安全生产许可证有效期延期 3 年。

### （六）安全生产许可证档案管理

安全生产许可证颁发管理机关应当建立、健全安全生产许可证档案管理制度，并定期向社会公布企业取得安全生产许可证的情况。

档案管理的主要目的，是保证安全生产许可证管理的基本情况有据可查。同时，加强档案管理，也是定期向社会公布有关企业取得安全生产许可证的情况的基础。

### （七）安全许可证管理情况通报

煤矿企业安全生产许可证颁发管理机关、建筑施工企业安全生产许可证颁发管理机关、民用爆炸物品生产企业安全生产许可证颁发管理机关，应当每年向同级应急管理部门通报其安全生产许可证颁发和管理情况。

安全生产许可证颁发和管理情况的通报内容必须全面、准确。尽可能地为安全生产综合监督管理部门提供安全生产许可证颁发管理的详细材料，以便于安全生产监督。

### （八）安全生产许可证监督

（1）应急管理部和省、自治区、直辖市人民政府应急管理部门对建筑施工企业、民用爆炸物品生产企业、煤矿企业取得安全生产许可证的情况进行监督；

（2）我国安全生产监督管理实行综合监督管理和专门监督管理相结合的管理体制，符合安全生产涉及各行各业和社会的方方面面的实际情况，有利于充分调动和发挥各有关部门的积极性。为了充分发挥应急管理部门的综合监督管理作用，不仅需要有关专业应急管理部门接受其指导、协调和监督，还必须赋予应急管理部门对企业执行有关安全生产的法律、法规进行监督的权利；

（3）企业取得安全生产许可证后，不得降低安全生产条件，并应当加强日常安全生产管理，接受安全生产许可证颁发管理机关的监督检查；

（4）安全生产许可证颁发管理机关应当加强对取得安全生产许可证的企业的监督检查，发现其不再具备规定的安全生产条件的，应当暂扣或者吊销安全生产许可证；

（5）企业不得转让、冒用安全生产许可证或者使用伪造的安全生产许可证。

### （九）安全生产许可证违法行为的法律责任

（1）未取得安全生产许可证擅自进行生产的，责令停止生产，没收违法所得，并处10万元以上50万元以下的罚款；造成重大事故或者其他严重后果，构成犯罪的，依法追究刑事责任；

（2）安全生产许可证有效期满未办理延期手续，继续进行生产的，责令停止生产，限期补办延期手续，没收违法所得，并处5万元以上10万元以下的罚款；逾期仍不办理延期手续，继续进行生产的，依照上述第（1）项规定处罚；

（3）转让安全生产许可证的，没收违法所得，处10万元以上50万元以下的罚款，并吊销其安全生产许可证；构成犯罪的，依法追究刑事责任；接受转让的，冒用或者使用伪造安全生产许可证的，依照上述第（1）项规定处罚。

上述规定的行政处罚，由安全生产许可证颁发管理机关决定。

## 二、《民用爆炸物品安全管理条例》的相关规定

### （一）基本规定

1. 适用范围

《民用爆炸物品安全管理条例》第二条规定，民用爆炸物品的生产、销售、购买、进出

口、运输、爆破作业和储存以及硝酸铵的销售、购买,适用本条例。民用爆炸物品,是指用于非军事目的、列入民用爆炸物品品名表的各类火药、炸药及其制品和雷管、导火索等点火、起爆器材。民用爆炸物品品名表,由国务院民用爆炸物品行业主管部门会同国务院公安部门制订、公布。

2. 民用爆炸物品许可证制度

国家对民用爆炸物品的生产、销售、购买、运输和爆破作业实行许可证制度。未经许可,任何单位或者个人不得生产、销售、购买、运输民用爆炸物品,不得从事爆破作业。严禁转让、出借、转借、抵押、赠送、私藏或者非法持有民用爆炸物品。

3. 民用爆炸物品安全监督管理部门

民用爆炸物品行业主管部门负责民用爆炸物品生产、销售的安全监督管理。公安机关负责民用爆炸物品公共安全管理和民用爆炸物品购买、运输、爆破作业的安全监督管理,监控民用爆炸物品流向。安全生产监督、铁路、交通、民用航空主管部门依照法律、行政法规的规定,负责做好民用爆炸物品的有关安全监督管理工作。民用爆炸物品行业主管部门、公安机关、市场监督管理部门按照职责分工,负责组织查处非法生产、销售、购买、储存、运输、邮寄、使用民用爆炸物品的行为。

4. 民用爆炸物品从业单位和从业人员管理的基本规定

民用爆炸物品生产、销售、购买、运输和爆破作业单位(以下称民用爆炸物品从业单位)的主要负责人是本单位民用爆炸物品安全管理责任人,对本单位的民用爆炸物品安全管理工作全面负责。民用爆炸物品从业单位是治安保卫工作的重点单位,应当依法设置治安保卫机构或者配备治安保卫人员,设置技术防范设施,防止民用爆炸物品丢失、被盗、被抢。民用爆炸物品从业单位应当建立安全管理制度、岗位安全责任制度,制订安全防范措施和事故应急预案,设置安全管理机构或者配备专职安全管理人员。

国家鼓励民用爆炸物品从业单位采用提高民用爆炸物品安全性能的新技术,鼓励发展民用爆炸物品生产、配送、爆破作业一体化的经营模式。

5. 民用爆炸物品信息管理系统及登记制度

国家建立民用爆炸物品信息管理系统,对民用爆炸物品实行标识管理,监控民用爆炸物品流向。民用爆炸物品生产企业、销售企业和爆破作业单位应当建立民用爆炸物品登记制度,如实将本单位生产、销售、购买、运输、储存、使用民用爆炸物品的品种、数量和流向信息输入计算机系统。

6. 举报和奖励制度

任何单位或者个人都有权举报违反民用爆炸物品安全管理规定的行为;接到举报的主管部门、公安机关应当立即查处,并为举报人员保密,对举报有功人员给予奖励。

### (二)民用爆炸物品安全生产管理

1. 申请从事民用爆炸物品生产的条件和程序

申请从事民用爆炸物品生产的企业,应当具备下列条件:

(1)符合国家产业结构规划和产业技术标准;

(2)厂房和专用仓库的设计、结构、建筑材料、安全距离以及防火、防爆、防雷、防静电等安全设备、设施符合国家有关标准和规范;

(3)生产设备、工艺符合有关安全生产的技术标准和规程;

(4)有具备相应资格的专业技术人员、安全生产管理人员和生产岗位人员；

(5)有健全的安全管理制度、岗位安全责任制度；

(6)法律、行政法规规定的其他条件。

申请从事民用爆炸物品生产的企业，应当向民用爆炸物品行业主管部门提交申请书、可行性研究报告以及能够证明其符合上述规定条件的有关材料。民用爆炸物品行业主管部门应当自受理申请之日起45日内进行审查，对符合条件的，核发《民用爆炸物品生产许可证》；对不符合条件的，不予核发《民用爆炸物品生产许可证》，书面向申请人说明理由。

民用爆炸物品生产企业为调整生产能力及品种进行改建、扩建的，应当依照前款规定申请办理《民用爆炸物品生产许可证》。

民用爆炸物品生产企业持《民用爆炸物品生产许可证》到市场监督管理部门办理工商登记，并在办理工商登记后3日内，向所在地县级人民政府公安机关备案。

2. 民用爆炸物品生产企业的安全管理

民用爆炸物品生产企业应当严格按照《民用爆炸物品生产许可证》核定的品种和产量进行生产，生产作业应当严格执行安全技术规程的规定。

民用爆炸物品生产企业应当对民用爆炸物品做出警示标识、登记标识，对雷管编码打号。民用爆炸物品警示标识、登记标识和雷管编码规则，由国务院公安部门会同国务院民用爆炸物品行业主管部门规定。

民用爆炸物品生产企业应当建立健全产品检验制度，保证民用爆炸物品的质量符合相关标准。民用爆炸物品的包装，应当符合法律、行政法规的规定以及相关标准。

试验或者试制民用爆炸物品，必须在专门场地或者专门的试验室进行。严禁在生产车间或者仓库内试验或者试制民用爆炸物品。

### (三)销售和购买民用爆炸物品的规定

1. 民用爆炸物品销售从业条件

申请从事民用爆炸物品销售的企业，应当具备下列条件：

(1)符合对民用爆炸物品销售企业规划的要求；

(2)销售场所和专用仓库符合国家有关标准和规范；

(3)有具备相应资格的安全管理人员、仓库管理人员；

(4)有健全的安全管理制度、岗位安全责任制度；

(5)法律、行政法规规定的其他条件。

2. 民用爆炸物品销售许可和登记

申请从事民用爆炸物品销售的企业，应当向所在地省、自治区、直辖市人民政府民用爆炸物品行业主管部门提交申请书、可行性研究报告以及能够证明其符合上述规定条件的有关材料。省、自治区、直辖市人民政府民用爆炸物品行业主管部门应当自受理申请之日起30日内进行审查，并对申请单位的销售场所和专用仓库等经营设施进行查验，对符合条件的，核发《民用爆炸物品销售许可证》；对不符合条件的，不予核发《民用爆炸物品销售许可证》，书面向申请人说明理由。

民用爆炸物品销售企业持《民用爆炸物品销售许可证》到市场监督管理部门办理工商登记后，方可销售民用爆炸物品。民用爆炸物品销售企业应当在办理工商登记后3日内，向所在地县级人民政府公安机关备案。

3. 使用单位申请购买民用爆炸物品的规定

民用爆炸物品使用单位申请购买民用爆炸物品的，应当向所在地县级人民政府公安机关提出购买申请，并提交下列有关材料：

(1)工商营业执照或者事业单位法人证书；

(2)《爆破作业单位许可证》或者其他合法使用的证明；

(3)购买单位的名称、地址、银行账户；

(4)购买的品种、数量和用途说明。

受理申请的公安机关应当自受理申请之日起5日内对提交的有关材料进行审查，对符合条件的，核发《民用爆炸物品购买许可证》；对不符合条件的，不予核发《民用爆炸物品购买许可证》，书面向申请人说明理由。

《民用爆炸物品购买许可证》应当载明许可购买的品种、数量、购买单位以及许可的有效期限。

4. 生产企业购买民用爆炸物品原料的规定

民用爆炸物品生产企业凭《民用爆炸物品生产许可证》购买属于民用爆炸物品的原料，民用爆炸物品销售企业凭《民用爆炸物品销售许可证》向民用爆炸物品生产企业购买民用爆炸物品，民用爆炸物品使用单位凭《民用爆炸物品购买许可证》购买民用爆炸物品，还应当提供经办人的身份证明。

销售民用爆炸物品的企业，应当查验前款规定的许可证和经办人的身份证明；对持《民用爆炸物品购买许可证》购买的，应当按照许可的品种、数量销售。

5. 销售、购买民用爆炸物品的交易方式

民用爆炸物品生产企业凭《民用爆炸物品生产许可证》，可以销售本企业生产的民用爆炸物品。民用爆炸物品生产企业销售本企业生产的民用爆炸物品，不得超出核定的品种、产量。

销售、购买民用爆炸物品，应当通过银行账户进行交易，不得使用现金或者实物进行交易。

销售民用爆炸物品的企业，应当将购买单位的许可证、银行账户转账凭证、经办人的身份证明复印件保存2年备查。

6. 销售民用爆炸物品的备案

销售民用爆炸物品的企业，应当自民用爆炸物品买卖成交之日起3日内，将销售的品种、数量和购买单位向所在地省、自治区、直辖市人民政府民用爆炸物品行业主管部门和所在地县级人民政府公安机关备案。

购买民用爆炸物品的单位，应当自民用爆炸物品买卖成交之日起3日内，将购买的品种、数量向所在地县级人民政府公安机关备案。

7. 进口民用爆炸物品的管理

进出口民用爆炸物品，应当经国务院民用爆炸物品行业主管部门审批。进出口民用爆炸物品审批办法，由国务院民用爆炸物品行业主管部门会同国务院公安部门、海关总署规定。

进出口单位应当将进出口的民用爆炸物品的品种、数量向收货地或者出境口岸所在地县级人民政府公安机关备案。

## (四)民用爆炸物品运输的管理规定

1. 运输民用爆炸物品的行政许可审批

运输民用爆炸物品，收货单位应当向运达地县级人民政府公安机关提出申请，并提交包括下列内容的材料：

（1）民用爆炸物品生产企业、销售企业、使用单位以及进出口单位分别提供的《民用爆炸物品生产许可证》《民用爆炸物品销售许可证》《民用爆炸物品购买许可证》或者进出口批准证明；

（2）运输民用爆炸物品的品种、数量、包装材料和包装方式；

（3）运输民用爆炸物品的特性、出现险情的应急处置方法；

（4）运输时间、起始地点、运输路线、经停地点。

受理申请的公安机关应当自受理申请之日起3日内对提交的有关材料进行审查，对符合条件的，核发《民用爆炸物品运输许可证》；对不符合条件的，不予核发《民用爆炸物品运输许可证》，书面向申请人说明理由。

《民用爆炸物品运输许可证》应当载明收货单位、销售企业、承运人，一次性运输有效期限、起始地点、运输路线、经停地点，民用爆炸物品的品种、数量。

运输民用爆炸物品的，应当凭《民用爆炸物品运输许可证》，按照许可的品种、数量运输。

民用爆炸物品运达目的地，收货单位应当进行验收后在《民用爆炸物品运输许可证》上签注，并在3日内将《民用爆炸物品运输许可证》交回发证机关核销。

2. 道路运输民用爆炸物品的规定

经由道路运输民用爆炸物品的，应当遵守下列规定：

（1）携带《民用爆炸物品运输许可证》；

（2）民用爆炸物品的装载符合国家有关标准和规范，车厢内不得载人；

（3）运输车辆安全技术状况应当符合国家有关安全技术标准的要求，并按照规定悬挂或者安装符合国家标准的易燃易爆危险物品警示标志；

（4）运输民用爆炸物品的车辆应当保持安全车速；

（5）按照规定的路线行驶，途中经停应当有专人看守，并远离建筑设施和人口稠密的地方，不得在许可以外的地点经停；

（6）按照安全操作规程装卸民用爆炸物品，并在装卸现场设置警戒，禁止无关人员进入；

（7）出现危险情况立即采取必要的应急处置措施，并报告当地公安机关。

禁止携带民用爆炸物品搭乘公共交通工具或者进入公共场所。禁止邮寄民用爆炸物品，禁止在托运的货物、行李、包裹、邮件中夹带民用爆炸物品。

**典型例题**

【单选题】某省甲市乙县某化工厂委托该县某具备资质的运输公司，将其生产的1吨TNT炸药，运至该省丙市丁县某爆破公司。根据《民用爆炸物品安全管理条例》，该爆破公司应向（　　）申领民用爆炸物品运输许可证。

A. 甲市公安机关　　B. 丁县公安机关

C. 乙县公安机关　　D. 丙市公安机关

B。【解析】运输民用爆炸物品，收货单位应当向运达地县级人民政府公安机关提出申请，受理申请的公安机关应当自受理申请之日起3日内对提交的有关材料进行审查，对符合条件的，核发《民用爆炸物品运输许可证》；对不符合条件的，不予核发《民用爆炸物品运输许可证》，书面向申请人说明理由。

### (五)爆破作业的安全管理

1. 爆破作业单位应具备的条件

申请从事爆破作业的单位,应当具备下列条件:

(1)爆破作业属于合法的生产活动;

(2)有符合国家有关标准和规范的民用爆炸物品专用仓库;

(3)有具备相应资格的安全管理人员、仓库管理人员和具备国家规定执业资格的爆破作业人员;

(4)有健全的安全管理制度、岗位安全责任制度;

(5)有符合国家标准、行业标准的爆破作业专用设备;

(6)法律、行政法规规定的其他条件。

2. 爆破作业单位的行政许可和登记

申请从事爆破作业的单位,应当按照国务院公安部门的规定,向有关人民政府公安机关提出申请,并提供能够证明其符合上述规定条件的有关材料。受理申请的公安机关应当自受理申请之日起20日内进行审查,对符合条件的,核发《爆破作业单位许可证》;对不符合条件的,不予核发《爆破作业单位许可证》,书面向申请人说明理由。

营业性爆破作业单位持《爆破作业单位许可证》到市场监督管理部门办理工商登记后,方可从事营业性爆破作业活动。

3. 爆破作业单位从业人员管理

爆破作业单位应当对本单位的爆破作业人员、安全管理人员、仓库管理人员进行专业技术培训。爆破作业人员应当经设区的市级人民政府公安机关考核合格,取得《爆破作业人员许可证》后,方可从事爆破作业。

爆破作业单位应当按照其资质等级承接爆破作业项目,爆破作业人员应当按照其资格等级从事爆破作业。爆破作业的分级管理办法由国务院公安部门规定。

4. 特定区域实施爆破作业的申请及审批

在城市、风景名胜区和重要工程设施附近实施爆破作业的,应当向爆破作业所在地设区的市级人民政府公安机关提出申请,提交《爆破作业单位许可证》和具有相应资质的安全评估企业出具的爆破设计、施工方案评估报告。受理申请的公安机关应当自受理申请之日起20日内对提交的有关材料进行审查,对符合条件的,作出批准的决定;对不符合条件的,作出不予批准的决定,并书面向申请人说明理由。实施上述规定的爆破作业,应当由具有相应资质的安全监理企业进行监理,由爆破作业所在地县级人民政府公安机关负责组织实施安全警戒。

爆破作业单位跨省、自治区、直辖市行政区域从事爆破作业的,应当事先将爆破作业项目的有关情况向爆破作业所在地县级人民政府公安机关报告。

5. 爆破作业单位对民用爆炸物品的管理

爆破作业单位应当如实记载领取、发放民用爆炸物品的品种、数量、编号以及领取、发放人员姓名。领取民用爆炸物品的数量不得超过当班用量,作业后剩余的民用爆炸物品必须当班清退回库。爆破作业单位应当将领取、发放民用爆炸物品的原始记录保存2年备查。

### (六)储存民用爆炸物品的规定

民用爆炸物品应当储存在专用仓库内,并按照国家规定设置技术防范设施。

储存民用爆炸物品应当遵守下列规定：

(1)建立出入库检查、登记制度，收存和发放民用爆炸物品必须进行登记，做到账目清楚，账物相符；

(2)储存的民用爆炸物品数量不得超过储存设计容量，对性质相抵触的民用爆炸物品必须分库储存，严禁在库房内存放其他物品；

(3)专用仓库应当指定专人管理、看护，严禁无关人员进入仓库区内，严禁在仓库区内吸烟和用火，严禁把其他容易引起燃烧、爆炸的物品带入仓库区内，严禁在库房内住宿和进行其他活动；

(4)民用爆炸物品丢失、被盗、被抢，应当立即报告当地公安机关。

在爆破作业现场临时存放民用爆炸物品的，应当具备临时存放民用爆炸物品的条件，并设专人管理、看护，不得在不具备安全存放条件的场所存放民用爆炸物品。

民用爆炸物品变质和过期失效的，应当及时清理出库，并予以销毁。销毁前应当登记造册，提出销毁实施方案，报省、自治区、直辖市人民政府民用爆炸物品行业主管部门、所在地县级人民政府公安机关组织监督销毁。

### (七)民用爆炸物品违法行为应承担的法律责任

#### 1. 制造、买卖、运输、储存民用爆炸物品违法行为的处罚

非法制造、买卖、运输、储存民用爆炸物品，构成犯罪的，依法追究刑事责任；尚不构成犯罪，有违反治安管理行为的，依法给予治安管理处罚。

违反规定，在生产、储存、运输、使用民用爆炸物品中发生重大事故，造成严重后果或者后果特别严重，构成犯罪的，依法追究刑事责任。

违反规定，未经许可生产、销售民用爆炸物品的，由民用爆炸物品行业主管部门责令停止非法生产、销售活动，处10万元以上50万元以下的罚款，并没收非法生产、销售的民用爆炸物品及其违法所得。

违反规定，未经许可购买、运输民用爆炸物品或者从事爆破作业的，由公安机关责令停止非法购买、运输、爆破作业活动，处5万元以上20万元以下的罚款，并没收非法购买、运输以及从事爆破作业使用的民用爆炸物品及其违法所得。

民用爆炸物品行业主管部门、公安机关对没收的非法民用爆炸物品，应当组织销毁。

违反规定，有下列情形之一的，由公安机关责令限期改正，处5万元以上20万元以下的罚款；逾期不改正的，责令停产停业整顿：

(1)未按照规定对民用爆炸物品做出警示标识、登记标识或者未对雷管编码打号的；

(2)超出购买许可的品种、数量购买民用爆炸物品的；

(3)使用现金或者实物进行民用爆炸物品交易的；

(4)未按照规定保存购买单位的许可证、银行账户转账凭证、经办人的身份证明复印件的；

(5)销售、购买、进出口民用爆炸物品，未按照规定向公安机关备案的；

(6)未按照规定建立民用爆炸物品登记制度，如实将本单位生产、销售、购买、运输、储存、使用民用爆炸物品的品种、数量和流向信息输入计算机系统的；

(7)未按照规定将《民用爆炸物品运输许可证》交回发证机关核销的。

民用爆炸物品从业单位有下列情形之一的，由公安机关处2万元以上10万元以下的罚款；情节严重的，吊销其许可证；有违反治安管理行为的，依法给予治安管理处罚：

(1)违反安全管理制度,致使民用爆炸物品丢失、被盗、被抢的;

(2)民用爆炸物品丢失、被盗、被抢,未按照规定向当地公安机关报告或者故意隐瞒不报的;

(3)转让、出借、转借、抵押、赠送民用爆炸物品的。

民用爆炸物品从业单位的主要负责人未履行规定的安全管理责任,导致发生重大伤亡事故或者造成其他严重后果,构成犯罪的,依法追究刑事责任;尚不构成犯罪的,对主要负责人给予撤职处分,对个人经营的投资人处 2 万元以上 20 万元以下的罚款。

2. 违法生产、销售民用爆炸物品的法律责任

违反规定,生产、销售民用爆炸物品的企业有下列行为之一的,由民用爆炸物品行业主管部门责令限期改正,处 10 万元以上 50 万元以下的罚款;逾期不改正的,责令停产停业整顿;情节严重的,吊销《民用爆炸物品生产许可证》或者《民用爆炸物品销售许可证》:

(1)超出生产许可的品种、产量进行生产、销售的;

(2)违反安全技术规程生产作业的;

(3)民用爆炸物品的质量不符合相关标准的;

(4)民用爆炸物品的包装不符合法律、行政法规的规定以及相关标准的;

(5)超出购买许可的品种、数量销售民用爆炸物品的;

(6)向没有《民用爆炸物品生产许可证》《民用爆炸物品销售许可证》《民用爆炸物品购买许可证》的单位销售民用爆炸物品的;

(7)民用爆炸物品生产企业销售本企业生产的民用爆炸物品未按照规定向民用爆炸物品行业主管部门备案的;

(8)未经审批进出口民用爆炸物品的。

3. 道路运输民用爆炸物品违法行为的法律责任

违反规定,经由道路运输民用爆炸物品,有下列情形之一的,由公安机关责令改正,处 5 万元以上 20 万元以下的罚款:

(1)违反运输许可事项的;

(2)未携带《民用爆炸物品运输许可证》的;

(3)违反有关标准和规范混装民用爆炸物品的;

(4)运输车辆未按照规定悬挂或者安装符合国家标准的易燃易爆危险物品警示标志的;

(5)未按照规定的路线行驶,途中经停没有专人看守或者在许可以外的地点经停的;

(6)装载民用爆炸物品的车厢载人的;

(7)出现危险情况未立即采取必要的应急处置措施、报告当地公安机关的。

4. 爆破作业违法行为应承担的法律责任

违反规定,从事爆破作业的单位有下列情形之一的,由公安机关责令停止违法行为或者限期改正,处 10 万元以上 50 万元以下的罚款;逾期不改正的,责令停产停业整顿;情节严重的,吊销《爆破作业单位许可证》:

(1)爆破作业单位未按照其资质等级从事爆破作业的;

(2)营业性爆破作业单位跨省、自治区、直辖市行政区域实施爆破作业,未按照规定事先向爆破作业所在地的县级人民政府公安机关报告的;

(3)爆破作业单位未按照规定建立民用爆炸物品领取登记制度、保存领取登记记录的；

(4)违反国家有关标准和规范实施爆破作业的。

爆破作业人员违反国家有关标准和规范的规定实施爆破作业的，由公安机关责令限期改正，情节严重的，吊销《爆破作业人员许可证》。

5. 储存民用爆炸物品违法行为的法律责任

违反规定，有下列情形之一的，由民用爆炸物品行业主管部门、公安机关按照职责责令限期改正，可以并处5万元以上20万元以下的罚款；逾期不改正的，责令停产停业整顿；情节严重的，吊销许可证：

(1)未按照规定在专用仓库设置技术防范设施的；

(2)未按照规定建立出入库检查、登记制度或者收存和发放民用爆炸物品，致使账物不符的；

(3)超量储存、在非专用仓库储存或者违反储存标准和规范储存民用爆炸物品的；

(4)有本条例规定的其他违反民用爆炸物品储存管理规定行为的。

6. 非法携带民用爆炸物品行为的法律责任

违反规定，携带民用爆炸物品搭乘公共交通工具或者进入公共场所，邮寄或者在托运的货物、行李、包裹、邮件中夹带民用爆炸物品，构成犯罪的，依法追究刑事责任；尚不构成犯罪的，由公安机关依法给予治安管理处罚，没收非法的民用爆炸物品，处1 000元以上1万元以下的罚款。

7. 民用爆炸物品监管部门的法律责任

民用爆炸物品行业主管部门、公安机关、市场监督管理部门的工作人员，在民用爆炸物品安全监督管理工作中滥用职权、玩忽职守或者徇私舞弊，构成犯罪的，依法追究刑事责任；尚不构成犯罪的，依法给予行政处分。

## 三、《特种设备安全监察条例》的相关规定

### (一)基本规定

1. 特种设备的概念

《特种设备安全监察条例》所称特种设备是指涉及生命安全、危险性较大的锅炉、压力容器(含气瓶，下同)、压力管道、电梯、起重机械、客运索道、大型游乐设施和场(厂)内专用机动车辆。特种设备的目录由国务院负责特种设备安全监督管理的部门(以下简称国务院特种设备安全监督管理部门)制订，报国务院批准后执行。

2. 立法目的及适用范围

《特种设备安全监察条例》第一条规定，为了加强特种设备的安全监察，防止和减少事故，保障人民群众生命和财产安全，促进经济发展，制定本条例。第三条规定，特种设备的生产(含设计、制造、安装、改造、维修，下同)、使用、检验检测及其监督检查，应当遵守本条例，但本条例另有规定的除外。军事装备、核设施、航空航天器、铁路机车、海上设施和船舶以及矿山井下使用的特种设备、民用机场专用设备的安全监察不适用本条例。房屋建筑工地和市政工程工地用起重机械、场(厂)内专用机动车辆的安装、使用的监督管理，由建设行政主管部门依照有关法律、法规的规定执行。

3. 监管部门

国务院特种设备安全监督管理部门负责全国特种设备的安全监察工作,县以上地方负责特种设备安全监督管理的部门对本行政区域内特种设备实施安全监察(以下统称特种设备安全监督管理部门)。

特种设备生产、使用单位和特种设备检验检测机构,应当接受特种设备安全监督管理部门依法进行的特种设备安全监察。

县级以上地方人民政府应当督促、支持特种设备安全监督管理部门依法履行安全监察职责,对特种设备安全监察中存在的重大问题及时予以协调、解决。

4. 特种设备生产、使用的基本管理规定

特种设备生产、使用单位应当建立健全特种设备安全、节能管理制度和岗位安全、节能责任制度。特种设备生产、使用单位的主要负责人应当对本单位特种设备的安全和节能全面负责。

国家鼓励推行科学的管理方法,采用先进技术,提高特种设备安全性能和管理水平,增强特种设备生产、使用单位防范事故的能力,对取得显著成绩的单位和个人,给予奖励。

5. 特种设备检验检测机构的基本管理规定

特种设备检验检测机构,应当依照规定,进行检验检测工作,对其检验检测结果、鉴定结论承担法律责任。

6. 举报制度

任何单位和个人对违反规定的行为,有权向特种设备安全监督管理部门和行政监察等有关部门举报。特种设备安全监督管理部门应当建立特种设备安全监察举报制度,公布举报电话、信箱或者电子邮件地址,受理对特种设备生产、使用和检验检测违法行为的举报,并及时予以处理。特种设备安全监督管理部门和行政监察等有关部门应当为举报人保密,并按照国家有关规定给予奖励。

### (二)特种设备的生产安全管理

1. 特种设备生产安全管理的一般规定

特种设备生产单位,应当依照《特种设备安全监察条例》规定以及国务院特种设备安全监督管理部门制订并公布的安全技术规范(以下简称安全技术规范)的要求,进行生产活动。

特种设备生产单位对其生产的特种设备的安全性能和能效指标负责,不得生产不符合安全性能要求和能效指标的特种设备,不得生产国家产业政策明令淘汰的特种设备。

按照安全技术规范的要求,应当进行型式试验的特种设备产品、部件或者试制特种设备新产品、新部件、新材料,必须进行型式试验和能效测试。

特种设备出厂时,应当附有安全技术规范要求的设计文件、产品质量合格证明、安装及使用维修说明、监督检验证明等文件。

2. 锅炉、压力容器、客运索道及大型游乐设施的安全管理规定

压力容器的设计单位应当经国务院特种设备安全监督管理部门许可,方可从事压力容器的设计活动。

压力容器的设计单位应当具备下列条件:

(1)有与压力容器设计相适应的设计人员、设计审核人员;

(2)有与压力容器设计相适应的场所和设备;

(3)有与压力容器设计相适应的健全的管理制度和责任制度。

锅炉、压力容器中的气瓶(以下简称气瓶)、氧舱和客运索道、大型游乐设施以及高耗能特种设备的设计文件,应当经国务院特种设备安全监督管理部门核准的检验检测机构鉴定,方可用于制造。

锅炉、压力容器、电梯、起重机械、客运索道、大型游乐设施及其安全附件、安全保护装置的制造、安装、改造单位,以及压力管道用管子、管件、阀门、法兰、补偿器、安全保护装置等(以下简称压力管道元件)的制造单位和场(厂)内专用机动车辆的制造、改造单位,应当经国务院特种设备安全监督管理部门许可,方可从事相应的活动。

上述特种设备的制造、安装、改造单位应当具备下列条件:

(1)有与特种设备制造、安装、改造相适应的专业技术人员和技术工人;

(2)有与特种设备制造、安装、改造相适应的生产条件和检测手段;

(3)有健全的质量管理制度和责任制度。

锅炉、压力容器、电梯、起重机械、客运索道、大型游乐设施的安装、改造、维修以及场(厂)内专用机动车辆的改造、维修竣工后,安装、改造、维修的施工单位应当在验收后30日内将有关技术资料移交使用单位,高耗能特种设备还应当按照安全技术规范的要求提交能效测试报告。使用单位应当将其存入该特种设备的安全技术档案。

锅炉、压力容器、压力管道元件、起重机械、大型游乐设施的制造过程和锅炉、压力容器、电梯、起重机械、客运索道、大型游乐设施的安装、改造、重大维修过程,必须经国务院特种设备安全监督管理部门核准的检验检测机构按照安全技术规范的要求进行监督检验;未经监督检验合格的不得出厂或者交付使用。

3. 电梯的制造、安装、改造和维修安全管理规定

电梯井道的土建工程必须符合建筑工程质量要求。电梯安装施工过程中,电梯安装单位应当遵守施工现场的安全生产要求,落实现场安全防护措施。电梯安装施工过程中,施工现场的安全生产监督,由有关部门依照有关法律、行政法规的规定执行。

电梯安装施工过程中,电梯安装单位应当服从建筑施工总承包单位对施工现场的安全生产管理,并订立合同,明确各自的安全责任。

电梯的制造、安装、改造和维修活动,必须严格遵守安全技术规范的要求。电梯制造单位委托或者同意其他单位进行电梯安装、改造、维修活动的,应当对其安装、改造、维修活动进行安全指导和监控。电梯的安装、改造、维修活动结束后,电梯制造单位应当按照安全技术规范的要求对电梯进行校验和调试,并对校验和调试的结果负责。

4. 移动式压力容器、气瓶充装单位的安全管理规定

移动式压力容器、气瓶充装单位应当经省、自治区、直辖市的特种设备安全监督管理部门许可,方可从事充装活动。

充装单位应当具备下列条件:

(1)有与充装和管理相适应的管理人员和技术人员;

(2)有与充装和管理相适应的充装设备、检测手段、场地厂房、器具、安全设施;

(3)有健全的充装管理制度、责任制度、紧急处理措施。

## （三）特种设备的使用安全管理

1. 一般特种设备的使用安全管理

特种设备在投入使用前或者投入使用后30日内，特种设备使用单位应当向直辖市或者设区的市的特种设备安全监督管理部门登记。登记标志应当置于或者附着于该特种设备的显著位置。

特种设备使用单位应当建立特种设备安全技术档案。安全技术档案应当包括以下内容：

（1）特种设备的设计文件、制造单位、产品质量合格证明、使用维护说明等文件以及安装技术文件和资料；

（2）特种设备的定期检验和定期自行检查的记录；

（3）特种设备的日常使用状况记录；

（4）特种设备及其安全附件、安全保护装置、测量调控装置及有关附属仪器仪表的日常维护保养记录；

（5）特种设备运行故障和事故记录；

（6）高耗能特种设备的能效测试报告、能耗状况记录以及节能改造技术资料。

2. 特种设备的保养和检查

特种设备使用单位应当对在用特种设备进行经常性日常维护保养，并定期自行检查。

特种设备使用单位对在用特种设备应当至少每月进行一次自行检查，并作出记录。特种设备使用单位在对在用特种设备进行自行检查和日常维护保养时发现异常情况的，应当及时处理。特种设备使用单位应当对在用特种设备的安全附件、安全保护装置、测量调控装置及有关附属仪器仪表进行定期校验、检修，并作出记录。

特种设备使用单位应当按照安全技术规范的定期检验要求，在安全检验合格有效期届满前1个月向特种设备检验检测机构提出定期检验要求。检验检测机构接到定期检验要求后，应当按照安全技术规范的要求及时进行安全性能检验和能效测试。未经定期检验或者检验不合格的特种设备，不得继续使用。

3. 特种设备维修

特种设备出现故障或者发生异常情况，使用单位应当对其进行全面检查，消除事故隐患后，方可重新投入使用。特种设备不符合能效指标的，特种设备使用单位应当采取相应措施进行整改。

特种设备存在严重事故隐患，无改造、维修价值，或者超过安全技术规范规定使用年限，特种设备使用单位应当及时予以报废，并应当向原登记的特种设备安全监督管理部门办理注销。

4. 特种设备作业人员的安全管理

特种设备使用单位应当对特种设备作业人员进行特种设备安全、节能教育和培训，保证特种设备作业人员具备必要的特种设备安全、节能知识。特种设备作业人员在作业中应当严格执行特种设备的操作规程和有关的安全规章制度。特种设备作业人员在作业过程中发现事故隐患或者其他不安全因素，应当立即向现场安全管理人员和单位有关负责人报告。

5. 电梯、客运索道、大型游乐设施的安全管理

(1)电梯的专项安全管理

电梯的日常维护保养必须由依照本条例取得许可的安装、改造、维修单位或者电梯制造单位进行。电梯应当至少每15日进行一次清洁、润滑、调整和检查。

电梯的日常维护保养单位应当在维护保养中严格执行国家安全技术规范的要求,保证其维护保养的电梯的安全技术性能,并负责落实现场安全防护措施,保证施工安全。

电梯的日常维护保养单位,应当对其维护保养的电梯的安全性能负责。接到故障通知后,应当立即赶赴现场,并采取必要的应急救援措施。

(2)客运索道、大型游乐设施的运营使用安全管理

客运索道、大型游乐设施的运营使用单位在客运索道、大型游乐设施每日投入使用前,应当进行试运行和例行安全检查,并对安全装置进行检查确认。电梯、客运索道、大型游乐设施的运营使用单位应当将电梯、客运索道、大型游乐设施的安全注意事项和警示标志置于易于为乘客注意的显著位置。

(3)安全管理机构和安全管理人员及主要负责人的职责

电梯、客运索道、大型游乐设施等为公众提供服务的特种设备运营使用单位,应当设置特种设备安全管理机构或者配备专职的安全管理人员;其他特种设备使用单位,应当根据情况设置特种设备安全管理机构或者配备专职、兼职的安全管理人员。

特种设备的安全管理人员应当对特种设备使用状况进行经常性检查,发现问题的应当立即处理;情况紧急时,可以决定停止使用特种设备并及时报告本单位有关负责人。

客运索道、大型游乐设施的运营使用单位的主要负责人应当熟悉客运索道、大型游乐设施的相关安全知识,并全面负责客运索道、大型游乐设施的安全使用。客运索道、大型游乐设施的运营使用单位的主要负责人至少应当每月召开1次会议,督促、检查客运索道、大型游乐设施的安全使用工作。客运索道、大型游乐设施的运营使用单位,应当结合本单位的实际情况,配备相应数量的营救装备和急救物品。

### (四)特种设备的检验检测

1. 检验检测机构

特种设备的监督检验、定期检验、型式试验以及专门为特种设备生产、使用、检验检测提供无损检测服务的特种设备检验检测机构,应当经国务院特种设备安全监督管理部门核准。特种设备使用单位设立的特种设备检验检测机构,经国务院特种设备安全监督管理部门核准,负责本单位核准范围内的特种设备定期检验工作。

特种设备检验检测机构,应当具备下列条件:

(1)有与所从事的检验检测工作相适应的检验检测人员;

(2)有与所从事的检验检测工作相适应的检验检测仪器和设备;

(3)有健全的检验检测管理制度、检验检测责任制度。

特种设备的监督检验、定期检验、型式试验和无损检测应当由经核准的特种设备检验检测机构进行。特种设备检验检测工作应当符合安全技术规范的要求。

**典型例题**

【单选题】某港务公司起重机械数量众多，经有关部门核准设立了特种设备检测所，具体负责本公司起重机械的检验检测工作。根据《特种设备安全监察条例》，下列检验检测工作中，该检测所可以开展的是(　　)。

A. 起重机械监督检验　　B. 起重机械定期检验

C. 自制非标起重机械的型式试验　　D. 起重机械无损检测

B。【解析】《特种设备安全监察条例》第四十一条规定，从事本条例规定的监督检验、定期检验、型式试验以及专门为特种设备生产、使用、检验检测提供无损检测服务的特种设备检验检测机构，应当经国务院特种设备安全监督管理部门核准。特种设备使用单位设立的特种设备检验检测机构，经国务院特种设备安全监督管理部门核准，负责本单位核准范围内的特种设备定期检验工作。

2. 特种设备检验检测人员

特种设备的监督检验、定期检验、型式试验和无损检测的特种设备检验检测人员应当经国务院特种设备安全监督管理部门组织考核合格，取得检验检测人员证书，方可从事检验检测工作。检验检测人员从事检验检测工作，必须在特种设备检验检测机构执业，但不得同时在两个以上检验检测机构中执业。

3. 特种设备检验检测工作管理规定

特种设备检验检测机构和检验检测人员进行特种设备检验检测，应当遵循诚信原则和方便企业的原则，为特种设备生产、使用单位提供可靠、便捷的检验检测服务。特种设备检验检测机构和检验检测人员对涉及的被检验检测单位的商业秘密，负有保密义务。

特种设备检验检测机构和检验检测人员应当客观、公正、及时地出具检验检测结果、鉴定结论。检验检测结果、鉴定结论经检验检测人员签字后，由检验检测机构负责人签署。

特种设备检验检测机构和检验检测人员对检验检测结果、鉴定结论负责。

特种设备检验检测机构和检验检测人员不得从事特种设备的生产、销售，不得以其名义推荐或者监制、监销特种设备。

特种设备检验检测机构进行特种设备检验检测，发现严重事故隐患或者能耗严重超标的，应当及时告知特种设备使用单位，并立即向特种设备安全监督管理部门报告。

4. 特种设备安全监督管理部门的抽查和调查职权

国务院特种设备安全监督管理部门应当组织对特种设备检验检测机构的检验检测结果、鉴定结论进行监督抽查。县以上地方负责特种设备安全监督管理的部门在本行政区域内也可以组织监督抽查，但是要防止重复抽查。监督抽查结果应当向社会公布。

特种设备检验检测机构和检验检测人员利用检验检测工作故意刁难特种设备生产、使用单位，特种设备生产、使用单位有权向特种设备安全监督管理部门投诉，接到投诉的特种设备安全监督管理部门应当及时进行调查处理。

### (五)监督检查

特种设备安全监督管理部门应依照《特种设备安全监察条例》规定，对特种设备生产、使用单位和检验检测机构实施安全监察。

1. 基本职权

特种设备安全监督管理部门根据举报或者取得的涉嫌违法证据，对涉嫌违反本条例

规定的行为进行查处时,可以行使下列职权:

(1)向特种设备生产、使用单位和检验检测机构的法定代表人、主要负责人和其他有关人员调查、了解与涉嫌从事违反本条例的生产、使用、检验检测有关的情况;

(2)查阅、复制特种设备生产、使用单位和检验检测机构的有关合同、发票、账簿以及其他有关资料;

(3)对有证据表明不符合安全技术规范要求的或者有其他严重事故隐患、能耗严重超标的特种设备,予以查封或者扣押。

2. 行政审批

实施许可、核准、登记的特种设备安全监督管理部门,应当严格依照规定条件和安全技术规范要求对有关事项进行审查;不符合规定条件和安全技术规范要求的,不得许可、核准、登记;在申请办理许可、核准期间,特种设备安全监督管理部门发现申请人未经许可从事特种设备相应活动或者伪造许可、核准证书的,不予受理或者不予许可、核准,并在1年内不再受理其新的许可、核准申请。未依法取得许可、核准、登记的单位擅自从事特种设备的生产、使用或者检验检测活动的,特种设备安全监督管理部门应当依法予以处理。违反规定,被依法撤销许可的,自撤销许可之日起3年内,特种设备安全监督管理部门不予受理其新的许可申请。

特种设备安全监督管理部门在办理有关行政审批事项时,其受理、审查、许可、核准的程序必须公开,并应当自受理申请之日起30日内,作出许可、核准或者不予许可、核准的决定;不予许可、核准的,应当书面向申请人说明理由。

3. 特种设备监察

特种设备安全监督管理部门的安全监察人员(以下简称特种设备安全监察人员)应当熟悉相关法律、法规、规章和安全技术规范,具有相应的专业知识和工作经验,并经国务院特种设备安全监督管理部门考核,取得特种设备安全监察人员证书。特种设备安全监察人员应当忠于职守、坚持原则、秉公执法。

特种设备安全监督管理部门对特种设备生产、使用单位和检验检测机构实施安全监察时,应当有2名以上特种设备安全监察人员参加,并出示有效的特种设备安全监察人员证件。

特种设备安全监督管理部门对特种设备生产、使用单位和检验检测机构实施安全监察,应当对每次安全监察的内容、发现的问题及处理情况,作出记录,并由参加安全监察的特种设备安全监察人员和被检查单位的有关负责人签字后归档。被检查单位的有关负责人拒绝签字的,特种设备安全监察人员应当将情况记录在案。

4. 隐患处理

特种设备安全监督管理部门对特种设备生产、使用单位和检验检测机构进行安全监察时,发现有违反《特种设备安全监察条例》规定和安全技术规范要求的行为或者在用的特种设备存在事故隐患、不符合能效指标的,应当以书面形式发出特种设备安全监察指令,责令有关单位及时采取措施,予以改正或者消除事故隐患。紧急情况下需要采取紧急处置措施的,应当随后补发书面通知。

特种设备安全监督管理部门对特种设备生产、使用单位和检验检测机构进行安全监察,发现重大违法行为或者严重事故隐患时,应当在采取必要措施的同时,及时向上级特种设备安全监督管理部门报告。接到报告的特种设备安全监督管理部门应当采取必要措施,及时予以处理。

5. 信息公布

国务院特种设备安全监督管理部门和省、自治区、直辖市特种设备安全监督管理部门应当定期向社会公布特种设备安全以及能效状况。

公布特种设备安全以及能效状况，应当包括下列内容：

(1)特种设备质量安全状况；

(2)特种设备事故的情况、特点、原因分析、防范对策；

(3)特种设备能效状况；

(4)其他需要公布的情况。

## (六)特种设备事故划分

| 事故类型 | 划分标准 |
| --- | --- |
| 特别重大事故 | 有下列情形之一的，为特别重大事故：<br>(1)特种设备事故造成30人以上死亡，或者100人以上重伤(包括急性工业中毒，下同)，或者1亿元以上直接经济损失的；<br>(2)600兆瓦以上锅炉爆炸的；<br>(3)压力容器、压力管道有毒介质泄漏，造成15万人以上转移的；<br>(4)客运索道、大型游乐设施高空滞留100人以上并且时间在48小时以上的 |
| 重大事故 | 有下列情形之一的，为重大事故：<br>(1)特种设备事故造成10人以上30人以下死亡，或者50人以上100人以下重伤，或者5 000万元以上1亿元以下直接经济损失的；<br>(2)600兆瓦以上锅炉因安全故障中断运行240小时以上的；<br>(3)压力容器、压力管道有毒介质泄漏，造成5万人以上15万人以下转移的；<br>(4)客运索道、大型游乐设施高空滞留100人以上并且时间在24小时以上48小时以下的 |
| 较大事故 | 有下列情形之一的，为较大事故：<br>(1)特种设备事故造成3人以上10人以下死亡，或者10人以上50人以下重伤，或者1 000万元以上5 000万元以下直接经济损失的；<br>(2)锅炉、压力容器、压力管道爆炸的；<br>(3)压力容器、压力管道有毒介质泄漏，造成1万人以上5万人以下转移的；<br>(4)起重机械整体倾覆的；<br>(5)客运索道、大型游乐设施高空滞留人员12小时以上的 |
| 一般事故 | 有下列情形之一的，为一般事故：<br>(1)特种设备事故造成3人以下死亡，或者10人以下重伤，或者1万元以上1 000万元以下直接经济损失的；<br>(2)压力容器、压力管道有毒介质泄漏，造成500人以上1万人以下转移的；<br>(3)电梯轿厢滞留人员2小时以上的；<br>(4)起重机械主要受力结构件折断或者起升机构坠落的；<br>(5)客运索道高空滞留人员3.5小时以上12小时以下的；<br>(6)大型游乐设施高空滞留人员1小时以上12小时以下的。<br>除上述规定外，国务院特种设备安全监督管理部门可以对一般事故的其他情形做出补充规定 |

注：所称的“以上”包括本数，“以下”不包括本数。

### (七)特种设备安全监察的法律责任

1. 生产、使用单位的法律责任

按照安全技术规范的要求应当进行型式试验的特种设备产品、部件或者试制特种设备新产品、新部件,未进行整机或者部件型式试验的,由特种设备安全监督管理部门责令限期改正;逾期未改正的,处2万元以上10万元以下罚款。

未经许可,擅自从事锅炉、压力容器、电梯、起重机械、客运索道、大型游乐设施、场(厂)内专用机动车辆及其安全附件、安全保护装置的制造、安装、改造以及压力管道元件的制造活动的,由特种设备安全监督管理部门予以取缔,没收非法制造的产品,已经实施安装、改造的,责令恢复原状或者责令限期由取得许可的单位重新安装、改造,处10万元以上50万元以下罚款;触犯刑律的,对负有责任的主管人员和其他直接责任人员依照刑法关于生产、销售伪劣产品罪、非法经营罪、重大责任事故罪或者其他罪的规定,依法追究刑事责任。

未经许可,擅自从事锅炉、压力容器、电梯、起重机械、客运索道、大型游乐设施、场(厂)内专用机动车辆的维修或者日常维护保养的,由特种设备安全监督管理部门予以取缔,处1万元以上5万元以下罚款;有违法所得的,没收违法所得;触犯刑律的,对负有责任的主管人员和其他直接责任人员依照刑法关于非法经营罪、重大责任事故罪或者其他罪的规定,依法追究刑事责任。移动式压力容器、气瓶充装单位未按照安全技术规范的要求进行充装活动的,由特种设备安全监督管理部门责令改正,处2万元以上10万元以下罚款;情节严重的,撤销其充装资格。

电梯制造单位有下列情形之一的,由特种设备安全监督管理部门责令限期改正;逾期未改正的,予以通报批评:

(1)未依照本条例的规定对电梯进行校验、调试的;

(2)对电梯的安全运行情况进行跟踪调查和了解时,发现存在严重事故隐患,未及时向特种设备安全监督管理部门报告的。

2. 检验检测机构和检验检测人员的法律责任

责任自负,可确保检验检测机构的独立性和检验检测结果、鉴定结论的公正性。《特种设备安全监察条例》规定了对检测检验机构和检验检测人员违法行为的处罚。

已经取得许可、核准的特种设备生产单位、检验检测机构有下列行为之一的,由特种设备安全监督管理部门责令改正,处2万元以上10万元以下罚款;情节严重的,撤销其相应资格:

(1)未按照安全技术规范的要求办理许可证变更手续的;

(2)不再符合本条例规定或者安全技术规范要求的条件,继续从事特种设备生产、检验检测的;

(3)未依照本条例规定或者安全技术规范要求进行特种设备生产、检验检测的;

(4)伪造、变造、出租、出借、转让许可证书或者监督检验报告的。

特种设备检验检测机构和检验检测人员,出具虚假的检验检测结果、鉴定结论或者检验检测结果、鉴定结论严重失实的,由特种设备安全监督管理部门对检验检测机构没收违法所得,处5万元以上20万元以下罚款,情节严重的,撤销其检验检测资格;对检验检测人员处5 000元以上5万元以下罚款,情节严重的,撤销其检验检测资格,触犯刑律的,依照刑法关于中介组织人员提供虚假证明文件罪、中介组织人员出具证明文件重大失实罪或者其他罪的规定,依法追究刑事责任。

特种设备检验检测机构或者检验检测人员从事特种设备的生产、销售，或者以其名义推荐或者监制、监销特种设备的，由特种设备安全监督管理部门撤销特种设备检验检测机构和检验检测人员的资格，处5万元以上20万元以下罚款；有违法所得的，没收违法所得。

3. 特种设备作业人员的法律责任

特种设备作业人员违反特种设备的操作规程和有关的安全规章制度操作，或者在作业过程中发现事故隐患或者其他不安全因素，未立即向现场安全管理人员和单位有关负责人报告的，由特种设备使用单位给予批评教育、处分；情节严重的，撤销特种设备作业人员资格；触犯刑律的，依照刑法关于重大责任事故罪或者其他罪的规定，依法追究刑事责任。

4. 发生特种设备事故的责任追究

发生特种设备事故，有下列情形之一的，对单位，由特种设备安全监督管理部门处5万元以上20万元以下罚款；对主要负责人，由特种设备安全监督管理部门处4 000元以上2万元以下罚款；属于国家工作人员的，依法给予处分；触犯刑律的，依照刑法关于重大责任事故罪或者其他罪的规定，依法追究刑事责任：

(1)特种设备使用单位的主要负责人在本单位发生特种设备事故时，不立即组织抢救或者在事故调查处理期间擅离职守或者逃匿的；

(2)特种设备使用单位的主要负责人对特种设备事故隐瞒不报、谎报或者拖延不报的。

对事故发生负有责任的单位，由特种设备安全监督管理部门依照下列规定处以罚款：

(1)发生一般事故的，处10万元以上20万元以下罚款；

(2)发生较大事故的，处20万元以上50万元以下罚款；

(3)发生重大事故的，处50万元以上200万元以下罚款。

对事故发生负有责任的单位的主要负责人未依法履行职责，导致事故发生的，由特种设备安全监督管理部门依照下列规定处以罚款；属于国家工作人员的，并依法给予处分；触犯刑律的，依照刑法关于重大责任事故罪或者其他罪的规定，依法追究刑事责任：

(1)发生一般事故的，处上1年年收入30%的罚款；

(2)发生较大事故的，处上1年年收入40%的罚款；

(3)发生重大事故的，处上1年年收入60%的罚款。

## 四、《工伤保险条例》的主要内容

中华人民共和国境内的企业、事业单位、社会团体、民办非企业单位、基金会、律师事务所、会计师事务所等组织和有雇工的个体工商户(以下称用人单位)应当依照本条例规定参加工伤保险，为本单位全部职工或者雇工(以下称职工)缴纳工伤保险费。中华人民共和国境内的企业、事业单位、社会团体、民办非企业单位、基金会、律师事务所、会计师事务所等组织的职工和个体工商户的雇工，均有依照本条例的规定享受工伤保险待遇的权利。

### (一)工伤保险基金的基本构成

工伤保险基金是社会保险基金中的一种，由依法参加工伤保险的用人单位缴纳的工伤保险费、工伤保险基金的利息和依法纳入工伤保险基金的其他资金构成。

工伤保险基金存入社会保障基金财政专户，用于本条例规定的工伤保险待遇，劳动能力鉴定，工伤预防的宣传、培训等费用，以及法律、法规规定的用于工伤保险的其他费用的支付。工伤预防费用的提取比例、使用和管理的具体办法，由国务院社会保险行政部门会同国务院财政、卫生行政、安全生产监督管理等部门规定。任何单位或者个人不得将工伤保险基金用于投资运营、兴建或者改建办公场所、发放奖金,或者挪作其他用途。

工伤保险基金应当留有一定比例的储备金,用于统筹地区重大事故的工伤保险待遇支付;储备金不足支付的,由统筹地区的人民政府垫付。

### (二)工伤保险费

工伤保险费根据以支定收、收支平衡的原则,确定费率。

国家根据不同行业的工伤风险程度确定行业的差别费率,并根据工伤保险费使用、工伤发生率等情况在每个行业内确定若干费率档次。行业差别费率及行业内费率档次由国务院社会保险行政部门制定,报国务院批准后公布施行。

统筹地区经办机构根据用人单位工伤保险费使用、工伤发生率等情况,适用所属行业内相应的费率档次确定单位缴费费率。

用人单位应当按时缴纳工伤保险费。职工个人不缴纳工伤保险费。用人单位缴纳工伤保险费的数额为本单位职工工资总额乘以单位缴费费率之积。对难以按照工资总额缴纳工伤保险费的行业,其缴纳工伤保险费的具体方式,由国务院社会保险行政部门规定。

### (三)工伤认定

1. 工伤的情形判定

| 类别 | 情形判定 |
|---|---|
| 应当认定为工伤的情形 | 《工伤保险条例》第十四条规定,职工有下列情形之一的,应当认定为工伤:<br>(1)在工作时间和工作场所内,因工作原因受到事故伤害的;<br>(2)工作时间前后在工作场所内,从事与工作有关的预备性或者收尾性工作受到事故伤害的;<br>(3)在工作时间和工作场所内,因履行工作职责受到暴力等意外伤害的;<br>(4)患职业病的;<br>(5)因工外出期间,由于工作原因受到伤害或者发生事故下落不明的;<br>(6)在上下班途中,受到非本人主要责任的交通事故或者城市轨道交通、客运轮渡、火车事故伤害的;<br>(7)法律、行政法规规定应当认定为工伤的其他情形 |
| 视同工伤的情形 | 《工伤保险条例》第十五条规定,职工有下列情形之一的,视同工伤:<br>(1)在工作时间和工作岗位,突发疾病死亡或者在48小时之内经抢救无效死亡的;<br>(2)在抢险救灾等维护国家利益、公共利益活动中受到伤害的;<br>(3)职工原在军队服役,因战、因公负伤致残,已取得革命伤残军人证,到用人单位后旧伤复发的。<br>职工有前款第(1)项、第(2)项情形的,按照有关规定享受工伤保险待遇;职工有前款第(3)项情形的,按照本条例的有关规定享受除一次性伤残补助金以外的工伤保险待遇 |
| 不得认定为工伤或者视同工伤的情形 | 《工伤保险条例》第十六条规定,职工符合相关规定,但是有下列情形之一的,不得认定为工伤或者视同工伤:<br>(1)故意犯罪的;<br>(2)醉酒或者吸毒的;<br>(3)自残或者自杀的 |

2. 申请工伤的主体、时限及受理部门

职工发生事故伤害或者按照职业病防治法规定被诊断、鉴定为职业病，所在单位应当自事故伤害发生之日或者被诊断、鉴定为职业病之日起 30 日内，向统筹地区社会保险行政部门提出工伤认定申请。遇有特殊情况，经报社会保险行政部门同意，申请时限可以适当延长。

用人单位未按上述规定提出工伤认定申请的，工伤职工或者其近亲属、工会组织在事故伤害发生之日或者被诊断、鉴定为职业病之日起 1 年内，可以直接向用人单位所在地统筹地区社会保险行政部门提出工伤认定申请。

按照上述规定应当由省级社会保险行政部门进行工伤认定的事项，根据属地原则由用人单位所在地的设区的市级社会保险行政部门办理。

用人单位未在上述规定的时限内提交工伤认定申请，在此期间发生符合本条例规定的工伤待遇等有关费用由该用人单位负担。

3. 申请材料

提出工伤认定申请应当提交下列材料：

(1)工伤认定申请表；

(2)与用人单位存在劳动关系(包括事实劳动关系)的证明材料；

(3)医疗诊断证明或者职业病诊断证明书(或者职业病诊断鉴定书)。

工伤认定申请表应当包括事故发生的时间、地点、原因以及职工伤害程度等基本情况。

工伤认定申请人提供材料不完整的，社会保险行政部门应当一次性书面告知工伤认定申请人需要补正的全部材料。申请人按照书面告知要求补正材料后，社会保险行政部门应当受理。

4. 事故调查及举证责任

社会保险行政部门受理工伤认定申请后，根据审核需要可以对事故伤害进行调查核实，用人单位、职工、工会组织、医疗机构以及有关部门应当予以协助。职业病诊断和诊断争议的鉴定，依照职业病防治法的有关规定执行。对依法取得职业病诊断证明书或者职业病诊断鉴定书的，社会保险行政部门不再进行调查核实。

职工或者其近亲属认为是工伤，用人单位不认为是工伤的，由用人单位承担举证责任。

5. 工伤认定的时限、回避

社会保险行政部门应当自受理工伤认定申请之日起 60 日内作出工伤认定的决定，并书面通知申请工伤认定的职工或者其近亲属和该职工所在单位。社会保险行政部门对受理的事实清楚、权利义务明确的工伤认定申请，应当在 15 日内作出工伤认定的决定。

社会保险行政部门工作人员与工伤认定申请人有利害关系的，应当回避。

### (四)劳动能力鉴定

1. 鉴定的条件和等级

职工发生工伤，经治疗伤情相对稳定后存在残疾、影响劳动能力的，应当进行劳动能力鉴定。

劳动能力鉴定是指劳动功能障碍程度和生活自理障碍程度的等级鉴定。

劳动功能障碍分为十个伤残等级，最重的为一级，最轻的为十级。生活自理障碍分为三个等级：生活完全不能自理、生活大部分不能自理和生活部分不能自理。劳动能力鉴定标准由国务院社会保险行政部门会同国务院卫生行政部门等部门制定。

2. 鉴定的主体、流程、时限

劳动能力鉴定由用人单位、工伤职工或者其近亲属向设区的市级劳动能力鉴定委员会提出申请,并提供工伤认定决定和职工工伤医疗的有关资料。

省、自治区、直辖市劳动能力鉴定委员会和设区的市级劳动能力鉴定委员会分别由省、自治区、直辖市和设区的市级社会保险行政部门、卫生行政部门、工会组织、经办机构代表以及用人单位代表组成。

设区的市级劳动能力鉴定委员会收到劳动能力鉴定申请后,应当从其建立的医疗卫生专家库中随机抽取3名或者5名相关专家组成专家组,由专家组提出鉴定意见。设区的市级劳动能力鉴定委员会根据专家组的鉴定意见作出工伤职工劳动能力鉴定结论;必要时,可以委托具备资格的医疗机构协助进行有关的诊断。

设区的市级劳动能力鉴定委员会应当自收到劳动能力鉴定申请之日起60日内作出劳动能力鉴定结论,必要时,作出劳动能力鉴定结论的期限可以延长30日。劳动能力鉴定结论应当及时送达申请鉴定的单位和个人。

申请鉴定的单位或者个人对设区的市级劳动能力鉴定委员会作出的鉴定结论不服的,可以在收到该鉴定结论之日起15日内向省、自治区、直辖市劳动能力鉴定委员会提出再次鉴定申请。省、自治区、直辖市劳动能力鉴定委员会作出的劳动能力鉴定结论为最终结论。

3. 鉴定工作原则以及复查鉴定

劳动能力鉴定工作应当客观、公正。劳动能力鉴定委员会组成人员或者参加鉴定的专家与当事人有利害关系的,应当回避。

自劳动能力鉴定结论作出之日起1年后,工伤职工或者其近亲属、所在单位或者经办机构认为伤残情况发生变化的,可以申请劳动能力复查鉴定。

### (五)工伤保险待遇

1. 工伤职工的治疗

职工因工作遭受事故伤害或者患职业病进行治疗,享受工伤医疗待遇。

职工治疗工伤应当在签订服务协议的医疗机构就医,情况紧急时可以先到就近的医疗机构急救。

治疗工伤所需费用符合工伤保险诊疗项目目录、工伤保险药品目录、工伤保险住院服务标准的,从工伤保险基金支付。工伤保险诊疗项目目录、工伤保险药品目录、工伤保险住院服务标准,由国务院社会保险行政部门会同国务院卫生行政部门、食品药品监督管理部门等部门规定。

2. 住院治疗的补助费用

职工住院治疗工伤的伙食补助费,以及经医疗机构出具证明,报经办机构同意,工伤职工到统筹地区以外就医所需的交通、食宿费用从工伤保险基金支付,基金支付的具体标准由统筹地区人民政府规定。

3. 停工留薪期的规定

职工因工作遭受事故伤害或者患职业病需要暂停工作接受工伤医疗的,在停工留薪期内,原工资福利待遇不变,由所在单位按月支付。

停工留薪期一般不超过12个月。伤情严重或者情况特殊,经设区的市级劳动能力鉴定委员会确认,可以适当延长,但延长不得超过12个月。工伤职工评定伤残等级后,停发原待遇,按照本章的有关规定享受伤残待遇。工伤职工在停工留薪期满后仍需治疗的,继续享受工伤医疗待遇。

生活不能自理的工伤职工在停工留薪期需要护理的,由所在单位负责。

4. 复议和诉讼期间不停止支付医疗费用

社会保险行政部门作出认定为工伤的决定后发生行政复议、行政诉讼的,行政复议和行政诉讼期间不停止支付工伤职工治疗工伤的医疗费用。

5. 辅助器材配置和生活护理费

工伤职工因日常生活或者就业需要,经劳动能力鉴定委员会确认,可以安装假肢、矫形器、假眼、假牙和配置轮椅等辅助器具,所需费用按照国家规定的标准从工伤保险基金支付。

工伤职工已经评定伤残等级并经劳动能力鉴定委员会确认需要生活护理的,从工伤保险基金按月支付生活护理费。生活护理费按照生活完全不能自理、生活大部分不能自理或者生活部分不能自理3个不同等级支付,其标准分别为统筹地区上年度职工月平均工资的50%、40%或者30%。

6. 因工致残和死亡享受的待遇

| 级别 | 享受的待遇 |
| --- | --- |
| 一级至四级 | 职工因工致残被鉴定为一级至四级伤残的,保留劳动关系,退出工作岗位,享受以下待遇:<br>(1)从工伤保险基金按伤残等级支付一次性伤残补助金,标准为:一级伤残为27个月的本人工资,二级伤残为25个月的本人工资,三级伤残为23个月的本人工资,四级伤残为21个月的本人工资;<br>(2)从工伤保险基金按月支付伤残津贴,标准为:一级伤残为本人工资的90%,二级伤残为本人工资的85%,三级伤残为本人工资的80%,四级伤残为本人工资的75%。伤残津贴实际金额低于当地最低工资标准的,由工伤保险基金补足差额;<br>(3)工伤职工达到退休年龄并办理退休手续后,停发伤残津贴,按照国家有关规定享受基本养老保险待遇。基本养老保险待遇低于伤残津贴的,由工伤保险基金补足差额。职工因工致残被鉴定为一级至四级伤残的,由用人单位和职工个人以伤残津贴为基数,缴纳基本医疗保险费 |
| 五级、六级 | 职工因工致残被鉴定为五级、六级伤残的,享受以下待遇:<br>(1)从工伤保险基金按伤残等级支付一次性伤残补助金,标准为:五级伤残为18个月的本人工资,六级伤残为16个月的本人工资;<br>(2)保留与用人单位的劳动关系,由用人单位安排适当工作。难以安排工作的,由用人单位按月发给伤残津贴,标准为:五级伤残为本人工资的70%,六级伤残为本人工资的60%,并由用人单位按照规定为其缴纳应缴纳的各项社会保险费。伤残津贴实际金额低于当地最低工资标准的,由用人单位补足差额。经工伤职工本人提出,该职工可以与用人单位解除或者终止劳动关系,由工伤保险基金支付一次性工伤医疗补助金,由用人单位支付一次性伤残就业补助金。一次性工伤医疗补助金和一次性伤残就业补助金的具体标准由省、自治区、直辖市人民政府规定 |

（续表）

| 级别 | 享受的待遇 |
|---|---|
| 七级至十级 | 职工因工致残被鉴定为七级至十级伤残的，享受以下待遇：<br>(1)从工伤保险基金按伤残等级支付一次性伤残补助金，标准为：七级伤残为13个月的本人工资，八级伤残为11个月的本人工资，九级伤残为9个月的本人工资，十级伤残为7个月的本人工资；<br>(2)劳动、聘用合同期满终止，或者职工本人提出解除劳动、聘用合同的，由工伤保险基金支付一次性工伤医疗补助金，由用人单位支付一次性伤残就业补助金。一次性工伤医疗补助金和一次性伤残就业补助金的具体标准由省、自治区、直辖市人民政府规定 |
| 因工死亡 | 职工因工死亡，其近亲属按照下列规定从工伤保险基金领取丧葬补助金、供养亲属抚恤金和一次性工亡补助金：<br>(1)丧葬补助金为6个月的统筹地区上年度职工月平均工资；<br>(2)供养亲属抚恤金按照职工本人工资的一定比例发给由因工死亡职工生前提供主要生活来源、无劳动能力的亲属；标准为：配偶每月40%，其他亲属每人每月30%，孤寡老人或者孤儿每人每月在上述标准的基础上增加10%；核定的各供养亲属的抚恤金之和不应高于因工死亡职工生前的工资，供养亲属的具体范围由国务院社会保险行政部门规定；<br>(3)一次性工亡补助金标准为上一年度全国城镇居民人均可支配收入的20倍。伤残职工在停工留薪期内因工伤导致死亡的，其近亲属享受本条第一款规定的待遇。一级至四级伤残职工在停工留薪期满后死亡的，其近亲属可以享受上述第(1)项、第(2)项规定的待遇 |

### （六）特殊情形的处理

1. 工伤待遇调整

伤残津贴、供养亲属抚恤金、生活护理费由统筹地区社会保险行政部门根据职工平均工资和生活费用变化等情况适时调整。调整办法由省、自治区、直辖市人民政府规定。

2. 职工抢险救灾、因工外出下落不明时的处理

职工因工外出期间发生事故或者在抢险救灾中下落不明的，从事故发生当月起3个月内照发工资，从第4个月起停发工资，由工伤保险基金向其供养亲属按月支付供养亲属抚恤金。生活有困难的，可以预支一次性工亡补助金的50%。职工被人民法院宣告死亡的，按照上述职工因工死亡的规定处理。

3. 用人单位合并等情形的责任处理

用人单位分立、合并、转让的，承继单位应当承担原用人单位的工伤保险责任；原用人单位已经参加工伤保险的，承继单位应当到当地经办机构办理工伤保险变更登记。

用人单位实行承包经营的，工伤保险责任由职工劳动关系所在单位承担。

职工被借调期间受到工伤事故伤害的，由原用人单位承担工伤保险责任，但原用人单位与借调单位可以约定补偿办法。

企业破产的，在破产清算时依法拨付应当由单位支付的工伤保险待遇费用。

4. 再次发生工伤的待遇

职工再次发生工伤，根据规定应当享受伤残津贴的，按照新认定的伤残等级享受伤残津贴待遇。

5. 停止支付工伤保险待遇的情形

工伤职工有下列情形之一的，停止享受工伤保险待遇：

(1)丧失享受待遇条件的；

(2)拒不接受劳动能力鉴定的；

(3)拒绝治疗的。

### (七)用人单位的法律责任

用人单位、工伤职工或者其近亲属骗取工伤保险待遇，医疗机构、辅助器具配置机构骗取工伤保险基金支出的，由社会保险行政部门责令退还，处骗取金额2倍以上5倍以下的罚款；情节严重，构成犯罪的，依法追究刑事责任。

用人单位依照本条例规定应当参加工伤保险而未参加的，由社会保险行政部门责令限期参加，补缴应当缴纳的工伤保险费，并自欠缴之日起，按日加收万分之五的滞纳金；逾期仍不缴纳的，处欠缴数额1倍以上3倍以下的罚款。依照规定应当参加工伤保险而未参加工伤保险的用人单位职工发生工伤的，由该用人单位按照规定的工伤保险待遇项目和标准支付费用。

## 五、《大型群众性活动安全管理条例》的主要内容

### (一)大型群众性活动的范围

根据大型群众性活动的特点，《大型群众性活动安全管理条例》在总结实践经验的基础上，明确界定了大型群众性活动的范围，即法人或者其他组织面向社会公众举办的每场次预计参加人数达到1 000人以上的活动，包括：

(1)体育比赛活动；

(2)演唱会、音乐会等文艺演出活动；

(3)展览、展销等活动；

(4)游园、灯会、庙会、花会、焰火晚会等活动；

(5)人才招聘会、现场开奖的彩票销售等活动。

考虑到影剧院、音乐厅、公园、娱乐场所等在其日常业务范围内举办的活动虽然符合大型群众性活动的特征，但是已经过相关部门的依法经营许可，其安全问题可以纳入日常公共安全进行管理，不必再作为大型群众性活动进行管理。

大型群众性活动的安全管理应当遵循安全第一、预防为主的方针，坚持承办者负责、政府监管的原则。

### (二)大型群众性活动安全责任

1. 安全责任人

大型群众性活动的承办者(以下简称承办者)对其承办活动的安全负责，承办者的主要负责人为大型群众性活动的安全责任人。

2. 安全工作方案

举办大型群众性活动，承办者应当制订大型群众性活动安全工作方案。

大型群众性活动安全工作方案包括下列内容：

(1)活动的时间、地点、内容及组织方式；

(2)安全工作人员的数量、任务分配和识别标志；

(3)活动场所消防安全措施;

(4)活动场所可容纳的人员数量以及活动预计参加人数;

(5)治安缓冲区域的设定及其标识;

(6)入场人员的票证查验和安全检查措施;

(7)车辆停放、疏导措施;

(8)现场秩序维护、人员疏导措施;

(9)应急救援预案。

3. 承办者的主要责任

承办者具体负责下列安全事项:

(1)落实大型群众性活动安全工作方案和安全责任制度,明确安全措施、安全工作人员岗位职责,开展大型群众性活动安全宣传教育;

(2)保障临时搭建的设施、建筑物的安全,消除安全隐患;

(3)按照负责许可的公安机关的要求,配备必要的安全检查设备,对参加大型群众性活动的人员进行安全检查,对拒不接受安全检查的,承办者有权拒绝其进入;

(4)按照核准的活动场所容纳人员数量、划定的区域发放或者出售门票;

(5)落实医疗救护、灭火、应急疏散等应急救援措施并组织演练;

(6)对妨碍大型群众性活动安全的行为及时予以制止,发现违法犯罪行为及时向公安机关报告;

(7)配备与大型群众性活动安全工作需要相适应的专业保安人员以及其他安全工作人员;

(8)为大型群众性活动的安全工作提供必要的保障。

4. 大型群众性活动场所管理者的安全责任

大型群众性活动的场所管理者具体负责下列安全事项:

(1)保障活动场所、设施符合国家安全标准和安全规定;

(2)保障疏散通道、安全出口、消防车通道、应急广播、应急照明、疏散指示标志符合法律、法规、技术标准的规定;

(3)保障监控设备和消防设施、器材配置齐全、完好有效;

(4)提供必要的停车场地,并维护安全秩序。

5. 参加大型群众性活动人员的安全责任

参加大型群众性活动的人员应当遵守下列规定:

(1)遵守法律、法规和社会公德,不得妨碍社会治安、影响社会秩序;

(2)遵守大型群众性活动场所治安、消防等管理制度,接受安全检查,不得携带爆炸性、易燃性、放射性、毒害性、腐蚀性等危险物质或者非法携带枪支、弹药、管制器具;

(3)服从安全管理,不得展示侮辱性标语、条幅等物品,不得围攻裁判员、运动员或者其他工作人员,不得投掷杂物。

6. 公安机关的职责

公安机关应当履行下列职责:

(1)审核承办者提交的大型群众性活动申请材料,实施安全许可;

(2)制订大型群众性活动安全监督方案和突发事件处置预案;

(3)指导对安全工作人员的教育培训;

(4)在大型群众性活动举办前,对活动场所组织安全检查,发现安全隐患及时责令改正;

(5)在大型群众性活动举办过程中,对安全工作的落实情况实施监督检查,发现安全隐患及时责令改正;

(6)依法查处大型群众性活动中的违法犯罪行为,处置危害公共安全的突发事件。

### (三)大型群众性活动的安全许可制度

明确大型群众性活动的安全管理制度和措施,是确保大型群众性活动安全举办的关键。公安机关对大型群众性活动实行安全许可制度。

大型群众性活动的预计参加人数在 1 000 人以上 5 000 人以下的,由活动所在地县级人民政府公安机关实施安全许可;预计参加人数在 5 000 人以上的,由活动所在地设区的市级人民政府公安机关或者直辖市人民政府公安机关实施安全许可;跨省、自治区、直辖市举办大型群众性活动的,由国务院公安部门实施安全许可。

安全许可申请应当提交的材料

(1)承办者合法成立的证明以及安全责任人的身份证明;

(2)大型群众性活动方案及其说明,2 个或者 2 个以上承办者共同承办大型群众性活动的,还应当提交联合承办的协议;

(3)大型群众性活动安全工作方案;

(4)活动场所管理者同意提供活动场所的证明。

**典型例题**

**【单选题】**根据《大型群众性活动安全管理条例》,举办大型群众性活动预计参加人数达到(　　)以上的,由活动所在地设区的市级人民政府公安机关实施安全许可。

A. 3 000 人　　B. 5 000 人

C. 8 000 人　　D. 10 000 人

B。**【解析】**《大型群众性活动安全管理条例》第十二条规定,大型群众性活动的预计参加人数在 1 000 人以上 5 000 人以下的,由活动所在地县级人民政府公安机关实施安全许可;预计参加人数在 5 000 人以上的,由活动所在地设区的市级人民政府公安机关或者直辖市人民政府公安机关实施安全许可;跨省、自治区、直辖市举办大型群众性活动的,由国务院公安部门实施安全许可。

### (四)法律责任

承办者擅自变更大型群众性活动的时间、地点、内容或者擅自扩大大型群众性活动的举办规模的,由公安机关处 1 万元以上 5 万元以下罚款;有违法所得的,没收违法所得。未经公安机关安全许可的大型群众性活动由公安机关予以取缔,对承办者处 10 万元以上 30 万元以下罚款。

承办者或者大型群众性活动场所管理者违反本条例规定致使发生重大伤亡事故、治安案件或者造成其他严重后果构成犯罪的,依法追究刑事责任;尚不构成犯罪的,对安全责任人和其他直接责任人员依法给予处分、治安管理处罚,对单位处 1 万元以上 5 万元以下罚款。

在大型群众性活动举办过程中发生公共安全事故,安全责任人不立即启动应急救援预案或者不立即向公安机关报告的,由公安机关对安全责任人和其他直接责任人员处 5 000元以上 5 万元以下罚款。

参加大型群众性活动的人员有违反本条例行为的，由公安机关给予批评教育；有危害社会治安秩序、威胁公共安全行为的，公安机关可以将其强行带离现场，依法给予治安管理处罚；构成犯罪的，依法追究刑事责任。

有关主管部门的工作人员和直接负责的主管人员在履行大型群众性活动安全管理职责中，有滥用职权、玩忽职守、徇私舞弊行为的，依法给予处分；构成犯罪的，依法追究刑事责任。

## 六、《女职工劳动保护特别规定》的主要内容

### （一）立法目的和适用范围

《女职工劳动保护特别规定》是为减少和解决女职工在劳动中因生理特点造成的特殊困难，保护女职工健康制定。

中华人民共和国境内的国家机关、企业、事业单位、社会团体、个体经济组织以及其他社会组织等用人单位及其女职工，适用本规定。用人单位应当加强女职工劳动保护，采取措施改善女职工劳动安全卫生条件，对女职工进行劳动安全卫生知识培训。

### （二）女职工禁忌从事的劳动范围

现行《女职工禁忌劳动范围的规定》是原劳动部根据《女职工劳动保护规定》制定的。《规定》将女职工禁忌从事的劳动范围放在附录加以列示，对女职工禁忌从事的劳动范围作了调整，具体如下表所示：

| 类别 | 范围 |
| --- | --- |
| 女职工禁忌从事的劳动范围 | (1)矿山井下作业；<br>(2)体力劳动强度分级标准中规定的第四级体力劳动强度的作业；<br>(3)每小时负重6次以上、每次负重超过20公斤的作业，或者间断负重、每次负重超过25公斤的作业 |
| 女职工在经期禁忌从事的劳动范围 | (1)冷水作业分级标准中规定的第二级、第三级、第四级冷水作业；<br>(2)低温作业分级标准中规定的第二级、第三级、第四级低温作业；<br>(3)体力劳动强度分级标准中规定的第三级、第四级体力劳动强度的作业；<br>(4)高处作业分级标准中规定的第三级、第四级高处作业 |
| 女职工在孕期禁忌从事的劳动范围 | (1)作业场所空气中铅及其化合物、汞及其化合物、苯、镉、铍、砷、氰化物、氮氧化物、一氧化碳、二硫化碳、氯、己内酰胺、氯丁二烯、氯乙烯、环氧乙烷、苯胺、甲醛等有毒物质浓度超过国家职业卫生标准的作业；<br>(2)从事抗癌药物、己烯雌酚生产，接触麻醉剂气体等的作业；<br>(3)非密封源放射性物质的操作，核事故与放射事故的应急处置；<br>(4)高处作业分级标准中规定的高处作业；<br>(5)冷水作业分级标准中规定的冷水作业；<br>(6)低温作业分级标准中规定的低温作业；<br>(7)高温作业分级标准中规定的第三级、第四级的作业；<br>(8)噪声作业分级标准中规定的第三级、第四级的作业；<br>(9)体力劳动强度分级标准中规定的第三级、第四级体力劳动强度的作业；<br>(10)在密闭空间、高压室作业或者潜水作业，伴有强烈振动的作业，或者需要频繁弯腰、攀高、下蹲的作业 |

（续表）

| 类别 | 范围 |
|---|---|
| 女职工在哺乳期禁忌从事的劳动范围 | (1)孕期禁忌从事的劳动范围的第(1)项、第(3)项、第(9)项;<br>(2)作业场所空气中锰、氟、溴、甲醇、有机磷化合物、有机氯化合物等有毒物质浓度超过国家职业卫生标准的作业 |

### (三)女职工特殊时期的劳动保护的要求

用人单位不得因女职工怀孕、生育、哺乳而降低其工资、予以辞退、与其解除劳动或者聘用合同。

1. 孕期的劳动保护

女职工在孕期不能适应原劳动的,用人单位应根据医疗机构的证明,予以减轻劳动量或者安排其他能够适应的劳动。对怀孕7个月以上的女职工,用人单位不得延长劳动时间或者安排夜班劳动,并应当在劳动时间内安排一定的休息时间。怀孕女职工在劳动时间内进行产前检查,所需时间计入劳动时间。

2. 生育期的劳动保护

女职工生育享受98天产假,其中产前可以休假15天;难产的,应增加产假15天;生育多胞胎的,每多生育1个婴儿,可增加产假15天。

女职工怀孕未满4个月流产的,享受15天产假;怀孕满4个月流产的,享受42天产假。

女职工产假期间的生育津贴,对已经参加生育保险的,按照用人单位上年度职工月平均工资的标准由生育保险基金支付;对未参加生育保险的,按照女职工产假前工资的标准由用人单位支付。

3. 哺乳期的劳动保护

对哺乳未满1周岁婴儿的女职工,用人单位不得延长劳动时间或者安排夜班劳动。

用人单位应当在每天的劳动时间内为哺乳期女职工安排1小时哺乳时间;女职工生育多胞胎的,每多哺乳1个婴儿每天增加1小时哺乳时间。

### (四)女职工的维权方式

用人单位违反规定,侵害女职工合法权益的,女职工可以依法投诉、举报、申诉,依法向劳动人事争议调解仲裁机构申请调解仲裁,对仲裁裁决不服的,依法向人民法院提起诉讼。

用人单位违反规定,侵害女职工合法权益,造成女职工损害的,依法给予赔偿;用人单位及其直接负责的主管人员和其他直接责任人员构成犯罪的,依法追究刑事责任。

# 第十节 其他有关安全生产的部门规章

## 一、《尾矿库安全监督管理规定》的相关内容

### (一)适用范围

《尾矿库安全监督管理规定》第二条规定,尾矿库的建设、运行、回采、闭库及其安全管理与监督工作,适用本规定。核工业矿山尾矿库、电厂灰渣库的安全监督管理工作,不适用本规定。

## （二）尾矿库建设

尾矿库建设项目包括新建、改建、扩建以及回采、闭库的尾矿库建设工程。尾矿库建设项目安全设施设计审查与竣工验收应当符合有关法律、行政法规的规定。

1. 各单位的资质要求

尾矿库的勘察单位应当具有矿山工程或者岩土工程类勘察资质。设计单位应当具有金属非金属矿山工程设计资质。安全评价单位应当具有尾矿库评价资质。施工单位应当具有矿山工程施工资质。施工监理单位应当具有矿山工程监理资质。尾矿库的勘察、设计、安全评价、施工、监理等单位除符合上述规定外，还应当按照尾矿库的等别符合下列规定：

（1）一等、二等、三等尾矿库建设项目，其勘察、设计、安全评价、监理单位具有甲级资质，施工单位具有总承包一级或者特级资质；

（2）四等、五等尾矿库建设项目，其勘察、设计、安全评价、监理单位具有乙级或者乙级以上资质，施工单位具有总承包三级或者三级以上资质，或者专业承包一级、二级资质。

2. 设计管理

尾矿库建设项目应当进行安全设施设计，对尾矿库库址及尾矿坝稳定性、尾矿库防洪能力、排洪设施和安全观测设施的可靠性进行充分论证。

尾矿库库址应当由设计单位根据库容、坝高、库区地形条件、水文地质、气象、下游居民区和重要工业构筑物等情况，经科学论证后，合理确定。

尾矿库建设项目应当进行安全设施设计并经应急管理部门审查批准后方可施工。无安全设施设计或者安全设施设计未经审查批准的，不得施工。严禁未经设计并审查批准擅自加高尾矿库坝体。

3. 尾矿库施工安全管理

尾矿库施工应当执行有关法律、行政法规和国家标准、行业标准的规定，严格按照设计施工，确保工程质量，并做好施工记录。

生产经营单位应当建立尾矿库工程档案和日常管理档案，特别是隐蔽工程档案、安全检查档案和隐患排查治理档案，并长期保存。

施工中需要对设计进行局部修改的，应当经原设计单位同意；对涉及尾矿库库址、等别、排洪方式、尾矿坝坝型等重大设计变更的，应当报原审批部门批准。

4. 验收的安全管理规定

尾矿库建设项目安全设施试运行应当向应急管理部门书面报告，试运行时间不得超过6个月，且尾砂排放不得超过初期坝坝顶标高。试运行结束后，建设单位应当组织安全设施竣工验收，并形成书面报告备查。应急管理部门应当加强对建设单位验收活动和验收结果的监督核查。

尾矿库建设项目安全设施验收合格后，生产经营单位应当及时按照《非煤矿矿山企业安全生产许可证实施办法》的有关规定，申请尾矿库安全生产许可证。未依法取得安全生产许可证的尾矿库，不得投入生产运行。

生产经营单位在申请尾矿库安全生产许可证时，对于验收申请时已提交的符合颁证条件的文件、资料可以不再提交；应急管理部门在审核颁发安全生产许可证时，可以不再审查。

## (三)尾矿库运行

### 1. 尾矿库不得随意变更的事项

对生产运行的尾矿库,未经技术论证和应急管理部门的批准,任何单位和个人不得对下列事项进行变更:

(1)筑坝方式;

(2)排放方式;

(3)尾矿物化特性;

(4)坝型、坝外坡坡比、最终堆积标高和最终坝轴线的位置;

(5)坝体防渗、排渗及反滤层的设置;

(6)排洪系统的型式、布置及尺寸;

(7)设计以外的尾矿、废料或者废水进库等。

### 2. 尾矿库安全现状评价

尾矿库应当每 3 年至少进行 1 次安全现状评价。安全现状评价应当符合国家标准或者行业标准的要求。

尾矿库安全现状评价工作应当有能够进行尾矿坝稳定性验算、尾矿库水文计算、构筑物计算的专业技术人员参加。

上游式尾矿坝堆积至二分之一至三分之二最终设计坝高时,应当对坝体进行一次全面勘察,并进行稳定性专项评价。

### 3. 危库、险库和病库的处理

尾矿库经安全现状评价或者专家论证被确定为危库、险库和病库的,生产经营单位应当分别采取下列措施:

(1)确定为危库的,应当立即停产,进行抢险,并向尾矿库所在地县级人民政府、应急管理部门和上级主管单位报告;

(2)确定为险库的,应当立即停产,在限定的时间内消除险情,并向尾矿库所在地县级人民政府、应急管理部门和上级主管单位报告;

(3)确定为病库的,应当在限定的时间内按照正常库标准进行整治,消除事故隐患。

### 4. 应急救援预案的编制、应用及隐患处理

生产经营单位应当建立健全防汛责任制,实施 24 小时监测监控和值班值守,并针对可能发生的垮坝、漫顶、排洪设施损毁等生产安全事故和影响尾矿库运行的洪水、泥石流、山体滑坡、地震等重大险情制定并及时修订应急救援预案,配备必要的应急救援器材、设备,放置在便于应急时使用的地方。应急预案应当按照规定报相应的应急管理部门备案,并每年至少进行一次演练。

生产经营单位应当建立尾矿库事故隐患排查治理制度,按照规定,及时发现并消除事故隐患。事故隐患排查治理情况应当如实记录,建立隐患排查治理档案,并向从业人员通报。

尾矿库出现下列重大险情之一的,生产经营单位应当按照安全监管权限和职责立即报告当地县级应急管理部门和人民政府,并启动应急预案,进行抢险:

(1)坝体出现严重的管涌、流土等现象的；

(2)坝体出现严重裂缝、坍塌和滑动迹象的；

(3)库内水位超过限制的最高洪水位的；

(4)在用排水井倒塌或者排水管(洞)坍塌堵塞的；

(5)其他危及尾矿库安全的重大险情。

尾矿库发生坝体坍塌、洪水漫顶等事故时，生产经营单位应当立即启动应急预案，进行抢险，防止事故扩大，避免和减少人员伤亡及财产损失，并立即报告当地县级应急管理部门和人民政府。

5. 其他规定

生产经营单位应当编制尾矿库年度、季度作业计划，严格按照作业计划生产运行，做好记录并长期保存。

未经生产经营单位进行技术论证并同意，以及尾矿库建设项目安全设施设计原审批部门批准，任何单位和个人不得在库区从事爆破、采砂、地下采矿等危害尾矿库安全的作业。

### (四)尾矿库回采的规定

尾矿回采再利用工程应当进行回采勘察、安全预评价和回采设计，回采设计应当包括安全设施设计，并编制安全专篇。

回采安全设施设计应当报应急管理部门审查批准。

生产经营单位应当按照回采设计实施尾矿回采，并在尾矿回采期间进行日常安全管理和检查，防止尾矿回采作业对尾矿坝安全造成影响。

尾矿全部回采后不再进行排尾作业的，生产经营单位应当及时报应急管理部门履行尾矿库注销手续。具体办法由省级应急管理部门制定。

### (五)尾矿库闭库的规定

1. 时限规定

尾矿库运行到设计最终标高或者不再进行排尾作业的，应当在1年内完成闭库。特殊情况不能按期完成闭库的，应当报经相应的应急管理部门同意后方可延期，但延长期限不得超过6个月。库容小于10万立方米且总坝高低于10米的小型尾矿库闭库程序，由省级应急管理部门根据本地实际制定。

尾矿库运行到设计最终标高的前12个月内，生产经营单位应当进行闭库前的安全现状评价和闭库设计，闭库设计应当包括安全设施设计。闭库安全设施设计应当经有关应急管理部门审查批准。

2. 尾矿库闭库工程安全设施验收的条件

尾矿库闭库工程安全设施验收，应当具备下列条件：

(1)尾矿库已停止使用；

(2)尾矿库闭库工程安全设施设计已经有关应急管理部门审查批准；

(3)有完备的闭库工程安全设施施工记录、竣工报告、竣工图和施工监理报告等；

(4)法律、行政法规和国家标准、行业标准规定的其他条件。

3. 尾矿库闭库工程安全设施验收的资料审查内容

生产经营单位组织尾矿库闭库工程安全设施验收,应当审查下列内容及资料:

(1)尾矿库库址所在行政区域位置、占地面积及尾矿库下游村庄、居民等情况;

(2)尾矿库建设和运行时间以及在建设和运行中曾经出现过的重大问题及其处理措施;

(3)尾矿库主要技术参数,包括初期坝结构、筑坝材料、堆坝方式、坝高、总库容、尾矿坝外坡坡比、尾矿粒度、尾矿堆积量、防洪排水形式等;

(4)闭库工程安全设施设计及审批文件;

(5)闭库工程安全设施设计的主要工程措施和闭库工程施工概况;

(6)闭库工程安全验收评价报告;

(7)闭库工程安全设施竣工报告及竣工图;

(8)施工监理报告;

(9)其他相关资料。

4. 闭库后的安全管理责任划分

尾矿库闭库工作及闭库后的安全管理由原生产经营单位负责。对解散或者关闭破产的生产经营单位,其已关闭或者废弃的尾矿库的管理工作,由生产经营单位出资人或其上级主管单位负责;无上级主管单位或者出资人不明确的,由应急管理部门提请县级以上人民政府指定管理单位。

### (六)监督管理

应急管理部门应当严格按照有关法律、行政法规、国家标准、行业标准以及本规定要求和"分级属地"的原则,进行尾矿库建设项目安全设施设计审查;不符合规定条件的,不得批准。审查不得收取费用。

应急管理部门应当建立本行政区域内尾矿库安全生产监督检查档案,记录监督检查结果、生产安全事故及违法行为查处等情况。

应急管理部门应当加强对尾矿库生产经营单位安全生产的监督检查,对检查中发现的事故隐患和违法违规生产行为,依法作出处理。

应急管理部门应当建立尾矿库安全生产举报制度,公开举报电话、信箱或者电子邮件地址,受理有关举报;对受理的举报,应当认真调查核实;经查证属实的,应当依法作出处理。

应急管理部门应当加强本行政区域内生产经营单位应急预案的备案管理,并将尾矿库事故应急救援纳入地方各级人民政府应急救援体系。

## 二、《工贸企业有限空间作业安全管理与监督暂行规定》的相关内容

### (一)有限空间的概念

有限空间,是指封闭或者部分封闭,与外界相对隔离,出入口较为狭窄,作业人员不能长时间在内工作,自然通风不良,易造成有毒有害、易燃易爆物质积聚或者氧含量不足的空间。工贸企业有限空间的目录由国家应急管理部确定、调整并公布。

## (二)有限空间作业安全责任主体

工贸企业是本企业有限空间作业安全的责任主体,其主要负责人对本企业有限空间作业安全全面负责,相关负责人在各自职责范围内对本企业有限空间作业安全负责。

## (三)有限空间作业安全监督管理体制

(1)国家应急管理部对全国工贸企业有限空间作业安全实施监督管理;

(2)县级以上地方各级应急管理部门按照属地监管、分级负责的原则,对本行政区域内工贸企业有限空间作业安全实施监督管理;

(3)省、自治区、直辖市人民政府对工贸企业有限空间作业的安全生产监督管理职责另有规定的,依照其规定。

## (四)有限空间作业相关安全生产管理制度和规程

工贸企业作为生产经营主体必须建立健全以安全生产责任制为核心的有限空间作业的各项安全生产管理制度,存在有限空间作业的工贸企业应当建立下列安全生产制度和规程:

(1)有限空间作业安全责任制度;

(2)有限空间作业审批制度;

(3)有限空间作业现场安全管理制度;

(4)有限空间作业现场负责人、监护人员、作业人员、应急救援人员安全培训教育制度;

(5)有限空间作业应急管理制度;

(6)有限空间作业安全操作规程。

## (五)有限空间作业场所的各类人员进行专项安全培训

工贸企业应当对从事有限空间作业的现场负责人、监护人员、作业人员、应急救援人员进行专项安全培训。专项安全培训应当包括下列内容:

(1)有限空间作业的危险有害因素和安全防范措施;

(2)有限空间作业的安全操作规程;

(3)检测仪器、劳动防护用品的正确使用;

(4)紧急情况下的应急处置措施。

安全培训应当有专门记录,并由参加培训的人员签字确认。

## (六)实施有限空间作业现场采取的安全措施

(1)工贸企业实施有限空间作业前,应当对作业环境进行评估,分析存在的危险有害因素,提出消除、控制危害的措施,制定有限空间作业方案,并经本企业负责人批准;

(2)工贸企业应当按照有限空间作业方案,明确作业现场负责人、监护人员、作业人员及其安全职责;

(3)工贸企业实施有限空间作业前,应当将有限空间作业方案和作业现场可能存在的危险有害因素、防控措施告知作业人员。现场负责人应当监督作业人员按照方案进行作业准备;

(4)工贸企业应当采取可靠的隔断(隔离)措施,将可能危及作业安全的设施设备、存在有毒有害物质的空间与作业地点隔开;

(5)有限空间作业应当严格遵守“先通风、再检测、后作业”的原则。检测指标包括氧浓度、易燃易爆物质(可燃性气体、爆炸性粉尘)浓度、有毒有害气体浓度。检测应当符合相关国家标准或者行业标准的规定。未经通风和检测合格,任何人员不得进入有限空间作业。检测的时间不得早于作业开始前30分钟;

(6)检测人员进行检测时,应当记录检测的时间、地点、气体种类、浓度等信息。检测记录经检测人员签字后存档。检测人员应当采取相应的安全防护措施,防止中毒窒息等事故发生;

(7)有限空间内盛装或者残留的物料对作业存在危害时,作业人员应当在作业前对物料进行清洗、清空或者置换。经检测,有限空间的危险有害因素符合《工作场所有害因素职业接触限值 第一部分:化学有害因素》的要求后,方可进入有限空间作业;

(8)在有限空间作业过程中,工贸企业应当采取通风措施,保持空气流通,禁止采用纯氧通风换气。发现通风设备停止运转、有限空间内氧含量浓度低于或者有毒有害气体浓度高于国家标准或者行业标准规定的限值时,工贸企业必须立即停止有限空间作业,清点作业人员,撤离作业现场;

(9)在有限空间作业过程中,工贸企业应当对作业场所中的危险有害因素进行定时检测或者连续监测。作业中断超过30分钟,作业人员再次进入有限空间作业前,应当重新通风、检测合格后方可进入;

(10)有限空间作业场所的照明灯具电压应当符合《特低电压限值》等国家标准或者行业标准的规定;作业场所存在可燃性气体、粉尘的,其电气设施设备及照明灯具的防爆安全要求应当符合《爆炸性环境 第一部分:设备通用要求》等国家标准或者行业标准的规定;

(11)工贸企业应当根据有限空间存在危险有害因素的种类和危害程度,为作业人员提供符合国家标准或者行业标准规定的劳动防护用品,并教育监督作业人员正确佩戴与使用。

### (七)工贸企业有限空间作业要求

1. 作业要求及作业技术后人员撤离

工贸企业有限空间作业还应当符合下列要求:①保持有限空间出入口畅通;②设置明显的安全警示标志和警示说明;③作业前清点作业人员和工器具;④作业人员与外部有可靠的通信联络;⑤监护人员不得离开作业现场,并与作业人员保持联系;⑥存在交叉作业时,采取避免互相伤害的措施。

有限空间作业结束后,作业现场负责人、监护人员应当对作业现场进行清理,撤离作业人员。

2. 应急预案的制定与演练

工贸企业应当根据本企业有限空间作业的特点,制定应急预案,并配备相关的呼吸器、防毒面罩、通讯设备、安全绳索等应急装备和器材。有限空间作业的现场负责人、监护人员、作业人员和应急救援人员应当掌握相关应急预案内容,定期进行演练,提高应急处置能力。

3. 发承包企业有限空间作业安全责任主体

工贸企业将有限空间作业发包给其他单位实施的,应当发包给具备国家规定资质或者安全生产条件的承包方,并与承包方签订专门的安全生产管理协议或者在承包合同中明确各自的安全生产职责。工贸企业应当对承包单位的安全生产工作统一协调、管理,定期进行安全检查,发现安全问题的,应当及时督促整改。工贸企业对其发包的有限空间作业安全承担主体责任。承包方对其承包的有限空间作业安全承担直接责任。

4. 事故发生后处理措施

有限空间作业中发生事故后,现场有关人员应当立即报警,禁止盲目施救。应急救援人员实施救援时,应当做好自身防护,佩戴必要的呼吸器具、救援器材。

### (八)有限空间作业的安全监督管理

(1)应急管理部门应当加强对工贸企业有限空间作业的监督检查,将检查纳入年度执法工作计划。对发现的事故隐患和违法行为,依法作出处理;

(2)应急管理部门对工贸企业有限空间作业实施监督检查时,应当重点抽查有限空间作业安全管理制度、有限空间管理台账、检测记录、劳动防护用品配备、应急救援演练、专项安全培训等情况;

(3)应急管理部门应当加强对行政执法人员的有限空间作业安全知识培训,并为检查有限空间作业安全的行政执法人员配备必需的劳动防护用品、检测仪器;

(4)应急管理部门及其行政执法人员发现有限空间作业存在重大事故隐患的,应当责令立即或者限期整改;重大事故隐患排除前或者排除过程中无法保证安全的,应当责令暂时停止作业,撤出作业人员;重大事故隐患排除后,经审查同意,方可恢复作业。

### (九)法律责任

工贸企业有下列行为之一的,由县级以上应急管理部门责令限期改正,可以处5万元以下的罚款;逾期未改正的,处5万元以上20万元以下的罚款,其直接负责的主管人员和其他直接责任人员处1万元以上2万元以下的罚款;情节严重的,责令停产停业整顿:①未在有限空间作业场所设置明显的安全警示标志的;②未按照本规定为作业人员提供符合国家标准或者行业标准的劳动防护用品的。

工贸企业有下列情形之一的,由县级以上应急管理部门责令限期改正,可以处5万元以下的罚款;逾期未改正的,责令停产停业整顿,并处5万元以上10万元以下的罚款,对其直接负责的主管人员和其他直接责任人员处1万元以上2万元以下的罚款:①未按照本规定对有限空间的现场负责人、监护人员、作业人员和应急救援人员进行安全培训的;②未按照本规定对有限空间作业制定应急预案,或者定期进行演练的。

工贸企业有下列情形之一的,由县级以上应急管理部门责令限期改正,可以处3万元以下的罚款,对其直接负责的主管人员和其他直接责任人员处1万元以下的罚款:①未按照本规定对有限空间作业进行辨识、提出防范措施、建立有限空间管理台账的;②未按照本规定对有限空间作业制定作业方案或者方案未经审批擅自作业的;③有限空间作业未按照本规定进行危险有害因素检测或者监测,并实行专人监护作业的。

## 三、《食品生产企业安全生产监督管理暂行规定》的相关内容

### (一)适用范围

适用范围为食品生产企业的安全生产及其监督管理。食品生产企业,是指以农业、渔

业、畜牧业、林业或者化学工业的产品、半成品为原料,通过工业化加工、制作,为人们提供食用或者饮用的物品的企业。

农副产品从种植养殖环节进入批发、零售市场或者生产加工企业前的安全生产及其监督管理则不适用。

### (二)安全生产的基本要求

食品生产企业应当严格遵守有关安全生产法律、行政法规和国家标准、行业标准的规定,建立健全安全生产责任制、安全生产规章制度和安全操作规程。

从业人员超过100人的食品生产企业,应当设置安全生产管理机构或者配备3名以上专职安全生产管理人员,鼓励配备注册安全工程师从事安全生产管理工作。前款规定以外的其他食品生产企业,应当配备专职或者兼职安全生产管理人员,或者委托安全生产中介机构提供安全生产服务。委托安全生产中介机构提供安全生产技术、管理服务的,保证安全生产的责任仍由本企业负责。

食品生产企业应当支持安全生产管理机构和安全生产管理人员履行管理职责,并保证其开展工作所必须的条件。

食品生产企业应当推进安全生产标准化建设,强化安全生产基础,做到安全管理标准化、设施设备标准化、作业现场标准化和作业行为标准化,并持续改进,不断提高企业本质安全水平。

食品生产企业新建、改建和扩建建设项目(以下统称建设项目)的安全设施,必须与主体工程同时设计、同时施工、同时投入生产和使用。安全设施投资应当纳入建设项目概算。

食品生产企业应当委托具备国家规定资质的工程设计单位、施工单位和监理单位,对建设工程进行设计、施工和监理。工程设计单位、施工单位和监理单位应当按照有关法律、行政法规,国家标准或者行业标准的规定进行设计、施工和监理,并对其工作成果负责。

食品生产企业应当按照有关法律、行政法规的规定,加强工程建设、消防、特种设备的安全管理;对于需要有关部门审批和验收的事项,应当依法向有关部门提出申请;未经有关部门依法批准或者验收合格的,不得投入生产和使用。

食品生产企业应当建立健全事故隐患排查治理制度,明确事故隐患治理的措施、责任、资金、时限和预案,采取技术、管理措施,及时发现并消除事故隐患。事故隐患排查治理情况应当如实记录,向从业人员通报,并按规定报告所在地负责食品生产企业安全生产监管的部门。

食品生产企业的加工、制作等项目有多个承包单位、承租单位,或者存在空间交叉的,应当对承包单位、承租单位的安全生产工作进行统一协调、管理。承包单位、承租单位应当服从食品生产企业的统一管理,并对作业现场的安全生产负责。

食品生产企业应当对新录用、季节性复工、调整工作岗位和离岗半年以上重新上岗的从业人员,进行相应的安全生产教育培训。未经安全生产教育培训合格的从业人员,不得上岗作业。

食品生产企业应当定期组织开展危险源辨识,并将其工作场所存在和作业过程中可能产生的危险因素、防范措施和事故应急措施等如实书面告知从业人员,不得隐瞒或者欺骗。从业人员发现直接危及人身安全的紧急情况时,有权停止作业或者在采取可能的应急措施后撤离作业场所。食品生产企业不得因此降低其工资、福利待遇或者解除劳动合同。

### (三)食品生产企业的作业场所的要求

食品生产企业的作业场所应当符合下列要求：

(1)生产设施设备，按照国家有关规定配备有温度、压力、流量、液位以及粉尘浓度、可燃和有毒气体浓度等工艺指标的超限报警装置；

(2)用电设备设施和场所，采取保护措施，并在配电设备设施上安装剩余电流动作保护装置或者其他防止触电的装置；

(3)涉及烘制、油炸等高温的设施设备和岗位，采用必要的防过热自动报警切断和隔热板、墙等保护设施；

(4)涉及淀粉等可燃性粉尘爆炸危险的场所、设施设备，采用惰化、抑爆、阻爆、泄爆等措施防止粉尘爆炸，现场安全管理措施和条件符合《粉尘防爆安全规程》等国家标准或者行业标准的要求；

(5)油库(罐)、燃气站、除尘器、压缩空气站、压力容器、压力管道、电缆隧道(沟)等重点防火防爆部位，采取有效、可靠的监控、监测、预警、防火、防爆、防毒等安全措施。安全附件和联锁装置不得随意拆弃和解除，声、光报警等信号不得随意切断；

(6)制冷车间符合《冷库设计规范》《冷库安全规程》等国家标准或者行业标准的规定，设置气体浓度报警装置，且与制冷电机联锁、与事故排风机联动。在包装间、分割间等人员密集场所，严禁采用氨直接蒸发的制冷系统。

### (四)食品生产企业的作业过程的安全管理

(1)食品生产企业涉及生产、储存和使用危险化学品的，应当严格按照《危险化学品安全管理条例》等法律、行政法规、国家标准或者行业标准的规定，根据危险化学品的种类和危险特性，在生产、储存和使用场所设置相应的监测、监控、通风、防晒、调温、防火、灭火、防爆、泄压、防毒、中和、防潮、防雷、防静电、防腐、防泄漏以及防护围堤等安全设施设备，并对安全设施设备进行经常性维护保养，保证其正常运行。

食品生产企业的中间产品为危险化学品的，应当依照有关规定取得危险化学品安全生产许可证；

(2)食品生产企业应当定期组织对作业场所、仓库、设备设施使用、从业人员持证、劳动防护用品配备和使用、危险源管理情况进行检查，对检查发现的问题应当立即整改；不能立即整改的，应当制定相应的防范措施和整改计划，限期整改。检查应当做好记录，并由有关人员签字；

(3)食品生产企业应当加强日常消防安全管理，按照有关规定配置并保持消防设施完好有效。生产作业场所应当设有标志明显、符合要求的安全出口和疏散通道，禁止封堵、锁闭生产作业场所的安全出口和疏散通道；

(4)食品生产企业应当使用符合安全技术规范要求的特种设备，并按照国家规定向有关部门登记，进行定期检验。食品生产企业应当在有危险因素的场所和有关设施、设备上设置明显的安全警示标志和警示说明；

(5)食品生产企业进行高处作业、吊装作业、临近高压输电线路作业、电焊气焊等动火作业,以及在污水池等有限空间内作业的,应当实行作业审批制度,安排专门人员负责现场安全管理,落实现场安全管理措施。

### (五)监督管理

(1)县级以上人民政府负责食品生产企业安全生产监管的部门及其行政执法人员应当在其职责范围内加强对食品生产企业安全生产的监督检查,对违反有关安全生产法律、行政法规、国家标准或者行业标准的违法行为,依法实施行政处罚;

(2)县级以上地方人民政府负责食品生产企业安全生产监管的部门应当将食品生产企业纳入年度执法工作计划,明确检查的重点企业、关键事项、时间和标准,对检查中发现的重大事故隐患实施挂牌督办;

(3)县级以上地方人民政府负责食品生产企业安全生产监管的部门接到食品生产企业报告的重大事故隐患后,应当根据需要,进行现场核查,督促食品生产企业按照治理方案排除事故隐患,防止事故发生;必要时,可以责令食品生产企业暂时停产停业或者停止使用;重大事故隐患治理后,经县级以上地方人民政府负责食品生产企业安全生产监管的部门审查同意,方可恢复生产经营和使用;

(4)县级以上地方人民政府负责食品生产企业安全生产监管的部门对食品生产企业进行监督检查时,发现其存在工程建设、消防和特种设备等方面的事故隐患或者违法行为的,应当及时移送本级人民政府有关部门处理。

## 四、《海洋石油安全生产规定》的相关内容

### (一)适用范围和责任主体

《海洋石油安全生产规定》第二条规定,在中华人民共和国的内水、领海、毗连区、专属经济区、大陆架以及中华人民共和国管辖的其他海域内的海洋石油开采活动的安全生产,适用本规定。

海洋石油作业者和承包者是海洋石油安全生产的责任主体。作业者是指负责实施海洋石油开采活动的企业,或者按照石油合同的约定负责实施海洋石油开采活动的实体。承包者是指向作业者提供服务的企业或者实体。

### (二)安全生产保障

1. 作业者和承包者的责任

作业者和承包者应当遵守有关安全生产的法律、行政法规、部门规章、国家标准和行业标准,具备安全生产条件。

作业者应当加强对承包者的安全监督和管理,并在承包合同中约定各自的安全生产管理职责。

作业者和承包者的主要负责人对本单位的安全生产工作全面负责。

作业者和从事物探、钻井、测井、录井、试油、井下作业等活动的承包者及海洋石油生产设施的主要负责人、安全管理人员应当按照安全监管总局的规定,经过安全资格培训,具备相应的安全生产知识和管理能力,经考核合格取得证书后方可任职。

作业者和承包者应当向作业人员如实告知作业现场和工作岗位存在的危险因素和职

业危害因素，以及相应的防范措施和应急措施。

作业者和承包者应当为作业人员提供符合国家标准或者行业标准的劳动防护用品，并监督、教育作业人员按照使用规则佩戴、使用。

作业者和承包者应当制定海洋石油作业设施、生产设施及其专业设备的安全检查、维护保养制度，建立安全检查、维护保养档案，并指定专人负责。

作业者和承包者应当加强防火防爆管理，按照有关规定划分和标明安全区与危险区；在危险区作业时，应当对作业程序和安全措施进行审查。

作业者和承包者应当加强对易燃、易爆、有毒、腐蚀性等危险物品的管理，按国家有关规定进行装卸、运输、储存、使用和处置。

2. 安全生产教育和培训

作业者和承包者应当对从业人员进行安全生产教育和培训，保证从业人员具备必要的安全生产知识，熟悉有关的安全生产规章制度和安全操作规程，掌握本岗位的安全操作技能。

出海作业人员应当接受海洋石油作业安全救生培训，经考核合格后方可出海作业。临时出海人员应接受必要的安全教育。特种作业人员应当按照安全监管总局有关规定经专门的安全技术培训，考核合格取得特种作业操作资格证书后方可上岗作业。

3. 海洋石油生产设施的设计、施工、验收、检验

海洋石油建设项目在可行性研究阶段或者总体开发方案编制阶段应当进行安全预评价。安全预评价报告经评审后报海油安办备案。在设计阶段，海洋石油生产设施的重要设计文件及安全专篇，应当经海洋石油生产设施发证检验机构（以下简称发证检验机构）审查同意。发证检验机构应当在审查同意的设计文件、图纸上加盖印章。

海洋石油生产设施应当由具有相应资质或者能力的专业单位施工，施工单位应当按照审查同意的设计方案或者图纸施工。

海洋石油生产设施试生产前，应当经发证检验机构检验合格，取得最终检验证书或者临时检验证书，并制订试生产的安全措施，于试生产前 45 日报海油安办有关分部备案。海油安办有关分部应对海洋石油生产设施的状况及安全措施的落实情况进行检查。海洋石油生产设施试生产正常后，应当向海油安办申请安全竣工验收。经验收合格并办理安全生产许可证后，方可正式投入生产使用。

海洋石油的专业设备应当由专业设备检验机构检验合格，方可投入使用。专业设备检验机构对检验结果负责。海洋石油作业设施首次投入使用前或者变更作业区块前，应当制订作业计划和安全措施。作业计划和安全措施应当在开始作业前 15 日报海油安办有关分部备案。外国海洋石油作业设施进入中华人民共和国管辖海域前按照上述要求执行。

在海洋石油生产设施的设计、建造、安装以及生产的全过程中，实施发证检验制度。海洋石油生产设施的发证检验包括建造检验、生产过程中的定期检验和临时检验。发证检验工作由作业者委托具有资质的发证检验机构进行。发证检验机构应当依照有关法律、行政法规、部门规章和国家标准、行业标准或者作业者选定的技术标准实施审查、检

验，并对审查、检验结果负责。作业者选定的技术标准不得低于国家标准和行业标准。海油安办对发证检验机构实施的设计审查程序、检验程序进行监督。

### (三)安全生产监督管理

1. 海油安办及其各分部对海洋石油安全生产监督管理职责

海油安办及其各分部对海洋石油安全生产履行以下监督管理职责：

(1)组织起草海洋石油安全生产法规、规章、标准。

(2)监督检查作业者和承包者安全生产条件、设备设施安全和劳动防护用品使用情况。

(3)监督检查作业者和承包者安全生产教育培训情况；负责作业者，从事物探、钻井、测井、录井、试油、井下作业等的承包者和海洋石油生产设施的主要负责人、安全管理人员和特种作业人员的安全培训考核工作。

(4)监督检查海洋石油建设项目生产设施“三同时”情况，负责建设项目安全预评价报告的备案管理，组织建设项目生产设施安全竣工验收工作，负责安全生产许可证的发放工作。

(5)负责海洋石油生产设施发证检验、专业设备检测检验、安全评价和安全咨询等社会中介服务机构的资质审查。

(6)组织生产安全事故的调查处理；协调事故和险情的应急救援工作。

2. 海油安办及其各分部的监督检查职权

海油安办及其各分部依法对作业者和承包者执行有关安全生产的法律、行政法规和国家标准或者行业标准的情况进行监督检查，行使以下职权：

(1)对作业者和承包者进行安全检查，调阅有关资料，向有关单位和人员了解情况。

(2)对检查中发现的安全生产违法行为，当场予以纠正或者要求限期改正。

(3)对检查中发现的事故隐患，应当责令立即排除；重大事故隐患排除前或者排除过程中无法保证安全的，应当责令从危险区域内撤出作业人员，责令暂时停产停业或者停止使用；重大事故隐患排除后，经审查同意，方可恢复生产和使用。

(4)对有根据认为不符合保障安全生产的国家标准或者行业标准的设施、设备、器材予以查封或者扣押，并应当在15日内依法作出处理决定。

3. 监督检查人员监督检查时的义务

监督检查人员进行监督检查时，应履行以下义务：

(1)忠于职守，坚持原则，秉公执法；

(2)执行监督检查任务时，必须出示有效的监督执法证件，使用统一的行政执法文书；

(3)遵守作业者和承包者的有关现场管理规定，不得影响正常生产活动；

(4)保守作业者和承包者的有关技术秘密和商业秘密。

监督检查人员在进行安全监督检查期间，作业者或者承包者应当免费提供必要的交通工具、防护用品等工作条件。

### (四)应急预案与事故处理

1. 应急预案

作业者应当建立应急救援组织，配备专职或者兼职救援人员，或者与专业救援组织签订救援协议，并在实施作业前编制应急预案。承包者在实施作业前应编制应急预案。应急预案应当报海油安办有关分部和其他有关政府部门备案。

应急预案应当包括以下主要内容：作业者和承包者的基本情况、危险特性、可利用的应急救援设备；应急组织机构、职责划分、通讯联络；应急预案启动、应急响应、信息处理、应急状态中止、后续恢复等处置程序；应急演习与训练。

应急预案应充分考虑作业内容、作业海区的环境条件、作业设施的类型、自救能力和可以获得的外部支援等因素，应能够预防和处置各类突发性事故和可能引发事故的险情，并随实际情况的变化及时修改或者补充。事故和险情包括以下情况：井喷失控、火灾与爆炸、平台遇险、飞机或者直升机失事、船舶海损、油(气)生产设施与管线破损/泄漏、有毒有害物质泄漏、放射性物质遗散、潜水作业事故；人员重伤、死亡、失踪及暴发性传染病、中毒；溢油事故、自然灾害以及其他紧急情况等。

2. 事故处理

当发生事故或者出现可能引发事故的险情时，作业者和承包者应当按应急预案的规定实施应急措施，防止事态扩大，减少人员伤亡和财产损失。当发生应急预案中未规定的事件时，现场工作人员应当及时向主要负责人报告。主要负责人应当及时采取相应的措施。

事故和险情发生后，当事人、现场人员、作业者和承包者负责人、各分部和海油安办根据有关规定逐级上报。

海油安办及其有关分部、有关部门接到重大事故报告后，应当立即赶到事故现场，组织事故抢救、事故调查。

无人员伤亡事故、轻伤、重伤事故由作业者和承包者负责人或其指定的人员组织生产、技术、安全等有关人员及工会代表参加的事故调查组进行调查。

其他事故的调查处理，按有关规定执行。

作业者应当建立事故统计和分析制度，定期对事故进行统计和分析。事故统计年报应当报海油安办有关分部、政府有关部门。

承包者在提供服务期间发生的事故由作业者负责统计。

### (五)罚则

监督检查人员在海洋石油安全生产监督检查中滥用职权、玩忽职守、徇私舞弊的，依照有关规定给予行政处分；构成犯罪的，依法追究刑事责任。

作业者和承包者有下列行为之一的，给予警告，并处3万元以下的罚款：

(1)未按规定执行发证检验或者用非法手段获取检验证书的；

(2)未按规定配备守护船，或者使用不满足有关规定要求的船舶做守护船，或者守护船未按规定履行登记手续的；

(3)未按照规定履行备案手续的；

(4)未按有关规定制定井控措施和防硫化氢措施，或者井控措施和防硫化氢措施不落实的；

(5)出海作业人员未按照规定经过海洋石油作业安全救生培训并考核合格上岗作业的。

上述所列行政处罚,由海油安办及其各分部实施。《安全生产法》等法律、行政法规对安全生产违法行为的行政处罚另有规定的,依照其规定。

## 五、《海洋石油安全管理细则》的相关规定

### (一)《海洋石油安全管理细则》的适用范围

在中华人民共和国的内水、领海、毗连区、专属经济区、大陆架,以及中华人民共和国管辖的其他海域内从事海洋石油(含天然气,下同)开采活动的安全生产及其监督管理,适用本细则。

### (二)生产作业安全管理的基本要求

1. 危险区的划分

按照设施不同区域的危险性,划分三个等级的危险区:

(1)0 类危险区,是指在正常操作条件下,连续出现达到引燃或者爆炸浓度的可燃性气体或者蒸气的区域。

(2)1 类危险区,是指在正常操作条件下,断续地或者周期性地出现达到引燃或者爆炸浓度的可燃性气体或者蒸气的区域。

(3)2 类危险区,是指在正常操作条件下,不可能出现达到引燃或者爆炸浓度的可燃性气体或者蒸气;但在不正常操作条件下,有可能出现达到引燃或者爆炸浓度的可燃性气体或者蒸气的区域。

设施的作业者或者承包者应当将危险区等级准确地标注在设施操作手册的附图上。对于通往危险区的通道口、门或者舱口,应当在其外部标注清晰可见的中英文"危险区域"、"禁止烟火"和"禁带火种"等标志。

2. 设施的作业者或者承包者的作业要求

设施的作业者或者承包者应当建立动火、电工作业、受限空间作业、高空作业和舷(岛)外作业等审批制度。

从事上述规定的作业前,作业单位应当提出书面申请,说明作业的性质、地点、期限及采取的安全措施等,经设施负责人批准签发作业通知单后,方可进行作业。作业通知单应当包含作业内容、有关检测报告、作业要求、安全程序、个体防护用品、安全设备和作业通知单有效期限等内容。

作业单位接到作业通知单后,应当按通知单的要求采取有关措施,并制定详细的检查和作业程序。

作业期间,如果施工条件发生重大变化的,应当暂停施工并立即报告设施负责人,得到准予施工的指令后方可继续施工。

作业完成后,作业负责人应当在作业通知单上填写完成时间、工作质量和安全情况,并交付设施负责人保存。作业通知单的保存期限至少 1 年。

3. 设施上的救生设备的要求

设施配备的救生艇、救助艇、救生筏、救生圈、救生衣、保温救生服及属具等救生设备,应当符合《国际海上人命安全公约》的规定,并经海油安办认可的发证检验机构检验合格。

海上石油设施配备救生设备的数量应当满足下列要求：

(1)配备的刚性全封闭机动耐火救生艇能够容纳自升式和固定式设施上的总人数，或者浮式设施上总人数的200%。无人驻守设施可以不配备刚性全封闭机动耐火救生艇。在设施建造、安装或者停产检修期间，通过风险分析，可以用救生筏代替救生艇；

(2)气胀式救生筏能够容纳设施上的总人数，其放置点应满足距水面高度的要求。无人驻守设施可以按定员12人考虑；

(3)至少配备并合理分布8个救生圈，其中2个带自亮浮灯，4个带自亮浮灯和自发烟雾信号。每个带自亮浮灯和自发烟雾信号的救生圈配备1根可浮救生索，可浮救生索的长度为从救生圈的存放位置至最低天文潮位水面高度的1.5倍，并至少长30米；

(4)救生衣按总人数的210%配备，其中，住室内配备100%，救生艇站配备100%，平台甲板工作区内配备10%，并可以配备一定数量的救生背心。在寒冷海区，每位工作人员配备一套保温救生服。对于无人驻守平台，在工作人员登平台时，根据作业海域水温情况，每人携带1件救生衣或者保温救生服。

滩海陆岸石油设施配备救生设备的数量应当满足下列要求：

(1)至少配备4个救生圈，每只救生圈上都拴有至少30米长的可浮救生索，其中2个带自亮浮灯，2个带自发烟雾信号和自亮浮灯；

(2)每人至少配备1件救生衣，在工作场所配备一定数量的工作救生衣或者救生背心。在寒冷海区，每位人员配备1件保温救生服。

所有救生设备都应当标注该设施的名称，按规定合理存放，并在设施的总布置图上标明存放位置。特殊施工作业情况下，配备的救生设备达不到要求时，应当制定相应的安全措施并报海油安办有关分部审查同意。

4. 设施上的消防设备的要求

设施上的消防设备应当符合下列规定：

(1)根据国家有关规定，针对设施可能发生的火灾性质和危险程度，分别装设水消防系统、泡沫灭火系统、气体灭火系统和干粉灭火系统等固定灭火设备和装置，并经发证检验机构认可。无人驻守的简易平台，可以不设置水消防等灭火设备和装置。

(2)设置自动和手动火灾、可燃和有毒有害气体探测报警系统，总控制室内设总的报警和控制系统。

(3)配备4套消防员装备，包括隔热防护服、消防靴和手套、头盔、正压式空气呼吸器、消防斧以及可以连续使用3个小时的手提式安全灯。根据平台性质和工作人数，经发证检验机构同意，可以适当减少配备数量。

(4)滩海陆岸石油设施现场管理单位至少配备2套消防员装备，包括消防头盔、防护服、消防靴、安全灯、消防斧等，至少配备3套带气瓶的正压式空气呼吸器和可移动式消防泵1台。

(5)所有的消防设备都存放在易于取用的位置，并定期检查，始终保持完好状态。检查应当有检查记录标签。

5. 起重作业的要求

起重作业应当符合下列规定：

（1）操作人员持有特种作业人员资格证书，熟悉起重设备的操作规程，并按规程操作；

（2）起重设备明确标识安全起重负荷；若为活动吊臂，标识吊臂在不同角度时的安全起重负荷；

（3）按规定对起重设备进行维护保养，保证刹车、限位、起重负荷指示、报警等装置齐全、准确、灵活、可靠；

（4）起重机及吊物附件按规定定期检验，并记录在起重设备检验簿上。

设施的载人吊篮作业，除符合上述规定的要求外，还应当符合下列规定：

（1）限定乘员人数；

（2）乘员按规定穿救生背心或者救生衣；

（3）只允许用于起吊人员及随身物品；

（4）指定专人维护和检查，定期组织检验机构对其进行检验；

（5）当风速超过 15 米/秒或者影响吊篮安全起放时，立即停止使用；

（6）起吊人员时，尽量将载人吊篮移至水面上方再升降，并尽可能减少回转角度。

6. 高处及舷（岛）外作业的要求

高处及舷（岛）外作业应当符合下列规定：

（1）高处及舷（岛）外作业人员佩戴安全帽和安全带，舷（岛）外作业人员穿救生衣，并采取其他必要的安全措施；

（2）风速超过 15 米/秒等恶劣天气时，立即停止作业。

7. 危险物品管理的要求

危险物品管理应当符合下列规定：

（1）设施上任何危险物品（包括爆炸品、压缩气体和液化气体、易燃液体、易燃固体、自燃物品和遇湿易燃物品、氧化剂和有机过氧化物、有毒品和腐蚀品等）必须存放在远离危险区和生活区的指定地点和容器内，并将存放地点标注在设施操作手册的附图上；个人不得私自存放危险物品。

（2）设有专人负责危险物品的管理，并建立和保存危险物品入库、消耗和使用的记录。

（3）在通往危险物品存放地点的通道口、舱口处，设有醒目的中英文“危险物品”标识。

8. 劳动防护的要求

劳动防护应当符合下列规定：

（1）设施上所有工作人员配备符合相关安全标准的劳动防护用品；

（2）设施上的工作场所按照国家有关规定和设计要求配备劳动防护设备，并定期进行检测；

（3）按照国家有关职业病防治的规定，定期对从事有毒有害作业的人员进行职业健康体检，对职业病患者进行康复治疗。

9. 滩海陆岸应急避难房的要求

滩海陆岸应急避难房应当符合下列规定：

（1）能够容纳全部生产作业人员；

（2）结构强度比滩海陆岸井台高一个安全等级；

(3)地面高出挡浪墙 1 米;

(4)采用基础稳定、结构可靠的固定式钢筋混凝土结构,或者采用可移动式钢结构;

(5)配备可以供避难人员 5 日所需的救生食品和饮用水;

(6)配备急救箱,至少装有 2 套救生衣、防水手电及配套电池、简单的医疗包扎用品和常用药品;

(7)配备应急通讯装置。

## (三)安全培训

### 1. 安全培训的要求

作业者和承包者的主要负责人和安全生产管理人员应当接受安全资格培训,经海油安办对其安全生产知识和管理能力考核合格,取得安全资格证书后,方可任职。

作业者和承包者应当组织对海上石油作业人员进行安全生产培训。未经培训并取得培训合格证书的作业人员,不得上岗作业。

海上油气生产设施兼职消防队员应当接受“油气消防”的培训,培训时间不少于 24 课时。每 4 年应当进行 1 次再培训。

从事钻井、完井、修井、测试作业的监督、经理、高级队长、领班,以及司钻、副司钻和井架工、安全监督等人员应当接受“井控技术”的培训,培训时间不少于 56 课时,并取得培训合格证书。每 4 年应当进行 1 次再培训。

稳性压载人员(含钻井平台、浮式生产储油装置的稳性压载、平台升降的技术人员)应当接受“稳性与压载技术”的培训,培训时间不少于 36 课时,并取得培训合格证书。每 4 年应当进行 1 次再培训。

在作业过程中已经出现或者可能出现硫化氢的场所从事钻井、完井、修井、测试、采油及储运作业的人员,应当进行“防硫化氢技术”的专门培训,培训时间不少于 16 课时,并取得具有资质的培训机构颁发的培训合格证书。每 4 年应当进行 1 次再培训。

无线电技术操作人员应当按政府有关主管部门的要求进行培训,取得相应的资格证书。

属于特种作业人员范围的特种作业人员应当按照有关法律法规的要求进行专门培训,取得特种作业操作资格证书。

外方人员在国外合法注册和政府认可的培训机构取得的证书和证件,经中方作业者或者承包者确认后在中国继续有效。

### 2. 海上石油作业安全救生的安全培训内容和时间要求

出海人员必须接受“海上石油作业安全救生”的专门培训,并取得具有资质的培训机构颁发的培训合格证书。

安全培训的内容和时间应当符合下列要求:

(1)短期出海人员接受“海上石油作业安全救生”综合内容的培训,培训时间不少于 24 课时。每 3 年进行 1 次再培训;

(2)临时出海人员接受“海上石油作业安全救生”电化教学的培训,培训时间不少于 4 课时。每 1 年进行 1 次再培训;

(3)不在设施上留宿的临时出海人员可以只接受作业者或者承包者现场安全教育;

(4)没有直升机平台或者已明确不使用直升机倒班的海上设施人员,可以免除“直升机遇险水下逃生”内容的培训;

(5)没有配备救生艇筏的海上设施作业人员,可以免除“救生艇筏操纵”的培训;

(6)长期出海人员接受“海上石油作业安全救生”全部内容培训,培训时间不少于40课时。每5年进行1次再培训。

## (四)应急管理

### 1.应急预案编制的内容

作业者和承包者应当按照有关法律、法规、规章和标准的要求,结合生产实际编制应急预案,并报海油安办有关分部备案。

作业者和承包者应当根据海洋石油作业的变化,及时对应急预案进行修改、补充和完善。根据海洋石油作业的特点,作业者和承包者编制的应急预案应当包括下列内容:

(1)作业者和承包者的基本情况、危险特性、可以利用的应急救援设备;

(2)应急组织机构、职责划分、通信联络;

(3)应急预案启动、应急响应、信息处理、应急状态中止、后续恢复等处置程序;

(4)应急演习与训练。

### 2.应急预案的应急范围

应急预案的应急范围包括井喷失控、火灾与爆炸、平台遇险、直升机失事、船舶海损、油(气)生产设施与管线破损和泄漏、有毒有害物品泄漏、放射性物品遗散、潜水作业事故;人员重伤、死亡、失踪及暴发性传染病、中毒;溢油事故、自然灾害以及其他紧急情况。

### 3.生产和作业设施的应急预案内容

除作业者和承包者编制的公司一级应急预案外,针对每个生产和作业设施应当结合工作实际,编制应急预案。应急预案包括主件和附件两个部分内容。

主件部分应当包括下列主要内容:

(1)生产或者作业设施名称、作业海区、编写者和编写日期;

(2)生产或者作业设施的应急组织机构、指挥系统、医疗机构及各级应急岗位人员职责;

(3)处置各类突发性事故或者险情的措施和联络报告程序;

(4)生产或者作业设施上所具有的通信设备类型、能力以及应急通讯频率;

(5)应急组织、上级主管部门和有关部门的负责人通讯录,包括通讯地址、电话和传真等;

(6)与有关部门联络的应急工作联系程序图或者网络图;

(7)应急训练内容、频次和要求;

(8)其他需要明确的内容。

附件部分应当包括下列主要内容:

(1)生产或者作业设施的主要基础数据。

(2)生产或者作业设施所处自然环境的描述,包括作业海区的气象资料,可能出现的灾害性天气(如台风等);作业海区的海洋水文资料,水深、水温、海流的速度和方向、浪高等;生产或者作业设施与陆岸基地、附近港口码头及海区其他设施的位置简图。

(3)各种应急搜救设备及材料,包括应急设备及应急材料的名称、类型、数量、性能和存放地点等情况。

(4)生产或者作业设施配备的气象海况测定装置的规格和型号。

(5)其他有关资料。

4. 应急预案演练期限

作业者和承包者应当组织生产和作业设施的相关人员定期开展应急预案的演练,演练期限不超过下列时间间隔的要求:

(1)消防演习:每倒班期 1 次;

(2)弃平台演习:每倒班期 1 次;

(3)井控演习:每倒班期 1 次;

(4)人员落水救助演习:每季度 1 次;

(5)硫化氢演习:钻遇含硫化氢地层前和对含硫化氢油气井进行试油或者修井作业前,必须组织 1 次防硫化氢演习;对含硫化氢油气井进行正常钻井、试油或者修井作业,每隔 7 日组织 1 次演习;含硫化氢油气井正常生产时,每倒班期组织 1 次演习。不含硫化氢的,每半年组织 1 次。

各类应急演练的记录文件应当至少保存 1 年。

5. 应急救援的工作事项

针对海洋石油作业过程中发生事故的特点,在实施应急救援过程中,作业者和承包者应当做好下列工作:

(1)立即组织现场疏散,保护作业人员安全;

(2)立即调集作业现场的应急力量进行救援,同时向有关方面发出求助信息,动员有关力量,保证应急队伍、设备、器材、物资及必要的后勤支持;

(3)制订现场救援方案并组织实施;

(4)确定警戒及防控区域,实行区域管制;

(5)采取相应的保护措施,防止事故扩大和引发次生灾害;

(6)迅速组织医疗救援力量,抢救受伤人员;

(7)尽力防止出现石油大面积泄漏和扩散。

### (五)事故报告和调查处理

1. 生产安全事故报告的范围

在海上石油天然气勘探、开发、生产、储运及油田废弃等作业中,发生下列生产安全事故,作业现场有关人员应当立即向所属作业者和承包者报告;作业者和承包者接到报告后,应当立即按规定向海油安办有关分部的地区监督处、当地政府和海事部门报告:井喷失控;火灾与爆炸;平台遇险(包括平台失控漂移、拖航遇险、被碰撞或者翻沉);飞机事故;船舶海损(包括碰撞、搁浅、触礁、翻沉、断损);油(气)生产设施与管线破损(包括单点系泊、电气管线、海底油气管线等的破损、泄漏、断裂);有毒有害物品和气体泄漏或者遗散;急性中毒;潜水作业事故;大型溢油事故(溢油量大于 100 吨);其他造成人员伤亡或者直接经济损失的事故。

2. 安全事故调查处理

海油安办有关分部的地区监督处接到事故报告后，应当立即上报海油安办有关分部。海油安办有关分部接到较大事故及以上的事故报告后，应当在1小时内上报应急管理部。飞机事故、船舶海损、大型溢油除报告海油安办外，还应当按规定报告有关政府主管部门。

海洋石油的生产安全事故按照下列规定进行调查：

(1)没有人员伤亡的一般事故，海油安办有关分部可以委托作业者和承包者组织生产、技术、安全等有关人员及工会成员组成事故调查组进行调查；

(2)造成人员伤亡的一般事故，由海油安办有关分部牵头组织有关部门及工会成立事故调查组进行调查，并邀请人民检察院派人参加；

(3)造成较大事故，由海油安办牵头组织有关部门成立事故调查组进行调查，并邀请人民检察院派人参加；

(4)重大事故，由应急管理部牵头组织有关部门成立事故调查组进行调查，并邀请人民检察院派人参加；

(5)特别重大事故，按照国务院有关规定执行。

飞机失事、船舶海损、放射性物品遗散和大型溢油等海洋石油生产安全事故依法由民航、海事、生态环境等有关部门组织调查处理。

3. 海洋石油的生产安全事故调查报告的批复

海洋石油的生产安全事故调查报告按照下列规定批复：

(1)一般事故的调查报告，在征得海油安办同意后，由海油安办有关分部批复；

(2)较大、重大事故的调查报告由应急管理部批复；

(3)特别重大事故调查报告的批复按照国务院有关规定执行。

作业者和承包者应当按照事故调查报告的批复，对负有责任的人员进行处理。事故发生单位应当认真吸取事故教训，落实防范和整改措施，防止事故再次发生。

### (六)监督管理

海油安办及其有关分部应当按照法律、行政法规、规章和标准的规定，依法对海洋石油生产经营单位的安全生产实施监督检查。

海油安办有关分部应当建立生产设施、作业设施、延长测试设施和弃井的备案档案管理制度，并于每年1月31日前将上一年度的备案情况报海油安办。备案档案应当至少保存3年。

海油安办有关分部应当对安全培训机构、作业者和承包者安全教育培训情况进行监督检查。

海油安办及其有关分部应当按照生产安全事故的批复，依照有关法律、行政法规和规章的规定，对事故发生单位和有关人员进行行政处罚；对负有事故责任的国家工作人员，按照干部管理权限交由有关单位和行政监察机关追究。

### (七)罚则

作业者和承包者有下列行为之一的，给予警告，可以并处3万元以下的罚款：

(1)生产设施、作业设施、延长测试设施和弃井未按规定备案的；

(2)未配备守护船，或者未按规定登记的；

(3)海洋石油专业设备未按期进行检验的；

(4)拒绝、阻碍海油安办及有关分部依法监督检查的。

作业者和承包者有下列行为之一的，依法责令停产整顿，给予相应的行政处罚：

(1)未履行新建、改建、扩建项目“三同时”程序的；

(2)对存在的重大事故隐患，不按期进行整改的。

海油安办及有关分部监督检查人员在海洋石油监督检查中滥用职权、玩忽职守、徇私舞弊的，依照有关规定给予行政处分。

## 六、《淘汰落后安全技术工艺、设备目录》相关内容

### (一)淘汰落后安全技术工艺、装备目录(2017 年)——3 项

根据《安全生产法》“国家鼓励和支持安全生产科学技术研究和安全生产先进技术的推广应用”“国家对严重危及生产安全的工艺、设备实行淘汰制度”等规定，为贯彻落实《中共中央 国务院关于推进安全生产领域改革发展的意见》精神和要求，进一步加快安全生产先进技术装备的推广应用与落后技术装备的淘汰退出，提升防范遏制生产安全事故的保障支撑能力，应急管理部、科技部、工业和信息化部组织编制了《推广先进与淘汰落后安全技术装备目录(第二批)》。其中，3 项淘汰落后技术装备如下表所示。

| 序号 | 项目名称 | 淘汰原因 | 建议淘汰类型 | 可代替的技术装备 |
|---|---|---|---|---|
| 1 | 定量斗式主井箕斗装载设备 | 《煤矿安全规程》第三百九十三条要求：“(四)箕斗提升必须采用定重装载” | 禁止 | 定重斗式装载设备 |
| 2 | 无除尘设施的干法石材加工(含宝石加工)工艺技术 | 近些年以来，部分地区建筑石材加工、宝石加工工人罹患矽肺事件屡有发生，尤其以干法加工工艺为甚，粉尘浓度超标严重，易发生速发型矽肺，严重危害劳动者的职业健康 | 禁止 | 湿法石材加工或配备密闭除尘系统的干法加工工艺技术 |
| 3 | 铅酸蓄电池生产中铸板、输粉、灌粉、涂板、刷板、配酸灌酸、外化成、称板、包板等人工作业工艺 | 此类人工作业过程中，铅、酸等化学有害因素危害严重，对作业人员身体健康产生严重损害，部分企业曾发生过群体性职业病事件 | 限制 | 自动化、密闭化等工艺代替 |

备注：“可代替的技术装备”列举的技术装备仅为推荐使用。

### (二)淘汰落后安全技术工艺、设备目录(2020 年)——12 项

为认真落实《安全生产法》和中共中央办公厅、国务院办公厅《关于全面加强危险化学品安全生产工作的意见》以及国务院安委会《危险化学品安全专项整治三年行动方案》，加快淘汰落后的危险化学品安全生产工艺技术装备，提升企业本质安全水平，防范化解重大安全风险，应急管理部制定了《淘汰落后危险化学品安全生产工艺技术设备目录(第一批)》，具体内容如下表所示。

| 序号 | 项目名称 | 淘汰原因 | 建议淘汰类型 | 可代替的技术装备 |
|---|---|---|---|---|
| 一、淘汰落后的工艺技术 | | | | |
| 1 | 采用氨冷冻盐水的氯气液化工艺 | 氨漏入盐水中形成氨盐，再漏入液氯中，形成三氯化氮，易发生爆炸 | 限制 | 环保型冷冻剂 |
| 2 | 用火直接加热的涂料用树脂生产工艺 | 安全风险大 | 禁止 | |
| 3 | 常压固定床间歇煤气化工艺 | 自动化程度相对较低，人工加煤、下灰时易发生火灾、爆炸、灼烫等事故 | 限制 | 新型煤气化技术 |
| 4 | 常压中和法硝酸铵生产工艺 | 常压反应釜内物料量大，反应速度慢且不均匀，尾气逸出量大，安全风险大 | 禁止 | 加压中和法或管式反应器法硝酸铵生产工艺 |
| 二、淘汰落后的设备 | | | | |
| 1 | 敞开式离心机 | 缺乏有效密封，工作过程中物料及蒸气逸出带来的安全风险高 | 限制 | 密闭式离心机 |
| 2 | 多节钟罩的氯乙烯气柜 | 气柜导轨容易发生卡涩，使物料泄漏 | 限制 | 单节钟罩气柜 |
| 3 | 煤制甲醇装置气体净化工序三元换热器 | 在此环境下，易发生腐蚀造成泄漏 | 禁止 | 常规列管换热器、板式换热器等 |
| 4 | 未设置密闭及自动吸收系统的液氯储存仓库 | 安全风险高，易发生中毒事故 | 限制 | 仓库密闭，并设置与报警联锁的自动吸收装置 |
| 5 | 采用明火高温加热方式生产石油制品的釜式蒸馏装置 | 安全风险高，易发生火灾爆炸事故 | 禁止 | 常减压蒸馏塔 |
| 6 | 开放式（又称敞开式）、内燃式（又称半密闭式或半开放式）电石炉 | 安全风险高，易发生火灾、爆炸、灼烫事故 | 禁止 | 密闭式电石炉 |
| 7 | 无火焰监测和熄火保护系统的燃气加热炉、导热油炉 | 燃气加热炉、导热油炉缺乏火焰监测和熄火保护系统的，容易导致炉膛爆炸 | 限制 | 带有火焰监测和熄火保护系统的燃气加热炉、导热油炉 |
| 8 | 液化烃、液氯、液氨管道用软管 | 缺乏检测要求，安全可靠性低 | 禁止 | 金属制压力管道或万向充装系统 |

# 附录1 《中华人民共和国民法典》的相关规定

《中华人民共和国民法典》(以下简称《民法典》)于2020年5月28日通过,自2021年1月1日正式实施,共7编1260条,各编依次为总则、物权、合同、人格权、婚姻家庭、继承、侵权责任,以及附则。《中华人民共和国婚姻法》《中华人民共和国继承法》《中华人民共和国民法通则》《中华人民共和国收养法》《中华人民共和国担保法》《中华人民共和国合同法》《中华人民共和国物权法》《中华人民共和国侵权责任法》《中华人民共和国民法总则》同时废止。以下主要选取了"民事责任"和"侵权责任"的部分内容作介绍。

## 一、民事责任

民事主体依照法律规定或者按照当事人约定,履行民事义务,承担民事责任。

二人以上依法承担按份责任,能够确定责任大小的,各自承担相应的责任;难以确定责任大小的,平均承担责任。

二人以上依法承担连带责任的,权利人有权请求部分或者全部连带责任人承担责任。连带责任人的责任份额根据各自责任大小确定;难以确定责任大小的,平均承担责任。实际承担责任超过自己责任份额的连带责任人,有权向其他连带责任人追偿。连带责任,由法律规定或者当事人约定。

承担民事责任的方式主要有:停止侵害;排除妨碍;消除危险;返还财产;恢复原状;修理、重作、更换;继续履行;赔偿损失;支付违约金;消除影响、恢复名誉;赔礼道歉。法律规定惩罚性赔偿的,依照其规定。承担民事责任的方式,可以单独适用,也可以合并适用。

因不可抗力不能履行民事义务的,不承担民事责任。法律另有规定的,依照其规定。不可抗力是不能预见、不能避免且不能克服的客观情况。

因当事人一方的违约行为,损害对方人身权益、财产权益的,受损害方有权选择请求其承担违约责任或者侵权责任。

民事主体因同一行为应当承担民事责任、行政责任和刑事责任的,承担行政责任或者刑事责任不影响承担民事责任;民事主体的财产不足以支付的,优先用于承担民事责任。

## 二、侵权责任

### (一)一般规定

行为人因过错侵害他人民事权益造成损害的,应当承担侵权责任。依照法律规定推定行为人有过错,其不能证明自己没有过错的,应当承担侵权责任。行为人造成他人民事权益损害,不论行为人有无过错,法律规定应当承担侵权责任的,依照其规定。

侵权行为危及他人人身、财产安全的,被侵权人有权请求侵权人承担停止侵害、排除妨碍、消除危险等侵权责任。

教唆、帮助他人实施侵权行为的，应当与行为人承担连带责任。教唆、帮助无民事行为能力人、限制民事行为能力人实施侵权行为的，应当承担侵权责任；该无民事行为能力人、限制民事行为能力人的监护人未尽到监护职责的，应当承担相应的责任。

二人以上共同实施侵权行为，造成他人损害的，应当承担连带责任。

（1）二人以上实施危及他人人身、财产安全的行为，其中一人或者数人的行为造成他人损害，能够确定具体侵权人的，由侵权人承担责任；不能确定具体侵权人的，行为人承担连带责任。

（2）二人以上分别实施侵权行为造成同一损害，每个人的侵权行为都足以造成全部损害的，行为人承担连带责任。

（3）二人以上分别实施侵权行为造成同一损害，能够确定责任大小的，各自承担相应的责任；难以确定责任大小的，平均承担责任。被侵权人对同一损害的发生或者扩大有过错的，可以减轻侵权人的责任。

损害是因受害人故意造成的，行为人不承担责任。损害是因第三人造成的，第三人应当承担侵权责任。

### （二）损害赔偿

侵害他人造成人身损害的，应当赔偿医疗费、护理费、交通费、营养费、住院伙食补助费等为治疗和康复支出的合理费用，以及因误工减少的收入。造成残疾的，还应当赔偿辅助器具费和残疾赔偿金；造成死亡的，还应当赔偿丧葬费和死亡赔偿金。

因同一侵权行为造成多人死亡的，可以以相同数额确定死亡赔偿金。

损害发生后，当事人可以协商赔偿费用的支付方式。协商不一致的，赔偿费用应当一次性支付；一次性支付确有困难的，可以分期支付，但是被侵权人有权请求提供相应的担保。

### （三）责任主体的特殊规定

无民事行为能力人、限制民事行为能力人造成他人损害的，由监护人承担侵权责任。监护人尽到监护职责的，可以减轻其侵权责任。有财产的无民事行为能力人、限制民事行为能力人造成他人损害的，从本人财产中支付赔偿费用；不足部分，由监护人赔偿。

无民事行为能力人、限制民事行为能力人造成他人损害，监护人将监护职责委托给他人的，监护人应当承担侵权责任；受托人有过错的，承担相应的责任。

完全民事行为能力人对自己的行为暂时没有意识或者失去控制造成他人损害有过错的，应当承担侵权责任；没有过错的，根据行为人的经济状况对受害人适当补偿。完全民事行为能力人因醉酒、滥用麻醉药品或者精神药品对自己的行为暂时没有意识或者失去控制造成他人损害的，应当承担侵权责任。

### （四）环境污染和生态破坏责任

因污染环境、破坏生态造成他人损害的，侵权人应当承担侵权责任。因污染环境、破坏生态发生纠纷，行为人应当就法律规定的不承担责任或者减轻责任的情形及其行为与损害之间不存在因果关系承担举证责任。

两个以上侵权人污染环境、破坏生态的，承担责任的大小，根据污染物的种类、浓度、排放量，破坏生态的方式、范围、程度，以及行为对损害后果所起的作用等因素确定。

侵权人违反法律规定故意污染环境、破坏生态造成严重后果的，被侵权人有权请求相应的惩罚性赔偿。

因第三人的过错污染环境、破坏生态的，被侵权人可以向侵权人请求赔偿，也可以向第三人请求赔偿。侵权人赔偿后，有权向第三人追偿。

违反国家规定造成生态环境损害，生态环境能够修复的，国家规定的机关或者法律规定的组织有权请求侵权人在合理期限内承担修复责任。侵权人在期限内未修复的，国家规定的机关或者法律规定的组织可以自行或者委托他人进行修复，所需费用由侵权人负担。

违反国家规定造成生态环境损害的，国家规定的机关或者法律规定的组织有权请求侵权人赔偿下列损失和费用：

(1)生态环境受到损害至修复完成期间服务功能丧失导致的损失。

(2)生态环境功能永久性损害造成的损失。

(3)生态环境损害调查、鉴定评估等费用。

(4)清除污染、修复生态环境费用。

(5)防止损害的发生和扩大所支出的合理费用。

### (五)高度危险责任

从事高度危险作业造成他人损害的，应当承担侵权责任。

民用核设施或者运入运出核设施的核材料发生核事故造成他人损害的，民用核设施的营运单位应当承担侵权责任；但是，能够证明损害是因战争、武装冲突、暴乱等情形或者受害人故意造成的，不承担责任。

民用航空器造成他人损害的，民用航空器的经营者应当承担侵权责任；但是，能够证明损害是因受害人故意造成的，不承担责任。

占有或者使用易燃、易爆、剧毒、高放射性、强腐蚀性、高致病性等高度危险物造成他人损害的，占有人或者使用人应当承担侵权责任；但是，能够证明损害是因受害人故意或者不可抗力造成的，不承担责任。被侵权人对损害的发生有重大过失的，可以减轻占有人或者使用人的责任。

从事高空、高压、地下挖掘活动或者使用高速轨道运输工具造成他人损害的，经营者应当承担侵权责任；但是，能够证明损害是因受害人故意或者不可抗力造成的，不承担责任。被侵权人对损害的发生有重大过失的，可以减轻经营者的责任。

遗失、抛弃高度危险物造成他人损害的，由所有人承担侵权责任。所有人将高度危险物交由他人管理的，由管理人承担侵权责任；所有人有过错的，与管理人承担连带责任。

非法占有高度危险物造成他人损害的，由非法占有人承担侵权责任。所有人、管理人不能证明对防止非法占有尽到高度注意义务的，与非法占有人承担连带责任。

未经许可进入高度危险活动区域或者高度危险物存放区域受到损害，管理人能够证明已经采取足够安全措施并尽到充分警示义务的，可以减轻或者不承担责任。

承担高度危险责任，法律规定赔偿限额的，依照其规定，但是行为人有故意或者重大过失的除外。

### （六）建筑物和物件损害责任

建筑物、构筑物或者其他设施倒塌、塌陷造成他人损害的，由建设单位与施工单位承担连带责任，但是建设单位与施工单位能够证明不存在质量缺陷的除外。建设单位、施工单位赔偿后，有其他责任人的，有权向其他责任人追偿。因所有人、管理人、使用人或者第三人的原因，建筑物、构筑物或者其他设施倒塌、塌陷造成他人损害的，由所有人、管理人、使用人或者第三人承担侵权责任。

建筑物、构筑物或者其他设施及其搁置物、悬挂物发生脱落、坠落造成他人损害，所有人、管理人或者使用人不能证明自己没有过错的，应当承担侵权责任。所有人、管理人或者使用人赔偿后，有其他责任人的，有权向其他责任人追偿。

禁止从建筑物中抛掷物品。从建筑物中抛掷物品或者从建筑物上坠落的物品造成他人损害的，由侵权人依法承担侵权责任；经调查难以确定具体侵权人的，除能够证明自己不是侵权人的外，由可能加害的建筑物使用人给予补偿。可能加害的建筑物使用人补偿后，有权向侵权人追偿。物业服务企业等建筑物管理人应当采取必要的安全保障措施防止前款规定情形的发生；未采取必要的安全保障措施的，应当依法承担未履行安全保障义务的侵权责任。发生上述第一款规定的情形的，公安等机关应当依法及时调查，查清责任人。

堆放物倒塌、滚落或者滑落造成他人损害，堆放人不能证明自己没有过错的，应当承担侵权责任。

在公共道路上堆放、倾倒、遗撒妨碍通行的物品造成他人损害的，由行为人承担侵权责任。公共道路管理人不能证明已经尽到清理、防护、警示等义务的，应当承担相应的责任。

因林木折断、倾倒或者果实坠落等造成他人损害，林木的所有人或者管理人不能证明自己没有过错的，应当承担侵权责任。

在公共场所或者道路上挖掘、修缮安装地下设施等造成他人损害，施工人不能证明已经设置明显标志和采取安全措施的，应当承担侵权责任。窨井等地下设施造成他人损害，管理人不能证明尽到管理职责的，应当承担侵权责任。

《民法典》中更多与安全生产相关的内容可扫描下方二维码获取。

扫码获取更多内容

# 附录2 中华人民共和国应急管理部规章相关文件

## 一、《安全评价检测检验机构管理办法》的相关内容

2019年3月20日应急管理部公布《安全评价检测检验机构管理办法》(应急管理部令第1号),自2019年5月1日起施行。

申请安全评价机构资质应当具备下列条件:

(1)独立法人资格,固定资产不少于800万元。

(2)工作场所建筑面积不少于1 000平方米,其中档案室不少于100平方米,设施、设备、软件等技术支撑条件满足工作需求。

(3)承担矿山、金属冶炼、危险化学品生产和储存、烟花爆竹等业务范围安全评价的机构,其专职安全评价师不低于《安全评价检测检验机构管理办法》规定的配备标准。

(4)承担单一业务范围的安全评价机构,其专职安全评价师不少于25人;每增加一个行业(领域),按照专业配备标准至少增加5名专职安全评价师;专职安全评价师中,一级安全评价师比例不低于20%,一级和二级安全评价师的总数比例不低于50%,且中级及以上注册安全工程师比例不低于30%。

(5)健全的内部管理制度和安全评价过程控制体系。

(6)法定代表人出具知悉并承担安全评价的法律责任、义务、权利和风险的承诺书。

(7)配备专职技术负责人和过程控制负责人;专职技术负责人具有一级安全评价师职业资格,并具有与所开展业务相匹配的高级专业技术职称,在本行业领域工作8年以上;专职过程控制负责人具有安全评价师职业资格。

(8)正常运行并可以供公众查询机构信息的网站。

(9)截至申请之日3年内无重大违法失信记录。

(10)法律、行政法规规定的其他条件。

## 二、《高层民用建筑消防安全管理规定》的相关内容

2021年6月21日应急管理部公布《高层民用建筑消防安全管理规定》(应急管理部令第5号),自2021年8月1日起施行。

高层民用建筑消防安全管理贯彻预防为主、防消结合的方针,实行消防安全责任制。建筑高度超过100米的高层民用建筑应当实行更加严格的消防安全管理。

高层公共建筑的业主单位、使用单位应当履行下列消防安全职责:

(1)遵守消防法律法规,建立和落实消防安全管理制度。

(2)明确消防安全管理机构或者消防安全管理人员。

(3)组织开展防火巡查、检查,及时消除火灾隐患。

(4)确保疏散通道、安全出口、消防车通道畅通。

(5)对建筑消防设施、器材定期进行检验、维修,确保完好有效。

(6)组织消防宣传教育培训,制定灭火和应急疏散预案,定期组织消防演练。

(7)按照规定建立专职消防队、志愿消防队(微型消防站)等消防组织。

(8)法律、法规规定的其他消防安全职责。

高层民用建筑应当进行每日防火巡查,并填写巡查记录。其中,高层公共建筑内公众聚集场所在营业期间应当至少每2小时进行1次防火巡查,医院、养老院、寄宿制学校、幼儿园应当进行白天和夜间防火巡查,高层住宅建筑和高层公共建筑内的其他场所可以结合实际确定防火巡查的频次。防火巡查应当包括下列内容:

(1)用火、用电、用气有无违章情况。

(2)安全出口、疏散通道、消防车通道畅通情况。

(3)消防设施、器材完好情况,常闭式防火门关闭情况。

(4)消防安全重点部位人员在岗在位等情况。

## 三、《工贸企业粉尘防爆安全规定》的相关内容

2021年7月25日应急管理部公布《工贸企业粉尘防爆安全规定》(应急管理部令第6号),自2021年9月1日起施行。

粉尘涉爆企业应当结合企业实际情况建立和落实粉尘防爆安全管理制度。粉尘防爆安全管理制度应当包括下列内容:

(1)粉尘爆炸风险辨识评估和管控。

(2)粉尘爆炸事故隐患排查治理。

(3)粉尘作业岗位安全操作规程。

(4)粉尘防爆专项安全生产教育和培训。

(5)粉尘清理和处置。

(6)除尘系统和相关安全设施设备运行、维护及检修、维修管理。

(7)粉尘爆炸事故应急处置和救援。

负责粉尘涉爆企业安全监管的部门应当按照分级属地原则,加强对企业粉尘防爆安全工作的监督检查,制定并落实年度监督检查计划,将粉尘作业人数多、爆炸风险较高的企业作为重点检查对象。

负责粉尘涉爆企业安全监管的部门对企业实施监督检查时,应当重点检查下列内容:

(1)粉尘防爆安全生产责任制和相关安全管理制度的建立、落实情况。

(2)粉尘爆炸风险清单和辨识管控信息档案。

(3)粉尘爆炸事故隐患排查治理台账。

(4)粉尘清理和处置记录。

(5)粉尘防爆专项安全生产教育和培训记录。

(6)粉尘爆炸危险场所检修、维修、动火等作业安全管理情况。

(7)安全设备定期维护保养、检测或者检查等情况。

(8)涉及粉尘爆炸危险的安全设施与主体工程同时设计、同时施工、同时投入生产和使用情况。

(9)应急预案的制定、演练情况。

## 四、《社会消防技术服务管理规定》的相关内容

2021 年 9 月 13 日应急管理部公布《社会消防技术服务管理规定》(应急管理部令第 7 号),自 2021 年 11 月 9 日起施行。

从事消防设施维护保养检测的消防技术服务机构,应当具备下列条件:

(1)取得企业法人资格。

(2)工作场所建筑面积不少于 200 平方米。

(3)消防技术服务基础设备和消防设施维护保养检测设备配备符合有关规定要求。

(4)注册消防工程师不少于 2 人,其中一级注册消防工程师不少于 1 人。

(5)取得消防设施操作员国家职业资格证书的人员不少于 6 人,其中中级技能等级以上的不少于 2 人。

(6)健全的质量管理体系。

从事消防安全评估的消防技术服务机构,应当具备下列条件:

(1)取得企业法人资格。

(2)工作场所建筑面积不少于 100 平方米。

(3)消防技术服务基础设备和消防安全评估设备配备符合有关规定要求。

(4)注册消防工程师不少于 2 人,其中一级注册消防工程师不少于 1 人。

(5)健全的消防安全评估过程控制体系。

同时从事消防设施维护保养检测、消防安全评估的消防技术服务机构,应当具备下列条件:

(1)取得企业法人资格。

(2)工作场所建筑面积不少于 200 平方米。

(3)消防技术服务基础设备和消防设施维护保养检测、消防安全评估设备配备符合规定的要求。

(4)注册消防工程师不少于 2 人,其中一级注册消防工程师不少于 1 人。

(5)取得消防设施操作员国家职业资格证书的人员不少于 6 人,其中中级技能等级以上的不少于 2 人。

(6)健全的质量管理和消防安全评估过程控制体系。

消防技术服务机构可以在全国范围内从业。

以上主要选取了各规章文件的部分内容作简单介绍,更多内容可扫描下方二维码获取。

扫码获取更多内容